Node.jsデザインパターン
第2版

Mario Casciaro、Luciano Mammino　著

武舎 広幸、阿部 和也　訳

Node.js Design Patterns

Second Edition

Get the best out of Node.js by mastering its most powerful components and patterns to create modular and scalable applications with ease

Mario Casciaro
Luciano Mammino

BIRMINGHAM - MUMBAI

まえがき

Node.js（略してNode）はウェブ開発の世界に大きな変化をもたらしました。この変化はここ十年で最大のものだったと言ってもよいかもしれません。Nodeが広まった理由としては、その機能的な面ももちろんありますが、Nodeがウェブ開発にもたらした「パラダイムシフト」も大きな要因です。

パラダイムシフトのひとつ目は、単一言語によるウェブアプリケーションの作成が可能になった点です。Nodeのアプリケーションは主要ウェブブラウザでネイティブにサポートされる唯一のプログラミング言語であるJavaScriptで書かれます。したがってNodeを使うことで、ウェブアプリケーション全体を単一の言語で記述でき、サーバとクライアントでコードの共有も可能になったのです。Nodeの登場により、プログラミング言語としてのJavaScriptの重要性が高まり、これがこの言語の進化を加速しました。ブラウザ上のJavaScriptに関して不満を抱いた開発者は少なくなかったのですが、サーバ側で実行するJavaScriptに関してはそれほどは不満の声を聞かなくなってきました。オブジェクト指向言語と関数型言語の両者の特徴を合わせもつこの言語を気に入る開発者が徐々に増えてきたのです。

パラダイムシフトの2つ目は、Nodeが提供する「シングルスレッドアーキテクチャ」によって、新しい非同期プラグラミングの世界が切り開かれた点です。パフォーマンスやスケーラビリティという観点から見てこの長所は明らかですが、並行実行や並列実行に関する開発者の見方を大きく変えることにもなったのです。Nodeの非同期プログラミングでは、従来のmutex（ミューテックス）はキューに置き換えられ、スレッドはコールバック関数とイベントに置き換えられました。

そしてもっとも重要なのが、熱烈なファンからなるコミュニティによって支えられている「エコシステム」の存在です。日々新しいモジュールが追加され、パッケージマネージャのnpmによって簡単にインストールできるようになっています。徹底した実用主義、簡潔さとモジュラリティを何よりも重んじる独特の文化が形成されています。

一方で、他のサーバサイドのプラットフォームとの違いに戸惑いを覚える開発者も少なくありません。このため、Nodeに不慣れな開発者は時として、ごく一般的な問題に対しても、どうデザインすればよいのか、どうコーディングすればよいのかよくわからないという状況に陥ってしまいます。たとえば次のような疑問が湧いてきてしまうのです。

「どのようにコードを整理し、構成していけばよいのか？」

「これを設計するのにベストな方法は何だろうか？」

「自分のアプリのモジュール性をより高めるにはどうしたらよいのだろうか？」

「複数の非同期呼び出しの処理はどうすれば効果的に行えるのだろうか？」

「規模が大きくなっても大丈夫なようにするには、どんなことに気をつければよいのだろうか？」

そして、もっと単純に

「これを『正しく』処理するにはどうするのがよいのだろうか？」

というものでしょう。

幸いなことに、Nodeは既にプラットフォームとして十分成熟しており、こうした疑問に対する回答は「デザインパターン」という形で与えられています。既に有効性が証明されたコーディングのテクニックや推奨される「プラクティス」が「デザインパターン」という形でまとめられているのです。

この本の目的はこうしたデザインパターンを皆さんに提供することです。典型的な問題に対する解決策となる、パターンや技法、プラクティスを紹介することです。

もう少し具体的に説明しましょう。この本では次のような事柄を紹介していきます。

Node流の解決手法

Node特有の問題を解決するには、Node特有のアプローチを学ぶ必要があります。この本では、従来型のデザインパターンとは異なる、Node流の解決手法（"*The Node Way*"）を学びます。

デザインパターン集

日常の開発における設計上の問題解決にすぐに役立つデザインパターンを、整理されたカタログの形で紹介します。

設計手法

大規模アプリケーションをNodeで開発するのに必要とされる、設計上の基礎知識と原則を説明します。また、既存のパターンでは解決できないような問題に対して、そうした原則を応用する方法を説明します。

この本には、LevelDBやRedis、RabbitMQ、ZMQ（ØMQ）、Express、その他多くの実際によく使われているライブラリなどをデザインパターンの例として紹介します。これによりサンプルコードがより有用なものになるだけでなく、Nodeのエコシステムに慣れることにもなるでしょう。

実際に仕事や趣味でNodeを使っている読者はもちろんのこと、これから導入を検討している人にとっても、デザインパターンを知ることで、他のエンジニアとコードや設計の話をする際の「共通言語」が得られるため、Nodeの方向性についてより正しい理解が得られることでしょう。

本書の構成

1章　Node.jsの世界へようこそ

Node.jsのアプリケーション設計の入り口となるこの章では、Nodeのコアモジュールに見られる、文字どおり核となるパターンを紹介します。また、Nodeのエコシステムや、基礎となる「哲学」も紹介します。

2章　Node.jsの基本パターン

Nodeの非同期プログラミングの土台となる3つのパターン、すなわちコールバック、モジュール、そしてEventEmitter（Observerパターン）について説明します。

3章　コールバックを用いた非同期パターン

非同期処理を効率的に記述するためのパターンをいくつか紹介します。いわゆる「コールバック地獄」を回避するための方法を、素のJavaScriptの場合（ライブラリをいっさい使用しない場合）とasyncというライブラリを使用した場合との両方の例をあげて解説します。

4章　ES2015以降の機能を使った非同期パターン

3章で紹介したパターンを、ES2015やそれ以降の標準で導入された非同期処理のための機構であるプロミスやジェネレータ、そしてasync/awaitを使って書き直したものを説明します。

5章　ストリーム

Nodeの重要な概念としてストリームがあげられます。この章ではストリームを使ったデータ処理と、複数のストリームを組み合わせる方法を紹介します。

6章　オブジェクト指向デザインパターンのNode.jsへの適用

従来からあるデザインパターンがNodeに適用可能かどうかを検討するため、オブジェクト指向プログラミングの世界でよく知られているデザインパターンの、Nodeでの再現を試みます。また、JavaScriptとNodeに固有のパターンについても紹介します。

7章　モジュールの接続

アプリケーションを構成するモジュール間の依存関係をどう解決するかというのは開発者を悩ませる問題です。この章ではそういった問題に取り組むべく、依存性注入（DI）やサービスロケータといったいくつかのパターンについて学びます。

8章　ユニバーサルJavaScript

Nodeを使ったウェブアプリケーション開発においてもっとも興味深いトピックが「ユニバーサルJavaScript」すなわちクライアントとサーバ間で同じコードを共有する手法です。この章では、React、WebpackおよびBabelを使って簡単なウェブアプリケーションを開発することで、ユニバーサルJavaScriptの基本原則について学びます。

9章　特殊な問題を解決するためのパターン

これまでに見てきたパターンは一般的な問題を解決するためのものでしたが、この章ではより特殊な問題を解決するためのパターンをいくつか紹介します。

10章　スケーラビリティとアーキテクチャ

Nodeアプリケーションをスケーラブルにする手法について、いくつかのパターンを紹介します。

11章　メッセージ通信と統合

ZMQ（ØMQ）やAMQPといったメッセージングミドルウェアを使って分散システムを構築する際に、適用可能なパターンを紹介します。

付録A　ES2015以降のJavaScriptの主要機能

この本のサンプルコードの全体を通じて使用されているECMAScript 2015（ES2015）以降の主要な機能を説明します。

前提条件

この本で紹介するサンプルコードを実際に実行するには、Node.jsバージョン6以上およびnpmバージョン3以上がコンピュータにインストールされている必要があります（例題の実行はNode.jsバージョン11.9.0で行いました）。また、コードを編集するためのテキストエディタやウェブブラウザ（の最近リリースされたバージョン）も必要になります。さらに、いくつかのサンプルコードはBabelなどのトランスコンパイラ（トランスパイラ）を必要とします。また、この本ではコマンドラインの実行方法や、npmパッケージのインストール方法、Nodeアプリケーションの実行方法については説明しません[*1]。

対象読者

この本の対象読者は、既にNodeを使用したことがあり、さらに生産性や品質やスケーラビリティといった観点で、より効果的にNodeを使いこなしたいと考えている開発者です。とはいえ、いくつかの基礎的な概念についても解説しますから、初級者でJavaScriptプログラムを書いた経験があれば内容を理解できるでしょう。また、中級者も多くの新情報を得られるはずです。

この本で触れるいくつかの概念を理解するには、ソフトウェア設計の理論に関する知識があったほうがよいでしょう。さらには、ウェブアプリケーション開発、JavaScript、ウェブサービス、データベー

*1　こういった事柄の習得には『初めてのJavaScript 第3版』（オライリー・ジャパン）などが参考になります。

ス、データ構造についての知識も前提としています。

表記について

この本の中では、扱う情報ごとに別の書体・スタイルを用いています。例をいくつか紹介します。

本文中でのコード、データベースのテーブル名、フォルダ名、ファイル名、ファイルの拡張子、パス名、ユーザーによる入力値、Twitterでのアカウント名などは「ES2015は、ブロックスコープの局所変数を宣言するための`let`キーワードを取り入れました」のように等幅書体で表記します。

コードのブロックは次のように表記します。

```
const zmq = require('zmq')
const sink = zmq.socket('pull');
sink.bindSync("tcp://*:5001");

sink.on('message', buffer => {
  console.log('Message from worker: ${buffer.toString()}');
});
```

コード中の特定の部分に注目してほしい場合には次のように太字で表記します。

```
function produce() {
  // ...
  variationsStream(alphabet, maxLength)
    .on('data', combination => {
      // ...
      const msg = {searchHash: searchHash, variations: batch};
      channel.sendToQueue('jobs_queue', new Buffer(JSON.stringify(msg)));
      // ...
    })
  // ...
}
```

コマンドラインへの入力も次のように太字で表記します。

```
$ node replier
$ node requestor
```

ヒントやコツはこのような形式で書かれています。

警告や重要なメモはこのような形式で書かれています。

パターンの内容はこのような形式で書かれています。

サンプルコードのダウンロード

サンプルコードは本書のGitHubリポジトリから入手できます。

日本語版のリポジトリ

https://github.com/mushahiroyuki/ndp2

英語版のリポジトリ

http://bit.ly/node_book_code

意見と質問

本書（日本語翻訳版）の内容については、最大限の努力をもって検証、確認していますが、誤りや不正確な点、誤解や混乱を招くような表現、単純な誤植などに気がつかれることもあるかもしれません。そうした場合、今後の版で改善できるようお知らせいただければ幸いです。将来の改訂に関する提案なども歓迎いたします。連絡先は次のとおりです。

株式会社オライリー・ジャパン
電子メール japan@oreilly.co.jp

本書のウェブページには次のアドレスでアクセスできます。

https://www.oreilly.co.jp/books/9784873118734
https://www.marlin-arms.com/support/nodejs-design-patterns/（訳者による日本語版のサポートページ）
https://www.packtpub.com/web-development/nodejs-design-patterns-second-edition（英語）
https://www.nodejsdesignpatterns.com/（著者）

オライリーに関するそのほかの情報については、次のオライリーのウェブサイトを参照してください。

https://www.oreilly.co.jp/
https://www.oreilly.com/（英語）

謝辞

Mario Casciaroより

この本の初版を執筆していたときには、これほど大きな反響を呼ぶなど、思ってもみませんでした。まずは、この本の初版を読んでくださった皆さんに心から御礼を申し上げます ― この本を購入してくださった方々、レビューを書いてくださった方々、そしてTwitterやオンラインフォーラムなどで友人にこの本を勧めてくださった方々です。もちろんこの第2版の読者の皆さんにも同様に深く感謝申し上げます。こうして皆さんが読んでくださることで、我々の重ねてきた努力も報われるというものです。また、読者の皆さんには私と一緒に、この第2版の共著者Luciano Mammminoに賛辞を送っていただけたら嬉しいです。Lucianoは第1版の更新と貴重な新情報の追加という大仕事を見事やり遂げてくれました。私自身は第2版に関してはアドバイザー役に徹しましたので、手柄はすべてLucianoのものです。本の改訂というのは決して生易しい仕事ではありませんが、Lucianoは熱意とプロ意識、ITスキル、目標達成力を発揮して、私やPackt社の面々をうならせてくれました。Lucianoとともに仕事ができたことは私にとっては喜びであり栄誉でもあります。今後も同様のすばらしい機会に恵まれることを願っています。その他、この本の制作を後押ししてくださったすべての方々に御礼申し上げます。Packt社の皆さん、テクニカルレビュアーのTane Piper氏とJoel Purra氏、貴重な意見やアイデアを寄せてくれた友達のAnton Whalley (@dhigit9)、Alessandro Cinelli (@cirpo)、Andrea Giuliano (@bit_shark)、Andrea Mangano (@ManganoAndrea) の各氏。そして、無条件の愛を注いでくれる家族や友人、恋人のMiriamにも、ありがとう。特にMiriamは冒険を共にするパートナーとして、いつも愛と喜びを与えてくれます。これからも無数の冒険が僕らを待っているよ。

Luciano Mammminoより

誰よりもまず共著者のMario Casciaroに、心からの謝意を表します。私を信頼し、本書の改訂をお手伝いする機会をくださいました。おかげで本当にすばらしい経験ができました。今後も末永くお手伝いさせていただけたら嬉しいです。

また、この本の完成に不可欠だったのがPackt社の皆さんの優れた手腕です。特にOnkar、Reshma、Prajaktaの各氏の妥協を知らない仕事ぶりと忍耐力にはまさに脱帽です。レビュアーのTane Piper氏とJoel Purra氏にも御礼申し上げます。Nodeに関わる両氏の経験が、この本の質を高めてくれました。

友達のAnton Whalley (@dhigit9)、Alessandro Cinelli (@cirpo)、Andrea Giuliano (@bit_shark)、Andrea Mangano (@ManganoAndrea)の各氏には、心を込めたハグを(それと、何杯でもビールをおごるよ)。本が完成するまで励まし続けてくれ、開発者としての体験談や有意義な意見を聞かせてくれました。

Ricardo、Jose、Alberto、Marcin、Nacho、David、Arthurの各氏ほか、Smartbox社のすべてのチー

ムメイトにもお礼を言います。職場での毎日を明るく楽しいものにしてくれるだけでなく、ソフトウェアエンジニアとして日々向上したい気持ちを掻き立ててくれる、この上なくすばらしいチームです。

また、私を大切に育て、常に見守り支えてくれてきた家族のみんなにも心からの感謝を。いつも元気と勇気を与えてくれる母さん、ありがとう。いろいろ教え、励まし、忠告してくれる父さん、最近はなかなか会えなくてとても寂しいよ。そしてDavideとAlessia、嬉しいときも悲しいときもいつも一緒だね。家族だものね。

挑戦と努力を続ける私を支え、豊富な人生経験を下敷きにしたアドバイスをくださるFranco一家にも御礼申し上げます。

コンピュータオタクの仲間としていつも一緒に楽しい時を過ごさせてくれ、この本の改訂の仕事を応援し続けてくれた友達のGianluca、Flavio、Antonio、Valerio、Luca、ありがとう。

そんなにオタクじゃない友人たち、Damiano、Pietro、Sebastianoにもお礼を言います。友達でいてくれてありがとう。みんなでダブリンの街をうろつくのはほんとに楽しいよな。感謝してる。

そして最後に、僕を無条件に愛し、メチャクチャなのも含めてどんな冒険の最中でも僕を励まし助けてくれる恋人のFrancesca。ありがとう。これからも、きみとの人生という本の続きを書くのがとても楽しみだ。

目次

1章 Node.jsの世界へようこそ

「Node.jsの特徴をひとつあげよ」と聞かれたら、「非同期の処理」あるいは「コールバック関数の多用」などと答える開発者が多いでしょう。Node.js（略してNode）では従来型の言語ではあまり用いられることがない、コールバック関数を用いた非同期の処理が多用されます。そこでまず、このパターンを「攻略」することにしましょう。Node流プログラミングの基本パターンである「非同期処理」をしっかりと身につければ、より大規模で複雑な問題もNode流に解決できるようになるはずです。

もうひとつの大きな特徴として、Nodeを取り巻くコミュニティの存在があげられます。自分でアプリケーションをデザインする際には、ほかの開発者によって作られたコンポーネントを利用するのが普通です。この章ではこのようなコンポーネントを利用する方法についてもその概要を説明します。

1.1 Node.jsの「哲学」

すべてのプラットフォームは何らかの「哲学」に基づいて構築されています。そのプラットフォームを利用する開発者のコミュニティで受け入れられている「原則」「ガイドライン」あるいは「イデオロギー」と言ってもよいものの集まりです。Nodeの場合、作者であるRyan Dahlや、コア開発チームのメンバー、著名な開発者などがそうした原則の提唱者となることが多いのですが、Unixの哲学からも影響を受けています。こうした「哲学」に必ず従わなければならないというわけではありませんが、従っておいたほうが開発の際に何かと便利ですし、インスピレーションの源としての役割も果たしてくれます。

ソフトウェア開発における「哲学」については、Wikipediaの次のページ（英語）に詳しい解説があります — https://en.wikipedia.org/wiki/List_of_software_development_philosophies

1.1.1 小さなコア

コアシステムは最小限の機能のみ提供し、その他多くの機能は「ユーザーランド」あるいは「ユーザースペース」と呼ばれる、コアの外側に形成されたモジュールのエコシステムに任せる、というのがNodeの基本原則です。この原則はNode文化の形成に大きな影響を及ぼしてきました。厳密にコントロールされた進化の遅いコアの開発ペースに引きずられることなく、ユーザーランドで自由に広範な実験を行い反復的な改良を行うアプローチを取ることができるのです。コアを必要最小限の機能に絞る（ミニマリズムに徹する）ことで管理が容易になるだけでなく、エコシステム全体が活性化されます。

1.1.2 小さなモジュール

Nodeプログラムを構成する基本単位を「モジュール」と呼び、複数のモジュールが集まってより大きなアプリケーションやライブラリである「パッケージ」が構成されます。

「パッケージ」と「モジュール」は同じ意味で使われることがあります。これはパッケージは通常、エントリポイント（入り口）となるモジュールをもつため、使用する側から見ればパッケージもモジュールも同じであるように見えるためです。

「モジュールは小さく設計するべし」という原則が、Nodeのコミュニティ内で繰り返し説かれています。「小さく設計する」というのはこの場合、コードのサイズが小さいという意味だけではなく、モジュールの担当範囲を最小限にとどめることを意味します。そして、より重要なのは後者なのです。

この原則はUnixから受け継がれたもので、このことを表現するのに次の2つの「標語」が使われます。

> Small is beautiful.
> （小さいものは美しい）
> Make each program do one thing well.
> （ひとつのプログラムにはひとつのことをうまくやらせろ）

Nodeはこうした概念を新しいレベルへと引き上げました。Nodeのパッケージ管理ツールであるnpmによって、「依存地獄（dependency hell）」を解消することに成功したのです。インストールされたパッケージが個別に依存モジュールを定義できるため、パッケージ間でバージョンが衝突せずに複雑な依存関係をもつプログラムの作成が可能になりました。このNode流の解決策では「極限レベルまでの再利用」が奨励されます。通常、アプリケーションは無数とも言えるほどの小さな単機能のモジュールにより構成されています。他のプラットフォームでは非実用的あるいは実現不可能とされるこのような慣習が、Nodeでは大いに推奨されているのです。npmのパッケージでは、単一の関数だけを外部に公開した100行以下のごく小さなモジュールを見ることも珍しくありません。

モジュールを最小限に保つことにより、再利用以外にも次のような利点が得られます。

- 簡単に理解でき、利用できる

- テストや保守が容易になる
- クライアントとサーバでコードを共有しやすくなる

このように、小さくて単機能なモジュールをもつということは、たとえ小さなコードの断片であってもそれを共有し再利用するという姿勢を助長し、ひいてはDon't Repeat Yourself（DRY。「自分のやったことを繰り返すな」「同じことを2箇所以上に記述するな」）の原則を推し進めることになるのです。

1.1.3 露出部分最小化

モジュールのサイズと担当範囲を最小限にとどめることに加えて、最低限のAPIのみを公開することが、モジュール設計時の作法とされています。これにより、モジュールを利用する側にとってわかりやすく誤解の余地のないAPIを提供できるのです（高度なAPIを提供しても利用されず、一部のAPIしか利用されないことが多いのです）。

よくあるパターンは、ひとつのモジュールでひとつの関数（もしくはコンストラクタ）のみを公開するというもので、より高度な機能を提供したい場合はオプションとします。こうすることで主要なものと副次的なものを簡単に区別できます。単一の関数のみを公開することで、間違いの少ない簡潔なエントリポイントを提供できるのです。

Nodeのモジュールは通常、単に利用されるだけで拡張されることはありません。モジュールが拡張可能でないということは、柔軟性に欠ける印象を与えますが、そもそもモジュールが小さく単機能であるため、拡張できなくても問題にはなりません。むしろ利用場面を限定することで、実装が単純になり、保守が容易になり、使いやすいものになるのです。

1.1.4 単純さと実用主義

Keep It Simple, Stupid（略してKISS。「単純なままにしておきなさい、愚か者たちよ」）というフレーズを耳にしたことがある人は多いでしょう。レオナルド・ダ・ビンチの「Simplicity is the ultimate sophistication.（単純さは究極の洗練なり）」という言葉も有名です。

著名なコンピュータサイエンティストRichard P. Gabrielは「Worse is better（劣っているほうが良い）」という言葉で同じような意味を表現し、ソフトウェアに関しては機能が多くなく単純なほうがデザイン的に良い選択であるとして、エッセイ『The Rise of "Worse is Better"』に次のように書いています。

> 実装およびインタフェースの両面において、デザインは単純であるべきだ。実装の単純さのほうが、インタフェースの単純さよりも重要である。デザインにおいては単純さこそが第一に考慮されるべきである。

多くの機能をもつソフトウェアではなく単純な機能のソフトウェアを作るという原則は、「実装にかかる労力が少なくて済む」「少ないリソースで素早くリリースできる」「導入や保守が容易になる」「理解しやすくなる」などの長所をもっています。こうした長所はコミュニティの活性化につながり、ソフトウェアそのものの成長と改善を促すことになります。

Nodeにおいては、この原則がJavaScriptという非常に実用主義的（プラグマティック）な言語によってもサポートされています。単純な関数やクロージャ、オブジェクトリテラルによって、複雑な階層をもったクラスを置き換えてしまうことも珍しくはありません。純粋なオブジェクト指向の設計においては、往々にして、現実世界そのものの不完全性や複雑性を考慮することなしに、厳密に数学的な概念を用いて現実世界を忠実に再現しようとします。実際には我々の作るソフトウェアは常に現実世界の近似でしかありません。短時間にそれほど複雑ではないものを作るようにするほうが、膨大なコストをかけて大量のコードを書き完璧に近いソフトウェアを作ろうとするよりも、得られる成果は大きいでしょう。

この本を通して同じような考え方が繰り返し登場します。たとえば、Singleton（シングルトン）やDecorator（デコレータ）といった旧来からあるデザインパターンが、Nodeにおいては完璧ではないものの、単純な形で実装されます。Nodeの世界では、多くの場合、単純かつ実用的なアプローチのほうが純粋で完璧なアプローチよりも優先されるのです。

1.2 リアクタパターン

それでは最初のパターンであるReactor（リアクタ）について説明しましょう。リアクタパターンはNodeの非同期処理において中心的な役割を担うものです。まず、シングルスレッドアーキテクチャおよびノンブロッキングI/Oについて概要を説明し、その後でこのリアクタパターンがなぜ重要なのかを説明します。

1.2.1 入出力は遅い

入出力（I/O）には時間がかかります。たとえば、RAMへのアクセス時間はナノ秒（10^{-9}秒）単位ですが、ディスクやネットワークのアクセス時間は、通常ミリ秒単位です。同様のことはバンド幅についても言えます。RAMの転送速度はGB/秒の単位ですが、ディスクやネットワークの転送速度の単位は多くの場合MB/秒で、最高レベルの環境でGB/秒に達しているにすぎません。I/Oに使われるCPU時間はさほど多くはありませんが、リクエストの送信から操作の完了までの間に遅延が起こります。さらには人間の処理も考慮に入れる必要があります。多くのアプリケーションは、ボタンのクリックやチャットのメッセージ送信などとのやり取りを行います。このためI/Oの速度は、機器の処理時間だけでなく（ディスクやネットワークの速度と比べ非常に遅い）人間による処理にも依存することになります。

1.2.2 入出力のブロック

従来型のプログラミングにおいてI/Oが発生する関数を呼び出した場合、スレッドの実行はそこで止まり、I/O処理が完了するまで待たされます。このような種類のI/Oの処理方法を「ブロッキングI/O」と呼びます。待ち時間は、ディスクアクセスの場合は数ミリ秒程度ですが、キー入力などユーザーの操作が伴う場合は1分以上になる場合もあります。

次の擬似コードは典型的なブロッキングI/Oの例で、ソケットからデータを読み込むものです。

```
data = socket.read(); // データを受信するまで待つ
print(data); // データが入手できた
```

ウェブサーバがブロッキングI/Oを用いて実装されていたらどうなるでしょうか。ソケットのI/Oはほかの接続の処理をブロックしてしまい、複数の接続（コネクション）を同一スレッドでさばくことはできません。このようなウェブサーバにおいて複数の接続を同時にさばくには、新しいリクエストが来るたびに新しいスレッド（あるいはプロセス）を起動する（あるいはプールしてあるものを再利用する）ことになります。複数のスレッドでリクエストを処理すれば、ひとつのスレッドがI/O処理待ちの状態になっていても、他のリクエストを受け付けることができます。

図1-1にこのような処理の様子を示します。各スレッドは接続先からデータを受信するたびに、I/O処理待ちの状態（アイドル状態）になります。この図は各スレッドのアイドル時間がいかに長いかを表しています。また、ネットワークだけでなく、データベースやファイルシステムのI/Oも考慮すると、スレッドのアイドル時間はさらに長くなります。スレッドが消費するメモリや「コンテキストスイッチ」のコストを考えると、「接続ごとにスレッドを実行し、しかもほとんどの時間アイドル状態のまま」というのは効率がよいとは言えません。

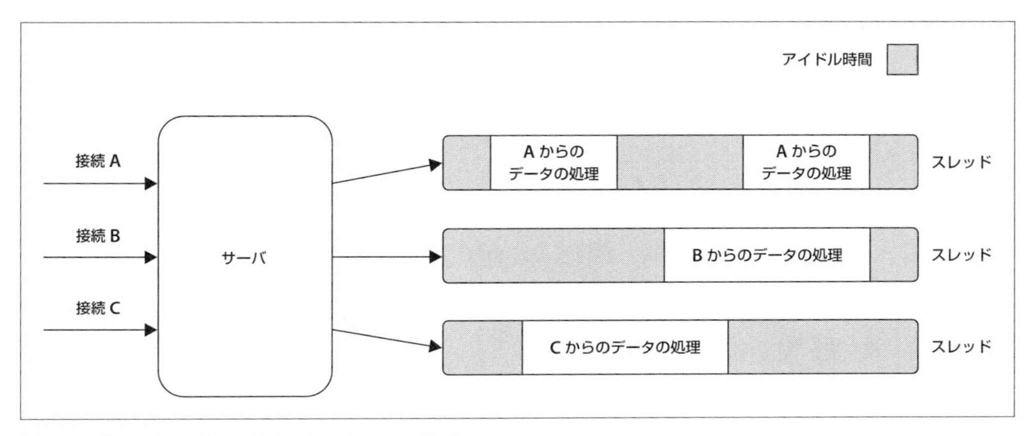

図1-1　ブロッキングI/Oを用いたリクエスト処理

1.2.3　ノンブロッキングI/O

多くのモダンOSでは、システムコールの呼び出しがデータの読み書きの完了を待たずにいったん終了する「ノンブロッキングI/O」が利用できるようになっています。呼び出し時にデータが存在しなかった場合は、データが取得できなかった旨を表す値を戻します。

たとえばUnixでは関数`fcntl()`を呼び出すことでノンブロッキングモード（`O_NONBLOCK`）になり、

このモードでは読み込み可能なデータが存在しなければ失敗して、リターンコードEAGAINを返してきます。

このようなノンブロッキングI/Oの処理方法として、データが戻されるまでループを回してポーリングする「ビジーウェイト（busy-waiting）」と呼ばれる方法があります。次の擬似コードはビジーウェイトの例で、ノンブロッキングモードで複数のリソースからデータを読んでいます。

```
resources = [socketA, socketB, pipeA];
while(!resources.isEmpty()) {
  for(let i = 0; i < resources.length; i++) {
    resource = resources[i];
    let data = resource.read();  // 読み込みを試みる
    if(data === NO_DATA_AVAILABLE) // 読み込むデータがない
      continue;
    if(data === RESOURCE_CLOSED) // リソースはクローズされた
      resources.remove(i); // リストから削除
    else
      consumeData(data); // データの受信と処理
  }
}
```

この本ではletによる変数の宣言などES2015（ES6）の機能を使っています。付録AにES2015の主な機能をまとめてありますので必要に応じて参照してください。なお、より詳しくは『初めてのJavaScript 第3版 ― ES2015以降の最新ウェブ開発』（Ethan Brown著、武舎広幸＋武舎るみ訳、オライリー・ジャパン）などを参照してください。

この手法を使えば、同一のスレッドで複数のリソースを扱えるようになります。しかしこの方法ではデータが読み込み可能になるまで（貴重なCPUを浪費して）ループすることになるので効率がよいとは言えません。

1.2.4 イベント多重分離

ノンブロッキングI/Oを処理するためのテクニックとしてビジーウェイトは非効率ですが、最近のOSでは「同期イベント多重分離（synchronous event demultiplexing）」あるいは「イベント通知インタフェース（event notification interface）」と呼ばれる、より効率的な機構が用意されています。監視対象の複数のリソースで生じるI/Oイベントをひとつのキューに集めて処理するものです。処理するべきイベントがないときは待ち状態になり（「ブロック」される）、到着するとキューが空になるまで処理を続けることになります。次の疑似コードは、2つのリソースからのイベントを待ち受ける例です*1。

---

*1 複数の信号などをひとつの経路にまとめることをマルチプレクシング（multiplexing、多重処理）と呼びます。逆にひとつにまとまった信号などを複数に分離することをデマルチプレクシング（demultiplexing、多重分離）と呼びます。こうした処理を行う装置やプログラムなどのことを「マルチプレクサ」あるいは「デマルチプレクサ」と呼びます。5章のストリームの処理の説明で再度登場します。

```
watchedList.add(socketA, FOR_READ);                          // ❶
watchedList.add(pipeB, FOR_READ);
while(events = demultiplexer.watch(watchedList)) {           // ❷
  // イベントループ
  foreach(event in events) {                                 // ❸
    data = event.resource.read(); // ブロックせずにデータを返すことが保証されている
    if(data === RESOURCE_CLOSED) // リソースがクローズされた
      demultiplexer.unwatch(event.resource); // 監視対象から外す
    else
      consumeData(data); // 取得したデータを処理する
  }
}
```

❶ 監視対象のリソース(socketAおよびpipeB)がwatchedListというデータ構造に追加される

❷ 監視する一群のリソースに対してイベント通知役を設定するために、メソッドwatchを呼び出す。この呼び出しは同期的で、いずれかのリソースからデータが読み込み可能になるまでブロックされる。データの読み込みが可能になればメソッドwatchから抜けて、イベントが処理可能になる

❸ demultiplexerから取得したイベントを処理する。この時点では、ブロックすることなくリソースからデータを読み出せることが保証されており、すべてのイベントが処理されると、再びdemultiplexerのwatchメソッドに戻り、新しいイベントが発生するまで待ち続ける。このようなループを「イベントループ」と呼ぶ

このパターンにおいては、ビジーウェイトすることなく単一のスレッドで複数のI/Oを処理できます。**図1-2**にウェブサーバが同期イベント多重分離を使って、単一のスレッドで複数の接続を処理する様子を示します。

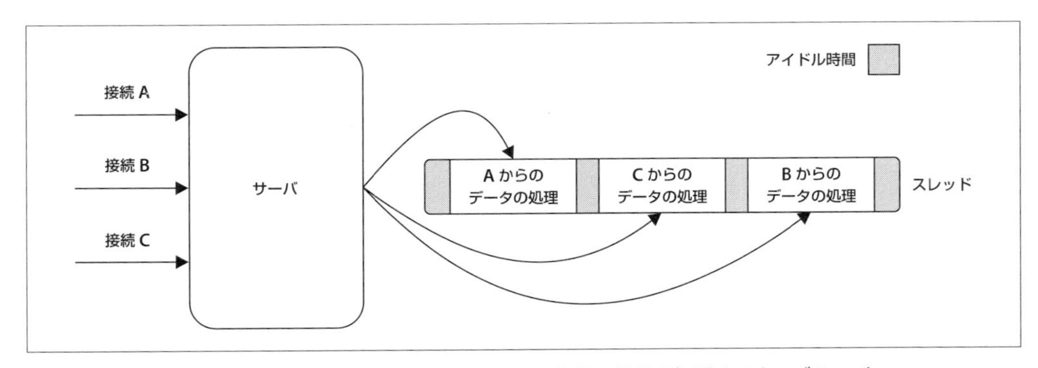

図1-2 同期イベント多重分離を使って、単一のスレッドで複数の接続を処理するウェブサーバ

「同期イベント多重分離」により、単一のスレッドでノンブロッキングI/Oによる並行処理ができることがわかります。複数のI/Oを伴うタスクを並行処理するからといって、マルチスレッド処理が必須というわけではありません。タスクを複数のスレッド分散させるのではなく、図のように時間軸に沿って

分散させてアイドル時間を減らすことができます。また、単一スレッドですべてを処理できるため、マルチスレッドにおける並行性の扱いが単純になり、開発者の負荷はかなり小さくなります。プロセス内での競合状態（レースコンディション）や、スレッド間の同期を考慮する必要がなくなるのです。

Nodeにおける並行性の処理方法については次の章で詳しく説明します。

1.2.5 リアクタパターン

それでは前の節で説明したイベント多重分離の特殊な形であるリアクタパターンについて説明します。基本的な考え方としては、I/Oタスクのそれぞれにハンドラ（Nodeではコールバック関数）を対応させるというもので、イベントループにおいて新イベントが生成、処理されるたびに、このハンドラが呼び出されます。**図1-3**にリアクタパターンの構造を示します。

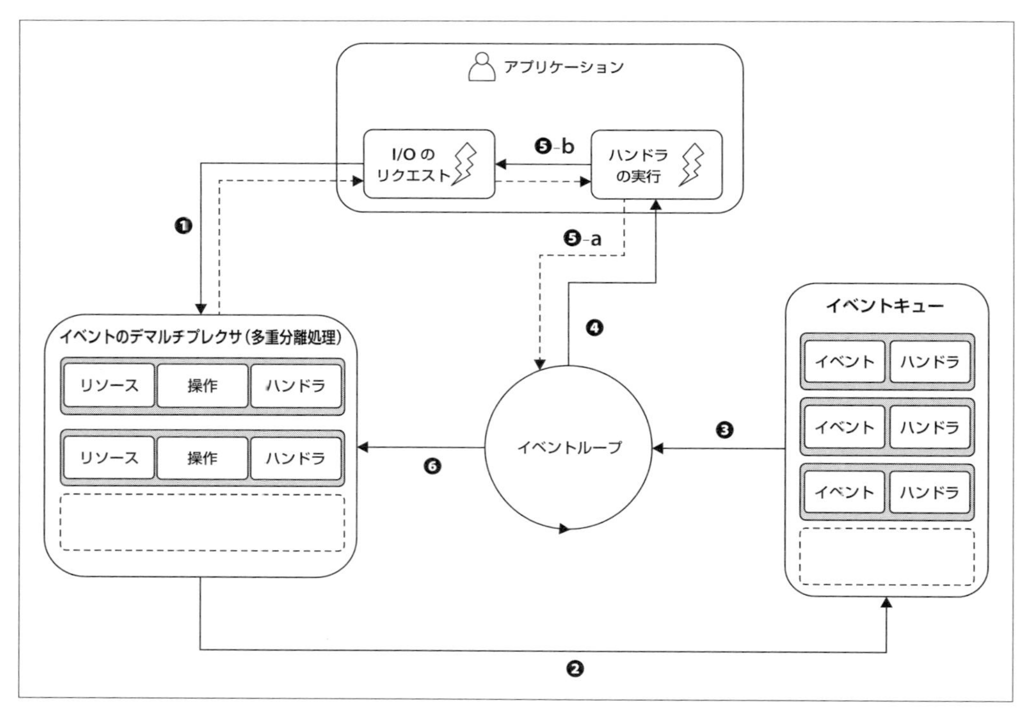

図1-3 リアクタパターン

リアクタパターンを使ったアプリケーションで何が起こるのかを見てみましょう。

❶ アプリケーションがデマルチプレクサに対してI/O要求を発行する。その際に完了時に呼び出すハンドラ（コールバック関数）を指定する。I/O要求の発行はノンブロッキングな関数呼び出しであるため、実行は待たされることなく、即座にアプリケーションに処理が戻る

❷ I/O要求が届くと、デマルチプレクサがイベントを生成してキューに入れる
❸ イベントループにおいて、キューの中のすべてのイベントが走査されて処理される
❹ 各イベントに対して、登録済みのハンドラ（コールバック関数）が呼び出される（ハンドラはアプリケーションのコードに記述されている）
❺ ハンドラの呼び出しが完了すると、イベントループで次のイベントが処理される（❺-a）。ハンドラ内でさらにI/O要求が発行される場合もあるので（❺-b）、その場合はイベントループに処理が戻る前に、❶と同じ手順でマルチプレクサに対してリクエストが発せられる
❻ イベントループですべてのイベントが処理されると、デマルチプレクから新しいイベントが送られてくるまで待ちの状態になる

これで非同期処理がどのように行われるかが明確になったことでしょう。自分が作るアプリケーション側では、あるリソースにアクセスするためのリクエストをハンドラ（コールバック関数）を指定して送るだけで、いったんその処理のことは忘れて、ほかの処理に取りかかることができます。送ったリクエストの処理が終了すると、ハンドラが起動されることになっているので、このハンドラの中にリクエストが終わったときにやるべき処理を記述しておけばよいのです。

デマルチプレクサに完了待ちのI/Oタスクがなく、さらにイベントキューに処理待ちのイベントがない場合、アプリケーションは終了することになります。

リアクタパターンはNodeの中核となるもので、次のように定義できます。

リアクタパターン

リアクタパターンではI/Oの処理はいったんブロックされる。監視対象のリソース（群）で新しいイベントが発生することでブロックが解消され、このとき、イベントに結びつけられたハンドラ（コールバック関数）に制御を渡すことで呼び出し側に反応（react）する。

1.2.6 libuv

イベント多重分離の実装はOSごとに異なります。たとえばLinuxの`epoll`、macOSの`kqueue`、WindowsのIOCP（I/O completion port：I/O完了ポート）APIなどです。同じOS内であっても、リソースによってI/Oのアクセス方式が異なります。たとえば、Unixの標準のファイルシステムはノンブロッキングI/Oの機構をもっていないため、イベントループとは別のスレッドでI/Oを処理する必要があります。こうした処理の違いに対応するため、イベント多重分離の抽象化が必要になります。そこで、Nodeのコア開発チームはlibuvというCのライブラリを作成しました。これによりNodeは異なるリソースに対して同じ手法でノンブロッキングI/Oが利用できるほか、主要なプラットフォーム間の互換性も

保たれています。libuvは、低レベルの「I/Oエンジン」となっているわけです。

libuvは下位レイヤーのシステムコールの抽象化を実現しただけではなく、リアクタパターンの実装にもなっており、イベントループの生成、イベントキューの管理、非同期I/Oの実行、その他のタスクのキューへのプッシュといった処理のAPIを提供しています。

libuvについて詳しくはNikhil Marathe著『An Introduction to libuv』を参照してください。次のページで公開されています — https://nikhilm.github.io/uvbook/

1.2.7 Node.jsのアーキテクチャ

リアクタパターンとlibuvはNodeの基本をなす要素となっていますが、Nodeのプラットフォーム全体は、libuvのほかに次の3つのコンポーネントから構成されています。

- V8 — GoogleによりChromeブラウザのために作られたJavaScriptエンジンで、Nodeが高速に動作しパフォーマンス的に優れている大きな要因となっている。革新的な設計、実行速度、そして効率的なメモリ管理が高く評価されている
- バインディング — libuvやその他の低レベルの機能をラップしJavaScriptで利用できるようにするための抽象化レイヤー
- node-core — ハイレベルなNodeのAPIを実装したJavaScriptのライブラリ

図1-4にNode全体のアーキテクチャを示します。

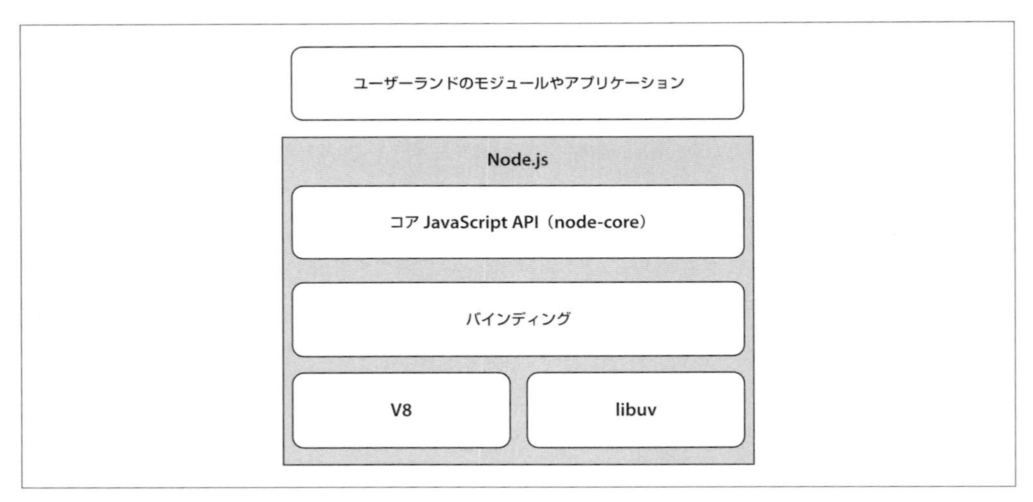

図1-4　Node.jsのアーキテクチャ

1.3 まとめ

この章では、効率的で再利用可能なコードを書くための基盤を提供するために、Nodeが従っているいくつかの原則について解説しました。開発者はアプリケーションやモジュールを実装するときに、こうしたプラットフォームの背後にある思想や設計上の選択によって、少なからず影響を受けています。他のプラットフォームからNodeへ移ってきた開発者は、まずこの独特の手法に違和感を覚えたり反発を感じたりして、自分たちが慣れ親しんだやり方を持ち込もうと試みることが多いのですが、結局のところ考え方が異なるのです。

リアクタパターンの非同期な処理ではまったく新しいプログラミングスタイルが必要になります。スレッド間の同期や競合状態の解消に頭を悩ます必要はなく、コールバック関数を使って、すべてのリソース処理を後回しにすればよいのです。また、Nodeのモジュールでは単純さとミニマリズムが重視され、再利用、保守、ユーザビリティといった観点から見て、まったく新しい手法を提供してくれます。

Nodeには高速に動作し、JavaScriptをベースにして効率的な開発が行えるという長所がありますが、それ以外にも開発者を引きつける魅力をもっています。Nodeの環境で開発を行うと「原点に回帰」したように感じる開発者も多いでしょう。コードのサイズという観点からも、複雑さという観点からも、より人間的な手法でプログラミングができるのです。そしてこうした特徴を備えたNodeを多くの開発者が気に入っています。しかもES2015など新たな標準の実装が進んでいることで、既にNodeがもつ魅力に加えて、より表現豊かなコードが書けるようになりました。

2章 Node.jsの基本パターン

Node.js（Node）の非同期の世界に慣れるのは簡単ではありません。特にPHPなど、通常は非同期のコードを扱うことがない言語を使ってきた人にとってはハードルが高いでしょう。

同期的なプログラミングにおいては、コードを「問題解決のための連続したステップ」として考えるのが一般的です。あるコードの実行中はほかのすべての操作がブロックされ、そのコードの実行が完了しない限り次のコードへは進みません。記述した順番で実行されるため、コードは理解しやすくデバッグも比較的容易です。

一方、非同期プログラミングにおいては、たとえばファイルの読み込みやネットワーク経由のリクエストなど、いくつかの処理はバックグラウンドで実行され、そうした処理が完了する前に後続するコードが実行されることになります。非同期に呼び出されたバックグラウンドの処理はいつ終了するかわかりませんので、非同期処理の終了時の対応も記述しておく必要があります。

ブロックされることの少ない非同期のコードのほうが、パフォーマンス面では優れていることがほとんどですが、その代わり読みにくくなってしまう傾向があります。特に複雑なフロー制御を行う高機能のアプリケーションをわかりやすく記述するのはなかなか難しくなります。

しかし、Nodeには非同期の処理をうまく扱うためのツールやデザインパターンが用意されており、読みやすくデバッグしやすくて、それでいてパフォーマンスも優れているアプリケーションを作成できます。

この章では、Nodeの非同期プログラミングの土台となる、コールバックおよびオブザーバの2つのパターンを説明します。さらに、これに関連して、1章で登場したNodeのモジュールを定義する際によく使われるパターンについても説明します。

2.1 コールバックパターン

コールバックは1章で紹介したリアクタパターンにおけるハンドラの役目をするもので、Node独特のプログラミングスタイルの中心的な役割を果たします。コールバックは同期プログラミングにおける

return文に相当するもので、非同期プログラミングでは必須となる、処理結果を通知するための関数です。JavaScriptはコールバックを表現するのに適した言語です。なぜならJavaScriptの関数は「第1級（ファーストクラス）オブジェクト」であり、変数や定数に代入したり、他の関数への引数として渡したり、関数の戻り値として返したりできるからです。また、JavaScriptにはもうひとつの重要な機能である「クロージャ」があります。クロージャを使うことで、コールバック関数内でその関数が生成された環境を参照することができます。つまり、コールバックがいつどこから呼び出されたかにかかわらず、処理を要求した時点の状況（コンテキスト）を保持できるのです*1。

この節では、return文の代わりにコールバックを使うプログラミングスタイルについて詳しく見ていきましょう。

2.1.1 継続渡しスタイル（continuation-passing style：CPS）

JavaScriptにおいてコールバック関数とは、ある関数（FuncAとします）を呼び出すときに、引数として指定する関数（FuncPとします）で、FuncAの処理が完了したときにFuncAの結果を通知するために起動される関数のことを指します。「関数プログラミング」において、このように結果を伝播させる手法を「継続渡しスタイル（continuation-passing style：CPS）」と呼びます。CPSは非同期処理についてのみ使われるものではなく、一般に、処理結果をreturn文ではなくコールバック関数の呼び出しという形で返すことを表します。

2.1.1.1 同期的継続渡しスタイル

まず簡単な同期処理を実装した関数を見てみましょう。

```
function add(a, b) {
  return a + b;
}

console.log(add(1,2)); // 3
```

関数add()はごく普通の関数であり、return文を使って処理結果を返しています。このような関数を（継続渡しスタイルに対して）「ダイレクトスタイル（direct style：DS）」の関数と呼ぶことがあります。同期的なプログラミングにおいては、一般に関数といえばDSの関数を表します。では、この関数を継続渡しスタイル（CPS）に書き換えてみましょう。

まず、次のようなコードを検討してみます（01_callback_sync_cont_passing）。

```
function add(a, b, callback) {
  callback(a + b);
}
```

---

*1 ここではクロージャについては詳しく説明しませんが、Mozilla Developer Networkの次の記事が参考になります——https://developer.mozilla.org/ja/docs/Web/JavaScript/Closures

```
console.log('before');
add(1, 2, result => console.log('Result: ' + result));
              // =>（アロー関数）については付録を参照
console.log('after');
```

ここでadd()は同期的なCPS関数です。つまり、処理が完了してコールバックの呼び出しが終わるまで次の行に進みません。

このコードの実行結果は次のようになります。

```
$ node test.js
before
Result: 3
after
```

サンプルプログラムについて

この本のほとんどの例のソースコードはGitHubでソースファイルが公開されています。サポートページ（https://www.marlin-arms.com/support/nodejs-design-patterns/）を参照してください。

ソースコードはディレクトリ（フォルダ）ごとに分かれており、そのディレクトリにあるREADME.txtに具体的な実行方法が書かれています。上の01_callback_sync_cont_passingのように、括弧に入って例題の置かれているディレクトリ名が書かれていますので、それを頼りに例題のソースを読んだり、実行してみたりしてください。たとえば上の例は2章の例題なのでch02/01_callback_sync_cont_passingにあります。

```
$ cd ch02/01_callback_sync_cont_passing
$ ls
README.txt test.js
$ less README.txt
This example shows continuous passing with callbacks.

To run the example launch:

  node test
README.txt (END)    // qキーで戻る
```

基本的にはそのディレクトリでコマンド「node 〈JavaScriptファイル名〉」を実行すれば試せます（ファイルの拡張子.jsは省略可能です）。

```
$ node test
before
```

```
Result: 3
after
```

なお、パッケージを利用する場合は、nodeコマンドの実行前に、「npm install」でパッケージのファイルをダウンロード(インストール)しておく必要があります。

2.1.1.2 非同期CPS

では次に、関数add()を非同期(asynchronous)なバージョンaddAsyncに書き換えてみましょう(02_callback_async_cont_passing)。

```
function addAsync(a, b, callback) {
  setTimeout(() => callback(a + b), 100);
}

console.log('before');
addAsync(1, 2, result => console.log('Result: ' + result));
console.log('after');
```

addAsync()では非同期処理を実装するためにタイマーsetTimeout()を使っています。

このコードの実行結果は次のようになります。

```
$ node test
before
after
Result: 3
```

setTimeout()は非同期処理を起動するため、コールバックが実行されるのを待たずに即座にaddAsync()に制御を戻します。制御を戻されたaddAsync()でも実行するコードが残っていないため呼び出し側に制御を戻すことになります。このようにNodeにおいては、非同期のリクエストが送られるとすぐにイベントループに制御が戻り、キューにある次のイベントが処理されることになります。

図2-1にこの様子を示します。

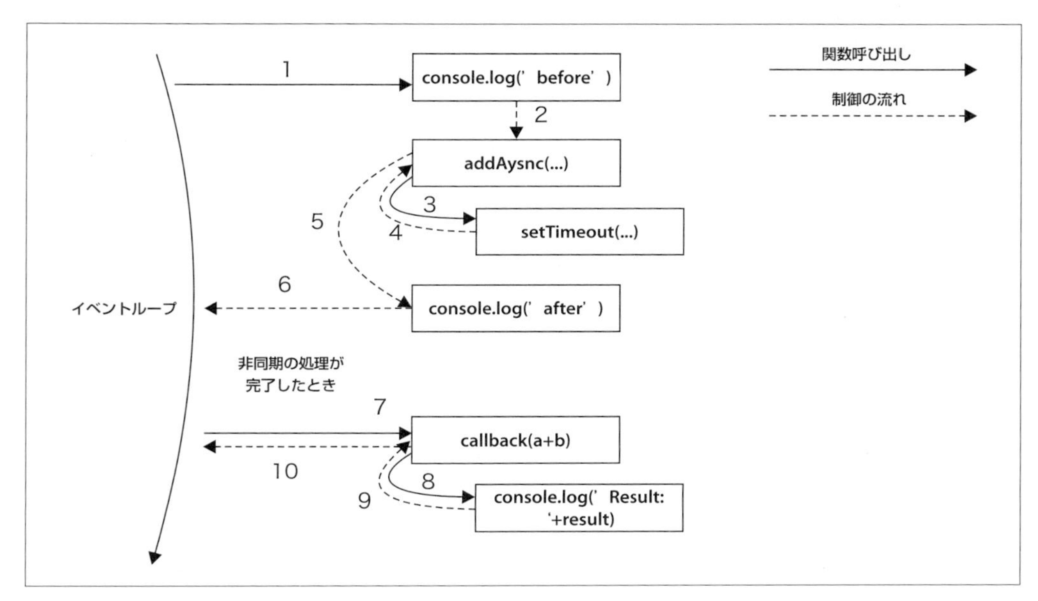

図2-1 非同期のコードの処理の順番

タイマーで指定された時間が経過すると非同期の処理が完了するので、コールバック関数が呼び出されます。イベントループから実行されるので、空の「コールスタック」から始まることになります。このときJavaScriptでは、クロージャを利用することで、（違う場所から違うときにコールバックが起動されても）非同期処理関数の呼び出し側の状況（コンテキスト）を保持することが簡単にできるのです。

同期的な関数は自分が担当する操作が完了するまで、呼び出し側の処理を中断させます。これに対して非同期の関数は即座に制御を戻しますが、結果はしばらくしてからハンドラ（コールバック関数）に渡されて返されます。上の例では、イベントループにおいて所定のサイクルが経過した後でコールバック関数が実行されることになります。

2.1.1.3 継続渡しではないコールバック

引数に関数が指定されているからといって、必ずしもそれがCPS（継続渡しスタイル）とは限りません。たとえばJavaScriptの`Array`オブジェクトの`map()`メソッドについて見てみましょう（`03_callback_non_cont_passing`）。

```
const result = [1, 5, 7].map(element => element - 1);
console.log(result); // [0, 4, 6]
```

ここで`map`の引数の関数は処理結果を戻すためのものではなく、配列の各要素で同期的に呼び出されます。`map()`メソッドはDS（ダイレクトスタイル）の同期的な関数で、処理結果は`return`文により戻されます（引数にコールバック関数が指定される場合、その利用方法はAPIのドキュメントに明確に記述されているのが普通です)。

2.1.2 同期処理か非同期処理か

前の章で非同期的なものか同期的なものかによって関数の実行の順番が(大きく)異なってしまうことがあることを説明しました。このことはアプリケーション全体のフローにも影響を与え、その結果、効率面でも違いが出る可能性があります。この小節では、同期、非同期のそれぞれについて留意すべき点を見ていきましょう。

一般的に言ってまず避けなければならないのは「一貫性がないAPI」です。APIに一貫性が保たれていないと、発見や再現が難しいバグの原因となってしまいます。ここで「一貫性がない」とは具体的にどういったことを意味するのか、まず例を見てみましょう。

2.1.2.1 同期と非同期の混在

もっとも危険なのは、ある条件下では同期関数として動作し、別の場合は非同期関数として動作する次のような実装です(04_callback_unpredictable)。

```
const fs = require('fs'); // Node.jsのFile System Moduleの読み込み
const cache = {};

// filenameから読み込んだデータをcallbackを呼び出して処理
function inconsistentRead(filename, callback) { //「一貫性のない読み込み」
  if (cache[filename]) { // 同期的に実行される。cacheにデータがある時
    callback(cache[filename]);
  } else { // 非同期の関数fs.readFile()を呼び出す
    fs.readFile(filename, 'utf8', (err, data) => {
      cache[filename] = data;
      callback(data);
    });
  }
}
```

上の関数inconsistentReadでは、ファイルから読み込んだデータを変数cacheに記憶します[*1]。この関数は、キャッシュにデータがない場合は非同期の関数fs.readFile()を呼び出すことで自身も非同期的に振る舞い、そうでない場合は即座にコールバックを呼び出すことで同期的に振る舞います。

2.1.2.2 混在がもたらす問題

それでは、同期と非同期を混在させた関数inconsistentReadがどのような問題を引き起こすか見てみましょう。次のような関数を定義します(04_callback_unpredictable)。

---

*1 この例ではエラー処理などは省略しています。

```
function createFileReader(filename) {
  const listeners = [];
  inconsistentRead(filename, value => {
    listeners.forEach(listener => listener(value));
  });

  return {
    onDataReady: listener => listeners.push(listener)
  };
}
```

上の関数createFileReader()は、呼び出されると新しいオブジェクトを生成して返します。そのオブジェクトは「ノーティファイヤ」として働きます。ファイル読み込み操作に対して複数のリスナー（リスナー関数）を設定できます。データの読み込みが完了するとすべてのリスナーが同時に起動されます。この機能を実現するために先に定義した関数inconsistentRead()を使います。では関数createFileReader()を使ってみましょう。

```
const reader1 = createFileReader('data.txt');
reader1.onDataReady(data => {
  console.log('First call data: ' + data);
  // ... しばらくして同じファイルを再度読み込む
  const reader2 = createFileReader('data.txt');
  reader2.onDataReady( data => {
    console.log('Second call data: ' + data);
  });
});
```

このコードの実行結果は次のようになります。

```
$ node test
First call data: some data
```

上の結果を見ればわかるように2回目の呼び出しが行われていないようです。なぜでしょうか。コードを詳しく見てみましょう。

- reader1の生成の時点ではまだキャッシュは存在しないため、inconsistentRead()は非同期関数として振る舞う。そのため、メソッドonDataReady()でリスナーが登録されてから何サイクルか後にファイル読み込み処理が完了し、リスナーが呼び出される
- そして、イベントループの、あるサイクルでreader2が生成されるが、この時点ではキャッシュは既に存在している。この場合、inconsistentRead()の呼び出しは同期的に行われることになる。したがって、inconsistentRead()のコールバックは即座に起動される。この結果、reader2のすべてのリスナーも同期的に起動されることになる。しかし、reader2の生成のあとでリスナーを登録していることになるので、リスナーが呼び出されることはない

上記のinconsistentRead()のような関数は、呼び出し回数や引数の内容、そしてファイルが読み込まれるまでの時間等、さまざまな要因により振る舞いが変わるため、処理結果は予測できません。

上のような「バグ」は原因を見つけるのが大変ですし、また再現も難しいものです。特に複数のリクエストを同時に処理するウェブサーバにおいて、ごく一部のリクエストでこのようなバグが発生した場合を想像してみてください。再現ができずエラーも出力されないため解決が非常に難しくなります*1。

2.1.2.3 解決策1 同期APIの利用

こうした問題が起こらないようにするには、APIを定義する際に、同期的に動作するのか非同期的に動作するのか明示することが大切です。

まず、先ほどのinconsistentRead()を常に同期的に動作する関数に書き換えてみましょう。ほとんどのNodeのI/O関連のAPIは、同期バージョンと非同期バージョンの両方を備えているのでこれは簡単に実現できます。この場合は、fs.readFile()の代わりにfs.readFileSync()を使って、次のように同期関数に書き直します（05_callback_sync_api）。

```
const fs = require('fs');
const cache = {};

function consistentReadSync(filename) {
  if (cache[filename]) {
    return cache[filename];
  } else {
    cache[filename] = fs.readFileSync(filename, 'utf8');
    return cache[filename];
  }
}

console.log(consistentReadSync('data.txt'));
console.log(consistentReadSync('data.txt')); // キャッシュから
```

ここでは関数がDS（ダイレクトスタイル）で実装されています。同期関数を実装するのに継続渡しは必要ありません。実のところ、同期的なAPIは常にDSで実装したほうが単純でわかりやすくなり、パフォーマンスも優れています。

パターン

同期的な関数はDS（ダイレクトスタイル。return文を使って処理結果を返す形式）で実装する。

---

*1　npmの作者でNodeの元プロジェクトリーダーであるIsaac Z. Schlueterは、自身のブログ（http://blog.izs.me/post/59142742143/designing-apis-for-asynchrony）において、上記のような同期と非同期が混在した状況を「Zalgoが解き放たれた状態」と表現しています。Zalgoというのは、災いをもたらすとされているネット上の架空の存在です（興味のある人は検索してみてください）。

ここで注意しなければならないのは、ある関数をCPS（継続渡しスタイル）からDSに書き直す場合（非同期から同期に書き直す場合）、その関数を呼び出す側も書き直さなければならないという点です。たとえば、`inconsistentRead()`を同期関数に書き直す場合、呼び出し元も同期的に動作するよう書き直さなければなりません。

また、非同期の代わりに同期を採用する場合、他にもいくつか留意点があります。

- ある機能に関して常に同期バージョンが用意されているとは限らない
- 同期処理はイベントループをブロックするため、他のリクエストは処理待ちとなる。これはJavaScriptが本来もつ並行性を損ねることになり、アプリケーション全体の動作を遅くする

先の`consistentReadSync()`に関して言えば、イベントループをブロックするリスクは、ほとんど無視できる程度と言えるでしょう。なぜなら、同期的に読み出すのは1ファイルだけで、2回目以降はキャッシュが効きます。ファイル数が限られている場合、`consistentReadSync()`を使ってもパフォーマンスにほとんど影響を与えないでしょう。これに対して、数多くのファイルを一度だけ処理するといった場合（つまりキャッシュが効かない場合）は話は別です。Nodeにおいて同期的な入出力を用いるのは多くの場合推奨されませんが、特定の状況下では同期的にすることで明解でパフォーマンス的にも問題がない解決策となります。状況を考えて正しい選択を行ってください。たとえば、アプリケーション起動時に一度だけ読まれる設定ファイルは、多くの場合同期I/Oを使って読み込みます。いずれにしろ、同期APIはアプリケーションの処理能力に影響が出ない範囲で用いるようにしましょう。

2.1.2.4 解決策2 遅延実行

もうひとつの解決策は、関数`inconsistentRead()`を完全に非同期関数として実装することです。同じイベントサイクルで即座に実行されるようにするのではなく、同期的なコールバックが「将来」起動されるようにスケジュールするわけです。これをするのにNodeでは`process.nextTick()`を使えます。イベントループで次まで関数の実行を遅延してくれる関数です。

機能はとても単純で、引数として指定されたコールバックをイベントキューの先頭にプッシュし、即座に呼び出し側に制御を戻します。したがって、コールバックはペンディング中のI/Oイベントの前に置かれ、イベントループが実行されるときに起動されることになります。

この方法で`inconsistentRead()`を非同期化したのが次のコードです（`06_callback_deferred_execution`）。これで先の関数はどのような条件下でも非同期で動作するようになります。

```
const fs = require('fs');
const cache = {};
function consistentReadAsync(filename, callback) {
  if(cache[filename]) {
    process.nextTick(() => callback(cache[filename]));
  } else {
    // 非同期の関数
    fs.readFile(filename, 'utf8', (err, data) => {
```

```
          cache[filename] = data;
          callback(data);
        });
      }
    }
```

実行を遅延させるための関数としてはsetImmediate()もありますが、これは機能が異なります。process.nextTick()では指定された処理は既に登録されたI/Oイベントよりも前に実行されますが、setImmediate()では、既に登録されたI/Oイベントの後に実行されます。ただし、process.nextTick()は「I/Oスタベーション（I/O starvation）」を引き起こす危険がある点に注意してください。たとえば、process.nextTick()が再帰的に呼び出された場合、既に登録済みのI/Oは実行されずに待たされることになります。一方、setImmediate()の場合はそのような状況になることはありません。なお、9章でCPUバウンドな同期処理を非同期化するテクニックを紹介する際に、この2つのAPIの使い分けについて説明します。

パターン

process.nextTick()を使って実行を遅延することで、コールバックの非同期的な起動が保証される。

2.1.3 Node.jsのコールバック

NodeのAPIにおいて、コールバックに関するいくつかの慣習があり、NodeのコアAPIだけでなく、ユーザーランドのほとんどのモジュールやアプリケーションでも守られています。非同期のAPIを設計する際には、これから紹介する慣習に従いましょう。

2.1.3.1 コールバック引数

関数にコールバックを指定する場合には必ず最後の引数とします。これはNodeのコアメソッドのすべてに当てはまります。NodeのコアAPIの例を見てみましょう。

```
fs.readFile(filename, [options], callback)
```

引数callbackはoptionsの有無にかかわらず、必ず最後の引数となります。こうするのは、コールバックをその場で（無名関数で）記述する場合に、後ろに引数がないほうが読みやすいからです。

2.1.3.2 エラーオブジェクト

一般に継続渡しスタイル（CPS）では、エラーも処理結果と同じようにコールバック関数を経由して伝播されます。Nodeにおいてはエラーは常に先頭の引数として、そして処理結果は2番目以降の引数としてコールバックに渡されます。エラーが発生せずに処理が成功した場合、先頭の引数にはnullもしくはundefinedが渡されます。次のコードで例を示します。

```
fs.readFile('foo.txt', 'utf8', (err, data) => {
  if (err)
    handleError(err); // エラーの処理
  else
    processData(data); // dataを処理
});
```

エラーの有無を必ずチェックするのが「ベストプラクティス」です。チェックをしておかないと問題の箇所の特定やデバッグが難しくなります。もうひとつ、従ったほうがよい重要な慣習があります。それはエラーの型は必ずErrorとすることです。つまりエラーを表すオブジェクトとして、単純な文字列や数値を渡さないようにしなければなりません。

2.1.3.3 エラーの伝播

同期的なDS（ダイレクトスタイル）の関数におけるエラーの伝播はthrow文によって行われ、これによってコールスタック内のもっとも近いcatchに制御が移動します。しかし、非同期のCPS（継続渡しスタイル）の関数の場合のエラーの伝播は、単純にコールバックでエラーオブジェクトを返すことによってなされます。典型的なパターンを次に示します（07_callback_propagating_errors）。

```
const fs = require('fs');
function readJSON(filename, callback) {
  fs.readFile(filename, 'utf8', (err, data) => {
    let parsed;
    if (err) {
      return callback(err); // ファイル読み込みエラーを通知して関数を抜ける
    }

    try {
      parsed = JSON.parse(data); // ファイルの中身を解析(パース)する
    } catch(err) {
      return callback(err); // 解析エラーを通知して関数を抜ける
    }
    callback(null, parsed); // エラーなし。処理結果（JSONデータ）を通知
  });
};
```

上のコードで注目すべきは成功時と失敗時とのコールバックの呼び出し方の違いです。成功時には先頭の引数にnullを渡し、失敗時にはエラーオブジェクトをそのまま渡しています。また、エラーを渡すと同時にreturnで関数を抜けている点にも注目してください。こうすることで次の行の実行を防いでいます。

2.1.3.4 キャッチされない例外

上のコードのfs.readFile()のコールバックの中で、JSON.parse()の呼び出しはtry...catchで囲まれています。こうしないと、例外がコールバック内で発生した場合、イベントループまで伝播してしまいます（次のコールバックには伝播しません）。

Nodeでこのような状況になった場合、標準エラー出力（stderr）にエラーを表示して停止してしまいます。では、実際に上のコードからtry...catchを削除して、わざと例外を発生させてみましょう（readJSON.jsと比較してください）。

```
const fs = require('fs');
function readJSONThrows(filename, callback) {
  fs.readFile(filename, 'utf8', (err, data) => {
    let parsed;
    if (err) {
      return callback(err); // ファイル読み込みエラーを通知して関数を抜ける
    }
    callback(null, JSON.parse(data)); // エラーなし。処理結果（JSONデータ）を通知
  });
};
```

上記のコードでは、JSON.parse()で例外が発生してもキャッチされません。この状態で非JSONファイルを読み込んで例外を発生させてみましょう。

```
readJSONThrows("nonjson.txt", err => {
  if (err) { console.log(err); } else { JSON.stringify(json);}
})
```

アプリケーションは次のようなエラーを出力して停止してしまいます。

```
SyntaxError: Unexpected token h in JSON at position 1
    at JSON.parse (<anonymous>)
    at fs.readFile ( .../ch02/07_callback_propagating_errors/readJSON.
js:13:21)
    at FSReqCallback.readFileAfterClose [as oncomplete] (internal/fs/read_
file_context.js:54:3)
```

readJSONThrows()の呼び出しをtry...catchで囲んでも効果はありません。なぜなら、readJSONThrows()の呼び出しスタックは、コールバックの呼び出しスタックとは異なるからです。たとえば次のコードがこの例です（こうしてもエラーはキャッチできません）。

```
try {
  readJSONThrows("nonjson.txt", err => {console.log(err);});
} catch(err) {
  console.log('こうしてもキャッチはできない');
}
```

例外がイベントループまで到達した時点でアプリケーションは停止すると書きましたが、停止直前にクリーンアップやログ出力等の処理を行う機会が与えられています。例外がイベントループまで到達した場合、NodeはuncaughtExceptionという特別なイベントを発行します。次はuncaughtExceptionイベントの処理例です。

```
readJSONThrows("nonjson.txt", err => {console.log(err);});

process.on('uncaughtException', (err) => {
  console.error("これでエラーをキャッチできる：" + err.message);
  process.exit(1); // エラーコード1で終了。これがないと実行を継続する
});
```

ここで注意しなければならないのは、uncaughtExceptionが発生したときにはアプリケーションの状態がおかしくなっているかもしれないという点です。たとえば処理待ち状態のI/Oリクエストやコンテキスト内のクロージャ等の情報が正しく保たれている保証はありません。したがって、特に製品として出荷するものの場合は、通常の処理ではキャッチされていない例外が発生した場合は速やかに終了処理（process.exit(1)）を行うことが望まれるのです。

2.2 モジュールシステムとパターン

モジュールはある程度以上の規模のアプリケーションを構築する際の「部品」ですが、非公開の関数や変数を隠蔽するカプセル化のための機構でもあります。この節ではNodeのモジュールについて、その役割や典型的な利用パターンを説明します。

2.2.1 公開モジュールパターン

JavaScriptには「ネームスペース（namespace）（名前空間）」が存在しないという問題があります。このためアプリケーションやライブラリから、グローバルな変更が容易にできてしまいます。これを回避するための方法として、次のコードのような「公開モジュールパターン（リビーリング）」と呼ばれるアプローチがよく使われます（09_module_revealing_module）。

```
const module = (() => {
  const privateFoo = () => {...};
  const privateBar = [];

  const exported = {
    publicFoo: () => {...},
    publicBar: () => {...}
  };

  return exported;
})();
console.log(module);
```

このパターンではJavaScriptの関数がプライベートなスコープを形成するという性質を利用して、必要なものだけを公開します。上のコードでは変数moduleには公開されたAPIだけが含まれており、その他の変数や関数（privateFooおよびprivateBar）は外部からアクセスできません。下で説明するように、このパターンの背後にあるアイデアが、Nodeのモジュールシステムの基盤を形成しています。

2.2.2　Node.jsモジュールシステムの詳細

JavaScriptの標準化を目指すCommonJSというグループがあり、CommonJSモジュールを公開しています。Nodeのモジュールシステムは、このCommonJSモジュールを独自に拡張したものとなっています。上で説明した公開モジュールパターンと同じように、Nodeのモジュールは自身のスコープをもち、モジュール内部での変数定義がグローバルスコープを汚染しないようになっています。

2.2.2.1　自作のモジュールローダ

モジュールシステムを理解するために、ゼロから簡単なものを作ってみましょう。Nodeの関数require()のサブセットを実装します。

まずはひとつ関数を作ります。この関数はモジュールの中身をロードして、プライベートなスコープにラップし、それを評価します（10_module_loader）。

```
function loadModule(filename, module, require) {
  const wrappedSrc=`(function(module, exports, require) {
      ${fs.readFileSync(filename, 'utf8')}
    })(module, module.exports, require);`;
  eval(wrappedSrc);
}
```

どのモジュールのソースコードも、基本的には関数にラップされます。この点は「公開モジュールパターン」の場合と同じです。違うのは3つの引数module、exports、requireを関数に渡している点です。ラップしている関数の引数exportsがmodule.exportsのコンテンツによってどのように初期化されているかに注目してください。

上は単なる例である点に注意してください。この例では文字列として読み込んだJavaScriptのコードをeval()によって実行していますが、実際のアプリケーションでeval()を使う必要は滅多にありません。eval()やvmモジュール（http://nodejs.org/api/vm.html）の関数を使うと、簡単にセキュリティホールを作ることができてしまいますので、この種の関数は可能な限り使わないようにしましょう。どうしても使わなければいけない場合は細心の注意を払ってください。

では我々のrequire()（requireMine()）を実装して変数がどう変化していくかを見ましょう。

```
const requireMine = (moduleName) => {
```

```
    console.log(`RequireMine invoked for module: ${moduleName}`);
    const id = requireMine.resolve(moduleName);      // ❶
    if (requireMine.cache[id]) {                     // ❷
      return requireMine.cache[id].exports;
    }

    // モジュールのメタデータ（モジュールに保持するデータ）
    const module = {                                 // ❸
      exports: {},
      id: id
    };
    // キャッシュの更新
    requireMine.cache[id] = module;                  // ❹

    // モジュールをロード
    loadModule(id, module, requireMine);             // ❺

    // 公開する変数をリターン
    return module.exports;                           // ❻
  };
  requireMine.cache = {};
  requireMine.resolve = (moduleName) => {
    // モジュール名を完全な識別子（ここではファイルパス）に変換する
  };
```

ここではNodeの`require()`を真似た関数を実装しています。もちろん、細部まで模倣するのではなく簡易版ですが、Nodeのモジュールシステムの内部動作の理解には役に立つでしょう。動作を詳しく見ていきましょう。

❶ モジュール名（`moduleName`）が引数に指定されているので、ファイルシステム内でモジュールのファイルの場所を特定しフルパスに変換する（この処理は後述の`requireMine.resolve()`で実装される）。結果を定数`id`に記憶する
❷ 過去にロードされていたものの場合はキャッシュに入っているはずなので、キャッシュを戻す
❸ キャッシュに見つからなかった場合はファイルからロードすることになる。空のオブジェクトをもつ`exports`というプロパティを含む`module`オブジェクトを生成する。`exports`は外部に公開するAPIを保持するオブジェクトということになる
❹ オブジェクト`module`をキャッシュする
❺ `loadModule()`を、`module`オブジェクトと`requireMine()`自身への参照を引数として呼び出し、既に見たようにモジュールのソースをファイルから読み込み、`eval()`を実行する。ここで、オブジェクト`module.exports`に公開APIをエクスポートする
❻ 最後に`module.exports`が呼び出し元に返される。`module.exports`は、そのモジュールの公開APIを含んでいる

このようにNodeのモジュールシステムで特殊なテクニックを使っているわけではありません。注目すべきポイントは、モジュールのソースコードの回りに生成する「ラッパー」によって人工的な環境を作り実行しているわけです。

2.2.2.2　モジュールの定義

require()がどのように動作するかを見たので、今度はモジュールの定義方法を見てみましょう。

```
// 別の依存モジュールをロードする
const dependency = require('./anotherModule');

// 非公開関数
function log() {
  console.lcg(`Well done ${dependency.username}`);
}

// 公開関数
module.exports.run = () => {
  log();
};
```

重要なのは、変数module.exportsに代入されない限りモジュール内のすべての変数が非公開になるという点です。

2.2.2.3　グローバル変数の定義

これまで見てきたように、Nodeのモジュール内で宣言された変数や関数はすべてローカルのスコープをもちますが、グローバル変数を定義することもできます。Nodeのモジュールシステムでは、この目的のためにglobalという特別な変数が定義されています。globalオブジェクトに定義されたプロパティは、自動的にグローバル変数／関数として参照可能となります。

グローバルスコープに変更を加えることは、モジュールシステムのカプセル化の利点を損なうため、一般的には悪しき習慣とみなされています。どうしても必要な場合以外は使わないでください。

2.2.2.4　module.exportsとexportsの使い分け

初心者はAPIを公開する際によくexportsとmodule.exportsの使い方を間違えます。上で実装したrequire関数を見ればわかりますが、変数exportsはmodule.exportsと同一オブジェクトで、モジュールのロード直前にインライン宣言されたオブジェクトリテラルです。

これは、次のコードに示すように、変数exportsに参照されたオブジェクトに対しては、新しいプロパティを追加できるだけであることを意味します。

```
exports.hello = () => {
  console.log('Hello');
}
```

変数exportsへ再度代入をしても何も起こりません。module.exportsの中身は変更されないのです。変数自身を再代入するだけです。したがって、次のコードは誤りです。

```
exports = () => {
  console.log('Hello');
}
```

オブジェクトリテラル以外の何か（関数、インスタンス、文字列など）をエクスポートしたい場合は、次のようにmodule.exportsに代入しなければなりません。

```
module.exports = () => {
  console.log('Hello');
}
```

2.2.2.5 requireは同期関数

我々の手作りのrequire()関数は同期関数、つまり、モジュールの内容をコールバックではなく、DS（ダイレクトスタイル）の戻り値として返しています。これは本物のNodeのrequire()関数も同じです。そのため、module.exportsオブジェクトへの操作は同期的に行われる必要があります。たとえば次のコードは正しくありません。

```
setTimeout(() => {
  module.exports = function() {...};
}, 100);
```

requireが同期関数であるということは、自作のモジュールの定義方法に大きく影響します。なぜなら、モジュール定義のコードは必然的に同期処理として実装するしかないからです。Nodeのコアモジュールの多くのAPIにおいて非同期だけでなく同期バージョンも用意されている最大の理由は、この制限によるものです。

モジュールの初期化を非同期に行うとすると、いったん初期化完了前のモジュールを返して、あとから初期化することになりますが、そのようなモジュールはrequire直後に使えないため、使い勝手がよくありません。これに関しては、9章において、この問題をエレガントに解決するためのいくつかのパターンを紹介します。

実は初期のNodeには非同期バージョンのrequire()が存在していました。しかしモジュールの初期化を非同期で行える利点よりも、それにより複雑さが増す欠点のほうが大きかったため、ほどなく削除されました。

2.2.2.6 依存解決

複数のソフトウェアが同一モジュールの異なるバージョンに依存している状態を「依存地獄(dependency hell)」と呼びますが、Nodeには、ロード元によって異なるモジュールのバージョンをロードする機能が備わっているため、この問題を回避できます。この機能はnpmおよびrequire関数の依存解決アルゴリズムにより実現されています。

この依存解決のアルゴリズムの概要を見ていきましょう。我々の自作のrequireでは、resolve()はモジュール名（moduleName）を引数として取り、そのモジュールが格納されているファイルのフルパスを返していました。このフルパスは、モジュールのファイルをロードするのに使われるだけでなく、モジュールを一意に特定するユニークな識別子としても使われていました。一方、実際のNodeの依存解決のアルゴリズムは次の3段階に分かれています。

1. **コアモジュール**
   まずは指定されたmoduleNameがNodeのコアモジュールかどうか調べる
2. **ファイルモジュール**
   コアモジュールに見つからなかった場合、ローカルファイルシステムを探す。moduleNameが「/」で始まる場合は絶対パスとして、「./」もしくは「../」で始まる場合はrequireを呼び出しているファイルからの相対パスとして解釈される
3. **パッケージモジュール**
   moduleNameの開始文字列が「/」「./」「../」のいずれでもない場合、requireを呼び出しているファイルと同じディレクトリの下のnode_modulesディレクトリの中を探す。見つからなかった場合、もしくはnode_modulesディレクトリが存在しない場合はさらに親のディレクトリを探す。そのようにディレクトリ階層を上へ上へと探索し、ローカルファイルシステムのルートに到達するまで探す

ファイルモジュールとパッケージモジュールに関しては、さらにロードすべきファイルをmoduleNameから次のルールにより特定します*1。

- moduleNameという名前のファイルがあれば（なければ拡張子.jsもしくは.jsonを補完して確認）そのファイルをロードする
- moduleNameという名前のディレクトリがあれば、その配下にpackage.jsonというファイルが存在するか調べる。存在すれば、その中のmainプロパティで指定されたファイルをロードする
- moduleNameディレクトリ配下にindex.jsというファイルが存在すればロードする

*1 依存解決のアルゴリズムの詳細は公式ドキュメントを参照してください――https://nodejs.org/api/modules.html#modules_all_together

npmでパッケージをインストールする際に、依存モジュールはnode_modulesディレクトリの下に保存されます。つまり、先述の依存解決のアルゴリズムを用いることで、各パッケージは独自のバージョンの依存モジュールをもつことが可能です。たとえば次のようなディレクトリ構成でパッケージがインストールされているとします。

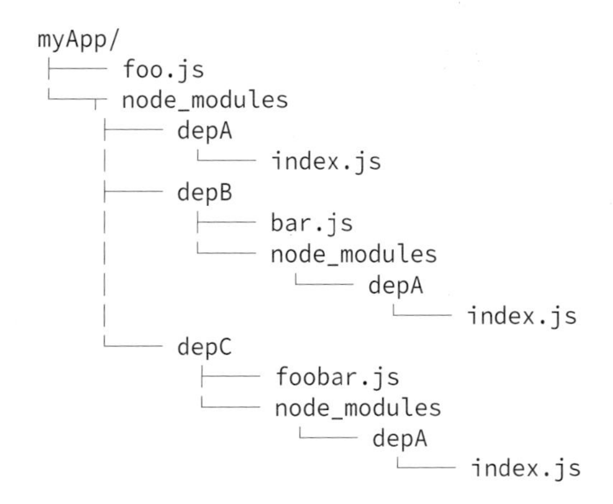

```
myApp/
├── foo.js
└─┬ node_modules
  ├── depA
  │   └── index.js
  ├── depB
  │   ├── bar.js
  │   └── node_modules
  │       └── depA
  │           └── index.js
  └── depC
      ├── foobar.js
      └── node_modules
          └── depA
              └── index.js
```

この例では、myApp、depB、depCはいずれもdepAに依存していますが、それぞれ異なるバージョンのdepAに依存しています。ここで、先述の依存解決のアルゴリズムを用いて、require('depA')が呼び出し元によって異なるファイルをロードする様子を見てみましょう。

- /myApp/foo.jsからrequire('depA')を呼び出した場合
  /myApp/node_modules/depA/index.jsをロードする
- /myApp/node_modules/depB/bar.jsからrequire('depA')を呼び出した場合
  /myApp/node_modules/depB/node_modules/depA/index.jsをロードする
- /myApp/node_modules/depC/foobar.jsからrequire('depA')を呼び出した場合
  /myApp/node_modules/depC/node_modules/depA/index.jsをロードする

この依存解決アルゴリズムにより、Nodeは複雑な依存関係も解決でき、ひいては大規模なアプリケーションにおいて、バージョン間の衝突なく何百、何千といった依存パッケージをもつことが可能になるのです。

通常は、このアルゴリズムはrequire()を呼び出したときに内部的に実行されますが、必要に応じて、require.resolve()を呼び出して直接指定することもできます。

2.2.2.7 モジュールのキャッシュ

我々の自作のrequire()関数では、各モジュールは初回のrequire時に一度だけロードされ、以降のrequireの呼び出しはキャッシュが戻される実装になっていましたが、これはNodeのrequire

でも同じです。モジュールのキャッシュはパフォーマンス上不可欠ですが、次の点に注意する必要があります。

- キャッシュによりモジュールの循環参照が可能になる
- あるパッケージ内で同じモジュールが複数回`require`された場合、それらは同じインスタンスを参照する（ただし、下で見るようにそうでない場合もある）

キャッシュは`require()`の内部で自動的に作成されますが、変数`require.cache`経由で直接アクセスできます。したがって`require.cache`内のキーを`delete`して、キャッシュを削除することもできます。これはテスト時にはとても便利ですが、危険が伴いますので、通常はやらないほうがよいでしょう。

2.2.2.8　モジュールの循環参照

多くの場合、循環参照は設計上の問題とみなされますが、実際のプロジェクトでも使われる場合があります。ここでは、Nodeでの循環参照がどのようなものか知るため、我々の自作の`require()`関数を使って、実際の動作を見てみましょう。

まずは、次の2つのモジュールが定義されているとします（`11_module_circular_dependency`）。

```
// モジュール a.js
exports.loaded = false;
const b = require('./b');
module.exports = {
  bWasLoaded: b.loaded,
  loaded: true
};

// モジュール b.js
exports.loaded = false;
const a = require('./a');
module.exports = {
  aWasLoaded: a.loaded,
  loaded: true
};
```

そして、これらのモジュールを`main.js`という別のモジュールから読み込んでみましょう。

```
const a = require('./a');
const b = require('./b');
console.log(a);
console.log(b);
```

このコードの実行結果は次のようになります。

```
{ bWasLoaded: true, loaded: true }
{ aWasLoaded: false, loaded: true }
```

このコードの実行結果は循環参照の問題点を如実に表しています。mainモジュールからrequireされた時点では、モジュールaもbも完全に初期化されているのですが、モジュールbからロードされた時点では、モジュールaはまだ初期化が完了していません。そのためモジュールb内でモジュールaの状態を保持している箇所(aWasLoaded)は不完全な状態となっています。mainモジュールを変更して、モジュールaとbのrequireの順番を変えるとどうなるでしょう。

実際に試してみればわかりますが、今度はモジュールa内でモジュールbの状態を保持している箇所(bWasLoaded)が不完全な状態となります。このように、循環参照で互いのモジュールの状態に依存している場合、どのモジュールを先にロードするかによって、実行結果が変わる場合があります。プロジェクトの規模が大きくなると、このような問題は容易に発生します。

2.2.3 モジュール定義におけるパターン

Nodeのモジュールシステムは、本来の目的である依存モジュールのロードに加えて、APIを定義するツールとしての役目ももっています。APIを設計するうえで、モジュールのどの部分を公開するかは常に頭を悩ませる問題です。カプセル化という観点では、不要な情報を隠蔽することでAPIは使いやすくなりますが、一方で拡張性や再利用性も考慮しなければなりません。

この節ではNodeのモジュールを定義するうえでよく使われるパターンを紹介します。それぞれのパターンはカプセル化、拡張性、そして再利用性の観点から独自のバランスを保っています。

2.2.3.1 オブジェクトのエクスポート(Named Exports)

もっとも一般的なAPI公開の形態は「Named Exports」と呼ばれるものです。これは、公開したい関数や変数を、exportsオブジェクトのプロパティとして定義する方法です。この場合、exportsオブジェクトが一群の機能の「コンテナ」あるいは「ネームスペース」としての役割を果たしてくれます。

Named Exportsの例を示します。

```
// file logger.js
exports.info = (message) => {
  console.log('概要: ' + message);
};

exports.verbose = (message) => {
  console.log('詳細: ' + message);
};
```

一方、モジュールを使用する側は、次のようにロードされたモジュールのプロパティ経由でAPIにアクセスします。

```
// file main.js
const logger = require('./logger');
logger.info('一般情報提供用のメッセージ');
logger.verbose('詳細情報提供用のメッセージ');
```

ほとんどのNodeのコアモジュールはこのパターンを用いて定義されています。

CommonJSの仕様では、このNamed Exportsのみが許されており、次に見るような`module.exports`を使うものはNode独自の拡張となります。

2.2.3.2 関数のエクスポート（substackパターン）

次によく使われるパターンとして、`module.exports`オブジェクトをまるごと関数で上書きするという手法があります。このパターンの強みは、単一の関数しかエクスポートしないため、APIが単純明快になるということです。これは1章で紹介した「露出部分最小化」というNodeの原則にも合致しています。Nodeのコミュニティでは有名な開発者であるJames Halliday（ニックネームsubstack）が好んで使ったため、このパターンは「substackパターン」と呼ばれています。次に例を示します。

```
module.exports = (message) => {
  console.log(`概要: ${message}`);
};
```

このパターンの興味深い拡張として、エクスポートされる関数をネームスペースとして使うことで、他のAPIを公開できます。それにより、メインのエントリポイントとなる関数に加えて、より高度な利用シーンでのみ使われる、副次的な機能を提供できるようになります。次の例では、先にエクスポートした関数に対して、副次的な機能となる関数`verbose`を追加しています。

```
module.exports.verbose = (message) => {
  console.log(`詳細: ${message}`);
};
```

関数`verbose`の使用例を見てみましょう。

```
const logger = require('./logger2');
logger('一般情報提供用のメッセージ');
logger.verbose('詳細情報提供用のメッセージ');
```

単一の関数しかエクスポートできないというのは一見制限のように見えますが、実際にはモジュールの機能を強調するための強力な手法となります。それにより、モジュールの利用者は何が主要で、何が副次的なものか容易に理解できます。Nodeではこのような単一責任の原則（single responsibility principle：SRP。「すべてのモジュールはただひとつの機能に責任をもち、その責任はすべてそのモジュールによりカプセル化されていなければならない」）が強く推奨されています。

substackパターン

メインとなる関数のみをエクスポートし、その関数のプロパティとして副次的な機能を定義する。

2.2.3.3 コンストラクタのエクスポート

このパターンは先ほどのsubstackパターンの一形態となります。関数をエクスポートするところまでは同じですが、その関数がクラスのコンストラクタである点が異なります。利用する側はそのコンストラクタをnew式の一部として呼び出すことでインスタンスを生成するか、もしくはコンストラクタのprototypeを拡張して新たなクラスを定義します。次に例を示します。

```
function Logger(name) {
  this.name = name;
}

Logger.prototype.log = function(message) {
  console.log(`[${this.name}] ${message}`);
};

Logger.prototype.info = function(message) {
  this.log(`概要: ${message}`);
};

Logger.prototype.verbose = function(message) {
  this.log(`詳細: ${message}`);
};

module.exports = Logger;
```

このコンストラクタを利用するコードはたとえば次のようになります。

```
const Logger = require('./logger');
const dbLogger = new Logger('DB');
dbLogger.info('一般情報提供用のメッセージ');
const accessLogger = new Logger('ACCESS');
accessLogger.verbose('詳細情報提供用のメッセージ');
```

まったく同じクラスをES2015の記法を用いて記述すると次のようになります。

```
class Logger {
  constructor(name) {
    this.name = name;
  }

  log(message) {
    console.log(`[${this.name}] ${message}`);
  }

  info(message) {
    this.log(`概要: ${message}`);
  }

  verbose(message) {
```

```
    this.log(`詳細: ${message}`);
  }
}

module.exports = Logger;
```

ES2015のクラスは従来のプロトタイプベースのクラスの単なる構文糖衣(シンタクティックシュガー)であるため、クラスを利用する側のコードはまったく同じです。

このパターンは単一のエントリポイントを返す点では先述のsubstackパターンと同じですが、内部の詳細（つまりprototype）を外部に公開するため、カプセル化という観点からは劣っています。しかし、拡張性という観点からは優っているということができます。

コンストラクタを定義する際によく見られる手法として、次のような条件文を追加することがあります。

```
function Logger(name) {
  if (!(this instanceof Logger)) { // ❶
    return new Logger(name);
  }
  this.name = name;
};

Logger.prototype.log = function(message) {
  console.log(`[${this.name}] ${message}`);
};

Logger.prototype.info = function(message) {
  this.log(`概要: ${message}`);
};

Logger.prototype.verbose = function(message) {
  this.log(`詳細: ${message}`);
};

module.exports = Logger;
```

ここではコンストラクタ内でthisがLoggerのインスタンスかどうかチェックしていますが（❶）、この条件が真であった場合、それはLogger()関数がnew式の一部として呼び出されたことを表します。そうでない場合は、上記のコードのように、内部でnew式を使ってインスタンスを生成して返しています。この手法により、モジュールをファクトリとしても提供できます。

```
const Logger = require('./logger');
const dbLogger = Logger('DB');
dbLogger.verbose('詳細情報提供用のメッセージ');
dbLogger.info('一般情報提供用のメッセージ');
```

実行結果は次のようになります。

```
$ node main.js
[DB] 詳細: 詳細情報提供用のメッセージ
[DB] 概要: 一般情報提供用のメッセージ
```

ES2015ではnew.targetを使うことで上記のコードはより簡素に記述できます。new.targetは「メタプロパティ」と呼ばれ、すべての関数内でアクセス可能です。その関数がnewキーワードを使って呼び出された場合、実行時にnew.targetがtrueと評価されます。new.targetはNodeのバージョン6からサポートされています。

上のコードをnew.targetを使って書き直してみましょう。

```
function Logger(name) {
  if(!new.target) {
    return new Logger(name);
  }
  this.name = name;
}
```

このコードは先のコードとまったく等価であり、そういう意味ではnew.targetもまた、単なる構文糖衣（シンタクティックシュガー）と言えますが、コードの可読性という意味ではこちらのほうが好ましいでしょう。

2.2.3.4 インスタンスのエクスポート

require()のキャッシュの仕組みを利用して、異なるモジュール間で状態を共有可能です。次のコードはLoggerというクラスのインスタンスをエクスポートしています。

```
//file logger.js
function Logger(name) {
  this.count = 0;
  this.name = name;
}
Logger.prototype.log = function(message) {
  this.count++;
  console.log('[' + this.name + '] ' + message);
};
module.exports = new Logger('DEFAULT');
```

このモジュールを利用する側のコードは次のようになります。

```
//file main.js
const logger = require('./logger');
logger.log('This is an informational message');
```

モジュールはキャッシュされるため、loggerモジュールをrequireするすべてのモジュールは同じインスタンスを参照します。その結果、状態（ここではcount）を共有できます。これは従来からあるSingleton（シングルトン）パターンとよく似ていますが、一点気をつけないといけないのは、Nodeにおいては同じモジュールをrequireしてもそれらが同一のインスタンスであることが保証されない点です。パッケージのディレクトリ構成の例で、同一モジュールの複数のバージョンがインストールされていたのを思い出してください。あのような状況下では、同じ名前のモジュールをrequireしても異なるインスタンスが返されてしまいます。7章でこの問題を再び取り上げ、より高度なパターンを紹介します。

このパターンの追加機能としてよく使われる手法は、エクスポートされるインスタンスの生成元となるコンストラクタを付加情報として提供することです。それにより、利用側は自身でインスタンスを生成したり、機能を拡張したりできます。次に例を示します。

```
module.exports.Logger = Logger;
```

次はコンストラクタを使用して、デフォルトとは別のインスタンスを生成する例となります。

```
const customLogger = new logger.Logger('CUSTOM');
customLogger.log('This is an informational message');
```

これは先のsubstackパターンにおける、関数をネームスペースとして使用する例と似ています。つまり、多くのユーザーはモジュールがエクスポートするデフォルトのインスタンスをそのまま使用しますが、一部のユーザーは独自のパラメータでインスタンスを生成したり、クラスそのものを拡張したいでしょう。そのようなユーザーのために、副次的な機能としてコンストラクタを提供しているのです。

2.2.3.5 何もエクスポートしない

外部にいっさいAPIを公開しないモジュールが存在します。そのようなモジュールは何のために存在するのでしょうか。ここで、Nodeのモジュールがグローバルオブジェクトや他のモジュールのキャッシュにアクセスできることを思い出してください。たとえ何もエクスポートしなかったとしても、グローバルオブジェクトの値や、キャッシュ内の他のモジュールに実行時に変更を加えることで、ある特定の目的を果たすモジュールがあります。そのような振る舞いは、通常は「モンキーパッチング（monkey patching）」と呼ばれ、悪しき習慣とみなされていますが、特定の状況下（たとえばテスト）においては便利であるため、実際にはよく使われます。

次のコードでは、他のモジュールに関数を追加するpatcherというモジュールを定義しています。

```
//file patcher.js
// 他のモジュールをロードして新しいメソッドを追加する
require('./logger').customMessage = () => console.log('This is a new
functionality');
```

そして、その使用例です。

```
//file main.js

require('./patcher');
const logger = require('./logger');
logger.customMessage();
```

ここで、customMessage()を利用するには、先にpatcherをrequireする必要がある点に注意してください。

グローバルオブジェクトや他のモジュールに変更を加えることは、そのモジュールの担当範囲を超えた振る舞いであるため、場合によってはアプリケーションを壊すことになりかねません。たとえば、そのようなモジュールが複数存在して、それぞれがグローバルオブジェクト内の同じプロパティを操作した場合、もしくはキャッシュ内の同じモジュールに変更を加えた場合、どのような結果になるか想像してみてください。そのようなモジュールはアプリケーション全体に影響を与えるため、細心の注意を払って使用しなければいけません。

2.3　オブザーバパターン

Nodeの基本パターンの最後を飾るのがこのオブザーバ（observer）パターンです。今まで紹介したリアクタパターン、コールバック、そしてモジュールと並んで、オブザーバパターンはNodeの中心的な役割を果たすもので、コアモジュールからユーザーランドのモジュールまで、広範囲にわたって使われています。

オブザーバパターンはNodeの非同期処理をうまく扱うための機構であり、コールバックを補完するものです。オブザーバパターンを厳密に定義すると次のようになります。

オブザーバパターン

サブジェクト（subject）と呼ばれるオブジェクトと、サブジェクトの状態が変化したときに通知を受け取る「オブザーバ」もしくは「リスナー」と呼ばれる複数のオブジェクトからなる。

コールバックパターンとの最大の違いは、サブジェクトが（一般には）複数のオブザーバに対して通知する点である。従来型のCPS（継続渡しスタイル）のコールバックは、通常その結果をひとつのリスナー（コールバック）に対してのみ伝播する。

2.3.1　EventEmitterクラス

従来のオブジェクト指向プログラミング言語において、オブザーバパターンを実現しようとすると、インタフェース、抽象クラス、具象クラス等のパーツを実装する必要がありますが、Nodeにおいてはオブザーバパターンが既にコアモジュールの機能としてサポートされています。コアモジュールの`EventEmitter`というクラスを使えば、特定のイベントが発生したときに呼び出される関数をリスナーとして登録できます。**図2-2**にこの様子を示します。

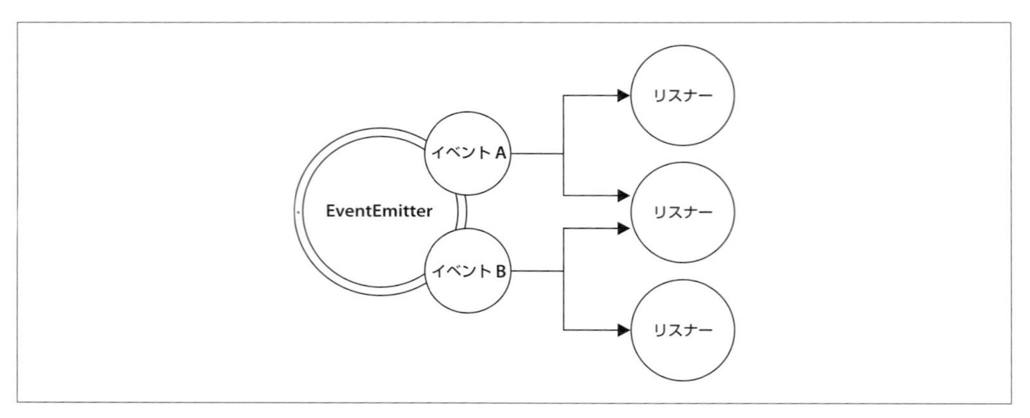

図2-2 EventEmitterによるオブザーバパターンの実現

EventEmitterクラスはNodeのコアモジュールであるeventsモジュールで定義されています。次のように参照を取得します。

```
const EventEmitter = require('events').EventEmitter;
const eeInstance = new EventEmitter();
```

EventEmitterの主要なメソッドを紹介します。

on(event, listener)
特定のイベントに対してリスナー関数を登録

once(event, listener)
onと同じだが、登録されたリスナーは一度しか呼び出されず、初回のイベント通知後に登録解除される点が異なる

emit(event, [arg1], [...])
イベントを発行(emit)する。emitされたイベントは引数(arg1, arg2, ...)とともに、すべての登録済みリスナーに通知される

removeListener(event, listener)
指定されたリスナーを登録解除する

各メソッドは戻り値に自身のインスタンスを返すので、メソッドチェーンが可能です。リスナー関数のシグニチャはfunction([引数1], [...])となっており、emitメソッドの第2引数以降がそのまま渡ります。リスナーの内部では、thisはemitメソッドの対象となるEventEmitterのインスタンスを参照します。

リスナーはNodeのコールバックと異なり、第1引数にエラーオブジェクトを取らず、emit()メソッ

ドが呼び出されたときの引数が渡される点に注意してください。

2.3.2　EventEmitterの使用例

ではEventEmitterの実際の使用例を見てみましょう。もっとも簡単な使い方は、インスタンスを生成して即座に使うというものです。ここではファイル中に特定のパターンが見つかった場合にイベントを通知する関数を実装しています（12_observer_event_emitter_find_pattern）。

```
const EventEmitter = require('events').EventEmitter;
const fs = require('fs');

function findPattern(files, regex) {
  const emitter = new EventEmitter();
  files.forEach(function(file) {
    fs.readFile(file, 'utf8', (err, content) => {
      if (err)
        return emitter.emit('error', err);

      emitter.emit('fileread', file);
      let match;
      if (match = content.match(regex))
        match.forEach(elem => emitter.emit('found', file, elem));
    });
  });
  return emitter;
}
```

この関数は次の3つのイベントを生成します。

fileread
: ファイル読み込みが完了した時点で通知

found
: 指定のパターンがファイル中に見つかった場合に通知

error
: ファイル読み込み時にエラーが発生した場合に通知

一方、関数findPattern()を使って、イベント通知を受け取る側のコードは次のようになります。

```
findPattern(
    ['fileA.txt', 'fileB.json'],
     /hello \w+/g
  )
  .on('fileread', file => console.log(file + ' was read'))
  .on('found', (file, match) => console.log('Matched "' + match +
    '" in file ' + file))
```

```
  .on('error', err => console.log('Error emitted: ' + err.message));
```

ここでは先述の3つのイベントに対してそれぞれリスナーを登録しています。

2.3.3 エラーの伝播

EventEmitter内でエラーが発生した場合はどうなるのでしょうか。非同期処理の場合、コールバック内のエラーと同様、呼び出し元はイベントループなので、例外がthrowされてもアプリケーションがそれをキャッチすることはできません。そのような場合は、errorという名前の特別なイベントをemitするのが慣習となっています。errorイベントにはErrorオブジェクトが引数として渡されます。先のfindPattern()でも、errorイベントが実装されていました。

EventEmitterを利用する場合は、常にerrorイベントのリスナーを登録することを心がけましょう。Nodeはエラー発生時にリスナーが見つからない場合は、例外をthrowしてプログラムの実行を停止します。

2.3.4 EventEmitterクラスの拡張

これまでの例は、単にEventEmitterのインスタンスをエクスポートして利用側はリスナーを登録するだけでしたが、それ以上の機能を実現しようとすると、EventEmitterクラスの拡張が必要になります。

例として、先のfindPattern()を次のようなクラスに書き換えてみましょう（13_observer_event_emitter_find_pattern_class）。

```
const EventEmitter = require('events').EventEmitter;
const fs = require('fs');

class FindPattern extends EventEmitter {
  constructor (regex) {
    super();
    this.regex = regex;
    this.files = [];
  }

  addFile (file) {
    this.files.push(file);
    return this;
  }

  find () {
    this.files.forEach( file => {
      fs.readFile(file, 'utf8', (err, content) => {
        if (err) {
          return this.emit('error', err);
        }
```

```
          this.emit('fileread', file);

          let match;
          if (match = content.match(this.regex)) {
            match.forEach(elem => this.emit('found', file, elem));
          }
        });
      });
      return this;
    }
  }
```

FindPatternクラスはES2015のclassとして記述され、extendsキーワードでEventEmitterを継承しています。次はその使用例です。

```
const findPatternObject = new FindPattern(/hello \w+/);
findPatternObject
  .addFile('fileA.txt')
  .addFile('fileB.json')
  .find()
  .on('found', (file, match) => console.log(`Matched "${match}" in file
${file}`))
  .on('error', err => console.log(`Error emitted ${err.message}`))
;
```

FindPatternオブジェクトは単にリスナーを登録できるだけでなく、ファイルを一括で処理するためにaddFileとfindというメソッドを追加で定義しています。

これはNodeでは一般的なパターンです。たとえばNodeのhttpコアモジュールのServerクラスは、EventEmitterを継承しており、listen()、close()、setTimeout()といったメソッドを追加で定義しています。Serverクラスのインスタンスは、リクエストを受信したときにrequestイベントを、コネクションを確立したときにconnectionイベントを、また、サーバが終了したときにclosedイベントをそれぞれemitします。

Nodeのストリーム（Stream）もまた、EventEmitterを継承しています。ストリームに関しては5章で詳しく説明します。

2.3.5 同期イベントと非同期イベント

コールバックと同様、イベントもまた同期もしくは非同期のいずれの方法でもemitできます。ただし、これら2つのアプローチを混在させるのは避けてください。特に同じイベントに登録したリスナーが、ある場面では同期で呼び出され、別の場面では非同期で呼び出される場合、上で登場した「Zalgoが解き放たれた状態」になってしまいます。

イベントが同期もしくは非同期のどちらで通知されるかは、実はリスナーの登録方法によって決まります。EventEmitterのインスタンス初期化後にonもしくはonceでリスナーを登録する場合は、必然的に非同期イベントとなります。これらのメソッドにおいては、イベントループの次のサイクルまでリスナーは呼び出されないことが保証されています。ほとんどのNodeのモジュールはこの方法でイベントを通知します。先ほどのfindPattern()もこのパターンを踏襲しています。

逆に、EventEmitterがイベントをemitできるようになるよりも前に（つまりコンストラクタで）すべてのリスナーが登録されていなければ、同期イベントを実現することは不可能です。たとえば次のようなコードは誤りです（14_observer_sync_emit）。

```
const EventEmitter = require('events').EventEmitter;

class SyncEmit extends EventEmitter {
  constructor() {
    super();
    this.emit('ready');
  }
}

const syncEmit = new SyncEmit();
syncEmit.on('ready', () => console.log('Object is ready to be used'));
```

このコードでは、コンストラクタ内でイベントがemitされていますが、emitメソッドは同期関数なので、インスタンス生成後にリスナーを登録しても、イベントが通知されることはありません。

このようにEventEmitterクラスは主に非同期イベントを通知する目的で使われますが、同期イベントを対象としたい場面もあるでしょう。そのような場合は、混乱を避けるためドキュメントにその旨を明示すべきです。

2.3.6 コールバックとの使い分け

非同期のAPIを設計するうえで悩ましい問題として、EventEmitterを使ってイベントを定義するか、単純にコールバックにするかという選択があります。原則として、単に非同期を実現したいだけであればコールバックを、「何が起こったか」を伝える必要がある場合はイベントを選択してください。

そうは言っても両者の違いはあいまいであり、多くの場合はどちらで実装してもあまり変わりません。たとえば次のコードを見てください（15_observer_emitter_vs_callback）。

```
function helloEvents() {
  const eventEmitter= new EventEmitter();
  setTimeout(() => eventEmitter.emit('hello', 'hello world'), 100);
  return eventEmitter;
}

function helloCallback(callback) {
  setTimeout(() => callback('hello world'), 100);
}
```

上のコードでhelloEvents()とhelloCallback()がやっていることは同じです。前者はイベントを用いてタイムアウトが発生したことを伝えており、後者はコールバックを用いて処理結果を伝えています。

読みやすさや、わかりやすさ、実装のコード量は違いますが、どちらを選択するかに関して決定的なルールはありません。ただ、次のような事柄を考慮するとよいでしょう。

コールバックは複数のイベントを扱うには向いていません。実際にはコールバックの引数にイベントタイプを渡したり、イベントごとにコールバックを分けることで、複数のイベントを表現することは可能ですが、エレガントなAPIとは言えません。そのような場合は、EventEmitterを用いたほうがコードがすっきりします。

また、同じイベントが複数回発生したり、1回も発生しなかったり、発生回数が予測できない場合も、EventEmitterが向いています。一方、コールバックは、発生回数が一度だけで、しかも結果が成功か失敗の2種類しかない場合に向いています。発生回数が複数であるということは、必然的に「何が起こったか」を詳細に伝える必要が生じるため、先の原則に照らし合わせるとイベントのほうが都合がよいのです。

最後に、コールバックは基本的にひとつの処理に対してひとつのコールバックしか登録できませんが、EventEmitterはひとつのイベントに対して複数のリスナーを登録できます。

2.3.7 コールバックとEventEmitterの組み合わせ

EventEmitterをコールバックと関連させて用いる場合もあり、特に、このパターンが「露出部分最小化」の原則に則った実装に有用なケースがあります。従来型の非同期の関数をエキスポートしつつ、EventEmitterを返すことでより高度な機能を提供するといった場合です。node-globモジュール（https://npmjs.org/package/glob）はまさにこのパターンを採用しています。node-globはglob（グロブ）形式でファイルのパターンマッチングを行うためのライブラリです。このモジュールのメインの関数は次のようなシグニチャをもっています。

```
glob(pattern, [options], callback)
```

この関数はパターン文字列、オプション、そしてコールバック関数を引数として受け取ります。コールバックはマッチしたファイルのリストとともに呼び出されます。globはさらにEventEmitterオブジェクトを戻り値として返します。コールバックは最終結果を通知するのみですが、EventEmitterオブジェクトを使えば、中間のより詳細な結果をイベントとして受け取ることが可能です。次の例ではmatchイベントにリスナーを登録することで、パターンマッチング処理の中間結果をリアルタイムで受け取っています。さらにendイベントにリスナーを登録すれば、コールバックと同様に最終結果のファイルのリストを受け取ることもできますし、abortイベントで処理の中断の通知を受け取ることも可能です（16_observer_event_emitter_glob）。

```
const glob = require('glob');
glob('data/*.txt', (error, files) => console.log(`All files found: ${JSON.
stringify(files)}`))
.on('match', match => console.log(`Match found: ${match}`));
```

簡潔で最小限のエントリポイントを提供しつつ、より高度もしくはあまり重要でない機能を副次的なものとして提供することは、Nodeでは非常によく見られるパターンであり、EventEmitterとコールバックの併用は、そのようなパターンを実現するのに向いています。

パターン
コールバックを引数として受け取りEventEmitterオブジェクトを戻り値として返す関数を定義することで、簡潔なエントリポイントをメインの機能として提供し、より詳細なイベントをEventEmitterを使って通知できる。

2.4 まとめ

この章ではまず、同期と非同期の違いについて学びました。そして、非同期処理をコールバックパターンとオブザーバパターンで実現する方法について見ました。さらに、これらの2つのパターンの使い分けを行うべく、どのような場面でどちらが向いているかについて考察しました。これで非同期プログラミングの土台となるパターンは習得できたと思います。そのほかこの章で、Nodeのモジュールシステムについても説明しました。

3章
コールバックを用いた非同期パターン

同期プログラミングの世界から、いきなりNodeのような継続渡しスタイルの非同期APIが当たり前の世界へ移ってきた開発者は、最初慣れるまではうまくコードを書けません。非同期のコード（特に制御フロー）の実装は、今までの体験とはまったく異なるのです。非同期の世界では、アプリケーション内のコードの断片がどのような順番で実行されるか予測するのは困難です。そのため、開発者が日常的にこなす作業、たとえば「ある決められたタスクを順番に実行する」「ファイルのリストの各要素に対して処理を行う」「複数の処理を実行して完了するまで待つ」といった基本的な制御フローを実装するにも、正しい方法で対処しなければ、コードはたちまち非効率で読みにくいものになってしまいます。もっとも陥りやすい問題は、いわゆる「コールバック地獄（callback hell）」です。これは、関数呼び出しがネストすることで、コードが縦にではなく横に伸びていき、その結果制御フローを追うことが困難になり、保守が不可能になる状況を指します。

この章ではコールバックをうまく使いこなして、保守が容易なコードを書くための、いくつかの原則およびパターンを紹介します。また、asyncというライブラリを用いて、制御フローをより簡潔に記述する方法についても説明します。

ES2015およびその後の機能拡張で、JavaScriptの非同期処理の改良が続いています。ES2017までの拡張については『初めてのJavaScript 第3版 ― ES2015以降の最新ウェブ開発』（オライリー・ジャパン）の14章および付録Dに詳しく解説されています。

3.1 非同期プログラミングの難しさ

JavaScriptではクロージャと無名関数を使ったインラインの関数定義を使うことで、「関係するものを近くに置いたプログラム」を作成することが簡単にできます。これは1章で紹介したKISSの原則にも則っています。しかし、モジュラリティ、再利用性、保守などの観点から見ると、クロージャを多用することは望ましくありません。なぜなら、アプリケーションの規模が大きくなるにつれ、関数呼び出しのレベルが深くなり、コードの制御フローの追跡が困難になってしまうからです。このような規模の増大による品質低下に気づき、また未然に防げるかどうかが、「新米」と「エキスパート」の差ということになります。

3.1.1 ウェブスパイダーを作って学ぶ非同期プログラミング

この種の問題を具体的に説明するために、この章では「ウェブスパイダー」を実装します。ウェブスパイダーはコマンドラインのプログラムで、ウェブページのURLを入力として受け取り、コンテンツをダウンロードし、ローカルファイルに保存します。このウェブスパイダーでは、次のnpmパッケージを利用します。

request
: HTTPリクエストを簡単に記述するためのライブラリ

mkdirp
: ディレクトリを再帰的に作成するためのライブラリ

また、アプリケーション内で使うヘルパー関数をまとめて`./utilities`というローカルモジュールに定義しています。このモジュールの説明は割愛しますが、この本のサポートページ（https://www.marlin-arms.com/support/nodejs-design-patterns）で公開されているソースコードに含まれています。

それではまず、アプリケーションが定義されている`index.js`を見てみましょう。ファイルの冒頭は依存モジュールのロードです（`01_web_spider`）。

```
const request = require('request');
const fs = require('fs');
const mkdirp = require('mkdirp');
const path = require('path');
const utilities = require('./utilities');
```

次に、`spider()`という関数を定義しています。`spider()`はウェブページのURLとコールバック関数を引数として取ります。コールバックはページのダウンロードが完了した時点で呼び出されます。

```
function spider(url, callback) {
  const filename = utilities.urlToFilename(url);
  fs.exists(filename, exists => {                  // ❶
    if(!exists) {
      console.log(`Downloading ${url}`);
      request(url, (err, response, body) => {      // ❷
        if(err) {
          callback(err);
        } else {
          mkdirp(path.dirname(filename), err => {   // ❸
            if(err) {
              callback(err);
```

```
          } else {
            fs.writeFile(filename, body, err => { // ❹
              if(err) {
                callback(err);
              } else {
                callback(null, filename, true);
              }
            });
          }
        });
      }
    });
  } else {
    callback(null, filename, false);
  }
});
}
```

関数spider()は次の処理を行います。

❶ ファイルがダウンロード済みかチェック

```
fs.exists(filename, exists => ...
```

❷ ファイルが見つからなかった場合、URLをダウンロード

```
request(url, (err, response, body) => ...
```

❸ ファイルを保存するためのディレクトリを作成

```
mkdirp(path.dirname(filename), err => ...
```

❹ HTTPレスポンスのボディをファイルに保存

```
fs.writeFile(filename, body, err => ...
```

最後に関数spider()を呼び出します。ここではコマンドラインから受け取ったURLをそのまま引数として渡しています。

```
spider(process.argv[2], (err, filename, downloaded) => {
  if(err) {
    console.log(err);
  } else if(downloaded){
    console.log(`Completed the download of "${filename}"`);
  } else {
    console.log(`"${filename}" was already downloaded`);
  }
});
```

これでアプリケーションに必要なコードはすべて揃いました。index.jsと同じディレクトリには、

utilities.jsと依存モジュールが記述されたpackage.jsonがあるはずです。まず次のコマンドを実行してnpmパッケージをインストールしてください。

```
$ npm install
```

これで準備が整ったので、次のコマンドでアプリケーションを実行します。

```
$ node index https://www.example.com
```

このウェブスパイダーはHTMLファイルをダウンロードするだけで、画像などのリソースは取得しない点に注意してください。

3.1.2 コールバック地獄

関数spider()のコードは単純な内容なのに非同期APIの呼び出しがネストして非常に読みにくいと思います。同じアルゴリズムをDS（ダイレクトスタイル）の同期APIを使って実装すれば、もっとすっきりしたコードになるでしょう。

このように、関数が幾段にもネストしてインラインで定義され、クロージャが多用されることで、コードが保守が困難な状態になることを「コールバック地獄」と呼びます。これはNodeだけではなく、JavaScript全般において「アンチパターン」として認識されています。典型的なコールバック地獄のコードは次のような形式になります。

```
asyncFoo( err => {
  asyncBar( err => {
    asyncFooBar( err => {
      // ...
    });
  });
});
```

関数呼び出しがネストして横に突き出す様子がまるでピラミッドのようなので、「破滅のピラミッド（pyramid of doom）」と呼ばれることもあります。関数の開始位置と終了位置の対応がわかりにくく読みにくいコードです。

もうひとつの問題は、変数のスコープが重複することです。上記のコードでは、コールバック関数の引数errが複数出現していますが、このように関数の定義がネストしている場合は、内側の関数のerrが外側のものを隠します。スコープごとに別々の変数としてアクセスしたい場合、err1、err2のように名前を分ける必要があります。いずれにせよ、このようにスコープが重複するのは、誤解を生みやすく、問題が発生しやすい状態と言えます。

さらにクロージャは、（わずかですが）実行速度を遅くしメモリ消費量を増やすという性質をもっています。また、クロージャを解放し忘れると、参照されている変数がガベージコレクションの対象外となり、メモリリークの原因ともなります。

GoogleのソフトウェアエンジニアでV8の開発者であるVyacheslav Egorovが、V8におけるクロージャの内部実装に関してすばらしいブログ記事を公開しています — http://mrale.ph/blog/2012/09/23/grokking-v8-closures-for-fun.html

先ほどの`spider()`は、まさにコールバック地獄の状態にあり、これまで述べてきた問題をすべて内包しています。これからひとつずつ解決していきましょう。

3.2 非同期パターン（素のJavaScript編）

実際に非同期のコードを書く際には、コールバック地獄を避ける以外にも、非同期処理の制御フローに関するパターンを知る必要があります。たとえば、あるリストの各要素に対して非同期処理を行う場合、単純に配列の`forEach()`メソッドを呼び出すのではなく、再帰呼び出しに似たアプローチが必要になります。

この節では、コールバック地獄を避ける方法だけでなく、ライブラリを利用しない素（す）のJavaScriptで一般的な制御フローを実現するためのパターンも紹介します。

3.2.1 基本原則

非同期のコードを書くときに、まず気をつけるべきことは、「クロージャを乱用しない」です。クロージャは便利ですが、モジュラリティや再利用性の観点からは使用を控えるべきです。コールバック地獄回避の第一歩は、ライブラリや特別な技術に頼るのではなく、次にあげる基本原則に従うことです。

- `if`文に`else`を書かずに`return`で（状況によっては`continue`や`break`で）なるべく早く抜ける（ネストのレベルを下げる）
- コールバックをインラインではなく独立した関数として定義し、必要なデータを引数として渡してクロージャを使わない（スタックトレースに関数名が記録されるのでデバッグが容易になる）
- ひとつの関数にネストしたコールバックを記述せずに複数の関数に分割する（モジュラリティが向上する）

3.2.2 基本原則の適用

では、上の原則をウェブスパイダーのコードに適用してみましょう（`02_web_spider_functions`）。

まず、コールバック中のエラーオブジェクトをチェックする`if`文で`else`を削除します。これによりエラー発生時は即座に関数を抜けることになります。まず変更前のコードです。

```
if(err) {
  callback(err);
} else {
```

```
    // エラーがないときに実行するコード
  }
```

これを次のように書き換えます。

```
if(err) {
  return callback(err);
}
// エラーがないときに実行するコード
```

これによりelse部のネストが一段浅くなり読みやすくなります（手間のかからないリファクタリングです）。

ここでreturnを書き忘れないように注意しましょう。次はよくある間違いです。

```
if(err) {
  callback(err);
}
// エラーが発生しなかった場合のつもりだが...
```

これではエラーのコールバック呼び出し後も関数の実行が続いてしまいます。returnに変えることで、関数の残りの部分が実行されないようにしましょう。通常は非同期の関数はコールバック経由で処理結果を返すため、関数の戻り値自体は使われずに無視されることが多いので、上のようにコールバックの戻り値をそのままreturnしても問題ありません。

次のようにreturnを別の行に書いてもよいのですが、コードが1行増えてしまいます。

```
callback(...)
return;
```

次に関数spider()を、再利用可能な部分を抜き出して分割します。たとえば指定された文字列をファイルに書き込む部分のコードを別の関数に切り出します。

```
function saveFile(filename, contents, callback) {
  mkdirp(path.dirname(filename), err => {
    if(err) {
      return callback(err);
    }
    fs.writeFile(filename, contents, callback);
  });
}
```

同様に、URLをダウンロードするコードを汎用的な関数として実装します。内部では上のsaveFile()を使っています。

```
function download(url, filename, callback) {
  console.log(`Downloading ${url}`);
  request(url, (err, response, body) => {
```

```
      if(err) {
        return callback(err);
      }
      saveFile(filename, body, err => {
        if(err) {
          return callback(err);
        }
        console.log(`Downloaded and saved: ${url}`);
        callback(null, body);
      });
    });
  }
```

最後にこれらの関数を使うようspider()を変更しましょう。

```
  function spider(url, callback) {
    const filename = utilities.urlToFilename(url);
    fs.exists(filename, exists => {
      if(exists) {
        return callback(null, filename, false);
      }
      download(url, filename, err => {
        if(err) {
          return callback(err);
        }
        callback(null, filename, true);
      })
    });
  }
```

spider()の機能とインタフェースはまったく変えずに、内部実装のみを基本原則に則ってリファクタリングした結果コードのネストが浅くなりました。また、複数の関数に分割することで再利用性が増しテストが容易になります。これに加えてsaveFile()とdownload()を別のモジュールに移動すると、さらにモジュラリティが向上するでしょう。

このように、クロージャを避けるという最小限の努力で、ライブラリを使わなくてもコールバック地獄を回避できるのです。

3.2.3 逐次処理

これから非同期処理の制御フローのパターンについて見ていきますが、まずは逐次処理のフローについて分析しておきましょう。

1章で見たように、逐次処理とは**図3-1**のように複数のタスクを決められた順番でひとつずつ実行することです。あるタスクの実行結果が次のタスクに影響を与える可能性があるため、タスクの順番が重要になります。

図3-1 逐次処理

逐次処理には次のようなバリエーションがあります。

1. 既知の複数のタスクを単に決められた順番で実行する。この際、タスク間で処理結果を伝播する必要はない
2. あるタスクの出力を次のタスクの入力として使う(「チェーン」「パイプライン」「ウォーターフォール」などと呼ばれる)
3. 複数のタスクを繰り返し行う。この際、各要素に対して非同期の処理を実行する

逐次処理は、DS(ダイレクトスタイル)のAPIを使っている範囲では単純明快なものですが、CPS(継続渡しスタイル)の非同期処理を用いる際には、これがコールバック地獄の主要因となってしまうことが多いのです。

3.2.3.1 タスクを決められた順番で実行

実は既に関数`spider()`の改善作業を通じて、タスクを決められた順番で実行する方法を学んでいます。そのコードをあらためて一般化すると次のようになります(`ch03/03_sequential_callbacks`)。

```
function task1(callback) {
  asyncOperation(() => {
    task2(callback);
  });
}

function task2(callback) {
  asyncOperation(() => {
    task3(callback);
  });
}

function task3(callback) {
  asyncOperation(() => {
    callback(); // 最後にコールバックを実行する
  });
}


task1(() => {
```

```
  console.log('tasks 1, 2 and 3 executed'); // task1～3が完了すると実行される
});
```

ここでは、各タスクは別々の関数として実装され、それぞれ非同期APIを呼び出し、処理が完了すると次のタスクを呼び出しています。タスクのモジュール化を重視したパターンで、非同期のコードを処理するのにクロージャが必須でないことを示す例となっています。

3.2.3.2 配列の各要素に対する非同期処理の実行

直前の例では処理するべきタスクの数と順番があらかじめわかっていましたが、実行時に決まる場合はどうでしょうか。たとえば、任意の配列の各要素に対して処理を呼び出す場合です。先のコードでは、タスクの呼び出し順がハードコーディングされていたので、決まった個数のタスクしか扱えませんでしたが、順番を動的に決めるパターンを考えてみましょう。

3.2.3.3 ウェブスパイダー（バージョン2）

ウェブスパイダーに、リンクを再帰的にダウンロードする機能を追加します。ページの全リンク（<a>タグ）のURLを取得して、各URLに対してspider()を再帰的に呼び出します。

まず、ページ内に含まれるリンクを処理する関数spiderLinks()を使うよう書き換えます（04_web_spider_v2）。

また、fs.exists()のファイルの存在確認部分を書き換えて、fs.readFile()でファイル読み込み後にリンクを処理します。こうすることで、再帰呼び出しが中断されたとしても、あとから再開できるようになります。最後にnestingという引数を追加して、再帰呼び出しが無限に続かないよう、呼び出しの階層を制限します。

```
function spider(url, nesting, callback) {
  const filename = utilities.urlToFilename(url);
  fs.readFile(filename, 'utf8', function(err, body) {
    if(err) {
      if(err.code !== 'ENOENT') {
        return callback(err);
      }

      return download(url, filename, function(err, body) {
        if(err) {
          return callback(err);
        }
        spiderLinks(url, body, nesting, callback);
      });
    }

    spiderLinks(url, body, nesting, callback);
  });
}
```

3.2.3.4 ページ中のリンクの逐次処理

今回ウェブスパイダーの改造のコアとなる関数はspiderLinks()で、ここに非同期APIを逐次呼び出しするためのパターンが使われています。次のコードを注意深く読んでください。

```
function spiderLinks(currentUrl, body, nesting, callback) {
  if(nesting === 0) {
    return process.nextTick(callback);
  }

  let links = utilities.getPageLinks(currentUrl, body);  // ❶

  function iterate(index) {                              // ❷
    if(index === links.length) {
      return callback();
    }

    spider(links[index], nesting - 1, function(err) {    // ❸
      if(err) {
        return callback(err);
      }
      iterate(index + 1);
    });
  }

  iterate(0);                                            // ❹
}
```

この関数は配列の各要素に対して非同期処理spider()を実行し、ある要素が完了すれば次の要素へと、ひとつずつ順に実行します。詳しい手順を見てみましょう。

❶ utilities.getPageLinks()により、ページに含まれるすべてのリンクの配列を取得する。リンクは同じオリジン（同じサーバでホストされているもの）に限定される

❷ iterate()というローカル関数を使って各リンクを処理する。この関数は配列の添字を引数として受け取り、配列linksを走査する。配列のすべての要素の処理が完了したら関数を抜ける

❸ spider()を再帰的に呼び出しリンクをひとつずつ処理する。再帰呼び出しを行う際にnestingの値を減らす。処理が完了したら次の要素の添字を指定して、再びiterate()を呼び出す

❹ 最後のコードiterate(0)が再帰呼び出しの開始点

これで、新しいバージョンのウェブスパイダーの実行に必要なコードが揃いました。引数nestingを追加してspider()を実行してみてください。ウェブページのリンクが順番にダウンロードされます。また、キーボードからCtrl+Cを入力することで、処理を中断してみてください。その後再び同じURLでspider()を呼び出すと、中断したところからダウンロードを継続します。

このウェブスパイダーはリンクを再帰的にダウンロードするため、nestingの値が大きいと膨大な数のウェブページをダウンロードしようとします。そのような行為はいたずらにサーバやネットワークに負荷を与え、場合によっては違法とみなされますので、絶対にやめてください。

3.2.3.5 逐次処理のまとめ

先ほどのspiderLinks()で、配列の各要素に対して非同期処理のタスクを実行する方法を学びましたが、これをタスクの配列を実行するコードへと一般化したものが次のコードになります。

```
function iterate(index) {
  if(index === tasks.length)  {
    return finish();
  }
  const task = tasks[index];
  task(function() {
    iterate(index + 1);
  });
}

function finish() {
  // イテレーション完了
}

iterate(0);
```

ここでtask()はあくまでも非同期関数であることに注意してください。task()が同期であった場合、関数の呼び出しの階層が深くなればスタックサイズの限界に達する恐れがあります。

このパターンは強力であり、多くの場面に適用可能です。たとえば、各要素を処理結果で上書きすることで、配列を別の配列へと変換（map）したり、前の要素の処理結果を次の要素の処理の入力として順次渡すことで、配列を単一の値へと変換（reduce）したりできます。何らかの条件を満たす場合に処理を中断したり、望めば無限に処理を続けることも可能です。

さらに一般化すれば、次のようなシグニチャの関数を定義することも可能ですが、これに関しては読者の練習のためにとっておきます。ぜひ実装してみてください。

```
iterateSeries(collection, iteratorCallback, finalCallback)
```

逐次実行イテレータのパターン

非同期処理のリストを逐次実行するには、iterate()という関数でリストをラップする。iterate()は引数で指定された添字の要素をリストから取り出し、非同期処理を実行する。処理が完了すれば添字をインクリメントして自身を再帰的に呼び出す。

3.2.4 並行処理

複数の非同期処理を実行する際に、処理の順番は特に重要ではなく、すべての処理が完了した際に通知してくれさえすればそれで事足りる場合があります。そのような場合には逐次処理である必要はなく、すべてのタスクを並行に実行するほうがよいでしょう（**図3-2**）。

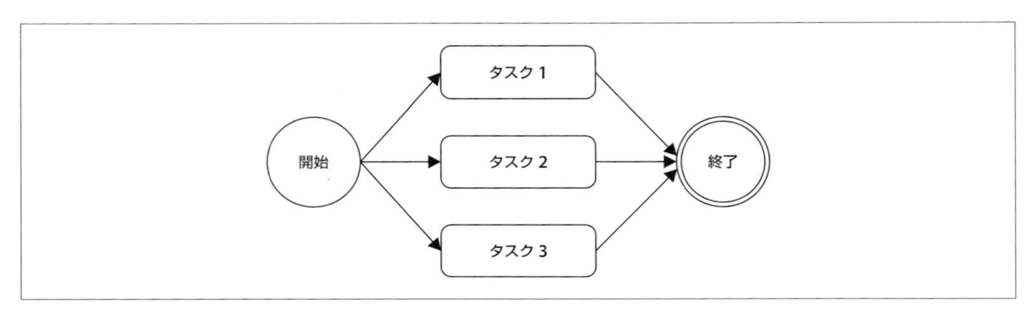

図3-2 並行処理

Nodeはシングルスレッドアーキテクチャなのに、どうやってタスクを並行処理するのでしょうか。これに関しては、1章で説明したとおり、NodeはそのノンブロッキングAPIのおかげで、単一のスレッドでも並行性を実現できます。実際にはタスクは同時に処理されるわけではなく、イベントループによりインタリーブ*1される形で複数のタスクが交互に実行されます。

1章で詳しく見たとおり、あるタスク内で非同期処理が実行されると、いったんイベントループに制御が戻り、別のタスクのイベントが実行されます。そういう意味では、あくまでも並行処理（concurrent processing。論理的に、順不同にあるいは同時に起こりうる処理）であって並列処理（parallel processing。複数のCPUで同時に処理を行う）ではありません。

図3-3はNodeのアプリケーションで2つの非同期タスクが並行処理される様子を表したものです。

---

*1 interleaveは「交互に挿入する」「本に白紙を挟み込む」などの意味をもつ言葉。IT分野の「インタリーブ（interleaving）」はデータなどを不連続な形で配置し、性能を向上させる技法を指す場合が多い。Nodeでは分割して処理する（時間的に不連続にする）ことで並行性を実現している。

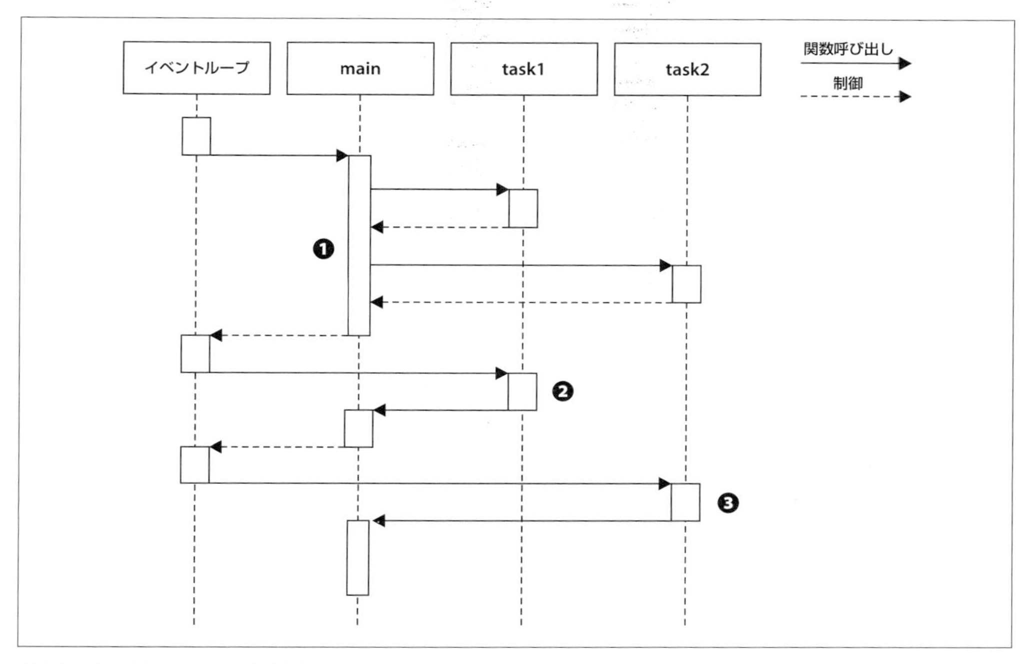

図3-3 非同期タスクの並行処理

❶ 関数mainは2つの関数（task1とtask2）を呼び出す。この2つの関数はそれぞれNodeの非同期APIを呼び出して、mainに制御を戻す。さらにmainからイベントループに制御が戻る

❷ task1の呼び出した非同期APIの処理が完了すると、イベントループはコールバック経由でtask1に結果を通知する。さらにtask1はコールバック経由でmainに結果を通知する

❸ task2の呼び出した非同期APIの処理が完了すると、イベントループはコールバック経由でtask2に結果を通知する。さらにtask2はコールバック経由でmainに結果を通知する。この時点でmainは自身の起動した両方のタスクが完了したことを知る

つまり、Nodeでは非同期処理を並行に実行できますが、一方、同期処理に関しては非同期の操作によりインタリーブされるか、`setTimeout()`もしくは`setImmediate()`により遅延されない限り、並行に実行することはできません。これに関しては9章でさらに詳しく説明します。

3.2.4.1 ウェブスパイダー（バージョン3）

では、またしても我々のウェブスパイダーを改造して、並行処理を実装してみましょう。今まで我々はリンクのダウンロードを逐次処理で行っていましたが、なにも順番に実行する必要性はありません。それどころか、リンクを並行でダウンロードすることでパフォーマンスを上げられます。

これを実現するには、関数`spiderLinks()`に変更を加えて、最初に配列のすべての要素に対して

spider()を呼び出し、すべての要素の処理が完了した時点でコールバックを呼び出すようにします(05_web_spider_v3)。

```
function spiderLinks(currentUrl, body, nesting, callback) {
  if(nesting === 0) {
    return process.nextTick(callback);
  }

  const links = utilities.getPageLinks(currentUrl, body);  //[1]
  if(links.length === 0) {
    return process.nextTick(callback);
  }

  let completed = 0, hasErrors = false;

  function done(err) {
    if(err) {
      hasErrors = true;
      return callback(err);
    }
    if(++completed === links.length && !hasErrors) {
      return callback();
    }
  }

  links.forEach(function(link) {
    spider(link, nesting - 1, done);
  });
}
```

変更箇所を見ていきましょう。先ほど説明したとおり、最初にすべての要素に対してspider()を実行しています。これは単純にforEach()メソッドで配列を走査して、前の要素の処理完了を待たずに次の要素を処理します。

```
links.forEach(link => {
  spider(link, nesting - 1, done);
});
```

それから、すべてのリンクの処理が完了した際に呼び出されるコールバック関数done()を定義して、spider()に引数として渡しています。done()の中では処理完了した件数を数えており、すべてのリンクの処理が完了した時点で呼び出し元のコールバックcallback()を呼び出しています。

```
function done(err) {
  if(err) {
    hasErrors = true;
    return callback(err);
  }
  if(++completed === links.length && !hasErrors) {
```

```
      callback();
    }
  }
```

このウェブスパイダーを実際に実行してみればわかりますが、すべてリンクのダウンロードが並行で実行されるため、実行時間はかなり短くなります。

3.2.4.2 並行処理のまとめ

先ほどのspiderLinks()のコードを、再利用可能なパターンとして一般化すると次のようになります。

```
const tasks = [ /* ... */ ];
let completed = 0;
tasks.forEach(task => {
  task(() => {
    if(++completed === tasks.length) {
      finish();
    }
  });
});

function finish() {
  // すべてのタスク終了
}
```

上記パターンのバリエーションとして、たとえばすべてのタスクの処理結果を保存することで、配列を別の配列へと変換（map）したり、もしくはすべての要素の処理完了を待たずに、指定された条件を満たした時点でfinish()コールバックを呼び出して処理中断するようなパターン（competitive raceと呼ばれます）が考えられます。いずれも、上記のコードを少し変更すれば実現できるでしょう。

並行実行パターン

複数の非同期タスクをすべて起動して、処理完了のコールバックが呼ばれた回数を数えておき、すべてのタスクが完了するのを待つ。

3.2.4.3 並行処理における競合状態

マルチスレッドでブロッキングI/Oを用いて複数のタスクを並行処理する場合、通常のプログラミングとは異なる技術を要求されます。しかしNodeの場合、特別な技術は何も必要ありません。Nodeはもともと単一のスレッドで複数のタスクを処理するように設計されているため、並行処理はごくごく普通の状態であり、それこそがNodeの強みです。

それでは、タスク間の同期や、競合状態（レースコンディション）といった問題に関してはどうでしょうか。通常、マルチスレッドのプログラミングでは、mutexやsemaphore、monitorといった機構を用いてスレッド間の同期を実現しますが、これらをパフォーマンスに配慮して使いこなすには熟練を要します。Nodeにおいては、そもそもシングルスレッドなので、そのような機構は必要ありませんが、競合状態の問題がまったくないかというと、実はそうでもないのです。Nodeにおいても、非同期処理の完了を待ち受けるタスク間での同期の問題が日常的に発生します。我々が実装したウェブスパイダーも、そのような問題を抱えています。どこにバグが潜んでいるか、コードを見て言い当てられるでしょうか。

関数`spider()`で、ファイルが存在しているかチェックしている部分にバグがあります。

```
function spider(url, nesting, callback) {
  const filename = utilities.urlToFilename(url);
  fs.readFile(filename, 'utf8', (err, body) => {
    if(err) {
      if(err.code !== 'ENOENT') {
        return callback(err);
      }
      return download(url, filename, function(err, body) {
// ...
```

2つのタスクが同じURLに対して同時に`spider()`を呼び出したときに問題が発生します。つまり`fs.readFile()`が同時に同じファイル名で呼び出されますが、その時点でファイルは存在しないため、両方ともENOENTを返し、結果的に2つのタスクが同じURLをダウンロードして、同じファイルに書き込むことになります。**図3-4**はこれらのタスクが単一のスレッドによってインタリーブされる様子を示したものです。Nodeのシングルスレッドアーキテクチャでも、競合状態が発生することを示しています。

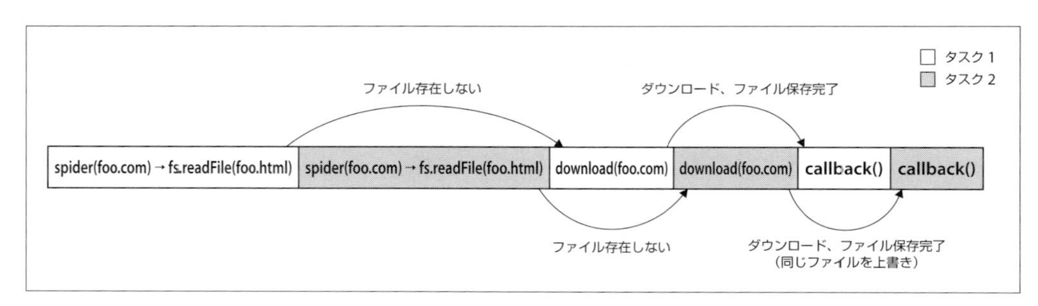

図3-4 単一のスレッドによってインタリーブされる様子

では、どのように修正すればよいでしょうか。もっとも単純な方法は、`spider()`の先頭に、同じURLをダウンロードしていないかチェックするコードを追加することです。

```
const spidering = new Map();
function spider(url, nesting, callback) {
  if(spidering.has(url)) {
    return process.nextTick(callback);
```

```
    }
    spidering.set(url, true);

  // ...
```

ここでは単にspideringという変数を用意してURLを記憶しています。この変数にURLが存在するということは、現在ダウンロード中か、もしくはダウンロード済みという意味なので、その場合は即座にspider()を抜けます。なおこの例では、ダウンロード中かダウンロード済みかを識別する必要はないので、ダウンロード完了時に変数spideringを更新する必要はありません。

Nodeのシングルスレッドアーキテクチャでも、競合状態が発生することが理解できたと思います。この例では、単に同じデータが複数回書き込まれるだけでしたが、場合によってはデータが壊れてしまうこともあります。また、競合状態は再現性が低いため、通常はデバッグが困難です。並行処理を実装する場合は、このような問題を避けるよう十分注意してください。

3.2.5　同時実行数を制限した並行処理パターン

並行処理を行う場合、同時実行数を際限なく増やすと、いずれ過負荷の問題を招きます。たとえば、ファイルアクセスやURLのリクエスト、データベースのクエリが一度に数千件発生した場合を想像してください。ひとつのアプリケーションが同時に利用可能なリソースの数はシステムによって制限されているため、こうした状況はエラーとして扱われるでしょう。また、ウェブアプリケーションの場合、DoS（denial of service）攻撃に遭遇することで、同様の状況となるかもしれません。いずれにせよ同時に実行可能なタスク数の制御は並行処理を実装するうえで重要です。それにより、アプリケーションの負荷の最大値を予測でき、システムのリソースを使い切ってしまう事態を避けられます。**図3-5**は、5つのタスクを並行に処理する際に、2つのタスクしか同時に実行できないように制限した状態を表しています。

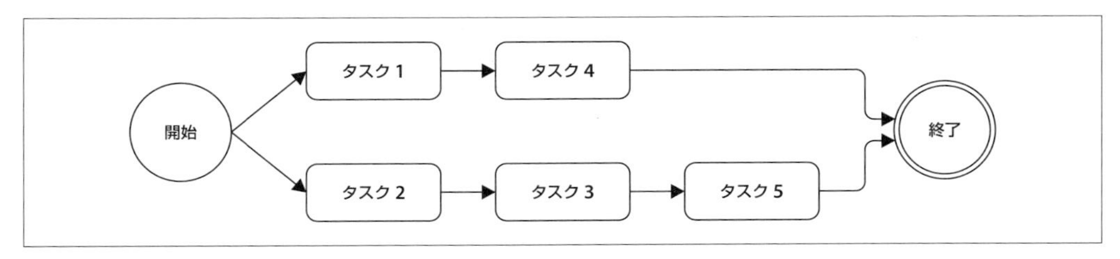

図3-5　同時実行タスクを２つに制限

このフローを実現するためのアルゴリズムは、次のように非常にシンプルです。

1. 最初に制限いっぱいまでタスクを起動する
2. タスクが完了するたびに、制限いっぱいまでタスクを起動する

3.2.5.1 同時実行数の制限

では、このアルゴリズムをコードにしてみましょう。

```
const tasks = ...
const concurrency = 2;
let running = 0, completed = 0, index = 0;
function next() {                                                    // ❶
  while(running < concurrency && index < tasks.length) {
    task = tasks[index++];                                           // ❷
    task(() => {
      if(completed === tasks.length) {
        return finish();
      }
      completed++, running--;
      next();
    });
    running++;
  }
}
next();

function finish() {
  // すべてのタスク終了
}
```

上記のコードは、この章で紹介した逐次処理と並行処理の2つのパターンをミックスしたものになります。

❶ 非同期処理のリストを逐次実行するパターンで、`iterate()`という関数を定義したが、ここでは名前を変えて`next()`としている。この関数の内部では制限いっぱいまでタスクを起動している

❷ 次に各タスクを起動する際に渡しているコールバックに注目。すべてのタスクが完了した場合、`finish()`を呼び出し、残タスクがある場合は`next()`を再帰的に呼び出している

3.2.5.2 より包括的な同時実行数の制限

上で学んだパターンを再びウェブスパイダーに応用してみましょう。実際にウェブページに含まれるリンクを際限なくダウンロードすると、数千件ものファイルを同時にダウンロードする事態が発生するため、何らかの制限をかける必要があります。

Nodeでは、同時に接続可能なHTTPのコネクション数は`agent.maxSockets`で制限できます。バージョン0.11より前はこのデフォルト値は5でしたが、バージョン0.11以降は無制限となりました。詳しくは公式ドキュメントのページを参照してください——https://nodejs.org/docs/latest/api/http.html#http_agent_maxsockets

ウェブスパイダーに先ほどのパターンを適用するために、spiderLinks()を変更することも可能ですが、それでは1ページ中に含まれるリンクの最大数を制限することにしかなりません。そのようなページ単位の制限では、リンクがさらに別のページを再帰的にダウンロードした場合、全体としての同時ダウンロード数を制限することはできません。

3.2.5.3 キューの使用

ここで制限したいのは、ページ単位でのリンクの数ではなく、アプリケーション全体における並行処理可能なタスクの総数です。先ほどのパターンに若干の変更を加えることでも対応できますが、ここではより汎用的なパターンを作成しましょう。

キューを使えば、複数のタスクの同時実行数を制限できます。ここでは、先のアルゴリズムとキューを組み合わせてTaskQueueというクラスを実装します。これをtaskQueue.jsというファイルに別モジュールとして保存しましょう。

```
class TaskQueue {
  constructor (concurrency) {
    this.concurrency = concurrency;
    this.running = 0;
    this.queue = [];
  }

  pushTask (task) {
    this.queue.push(task);
    this.next();
  }

  next() {
    while (this.running < this.concurrency && this.queue.length) {
      const task = this.queue.shift();
      task (() => {
        this.running--;
        this.next();
      });
      this.running++;
    }
  }
};
```

- TaskQueueのコンストラクタは同時実行可能なタスクの数を引数として取る。メンバー変数のrunningは現在実行中のタスクの数を保持する。もう一方のメンバー変数queueは実行待ちのタスクを記憶するための配列
- pushTask()はタスクを追加するメソッドで、単純にタスクをqueueに追加し、next()を呼び出している

- next()は制限いっぱいまでタスクを起動する

先ほどのパターンと同様、ここでもまず制限いっぱいまでタスクを起動し、タスクが完了するたびに再び制限いっぱいまでタスクを起動します。このパターンが先ほどのパターンと違うのは、タスクが最初に固定で定義されているのではなく、動的に追加できる点です。また、TaskQueueクラスのインスタンスをアプリケーション全体で共有することで、タスクの実行数を1箇所で集中管理できるようになります。

3.2.5.4 ウェブスパイダー(バージョン4)

ではtaskQueueモジュールを使ってウェブスパイダーの同時実行数を制限してみましょう。まずはTaskQueueクラスのインスタンスを生成して同時実行数可能なタスクの数を2に設定します(06_web_spider_v4)。

```
const TaskQueue = require('./taskQueue');
let downloadQueue = new TaskQueue(2);
```

次に、関数spiderLinks()を、キューを使うように書き換えましょう。

```
function spiderLinks(currentUrl, body, nesting, callback) {
  if(nesting === 0) {
    return process.nextTick(callback);
  }

  const links = utilities.getPageLinks(currentUrl, body);
  if(links.length === 0) {
    return process.nextTick(callback);
  }

  let completed = 0, hasErrors = false;
  links.forEach(link => {
    downloadQueue.pushTask(done => {
      spider(link, nesting - 1, err => {
        if(err) {
          hasErrors = true;
          return callback(err);
        }
        if(++completed === links.length && !hasErrors) {
          callback();
        }
        done();
      });
    });
  });
}
```

結局、コードは元の(同時実行数制限なしの)並行処理のパターンに近いものになりました。これは、同時実行数の制限に必要な処理をTaskQueueオブジェクトに委譲(delegate)したからです。それにより、spiderLinks()が行うべき仕事はタスクの定義だけになりました。タスクのコールバックの処理内容は次のようになります。

- ページのリンクごとにspider()を呼び出す
- ページのすべてのリンクの処理が完了した場合、callback()を呼び出す
- 各タスクの完了時にdone()を呼び出す。これにより、downloadQueueは次のタスクを処理できる

もう一度ウェブスパイダーを実行してみてください。今度は同時に2つのURLしかダウンロードされないはずです。

3.3 非同期パターン(asyncライブラリ編)

この章で紹介してきた制御フローのパターンをあらためて見直してみてください。これらのコードを使って汎用的なライブラリを構築できそうだと思いませんか。たとえば、並行処理パターンの節で実装したコードを、タスクのリストを受け取って処理完了時にコールバックを呼び出すようなAPIでラップできます。そのようなAPIでラップすることで、制御フローをより宣言的に記述できます。ここで紹介するasyncライブラリ(https://npmjs.org/package/async)もそのような目的で作られています。asyncは、非同期処理を簡単に扱うためのライブラリで、NodeのみならずJavaScript全般で利用されているライブラリです。同様の目的のライブラリは他にもありますが、Nodeではasyncが事実上の標準となっています。

では、さっそくasyncの機能を試してみましょう。

3.3.1 逐次処理

asyncは複雑な制御フローを実装するための強力なヘルパー関数を提供しますが、最初に乗り越えなければいけない壁は、適切なヘルパー関数の選択です。たとえば、逐次処理を実装するにしても、20種類もの異なったヘルパー関数が存在します。すべてあげてみましょう――eachSeries()、mapSeries()、filterSeries()、rejectSeries()、reduce()、reduceRight()、detectSeries()、concatSeries()、series()、whilst()、doWhilst()、until()、doUntil()、forever()、waterfall()、compose()、seq()、applyEachSeries()、iterator()、timesSeries()。

コンパクトで読みやすいコードを書くには適切なAPIの選択が重要ですが、このためには経験が必要です。この本では一部のAPIしかカバーしませんが、ほかのAPIを利用するのに十分な知識は習得できるでしょう。

以降の節でもウェブスパイダーを例にします。まず、この章の最初のほうで見た、すべてのリンクを

順番にダウンロードするパターンをasyncを用いて書き換えてみましょう。

その前に、asyncライブラリをローカルにインストールしてください。

```
$ npm install async
```

asyncモジュールをウェブスパイダーの依存モジュールに追加します。

```
const async = require('async');
```

3.3.1.1　タスクを決められた順番で実行

最初に関数download()を書き換えます。既に見たように次の処理を行っています。

1. 指定されたURLのコンテンツをダウンロード
2. コンテンツ保存用のディレクトリの作成
3. コンテンツをファイルとして保存

このフローを実現するのに最適なAPIは、async.series()です。このヘルパー関数は次のシグニチャをもちます。

```
async.series(tasks, [callback])
```

引数のtasksはタスクが記憶された配列で、callbackはすべてのタスク完了時に呼び出されるコールバック関数です。tasksの各要素は次のような関数で、処理完了を通知するためのコールバック関数を引数として取ります。

```
function task(callback) {}
```

asyncライブラリのコールバックは、Nodeの通常のコールバックと同じ形態をとり、エラーの伝播をサポートしています。いずれかのタスクでエラーが発生した場合、残りのタスクの処理を行わずに、即座にコールバックにエラーを通知します。

次のコードはdownload()をasync.series()を使って書き直したものです（07_async_sequential_execution）。

```
function download(url, filename, callback) {
  console.log(`Downloading ${url}`);
  let body;

  async.series([
    callback => {                              // ❶
      request(url, (err, response, resBody) => {
        if(err) {
          return callback(err);
        }
        body = resBody;
```

```
        callback();
      });
    },

    mkdirp.bind(null, path.dirname(filename)), // ❷

    callback => {                              // ❸
      fs.writeFile(filename, body, callback);
    }
  ], err => {                                  // ❹
    if(err) {
      return callback(err);
    }
    console.log(`Downloaded and saved: ${url}`);
    callback(null, body);
  });
}
```

最初の「コールバック地獄版」と比べてみてください。タスクは配列に順番に記述されるので、コールバックがネストすることはありません。ここでは3つのタスクを定義していますが、これらは逐次処理されます。async.series()に渡している引数は次のとおりです（❸までが配列の要素）。

❶ 1番目のタスクはURLをダウンロードする。レスポンスは変数bodyに記憶され、クロージャを使って他のタスクと共有される

❷ 2番目のタスクはファイルを保存するディレクトリを作成する。ここではbind()を使ってmkdirp()の第1引数を部分適用することで、コールバックを受け取る関数を作成している

❸ 3番目のタスクは最初のタスクで取得したレスポンスをファイルとして書き込む。ここでは2番目のタスクと違って、部分適用で引数を固定化することはできない。なぜならasync.series()の呼び出し時には、まだ変数bodyはundefinedである

❹ 最後の引数は、すべてのタスクが完了した際に呼び出されるコールバックとなる。ここでは単純にエラー処理のみ行い、成功時にはbody変数をコールバックに渡している

async.series()に似た、async.waterfall()というヘルパー関数があります。この関数は、逐次処理であることに変わりはないのですが、それに加えて前のタスクの出力を次のタスクの入力へとつないでくれます。我々のウェブスパイダーの例では変数bodyの内容をクロージャを使ってタスク間で共有していましたが、async.waterfall()を使ってタスクからタスクへと順に渡すことも可能です（練習のためasync.waterfall()を使って先のコードを書き直してみてください）。

3.3.1.2 配列の各要素に対して非同期処理を実行

前の節ではasync.series()を使って、あらかじめ決められたタスクを順番に実行しました。では、我々がウェブスパイダーのバージョン2で実装したspiderLinks()のような、配列を走査して非同期

処理を実行する場合はどうすればよいでしょうか。そのような要件に適したヘルパー関数がasync.eachSeries()です。このヘルパー関数を使ってspiderLinks()を書き換えてみましょう(08_async_sequential_iteration)。

```
function spiderLinks(currentUrl, body, nesting, callback) {
  if(nesting === 0) {
    return process.nextTick(callback);
  }

  const links = utilities.getPageLinks(currentUrl, body);
  if(links.length === 0) {
    return process.nextTick(callback);
  }

  async.eachSeries(links, (link, callback) => {
    spider(link, nesting - 1, callback);
  }, callback);
}
```

このコードをバージョン2のウェブスパイダーのコードと見比べると、async.eachSeries()のおかげでコードがかなり単純になっているのがわかります。

3.3.2 並行処理

asyncライブラリは逐次処理だけでなく、並行処理もサポートします。並行処理のためのヘルパー関数には、each()、map()、filter()、reject()、detect()、some()、every()、concat()、parallel()、applyEach()、そしてtimes()があります。

では、バージョン3のウェブスパイダーを、asyncライブラリを使って書き換えてみましょう。

先ほどのasync.eachSeries()を使ってバージョン2を書き換えたのと同様、ここでもコードは劇的に単純になります(09_async_parallel_execution)。

```
function spiderLinks(currentUrl, body, nesting, callback) {
  // ...
  async.each(links, (link, callback) => {
    spider(link, nesting - 1, callback);
  }, callback);
}
```

async.eachSeries()がasync.each()に変わった以外は、先ほどのspiderLinks()のコードとまったく同じです。このように制御フローが抽象化されて、同じコードで複数の場面に対応できることが、asyncのようなライブラリを使うメリットです。開発者はアプリケーションのロジックに集中できるのです。

3.3.3 同時実行数を制限した並行処理パターン

最後になりますが、asyncには並行処理の同時実行数を制御する機能はあるのでしょうか。答えはYesです。eachLimit()、mapLimit()、parallelLimit()、queue()、そしてcargo()がその目的に使えます。

ここでは、バージョン4のウェブスパイダーをasync.queue()を使って書き換えます。async.queue()は我々の実装したTaskQueueクラスと似ており、関数worker()と、タスク数の上限値であるconcurrencyを引数として取り、キューのインスタンスを生成します。

```
const q = async.queue(worker, concurrency);
```

関数worker()は次のシグニチャをもちます。この関数はタスクおよび処理完了時に呼び出すコールバックを引数として受け取ります。

```
function worker(task, callback)
```

ここでtaskは特に関数である必要はなく、関数worker()が扱える形式であれば何でもかまいません。また、新しいタスクはq.push(task, callback)で追加できます。ここで渡しているコールバックはworker()により、タスクが完了した際に呼び出されます。

では、実際にバージョン4のウェブスパイダーを、async.queue()を使って書き換えてみましょう。まず、次のようにしてキューを作成します。

```
const downloadQueue = async.queue((taskData, callback) => {
  spider(taskData.link, taskData.nesting - 1, callback);
}, 2);
```

ここでは、同時実行可能なタスク数を2に指定しています。workerの中では、単純にspider()を呼び出しています。spider()の引数には、タスクに割り当てられたデータを渡しています(10_async_limited_parallel_execution)。

```
function spiderLinks(currentUrl, body, nesting, callback) {
  if(nesting === 0) {
    return process.nextTick(callback);
  }
  const links = utilities.getPageLinks(currentUrl, body);
  if(links.length === 0) {
    return process.nextTick(callback);
  }
  const completed = 0, hasErrors = false;
  links.forEach(function(link) {
    const taskData = {link: link, nesting: nesting}; // {link, nesting} でも可
    downloadQueue.push(taskData, err => {
      if(err) {
        hasErrors = true;
        return callback(err);
```

```
        }
        if(++completed === links.length&& !hasErrors) {
          callback();
        }
      });
    });
  }
```

できあがったspiderLinks()のコードは「バージョン4」によく似ています。downloadQueue.push()でタスクのデータを渡している部分が異なりますが、コールバックですべてのタスクが完了したかチェックしている部分は同じです。

async.queue()を使えば、我々が当初実装したクラスTaskQueueは不要になります。このように、asyncライブラリを利用することで、開発者は非同期の制御フローを実装するために必要なコードを自分で書かなくても済むのです。

3.4 まとめ

この章では一般的な非同期の制御フローを、まずは素のJavaScriptで実装し、それからasyncライブラリを用いて実装しました。章の冒頭でNodeの非同期プログラミングは特に他のプラットフォームの経験者には難しいと書きましたが、いくつかの例を見ることで非同期APIの利用法のイメージがつかめたと思います。

4章 ES2015以降の機能を使った非同期パターン

前の章でコールバックを使った非同期処理と、それに付随するコールバック地獄などの問題について説明しました。コールバックはNodeおよびJavaScriptで非同期処理を行うのによく利用されていますが、より新しく洗練された非同期処理の方法も使われるようになっています。具体的には、ES2015以降で導入されたプロミス（promise）やジェネレータ（generator）、そしてasync/await（アシンク アウェイト）です。この章で詳しく見ていきましょう。

さらにこの章では、こうした手法を用いた非同期の制御フローにどのようなメリットがあるかも説明します。最後に、すべてのアプローチの長所と短所を並べた比較表を作ります。それにより、将来のプロジェクトにおいて、技術要件に即した正しい選択ができるようになるでしょう。

4.1 プロミス

以前は、非同期処理を記述するのに2章と3章で見た継続渡しスタイル（continuation passing style：CPS）のコールバックがよく使われていましたが、プロミスの登場によって状況が変わりました。プロミスはES2015で導入された機能で、Nodeではバージョン4からサポートされています。

4.1.1 プロミスの基礎

プロミスは簡単に言えば、「非同期処理の結果を表現するオブジェクト」です。コールバックの欠点を補うために考案されたもので、より安全で保守しやすいコードを実現します。非同期の処理をプロミスで「ラップする」ことで、見通しがよくなるわけです。

非同期処理をする関数（funcPとします）を呼び出すとオブジェクトPromiseのインスタンスが戻されますが、これが非同期な処理をラップしています。プロミスは完了される（fulfilled、成功）か棄却される（rejected、失敗）のいずれかで、このいずれかが起きることは保証されます。完了されてから後で棄却されたり、複数の結果が起きることはありません。プロミスが完了されるか棄却されると、それは確定した（settled）とみなされます。完了も棄却もされていない場合は、ペンディング（pending）の状態となります。

まとめるとプロミスは次のいずれかの状態をもつことになります。

pending
: 非同期処理がまだ完了していない

fulfilled
: 非同期処理が成功した

rejected
: 非同期処理が失敗した（エラーが発生した）

funcPを呼び出すとPromiseのインスタンスが返されるので、Promiseのメソッドを呼び出す形で、成功（fulfilled）の場合と失敗（rejected）の場合に分けて、行うべき処理を別々の関数として記述すればよいのです。成功の場合に呼び出す関数を`onFulfilled`、失敗のときに呼び出す関数を`onRejected`と呼ぶことにすると、非同期な処理が完了してプロミスが成功した（fulfilledの状態になった）ときには`onFulfilled`が実行されますし、失敗したときには`onRejected`が実行されます。

処理結果を受け取るには、次のシグニチャをもつメソッド`then()`を使います。

```
promise.then([onFulfilled], [onRejected])
```

このメソッドの第1引数`onFulfilled()`は、非同期処理が成功した際に処理結果とともに呼び出されるハンドラ関数です。処理成功時の状態を、この本では便宜上「プロミスが処理結果xとともにfulfillされる」のように表現します。一方、`onRejected()`は、非同期処理が失敗した際に、その理由（通常はエラーオブジェクト）とともに呼び出されるハンドラ関数です。処理失敗時の状態を「プロミスが理由yとともにrejectされる」のように表現します。

では、コールバックとプロミスのコードを比較してみましょう。まず、コールバックを使って非同期関数を呼び出すコードです。

```
asyncOperation(arg, (err, result) => {
  if(err) {
    // エラー処理
  }
  // 結果を参照して処理を行う
});
```

一方、プロミスを返す非同期関数の場合、呼び出し側のコードは次のようになります。

```
asyncOperation(arg)
  .then(result => {
    // 結果を参照して処理を行う
  }, err => {
    // エラー処理
  });
```

then()メソッドは、新たにプロミスオブジェクトを生成して戻り値として返します。この新しいプロミスは、onFulfilled()もしくはonRejected()ハンドラの戻り値によって解決されます。ここで、ハンドラの戻り値をxとした場合、新しいプロミス(P)の最終的な処理結果がどうなるかを記します。

- 戻り値xが非thenableの場合、Pはxとともにfullfillされる
- 戻り値xがthenableの場合、Pはxが解決されるまで待つ。xがfulfillされた場合、その処理結果とともにPもfullfillされる
- 戻り値xがthenableの場合、Pはxが解決されるまで待つ。xがrejectされた場合、その理由とともにPもrejectされる

ここでthenableとなっているのは、必ずしもプロミスオブジェクトである必要はなく、then()メソッドを備えたオブジェクトであればよい、という意味です。これは後で説明するPromises/A+を実装した外部ライブラリをカバーする目的でそうなっていますが、とりあえずは「thenable」を「プロミスオブジェクト」と読み替えてかまいません。

then()は別のプロミスオブジェクトを返すので、複数のプロミスを連続して呼び出すことができます(「プロミスチェーン」を形成します)。また、onFulfilled()もしくはonRejected()ハンドラを指定しなかった場合、処理結果はプロミスチェーンの次のプロミスオブジェクトへと引き継がれるため、エラーを伝播させてメソッドチェーンの最後のプロミスでキャッチする、といったことが可能になります。次に例を示します。

```
asyncOperation(arg)
  .then(result1 => {
    // プロミスを戻す
    return asyncOperation(arg2);
  })
  .then(result2 => {
    // 値を戻す
    return 'done';
  })
  .then(undefined, err => {
    // チェーン内にエラーがあればキャッチ
  });
```

図4-1はプロミスチェーンの様子を示しています。

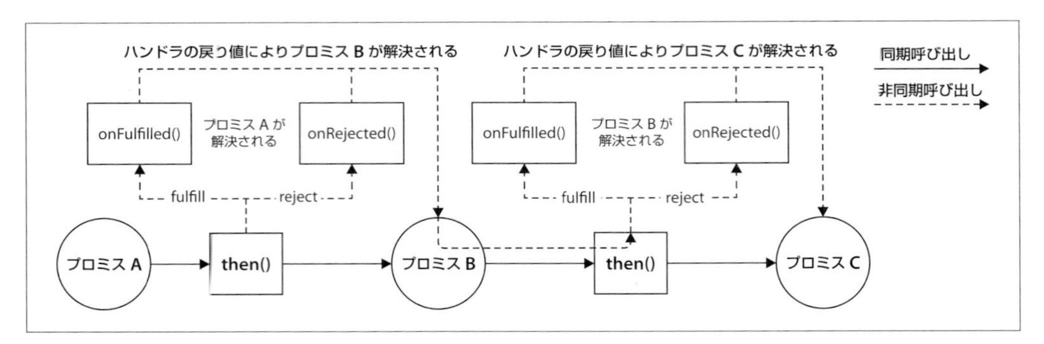

図4-1 プロミスチェーン

もうひとつ重要な点は、関数`onFulfilled()`および`onRejected()`は非同期で呼び出されることが保証されている点です。そのため、上の例のようにプロミスが同期的にresolve（解決）されたとしても、ハンドラはイベントループの次のサイクルで実行されます。たとえば、先のメソッドチェーンの例で、ハンドラ内で`'done'`という文字列を直接`return`していますが、次のハンドラ（ここでは`undefined`ですが）は必ず非同期で呼び出されます。このプロミスの仕様によって、2章で説明した「Zalgoが解き放たれた状態」が自動的に回避されるのです。

プロミスのもっとも優れている点は、非同期処理で例外を扱えるようになる点です。`onFulfilled()`もしくは`onRejected()`ハンドラ内で例外が発生した場合、その`then()`メソッドが生成したプロミスオブジェクトは自動的にエラーオブジェクトとともにrejectされます。これにより、非同期処理でも例外のスローやキャッチが可能になります。これは、従来のコールバックと比べて大きな進歩と言えるでしょう。

少し歴史の話をしましょう。これまでに多くのプロミスのライブラリが実装されて、それらの間には互換性がありませんでした。つまり、異なるライブラリから返されたthenableを用いてメソッドチェーンを形成することは不可能でした。

JavaScriptコミュニティはそのような状況を憂慮し、Promises/A+という仕様を制定しました。この仕様は`then()`メソッドの振る舞いを規定することで、異なるプロミスの実装間での相互運用を目指したものです。

Promises/A+について、詳しくは次のサイトを参照してください——https://promisesaplus.com

4.1.2 プロミスの実装

NodeおよびJavaScriptにおいて、Promises/A+に準拠した実装が複数ありますが、よく使われているものとしては以下があります。

- Bluebird —— https://npmjs.org/package/bluebird
- Q —— https://npmjs.org/package/q
- RSVP —— https://npmjs.org/package/rsvp
- Vow —— https://npmjs.org/package/vow
- When.js —— https://npmjs.org/package/when
- ES2015 Promise

これらの実装の差異は、主にPromises/A+に追加されたAPIです。Promises/A+は`then()`メソッドの振る舞いのみを規定しており、プロミスの生成方法等に関してはいっさい言及していません。

この本ではES2015のプロミスのみを扱います。なぜなら、Nodeはバージョン4以降ES2015のプロミスをサポートしており、外部ライブラリに頼らずプロミスの利用が可能だからです。

ES2015のプロミスが提供しているAPIを次にあげます。

- **コンストラクタ**（`new Promise(function(resolve, reject) {})`）—— プロミスオブジェクトを生成。resolveされるか、もしくはrejectされるかは、引数として渡される関数により決定される。この関数の引数は次のとおり
  - `resolve(obj)` —— この関数はプロミスをresolveするために使われる。引数`obj`に渡された値とともにプロミスがresolveされる。引数`obj`にthenableが渡された場合、それが解決された時点でプロミスがresolveされる
  - `reject(err)` —— この関数はプロミスをrejectするために使われる。引数`err`に渡された理由とともにプロミスがrejectされる。引数`err`は通常はエラーオブジェクト
- **静的メソッド（スタティックメソッド）**
  - `Promise.resolve(obj)` —— 新しいプロミスを生成。`obj`が非thenableの場合、プロミスはその値とともに即座にresolveされる。`obj`がthenableの場合、その処理結果によってプロミスは解決される
  - `Promise.reject(err)` —— 新しいプロミスを生成。プロミスは`err`とともに即座にrejectされる
  - `Promise.all(iterable)` —— 新しいプロミスを生成。`iterable`は配列等の反復可能オブジェクト。`iterable`に含まれるすべてのthenableがfulfillされた時点で、プロミスはそれらの処理結果を含む反復可能オブジェクトとともにfulfillされる。また、`iterable`に含まれるいずれかのthenableがrejectされた時点で、プロミスはその理由とともにrejectされる

— `Promise.race(iterable)` — 新しいプロミスを生成。`iterable`は配列等の反復可能オブジェクト。`iterable`に含まれるいずれかのthenableが解決された時点で、プロミスはその値もしくは理由ともに解決される

- **インスタンスメソッド**
  — `promise.then(onFulfilled, onRejected)` — このメソッドの仕様はPromises/A+により規定されている
  — `promise.catch(onRejected)` — `promise.then(undefined, onRejected)`の構文糖衣（シンタクティックシュガー）

いくつかのライブラリはプロミスの生成にdeferredと呼ばれる仕組みを用いています。ES2015ではサポートされていないのでここでは説明しませんが、興味のある読者はQあるいはWhen.jsのドキュメントを参照してください。

- Q — https://github.com/kriskowal/q#using-deferreds
- When.js — https://github.com/cujojs/when/wiki/Deferred

4.1.3 Node.jsのAPIをプロミス化する

すべてのJavaScriptライブラリがプロミスをサポートしているわけではありませんが、ほとんどの場合、少しのコードを追加するだけで、コールバックを受け取るAPIをプロミスを返すAPIに変換できます。これを「プロミス化（promisification）」と呼びます。

幸いなことに、Nodeのコールバックの慣習（最後の引数がコールバックとして使われる）を逆手に取って再利用可能なプロミス化関数を実装できます。これにはPromiseオブジェクトのコンストラクタを使います。まず`promisify`というファイルを作って`utilities.js`にインクルードすることにします（これを後でウェブスパイダーに利用します。`ch04/01_promisify`）。

```
module.exports = function(callbackBasedApi) {
  return function promisified() {
    const args = [].slice.call(arguments);
    return new Promise((resolve, reject) => { // ❶
      args.push(function(err, result) {       // ❷
        if(err) {
          return reject(err);                 // ❸
        }
        if(arguments.length <= 2) {           // ❹
          resolve(result);
        } else {
          resolve([].slice.call(arguments, 1));
        }
      });
      callbackBasedApi.apply(null, args);     // ❺
```

```
    });
  }
};
```

この関数は、コールバックベースの関数callbackBasedApiを受け取って、プロミス化された関数promisified()を返します。詳しく見てみましょう。

❶ promisified()はコンストラクタを使ってプロミスオブジェクトを生成し、即座に呼び出し元へ戻り値として返している
❷ promisified()に渡された引数列の末尾に、特別なコールバック関数を追加している。Nodeではコールバックは必ず末尾の引数となるので、この引数列でcallbackBasedApi()を呼び出すことで、追加した関数に処理結果が通知される
❸ callbackBasedApi()のコールバックがエラーを返した場合、即座にプロミスをrejectしている
❹ callbackBasedApi()のコールバックが非エラーを返した場合、2番目の引数とともにプロミスをresolveしている。3番目以降の引数が存在する場合、それらをすべてひとつの配列にまとめて、その配列とともにプロミスをresolveしている
❺ 作成した引数列でcallbackBasedApi()を呼び出している

多くのライブラリが、プロミス化のためのAPIを提供しています。たとえば、QのQ.denodeify()、BluebirdのPromise.promisify()、When.jsのnode.lift()などがあります。

4.1.4 逐次処理

理論的な話をしましたので今度は実践です。前の章で作ったウェブスパイダーを、プロミスを使って再実装してみましょう。ここではバージョン2、すなわちウェブページのすべてのリンクをダウンロードするところから始めましょう。

上で作成したpromisify()を使って依存モジュールをプロミス化しますので、最初にpromisifyモジュールをロードします（02_promises_sequential_execution）。

```
const path = require('path');
const utilities = require('./utilities');

const request = utilities.promisify(require('request'));
const fs = require('fs');
const mkdirp = utilities.promisify(require('mkdirp'));
const readFile = utilities.promisify(fs.readFile);
const writeFile = utilities.promisify(fs.writeFile);
```

次は関数download()を変換しましょう。

```
function download(url, filename) {
  console.log(`Downloading ${url}`);
  let body;
  return request(url)
    .then(response => {
      body = response.body;
      return mkdirp(path.dirname(filename));
    })
    .then(() => writeFile(filename, body))
    .then(() => {
      console.log(`Downloaded and saved: ${url}`);
      return body;
    })
  ;
}
```

そして、関数spider()を次のように変更します。

```
function spider(url, nesting) {
  let filename = utilities.urlToFilename(url);
  return readFile(filename, 'utf8')
    .then(
      (body) => (spiderLinks(url, body, nesting)),
      (err) => {
        if(err.code !== 'ENOENT') {
          throw err;
        }

        return download(url, filename)
          .then(body => spiderLinks(url, body, nesting))
        ;
      }
    );
}
```

ここで、readFile()の返すプロミスに対して、then()メソッドでエラーハンドラonRejected()（失敗のときに呼び出す関数）を登録している点に注目してください。ここでファイルの有無をチェックしています。さらに、エラーハンドラ内で例外をthrowしていますが、これにより呼び出し元はメソッドチェーンでエラーをキャッチできます。

spider()が実装できたので、呼び出し元も次のように変更します。

```
spider(process.argv[2], 1)
  .then(() => console.log('Download complete')) // ダウンロード完了
  .catch(err => console.log(err));
```

ここでcatchが使われている点に注目してください。メソッドチェーンの最後にcatchを置くことで、spider()内のエラーをすべてキャッチできます。コード全体を見渡してみて気づくのは、エラーを伝播するためのコードが不要である点です。ひとたび例外がthrowされると、メソッドチェーン内にエラーハンドラが存在しなければ、自動的に最後のcatchに到達するため、エラーオブジェクトをリレーしなくても済みます。

バージョン2のウェブスパイダーで残された関数はspiderLinks()のみとなりましたが、こちらも次の節でプロミス化します。

4.1.4.1 配列の各要素に対して非同期処理を実行する

上で見たように、プロミスを使えば複数の非同期タスクを逐次実行する形に書くことができます。しかし、先のコードはあらかじめ決められたタスクを順番に実行するだけです。配列のような可変長のデータに対してプロミスを適用する場合はどのようにすればよいのでしょうか。我々のウェブスパイダーは各ページに含まれるリンクをダウンロードするため、この要求を実現するのにうってつけです。次のコードはspiderLinks()をプロミスを使って再実装したものです。

```
function spiderLinks(currentUrl, body, nesting) {
  let promise = Promise.resolve();
  if(nesting === 0) {
    return promise;
  }
  const links = utilities.getPageLinks(currentUrl, body);
  links.forEach(link => {
    promise = promise.then(() => spider(link, nesting - 1));
  });

  return promise;
}
```

リンクの配列を走査して非同期処理を実行するには、プロミスのチェーンを動的に生成します。spiderLinks()の処理内容は次のとおりです。

1. まずPromise.resolve()で空のプロミスを生成する。このプロミスはundefinedとともに即座にresolveされる。これはメソッドチェーンを構築するための開始点として使われる
2. 次にforEach()のループの中で、then()メソッドを呼び出してハンドラを追加している。そして、then()の戻り値として返されるプロミスを変数に保持することで、チェーンを形成する

ループを抜けたときには、promise変数は最後尾のプロミスオブジェクトの参照を保持しています。このプロミスはメソッドチェーンのすべての処理が完了した時点でresolveされます。

これでウェブスパイダーのバージョン2をプロミス化したので、あらためて汎用的なパターンを抽出してみましょう。

4.1.4.2 逐次イテレーション・パターン

次にタスクの配列を逐次処理するパターンを示します。

```
let tasks = [ /* ... */ ]
let promise = Promise.resolve();
tasks.forEach(task => {
  promise = promise.then(() => {
    return task();
  });
});
promise.then(() => {
  //All tasks completed
});
```

さらに、forEach()の代わりにreduce()を使えばよりコンパクトなコードになります。

```
let tasks = [ /* ... */ ]
let promise = tasks.reduce((prev, task) => {
  return prev.then(() => {
    return task();
  });
}, Promise.resolve());
promise.then(() => {
  //All tasks completed
});
```

これまでと同様、このパターンの応用としてすべてのタスクの結果を配列に集め、別の配列に変換(map)したり、フィルタを作成したりといったこともできます。

配列の各要素に対して非同期処理を実行するパターン
配列を走査してプロミスのメソッドチェーンを動的に生成する。

4.1.5 並行処理

次に並行処理をプロミスを使って実装します。これはスタティックメソッドのPromise.all()を使えば簡単に実装できます。このヘルパー関数はプロミスのリストを受け取り、新しいプロミスオブジェクトを生成して返します。この新しいプロミスはリスト内のすべての要素がfulfillされた場合にのみfulfillされます。リスト内の要素は並行に処理されるため、どの要素が先に処理完了するかは未定です。

では、前の章のウェブスパイダーのバージョン3をPromise.all()を使って再実装してみましょう。spiderLinks()のコードは次のようになります(03_promises_parallel_execution)。

```
function spiderLinks(currentUrl, body, nesting) {
  if(nesting === 0) {
```

```
      return Promise.resolve();
    }

    const links = utilities.getPageLinks(currentUrl, body);
    const promises = links.map(link => spider(link, nesting - 1));

    return Promise.all(promises);
  }
```

ここではmap()メソッドを使ってリンクの配列をプロミスの配列に変換しています。先のコードとは違い、前のリンクのダウンロード完了を待たなくてもよいので、プロミスをチェーンする必要はありません。最後にPromise.all()を使ってプロミスオブジェクトを生成しています。このオブジェクトはすべてのリンクのダウンロードが完了した時点でfulfillされます。まさに我々の要求に合致しています。

4.1.6 同時実行数を制限した並行処理パターン

残念ながら、ES2015のプロミスのAPIには同時実行数を制限する機能はありません。しかし、前の章で紹介したテクニックを使えます。前の章で実装したTaskQueueに変更を加えて、プロミスを返すタスクを扱えるようにします。具体的にはnext()メソッドを次のように変更します（04_promises_limited_parallel_execution）。

```
next() {
  while(this.running < this.concurrency && this.queue.length) {
    const task = this.queue.shift();
    task().then(() => {
      this.running--;
      this.next();
    });
    this.running++;
  }
}
```

タスクのコールバックを定義する代わりに、then()を呼び出しています。ほかの部分は前の章のTaskQueueとまったく同じです。

そして新しいTaskQueueを使うように呼び出し元のspiderLinks()を変更します。

```
function spiderLinks(currentUrl, body, nesting) {
  if(nesting === 0) {
    return Promise.resolve();
  }

  const links = utilities.getPageLinks(currentUrl, body);
  //we need the following because the Promise we create next
  //will never settle if there are no tasks to process
  if(links.length === 0) {
    return Promise.resolve();
```

```
    }

    return new Promise((resolve, reject) => {
      let completed = 0;
      let errored = false;
      links.forEach(link => {
        let task = () => {
          return spider(link, nesting - 1)
            .then(() => {
              if(++completed === links.length) {
                resolve();
              }
            })
            .catch(() => {
              if (!errored) {
                errored = true;
                reject();
              }
            })
          ;
        };
        downloadQueue.pushTask(task);
      });
    });
  }
```

このコードでは次の点に着目してください。

- まず、コンストラクタを使ってプロミスのインスタンスを生成しています。これはすべてのタスクが完了した際に、手動でプロミスをresolveするためです
- 次に、タスクの定義を見てください。ここでは`spider()`の返すプロミスオブジェクトに対して`onFulfilled()`ハンドラを渡しています。そうすることで、完了したタスクの数を数えることができます。ページのすべてのリンクのダウンロードが完了した時点で`resolve()`を呼んでいます

Promises/A+の仕様では、`onFulfilled()`もしくは`onRejected()`のどちらかが1回だけ呼ばれることが規定されています。つまり、たとえコンストラクタの関数内で`resolve()`や`reject()`を複数回呼び出したとしても、仕様に準拠したプロミスの実装であれば、2回目以降は無視されるはずです。

これでウェブスパイダーのバージョン4は完成です。前の章同様、ウェブスパイダーを実行してみると、同時に2つのURLしかダウンロードされません。

4.1.7 コールバックとプロミスの両方をサポートするAPI

このようにプロミスを使うことで、コールバックよりも可読性の高いコードを書けます。では、プロミスはコールバックを駆逐してしまうのでしょうか。プロミスは多くの利点をもつ反面、正しく使うにはこの章で説明したような多くの知識を必要とします。そのため、今でもコールバックが適した場面が多くあります。

では、非同期処理を行うライブラリを公開したい場合、そのAPIはどうすればよいのでしょうか。コールバックベースのAPIにすべきでしょうか、それともプロミスベースにすべきでしょうか。そもそも、どちらか一方だけをサポートするよりも、両方をサポートできたほうがよくないでしょうか。

これは多くのメジャーなライブラリの作者を悩ませる問題であり、これに対しては少なくとも2種類のアプローチがあります。

1番目はコールバックベースのAPIのみを提供してユーザーにプロミス化を委ねるアプローチです。これはrequest、redis、mysqlなどのライブラリで採用されています。これらのライブラリの中にはプロミス化のためのヘルパー関数を独自に提供するものもあります。

2番目は、コールバックベースのAPIを提供するものの、コールバックが省略された場合はプロミスを返すアプローチです。これはmongooseやsequelizeといったライブラリで採用されており、ユーザーに選択肢を与える点で優れています。

2番目のアプローチを実装してみましょう。次は割り算を非同期で行うモジュールです（05_exposing_callback_and_promises/index.js）。

```
module.exports = function asyncDivision (dividend, divisor, cb) {
  return new Promise((resolve, reject) => {  // ❶

    process.nextTick(() => {
      const result = dividend / divisor;
      if (isNaN(result) || !Number.isFinite(result)) {
        const error = new Error('Invalid operands');
        if (cb) { cb(error); }                 // ❷
        return reject(error);
      }

      if (cb) { cb(null, result); }            // ❸
      resolve(result);
    });

  });
};
```

このモジュールの処理内容を見ましょう。

❶ 最初にPromiseコンストラクタを使用してプロミスを生成する。そして、この関数の中にすべてのロジックを記述する

❷ エラーが発生した場合、プロミスをrejectする。さらに、コールバックが提供されている場合は、そちらにもエラーを通知する
❸ 計算が終わればプロミスをresolveする。さらに、コールバックが提供されている場合は、そちらにも処理結果を通知する

このモジュールはコールバックベースのAPIとしても、プロミスベースのAPIとしても利用できます。使用例を見ましょう（05_exposing_callback_and_promises/test.js）。

```
// コールバックベースのAPIとして使用
asyncDivision(10, 2, (error, result) => {
  if (error) {
    return console.error(error);
  }
  console.log(result);
});

// プロミスベースのAPIとして使用
asyncDivision(22, 11)
  .then(result => console.log(result))
  .catch(error => console.error(error))
;
```

このように少しの工夫で、APIの利便性が向上します。ユーザーは自身のニーズに合った使い方ができ、プロミス化の手間が省けるのです。

4.2 ジェネレータ

ES2015ではプロミス以外にも、非同期の制御フローを簡単に記述するための機構として「ジェネレータ（generator）」も提供されています（ジェネレータは「セミコルーチン」と呼ばれることがあります）。ジェネレータは一言で言うと、「複数のエントリポイントをもつ関数」です。通常の関数には、ひとつのエントリポイントしかありませんが、ジェネレータではyield文により、関数をいったん抜けたり、そこから再開できるようになります。ジェネレータは特にリストの処理に適しているため、これまで見てきた非同期の制御フローのパターンに適用できます。

4.2.1 ジェネレータの基礎

まずはジェネレータの基礎を学びましょう。ジェネレータはキーワードfunctionの後ろに「*」を付加することで宣言します。

```
function* makeGenerator() {
  // 本体のコード
}
```

そして、ジェネレータの中で、キーワードyieldにより処理を中断できます。yieldにはreturnと

同様、戻り値を渡すことができます。

```
function* makeGenerator() {
  yield 'Hello World';
  console.log('Re-entered');
}
```

上のコードを実行すると、ジェネレータはHello Worldという文字列をyieldして、実行を停止します。そしてジェネレータが再開されたとき、次の行console.log('Re-entered')から実行されます。

このジェネレータを実行するには、makeGenerator()を呼び出して、ジェネレータオブジェクトを生成します。

```
const gen = makeGenerator();
```

ジェネレータオブジェクトにはいくつかメソッドがありますが、もっとも重要なものはnext()です。このメソッドは、ジェネレータの実行を開始／再開して、次の形式の結果を表すオブジェクトを返します。

```
{
  value: 〈yieldの戻り値〉
  done:  〈真偽値。ジェネレータの最後まで実行された場合true〉
}
```

結果オブジェクトは2つのプロパティをもち、それぞれyieldされた値（value）と、終了したかどうかのフラグ（done）です。

4.2.1.1 単純なジェネレータ

それでは簡単なジェネレータを実装してみましょう（06_generators_simple）。

```
function* fruitGenerator() {
  yield 'apple';
  yield 'orange';
  return 'watermelon';
}

const newFruitGenerator = fruitGenerator();
console.log(newFruitGenerator.next());    // ❶
console.log(newFruitGenerator.next());    // ❷
console.log(newFruitGenerator.next());    // ❸
```

実行すると次のように表示されます。

```
{ value: 'apple', done: false }
{ value: 'orange', done: false }
{ value: 'watermelon', done: true }
```

それぞれのnext()メソッド呼び出し時に何が起こっているのでしょうか。

❶ 最初のnext()呼び出しにより、ジェネレータの実行が開始され、先頭のyieldまで実行される。yieldに到達した時点でジェネレータの実行は停止され、戻り値appleを呼び出し元に返す
❷ 2回目のnext()呼び出しにより、ジェネレータの実行が再開され、2つ目のyieldまで実行される。yieldに到達した時点でジェネレータの実行は停止され、戻り値orangeを呼び出し元に返す
❸ 最後のnext()呼び出しにより、ジェネレータの実行が再開され、returnまで実行される。returnに到達した時点でジェネレータの実行は完了し、戻り値watermelonを呼び出し元に返す。さらに、結果オブジェクトのdoneフラグがtrueになる

4.2.1.2 ジェネレータによる配列の走査

では、ジェネレータがなぜリストの処理に適しているか理解するために、配列を走査するコードを実装してみましょう（07_generators_iterators）。

```
function* iteratorGenerator(arr) {
  for (let i = 0; i < arr.length; i++) {
    yield arr[i];
  }
}

const iterator = iteratorGenerator(['apple', 'orange', 'watermelon']);
let currentItem = iterator.next();
while (!currentItem.done) {
  console.log(currentItem.value);
  currentItem = iterator.next();
}
```

このコードの実行結果は次のとおりです。

```
apple
orange
watermelon
```

この例ではnext()を呼び出すたびにforループが進められ、配列の次の要素が処理されます。ジェネレータは呼び出しごとに変数等の状態を保持しており、実行再開時にそれらを復元しているのです。

4.2.1.3 ジェネレータに値を渡す

ジェネレータはyieldで呼び出し元に戻り値を渡せますが、その逆に呼び出し元からジェネレータに対して値を渡すことも可能です。値はnext()メソッドの引数として渡し、ジェネレータはyieldの戻り値としてその値を受け取ります。

例を見てみましょう（08_generators_passing_values/index.js）。

```
function* twoWayGenerator() {
  const what = yield null;
  console.log('Hello ' + what);
}

const twoWay = twoWayGenerator();
twoWay.next();          // ❶
twoWay.next('world');  // ❷
```

このコードの実行結果はHello worldです。

❶ 最初のnext()の呼び出しにより、ジェネレータの実行が開始され、yieldまで実行される。yieldでnullを返しているが、呼び出し元はこの値を利用していない

❷ 次のnext('world')の呼び出しにより、ジェネレータの実行が再開される。このとき、引数'world'がyieldの戻り値として返され、変数whatに代入される。ジェネレータはその後console.log()を実行して終了する

また、同様の手法でジェネレータに対して例外をthrowできます。次のように、ジェネレータオブジェクトのthrowを使います（09_generators_passing_errors/index.js）。

```
let twoWay = twoWayGenerator();
twoWay.next();
twoWay.throw(new Error());
```

上のコードでは、twoWayGenerator()はyieldで実行再開した時点で例外をthrowします。これはジェネレータ内部で例外がthrowされたのとまったく同じであるため、ジェネレータ側でtry...catchで例外をキャッチできます。

4.2.2 ジェネレータを使った非同期制御フロー

では、非同期処理を扱うためにジェネレータをどう使えばよいのでしょうか。これを説明するために特別な関数を用意しました。この関数（asyncFlow）は非同期処理が記述されたジェネレータを引数として取ります（10_generators_async_flow）。

```
function asyncFlow(generatorFunction) {
  function callback(err) {
    if (err) {
      return generator.throw(err);
    }
    const results = [].slice.call(arguments, 1);
    generator.next(results.length > 1 ? results : results[0]);
  }
  const generator = generatorFunction(callback);
  generator.next();
}
```

この関数は入力として受け取ったジェネレータを初期化して、そのまま実行します。

```
const generator = generatorFunction(callback);
generator.next();
```

ジェネレータgeneratorFunctionは初期化時にコールバック関数を引数として取ります。このコールバック関数はジェネレータが呼び出し元に処理結果を伝えるために使われます。このコールバックでは、エラーが返った場合はgenerator.throw()を呼び出してジェネレータに対して例外をthrowしています。また、処理が成功した場合はgenerator.next()を呼び出してジェネレータに処理結果を渡しています。

```
if(err) {
  return generator.throw(err);
}
const results = [].slice.call(arguments, 1);
generator.next(results.length> 1 ? results : results[0]);
```

この関数を使って非同期処理を実行してみましょう。自分自身が記述されたファイルのクローンを作成するものです（10_generators_async_flow/clone.js）。

```
const fs = require('fs');
const path = require('path');

asyncFlow(function* (callback) {
  const fileName = path.basename(__filename);
  const myself = yield fs.readFile(fileName, 'utf8', callback);
  yield fs.writeFile(`clone_of_${fileName}`, myself, callback);
  console.log('Clone created');
});
```

ここで注目してほしいのは、asyncFlow()のおかげで、まるで同期関数を呼び出すように非同期関数を呼び出している点です。非同期呼び出しのコールバック内でジェネレータを再開しているからです。特に複雑なことはしていませんが、非常に興味深い効果が得られました。

上記のコールバックを使うパターン以外にも、2つのバリエーションがあります。一方はプロミスを使うもので、もう一方はサンク（thunk）を使うものです。

非同期関数の呼び出しを行う際に、コールバック以外のすべての引数を部分適用した関数（サンク）をあらかじめ作っておき、別途コールバックのみを指定して呼び出す、という手法があります。たとえば、次の関数readFileThunk()は、fs.readFile()のサンクを生成する関数です。

```
function readFileThunk(filename, options) {
  return function(callback){
    fs.readFile(filename, options, callback);
  }
}
```

サンク（およびプロミス）を使用する場合は、ジェネレータはコールバックを引数に取る必要はありません。次はサンクを使ってasyncFlow()を実装したものです（11_generators_async_flow_thunks）。

```
function asyncFlowWithThunks(generatorFunction) {
  function callback(err) {
    if(err) {
      return generator.throw(err);
    }
    const results = [].slice.call(arguments, 1);
    const thunk = generator.next(results.length> 1 ? results :
                  results[0]).value;
    thunk && thunk(callback);
  }
  const generator = generatorFunction();
  const thunk = generator.next().value;
  thunk && thunk(callback);
}
```

ここで、generator.next()の戻り値のvalueプロパティを参照していますが、これはジェネレータから戻されるサンクです。そして、受け取ったサンクを、コールバックを指定して呼び出しています。このasyncFlowWithThunks()を使ってジェネレータを実行するコードは次のようになります。

```
asyncFlowWithThunks(function* () {
  const fileName = path.basename(__filename);
  const myself = yield readFileThunk(__filename, 'utf8');
  yield writeFileThunk(`clone_of_${fileName}`, myself);
  console.log("Clone created");
});
```

同様に、プロミスをyieldableとして受け付けるasyncFlow()のバージョンの実装も可能です（asyncFlowWithThunks()を少し変更します。練習にやってみてください）。また、プロミスとサンクの両方をyieldableとして受け付けるasyncFlow()を実装することも可能です。

4.2.2.1 coを利用したジェネレータベースの制御フロー

Nodeのエコシステムは、ジェネレータを使って非同期処理を行うためのいくつかのソリューションを提供してくれています。たとえば、suspend（https://npmjs.org/package/suspend）はプロミス、サンク、コールバックをサポートしています。そして、この章で紹介したプロミスライブラリの多くは、プロミスをジェネレータとともに使うためのヘルパー関数を提供しています。

こうしたソリューションは、我々が実装した関数asyncFlow()と似たような原理で動作しているので、自身で実装する手間を省きたい場合は利用するとよいでしょう。

この小節の残りの部分では、co（https://npmjs.org/package/co）を使って説明したいと思います。次に示すようにcoは非常にさまざまなyieldのタイプをサポートしています。

- サンク
- プロミス
- 配列（並行処理）
- オブジェクト（並行処理）
- ジェネレータ（委譲）
- ジェネレータ関数（委譲）

また、coは次のような独自のエコシステムを形成しています。

- ウェブフレームワーク ── 有名なものとしてはkoa（https://npmjs.org/package/koa）
- 制御フローパターンのライブラリ
- 一般的なAPIをcoとともに使用するためのラッパーライブラリ

では、我々のウェブスパイダーをcoを用いて再実装しましょう。Nodeのコールバックをサンク化するためのライブラリthunkify（https://npmjs.org/package/thunkify）を依存モジュールとして利用します。

4.2.3 逐次処理

それでは、ジェネレータとcoを使ってウェブスパイダーのバージョン2を再実装します。最初にすべきことは、依存モジュールの関数のサンク化（thunkify）です（12_generators_sequential_execution）。

```
const thunkify = require('thunkify');
const co = require('co');

const request = thunkify(require('request'));
const fs = require('fs');
const mkdirp = thunkify(require('mkdirp'));
const readFile = thunkify(fs.readFile);
const writeFile = thunkify(fs.writeFile);
const nextTick = thunkify(process.nextTick);
```

先にAPIをプロミス化（promisify）したのとよく似たやり方でAPIをサンク化（thunkify）しています。面白いことに、たとえここで（サンクではなく）プロミスを用いたとしても、以降のコードはまったく同じになります。これはなぜかと言うと、coがサンクとプロミスの両方をyield可能なオブジェクトとしてサポートしているからです。さらに言うと、同じアプリケーションの中で（たとえ同一ジェネレータ内であっても）サンクとプロミスの併用が可能です。このようなcoの柔軟さは、既存のジェネレータで書かれたコードを再利用する場合に特に効果を発揮します。

では、download()をジェネレータに書き直してみましょう。

```
function* download(url, filename) {
  console.log('Downloading ' + url);
  const response = yield request(url);
  const body = response[1];
  yield mkdirp(path.dirname(filename));
  yield writeFile(filename, body);
  console.log(`Downloaded and saved: ${url}`);
  return body;
}
```

ここでの変更は非常に単純で、関数をジェネレータにするのと（function*）、非同期関数（ここではサンクを戻す関数）を呼び出す部分にyieldを記述するだけです。

次にspider()をジェネレータに書き直してみましょう。

```
function* spider(url, nesting) {
  const filename = utilities.urlToFilename(url);
  let body;
  try {
    body = yield readFile(filename, 'utf8');
  } catch(err) {
    if(err.code !== 'ENOENT') {
      throw err;
    }
    body = yield download(url, filename);
  }
  yield spiderLinks(url, body, nesting);
}
```

ここで、try...catchを使っている部分と例外をthrowしている部分に注目してください。このようにジェネレータとcoを使えば、同期関数の呼び出し時と同じようにエラー処理が可能になります。そしてもうひとつの興味深い点が、download()をyieldとともに呼び出している部分です。先ほど見たように、download()はサンク化もしくはプロミス化された関数ではなく、単なるジェネレータです。なぜこんなことが可能になるかというと、coはサンクやプロミスだけでなく、ジェネレータもyield可能なオブジェクトとしてサポートしているからです。

最後にspiderLinks()をジェネレータに書き直してみましょう。

```
function* spiderLinks(currentUrl, body, nesting) {
  if(nesting === 0) {
    return nextTick();
  }

  const links = utilities.getPageLinks(currentUrl, body);
  for(let i = 0; i < links.length; i++) {
    yield spider(links[i], nesting - 1);
  }
}
```

ここでもジェネレータとcoがすべての面倒な仕事を引き受けてくれるので、普通にループの中で同期APIを呼び出すのと同じ要領でプログラミングが可能になります。

そしてすべてのエントリポイントとなるコードは次のようになります。

```
co(function* () {
  try {
    yield spider(process.argv[2], 1);
    console.log('Download complete');
  } catch(err) {
    console.log(err);
  }
});
```

ようやくここでcoが登場しました。こうやってエントリポイントとなるジェネレータをco()に渡してやることで、以降のすべてのyield文に渡したジェネレータが再帰的に展開されます。それにより、ジェネレータ内部ではcoに依存しない形でのプログラミングが可能です。

では、完成したウェブスパイダーを実行してみてください。

4.2.4 並行処理

ジェネレータは逐次処理には向いていますが、残念ながら並行処理に利用することはできません。ここで取りうる方法としては、コールバックもしくはプロミスベースの関数とジェネレータの併用が考えられます。

ただしcoに限って言えば、プロミス（およびサンクもしくはジェネレータ）の配列をyieldできるので、その機能を使って簡単に並行処理を実現することが可能です。

ではウェブスパイダーのバージョン3を再実装してみましょう。変更点はspiderLinks()のみです（13_generators_parallel_execution_a）。

```
function* spiderLinks(currentUrl, body, nesting) {
  if(nesting === 0) {
    return nextTick();
  }

  const links = utilities.getPageLinks(currentUrl, body);
  const tasks = links.map(link => spider(link, nesting - 1));
  yield tasks;
}
```

ここでは、すべてのリンクに対してspider()を呼び出し、そのジェネレータオブジェクトの配列に対してyieldしています。これらのリンクはcoにより並行にダウンロードされ、すべての処理が完了した時点でyieldの行から抜けてspiderLinks()が終了します。

この配列に対してyieldするというcoの機能は便利ですが、これを使わなくても並行処理が実現できます。次は前の章で実装したコールバックベースの並行処理パターンを使ってspiderLinks()を書き換えたものです（14_generators_parallel_execution_b）。

```
function spiderLinks(currentUrl, body, nesting) {
  if(nesting === 0) {
    return nextTick();
  }

  //returns a thunk
  return callback => {
    let completed = 0, hasErrors = false;
    const links = utilities.getPageLinks(currentUrl, body);
    if (links.length === 0) {
      return process.nextTick(callback);
    }

    function done(err, result) {
      if(err && !hasErrors) {
        hasErrors = true;
        return callback(err);
      }
      if(++completed === links.length && !hasErrors) {
        callback();
      }
    }

    for(let i = 0; i < links.length; i++) {
      co(spider(links[i], nesting - 1)).then(done);
    }
  }
}
```

ここではspider()を並行に実行するために、ループの中でcoを使って起動しています。さらに、co(...)はプロミスを返すので、処理完了時にdone()を呼び出し、処理結果をカウントしています。一般的に、ジェネレータベースの制御フローライブラリは、coと同様、ジェネレータの実行完了を通知する仕組みをもっています。それにより、ジェネレータをコールバックもしくはプロミスベースの関数への変換が可能です。

ここで、spiderLinks()はもはやジェネレータではなく、サンクを返す関数であることに注目してください。すべてのリンクのダウンロードが完了した際にcallbackを呼び出すことで、coに処理完了を伝えているのです。

ジェネレータからサンクへの変換をするパターン

ジェネレータを並行で実行するには、サンクを返す関数に変換して、コールバックのパターンを使用する。

4.2.5 同時実行数を制限した並行処理パターン

非逐次的な実行フローのしかたを学びましたので、ウェブスパイダーのバージョン4を実装してみましょう。並行ダウンロードタスクの数を制限するバージョンです。そのためにはいくつか方法があります。たとえば次のようなものです。

- TaskQueueクラスを実証したコールバックベースのバージョン。タスクとして利用したい関数とジェネレータをサンク化する
- TaskQueueクラスのプロミスベースのバージョンを利用し、タスクとして利用したい各ジェネレータをプロミスを戻す関数に変換する
- asyncを用い、利用したいヘルパーをサンク化し、ライブラリで利用できるジェネレータをコールバックベースの関数に変換する
- この種のフローのために設計されたcoシステムからのライブラリを利用する。たとえばco-limiter (https://npmjs.org/package/co-limiter)
- 生産者(プロデューサ)-消費者(コンシューマ)パターンに基づくカスタムアルゴリズムを実装する。coのリミッタが内部的に利用しているものと同じもの

ここでは最後の選択肢を実装してみます。コルーチン(およびスレッドやプロセス)と関連するパターンということになります。

4.2.5.1 プロデューサ-コンシューマ・パターン

ゴールは、設定したい並行レベルと同じ数のワーカーだけをフィードするキューを作ることです。このアルゴリズムを実装するために、この章で定義したクラスTaskQueueを出発点とします(15_generators_limited_parallel)。

```
class TaskQueue {
  constructor(concurrency) {
    this.concurrency = concurrency;
    this.running = 0;
    this.taskQueue = [];
    this.consumerQueue = [];
    this.spawnWorkers(concurrency);
  }

  pushTask(task) {
    if (this.consumerQueue.length !== 0) {
```

```
      this.consumerQueue.shift()(null, task);
    } else {
      this.taskQueue.push(task);
    }
  }

  spawnWorkers(concurrency) {
    const self = this;
    for(let i = 0; i < concurrency; i++) {
      co(function* () {
        while(true) {
          const task = yield self.nextTask();
          yield task;
        }
      });
    }
  }

  nextTask() {
    return callback => {
      if(this.taskQueue.length !== 0) {
        return callback(null, this.taskQueue.shift());
      }

      this.consumerQueue.push(callback);
    }
  }
}
```

TaskQueueの新しい実装を詳しく見てみましょう。まずはコンストラクタです。this.spawnWorkers()の呼び出しに注目してください。ワーカーの開始を担当するメソッドです。

このワーカーはとても単純です。co()の回りをラップするジェネレータにすぎません。そして、おのおのが並行に走るように即座に実行されます。

内部的には、各ワーカーはキューに新しいタスクが入るのを待つ無限ループを実行しています（yield self.nextTask()）。そして、それが起こると、終了を待っているタスク（バリッドなyieldable）をyieldします。

キューに入れられる次のタスクをどのように待てばよいのかと思案している人もいるでしょう。その答えはメソッドnextTask()です。

```
nextTask() {
  return callback => {
    if(this.taskQueue.length !== 0) {
      return callback(null, this.taskQueue.shift());
    }

    this.consumerQueue.push(callback);
```

```
    }
  }
```

このメソッドで何が起こるのか見てみましょう。このパターンの核心部分です。

1. このメソッドはサンク（coのバリッドなyieldable）を返す
2. （利用可能であれば）関数taskQueueの中で次のタスクを供給することで戻されたサンクのコールバックが起動される。これにより即座にワーカーをアンブロックし、yieldする次のタスクを提供する
3. キューにタスクがなければコールバック自身がconsumerQueueにプッシュされる。これにより、基本的にワーカーをidleモードにすることになる。関数consumerQueueのコールバックは処理する新しいタスクをもつとすぐに起動される。これが対応するワーカーを再開することになる

では次に関数consumerQueueのアイドルのワーカーがどのように再開されるかを理解するために、メソッドpushTask()を見てみましょう。メソッドpushTask()は、consumerQueueの最初のコールバックを（それがあれば）起動します。そしてそのコールバックがワーカーをアンロックします。コールバックがない場合は、すべてのワーカーがビジー状態ということですから、関数taskQueueに単純に新しい項目を追加します。

クラスTaskQueueでは、ワーカーはコンシューマの役目をもち、一方pushTask()を使うものがプロデューサとみなされます。このパターンはジェネレータがスレッド（あるいはプロセス）と同じように振る舞えることを示してくれています。実際のところ、プロデューサ-コンシューマのやり取りは、プロセス間コミュニケーションのテクニックを学ぶ際には、一般的な問題を提示します。しかし、上で触れたとおり、コルーチンのユースケースとしても一般的です。

4.2.5.2 タスクの並行度の制限

制限付き並行アルゴリズムをジェネレータとプロデューサ-コンシューマ・パターンを用いて実装しましたから、ウェブスパイダーアプリを、今度はダウンロードタスクの並行度を制限するものに適用しましょう（バージョン4。15_generators_limited_parallel）。

まず、TaskQueueオブジェクトをロードして初期化します。

```
const TaskQueue = require('./taskQueue');
const downloadQueue = new TaskQueue(2);
```

次に関数spiderLinks()を変更しましょう。本体は無制限並行実行のフローを実装したときに使ったものとほぼ同じですので、変更部分だけを掲載します。

```
function spiderLinks(currentUrl, body, nesting) {
  // ...
  return (callback) => {
    // ...
```

```
      function done(err, result) {
        // ...
      }
      links.forEach(function(link) {
        downloadQueue.pushTask(function *() {
          yield spider(link, nesting - 1);
          done();
        });
      });
    }
  }
```

各タスクにおいて、done()をダウンロード完了の直後に起動していますので、ダウンロードされるリンク数を数えることができ、すべてが完了したときにサンクのコールバックに知らせることができます。

練習として、この小節の最初に示したほかの4つの方法で、バージョン4のウェブスパイダーを実装してみてください。

4.3 async/await

コールバック、プロミス、ジェネレータはJavaScriptおよびNodeで非同期のコードを扱う際の武器となります。既に見たとおりジェネレータはとても興味深いものです。関数の実行を停止後に再開することを可能にしてくれます。この機能を使って、非同期のコードを書くことで、次の文を続けて実行する前に、結果を待ち、非同期の操作に対してブロックするように「見える」関数を書くことができます。

問題はジェネレータ関数はイテレータを扱うように主に設計されているという点で、非同期のコードを扱う場合には少し複雑になります。理解や保守が難しくなる危険性があります。

しかし希望があります。ES2017で導入されたasyncとawaitの導入により、劇的な改善が見込めます。簡単な例を見てみましょう（16_async_await）。

```
const request = require('request');
function getPageHtml(url) {
  return new Promise(function(resolve, reject) {
    request(url, function(error, response, body) {
      resolve(body);
    });
  });
}

async function main() {
  const html = await getPageHtml('http://google.com');
  console.log(html);
}

main();
```

```
console.log('Loading...');
```

このコードにはgetPageHtmlとmainの2つの関数があります。getPageHtmlはとても単純な関数で、URLで指定されたウェブページのHTMLコードを取得するものです。この関数はプロミスを戻します。

関数mainでasyncとawaitが使われています。まずこの関数の前にキーワードasyncが付いている点に注目してください。この関数が非同期のコードを実行すること、本体でキーワードawaitが使われる可能性があることを示します。getPageHtmlの前にあるawaitは、次の行を実行する前にgetPageHtmlによって戻されたプロミスのresolveを待つように処理系に指示します。このようにして関数mainは非同期のコードが完了するまで内部的に一時停止します。残りのプログラムの普通の実行をブロックすることはしません。実際、Loading...という文字列がコンソールに表示され、しばらくするとGoogleのページのHTMLコードが表示されることになります。

このようなアプローチのほうが、読みやすく理解しやすいでしょう。そして、以前はNodeで利用するにはBabelなどのトランスパイラ（トランスコンパイラ）が必要でしたが、現在は標準でサポートされています。

4.4 非同期プログラミングの手法の比較

ここでJavaScriptの非同期処理について整理しておきましょう（**表4-1**）。

表4-1 非同期処理の手法

ソリューション	長所	短所
ES5	● パフォーマンスは最高 ● サードパーティのライブラリとの互換性の問題が起きにくい ● アドホックなアルゴリズムや高度なアルゴリズムが利用できる	● コード量が増えアルゴリズムが比較的複雑になる
async（ライブラリ）	● 制御フローのパターンが単純になる ● コールバックベースである ● パフォーマンスがよい	● 外部のライブラリへの依存が生じる ● 複雑な制御フローには十分でない可能性がある
プロミス	● 多くの制御フローパターンを単純化する ● エラー処理が確実 ● ES2015に含まれる ● onFulfilledおよびonRejectedの遅延起動が保証される	● プロミスのコールバックベースのAPIが必要 ● パフォーマンス面で若干不利
ジェネレータ	● ノンブロッキングAPIをブロッキングAPIのように見せる ● エラー処理の単純化 ● ES2015に含まれる	● 非逐次フローの実装には依然としてコールバックあるいはプロミスが必要 ● 非ジェネレータベースのAPIのサンク化あるいはプロミス化が必要
async/await	● ノンブロッキングAPIをブロッキングAPIのようにする ● 構文が明解で直感的	

表4-1には代表的な手法のみをあげましたが、このほかにも`Fibers`（https://npmjs.org/package/fibers）や`Streamline`（https://npmjs.org/package/streamline）などを使う方法があります。

4.5　まとめ

プロミス、ジェネレータ、async/awaitなど非同期の制御フローを扱うためのアプローチを紹介しました。

しかし、基本となるのはコールバックであることに変わりはありません。非同期操作を実行するライブラリを公開するのなら、コールバックのみを使いたいというユーザーにも簡単に使えるインタフェースを提供するようにしなければなりません。

5章
ストリーム

Nodeのプログラミングをストリーム（Stream）抜きで語ることはできません。「Stream all the things（すべてをストリームにせよ）」という標語が、Nodeのコミュニティにおいてたびたび聞かれるほどです。Nodeの主要コントリビュータであるDominic Tarrは、ストリームを「Nodeで最高の、しかしもっとも誤解されているアイデア」と表現しています。ストリームがここまで注目されるようになった理由としては、それが単に技術的に優れているだけではなく、そのエレガントさがNodeの哲学に非常にうまくマッチするという点があるのでしょう。

この章では次の事柄について説明します。

- Nodeにおいてなぜストリームが重要なのか
- ストリームの基本的な使い方
- I/O以外でのストリームの利用法
- 複数のストリームを組み合わせて利用する場合のさまざまなパターン

5.1　ストリームの重要性

Nodeのようなイベント駆動型のプラットフォームにおいて、I/Oを扱うもっとも効率的な方法は、それをリアルタイムで処理することです。すなわち、入力があった時点ですぐさま処理を開始し、何らかの結果が得られた時点でそのつど出力する、という手法です。

まずこの節では、ストリームを使ったリアルタイム処理の基礎概念とその強みに関して説明し、続く節でストリームの具体的利用法を見ます。

5.1.1　バッファ vs. ストリーム

ここまでに登場したNodeの非同期APIは、ほぼすべて「バッファ」を使っていました。つまり、すべてのデータをバッファに読み込んでからコールバックに渡す方式です（**図5-1**）。

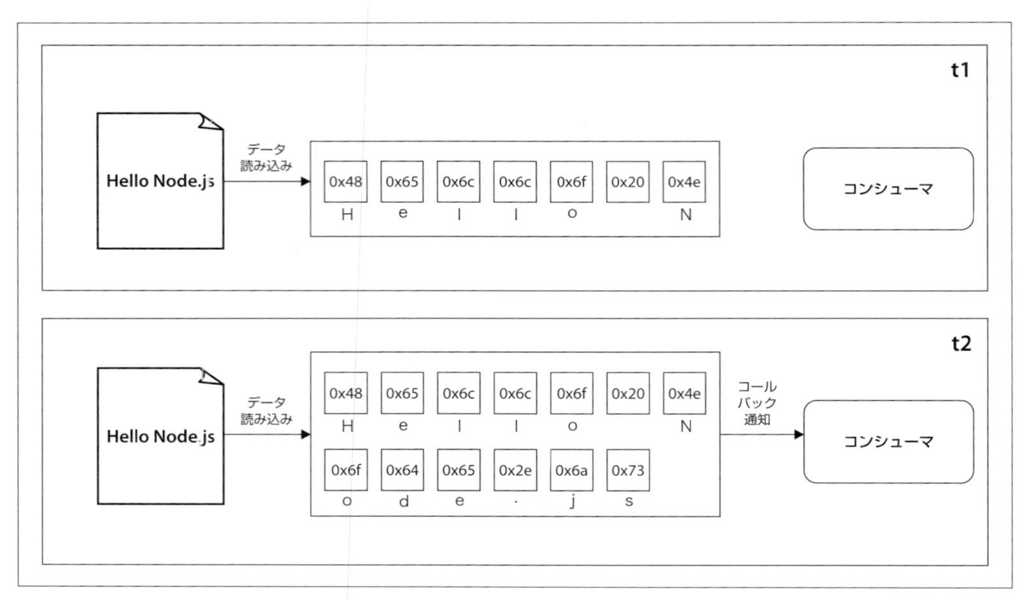

図5-1 バッファを使った処理

図5-1は非同期API呼び出しにおけるデータ取得の処理手順を比較するために、2つの時点（t1およびt2）のスナップショットを並べたものです。t1は一部のデータがバッファに読み込まれたときの状態を表しており、t2では残りのデータが読み込まれ、最終的に消費者（コンシューマ）（アプリケーション）に完全なバッファが渡されています。

これに対してストリームを使うと、データが読み込まれた時点ですぐに利用可能になります（**図5-2**）。

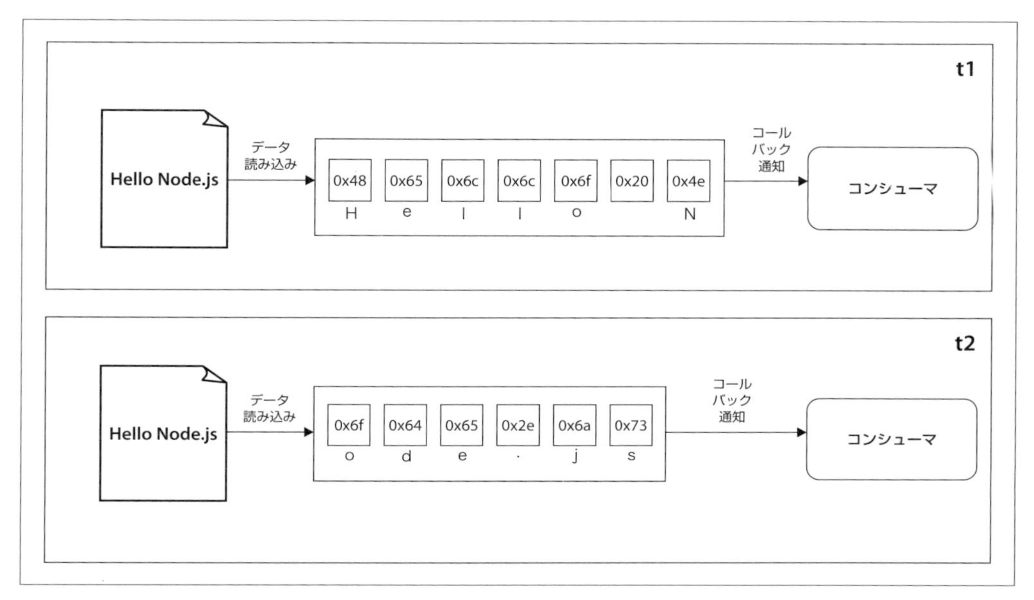

図5-2 ストリームを使った処理

ストリームを使う場合は新しいデータが読み込まれるたびにアプリケーションに通知されます。これにより、アプリケーションはすべてのデータが揃うのを待つことなく、データの処理を開始できます。この2つのアプローチにはどのような違いがあるのでしょうか。領域的な効率（spatial efficiency）と時間的な効率（time efficiency）の2つの観点から違いを見ていきましょう。

5.1.2 領域的な効率

そもそも、すべてのデータをいったんバッファに読み込んでから処理する方式ではどうしても対応できないケースがあります。たとえば数百Mバイトから数Gバイトもあるような大きなファイルを読み込むケースです。こうした場合、バッファにすべてのデータを読み込むのは避けるべきです。そうした処理を並行で実行したりすると、メモリをすぐに使い切ってしまいます。もっとも、環境によってはメモリを使い切るよりも先に、処理系のバッファの最大サイズに達してしまうでしょう。

5.1.2.1 バッファを利用したGzipの実装

これを実際に試すために、簡単なコマンドラインのアプリケーションを作ってみましょう。このアプリケーションはコマンドの引数に指定されたファイルをGzipで圧縮します。次はバッファを使った実装例です（`01_gzip_buffer/index.js`）。

```
const fs = require('fs');
const zlib = require('zlib');
```

```
const file = process.argv[2];

fs.readFile(file, (err, buffer) => {
  zlib.gzip(buffer, (err, buffer) => {
    fs.writeFile(file + '.gz', buffer, err => {
      console.log('File successfully compressed'); // ファイルの圧縮に成功
    });
  });
});
```

これをgzip.jsというファイルに保存すれば、次のコマンドで実行できます。

```
$ node gzip 〈ファイル名〉
```

上で触れたように、ここでたとえば1Gバイトあるような巨大なファイルを指定すると、環境によってはエラーメッセージが表示されてコマンドの実行が停止してしまったり、「ファイルの圧縮に成功しました」と表示されるもののきちんと圧縮されていなかったりしてしまいます。

5.1.2.2 ストリームを利用したGzipの実装

では、どうすれば巨大なファイルをGzip圧縮できるのでしょうか。答えはストリームです。次のコードは、先ほどのアプリケーションをストリームを使って書き直したものです（02_gzip_streams/index.js）。

```
const fs = require('fs');
const zlib = require('zlib');

const file = process.argv[2];

fs.createReadStream(file)
  .pipe(zlib.createGzip())
  .pipe(fs.createWriteStream(file + '.gz'))
  .on('finish', () => console.log('File successfully compressed')); // 圧縮に成功
```

「たったこれだけ？」と思うかもしれませんが、この簡潔なインタフェースこそがストリームの特徴であり、エレガントなコードを書けるようになる秘訣なのです。ストリームの「コンポーザビリティ」については後の節で詳しく見ることにして、ここでは巨大なファイルを読み込んだ際のメモリ使用量に着目しましょう。実際に上のコマンドを実行して、再度（上ではエラーになったような）大きなファイルをGzip圧縮してみてください。今回はメモリ使用量が一定より増えないため、エラーが発生せず、結果的にすべてのデータが処理されます。

5.1.3 時間的な効率

より複雑なアプリケーションについて考えてみましょう。ここでは、Gzip圧縮したファイルをHTTPサーバへアップロードし、さらにサーバ側でGzip展開したうえでファイルに保存するアプリケーショ

ンを実装します。バッファを使うとすれば、すべてのデータの圧縮が完了しない限りファイルのアップロードはできません。またサーバ側ではデータ受信が完了しない限り、ファイルの展開は始められません。ところがストリームを使えば、ファイルのデータはチャンク（ひとかたまりのデータ）単位で圧縮して送信することが可能です。またサーバ側においても、チャンクを受信できしだい、Gzipの展開処理を開始できます。

では実際にやってみましょう。まずはサーバ側です（03_gzip_server/gzipReceive.js）。

```
const http = require('http');
const fs = require('fs');
const zlib = require('zlib');

const server = http.createServer((req, res) => {
  const filename = req.headers.filename;
  console.log('File request received: ' + filename);
  req
    .pipe(zlib.createGunzip())
    .pipe(fs.createWriteStream(filename))
    .on('finish', () => {
      res.writeHead(201, {'Content-Type': 'text/plain'});
      res.end('That\'s it\n'); // おしまい！
      console.log(`File saved: ${filename}`);
    });
});

server.listen(3000, () => console.log('Listening'));
```

サーバはストリームを使って実装されており、ネットワークからデータのチャンクを受信し、それをGzip展開し、ファイルに保存します。

一方、クライアント側の実装は次のようになります（gzipSend.js）。

```
const fs = require('fs');
const zlib = require('zlib');
const http = require('http');
const path = require('path');

const file = process.argv[2];
const server = process.argv[3];

const options = {
  hostname: server,
  port: 3000,
  path: '/',
  method: 'PUT',
  headers: {
    filename: path.basename(file),
    'Content-Type': 'application/octet-stream',
    'Content-Encoding': 'gzip'
```

```
    }
  };

  const req = http.request(options, res => {
    console.log('Server response: ' + res.statusCode);
  });

  fs.createReadStream(file)
    .pipe(zlib.createGzip())
    .pipe(req)
    .on('finish', () => {
      console.log('File successfully sent'); // 送信成功
    });
```

こちら側でもファイルの読み込みにストリームが使われており、ファイルからデータのチャンクが読み込まれるたびに、Gzip圧縮されてサーバに送信されます。

では、さっそくアプリケーションを実行してみましょう。まずは次のコマンドでサーバを起動してください。

```
$ node gzipReceive
```

次に、送信するファイルと送信先のサーバを指定して、クライアントを起動します。

```
$ node gzipSend 〈ファイル名〉 localhost
```

ここで十分に大きなサイズのファイルを指定すればよくわかりますが、ファイルのデータがすべて読み込まれるのを待たずに、クライアントからサーバへデータの送信が開始されます。ところで、この方式は本当にバッファを使うよりも効率がよいと言えるのでしょうか。データの流れを図にして比較してみましょう（**図5-3**）。

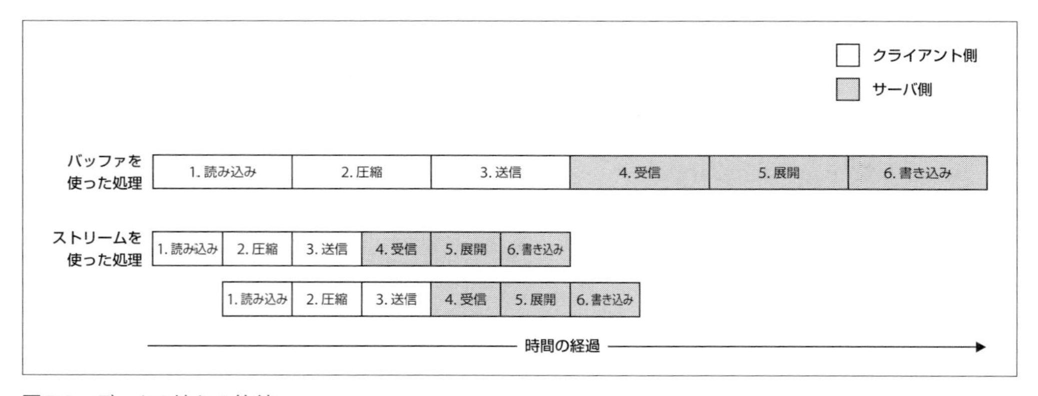

図5-3　データの流れの比較

次のような一連の処理を順番に適用することで、ファイルが処理されます。

1. ［クライアント］ファイルからデータを読み込む
2. ［クライアント］読み込んだデータをGzipで圧縮する
3. ［クライアント］圧縮済みデータをサーバに送信する
4. ［サーバ］クライアントからデータを受信する
5. ［サーバ］受信したデータをGzipで展開する
6. ［サーバ］展開済みデータをファイルに書き込む

工場の組み立てラインと似ており、このライン上をデータが通過するときにそれぞれの処理が行われます。**図5-3**を見ると、バッファを使った場合はファイル全体を一度にラインに流す形になっています。したがってライン上の各処理のステージは、前のステージでファイル全体が処理されるまで待たされることになります。一方、ストリームを使った場合は、データのチャンクごとにラインを流れることになります。ここで重要なのは、各チャンクは他のチャンクの処理を待つことなく並行処理されることです。一連の処理（ファイル読み込み／書き込み、Gzip圧縮／展開、ネットワーク送信／受信）は非同期処理なので、Nodeで簡単に並行実行ができます。唯一の制約として、チャンクの順番が保たれる必要がありますが、これに関してはNodeのストリームが内部的に順番を保証してくれるため、開発者は意識する必要はありません。

図からもわかるとおり、バッファよりもストリームのほうが全体の処理にかかる時間は短くなります。これは、データを分割処理することで、すべてのデータを一度に処理する場合に発生する待ち時間がなくなるからです。

5.1.4 コンポーザビリティ

ここまでのコードで、複数のストリームをメソッド`pipe()`で結合する方法が理解できたと思います。単機能のモジュールをつなぎ合わせて構成する、いかにもNode的な手法です。ストリームのインタフェースは共通であり、互いの処理内容は知らなくても複数のストリームを協調させることができます。`pipe()`で接続されるストリームは、直前のストリームの出力のデータ形式（バイナリ、テキスト、もしくはオブジェクト）をサポートしている必要があるという点さえ守ればよいのです。

Nodeのストリームに関しては、このようなコンポーザビリティ（composability。コンポーネントの組み合わせの簡単さ）という利点も見逃せません。ストリームがコンポーザビリティの観点から優れていることを示すために、先ほど実装したアプリケーション`gzipReceive`/`gzipSend`に対して、暗号化と復号の処理を追加してみましょう（`04_gzip_crypto_server`）。

まずはクライアントのコードです。ここでは、圧縮と送信の処理の間に暗号化の処理を挿入しています。具体的には`crypto.createChipher()`をGzipの後に`pipe()`で接続しています。

```
const crypto = require('crypto');
// ...
fs.createReadStream(file)
```

```
    .pipe(zlib.createGzip())
    .pipe(crypto.createCipher('aes192', 'a_shared_secret'))
    .pipe(req)
    .on('finish', () => console.log('File succesfully sent'));
```

同様にサーバ側にも復号の処理を挿入しましょう。

```
const crypto = require('crypto');
// ...
const server = http.createServer((req, res) => {
  // ...
  req
    .pipe(crypto.createDecipher('aes192', 'a_shared_secret'))
    .pipe(zlib.creategunzip())
    .pipe(fs.createwritestream(filename))
    .on('finish', () => { /* ... */ });
});
```

暗号化と復号の処理をとても簡単に追加できました。既存のストリームを再利用することで、まるでLEGOのブロックを組み立てるかのように複数のストリームを合成できるのです。

ストリームを使えばモジュール性の高い簡潔なコードが記述できるため、純粋なI/Oの処理に使われるだけではなく、コードを単純化しモジュラー化する手段としても使われます。

5.2 ストリームの基本的な使い方

前の節でストリームが強力であることを示しましたが、Nodeではコアモジュールをはじめとするさまざまな箇所で使われています。たとえば既に見たようにfsモジュールにあるcreateReadStream()がファイルの読み込みに、createWriteStream()がファイルの書き込みに使われます。また、HTTPのrequestオブジェクトおよびresponseオブジェクトは基本的にストリームですし、zlibモジュールを使うことでストリーミングのインタフェースを使ってデータの圧縮/展開を行うことができます。

5.2.1 ストリームの詳細

Nodeのすべてのストリームは、コアモジュールstreamに属する次の4つの基本抽象クラスのいずれかの実装となっています。

- stream.Readable
- stream.Writable
- stream.Duplex
- stream.Transform

各streamクラスはEventEmitterのインスタンスでもあり、end（Readableストリームが読み込みを終えた）やerror（何かがうまく行かない）などといったイベントを生成します。

この章の例題では記述を簡潔にするためにエラー処理を省略している場合があります。実用的なアプリケーションを作成する場合は、すべてのストリームに対してイベントリスナーerrorを登録しましょう。

ストリームは次の2つのモードのどちらも利用できるため、柔軟な処理が可能になります。

バイナリモード

データをバッファや文字列など「チャンク」の形でストリーム化するときに使われる

オブジェクトモード

離散的なオブジェクトとしてデータを処理する場合に使われる（これを使うことでほとんどすべてのJavaScriptの値を使うことができる）

この2つのモードを利用できるため、あとで見るように関数的に処理ユニットを構成していくためのツールとしても利用できるのです。

5.2.2 Readableストリーム

Readableストリームはデータの「ソース」を表現します。streamモジュールの抽象クラスReadableを使って実装されます。

5.2.2.1 ストリームからの読み込み

Readableストリームからデータを受理する方法には**non-flowing**と**flowing**の2種類があります。

non-flowingモード

Readableストリームからの読み込みの標準的なパターンでは、readableイベントにリスナーをアタッチします。このイベントは新しいデータが読み込み可能になったことを知らせるものです。それからループで、内部的なバッファが空になるまで読み込みます。これにはメソッドread()を使います。read()は同期的に内部バッファから読み込み、データのチャンクを表現するBufferオブジェクトあるいはStringオブジェクトを戻します。

read()のシグニチャは次のとおりで、これにより、ストリームからデータがオンデマンドで読み込まれます。

```
readable.read([size])
```

どのように動作するかを見るため、readStdin.jsを作成しましょう（05_streams_nonflowing/readStdin.js）。このモジュールは（Readableストリームである）標準入力から読み込みを行い、読み込んだデータをそのまま標準出力に送ります。

```
process.stdin
  .on('readable', () => {
    let chunk;
    console.log('New data available'); // 新しいデータがある
    while((chunk = process.stdin.read()) !== null) {
      console.log(
        `Chunk read: (${chunk.length}) "${chunk.toString()}"`
      );
    }
  })
  .on('end', () => process.stdout.write('End of stream'));
```

read()はデータチャンクをReadableストリームから内部バッファに同期的に読み込みます。バイナリモードの場合、戻されたチャンクはデフォルトではBufferオブジェクトになります。

バイナリモードのReadableストリームの場合、ストリームに対してsetEncoding(encoding)を呼ぶことで、文字列の読み込みができます(encodingはたとえばutf8)。

データはreadableなリスナーからのみ読み込まれます。このリスナーは新しいデータが準備できるとすぐに呼び出されます。read()は内部バッファにデータがないときにはnullを返します。そのような場合、再度読み込みが可能になったことを示す別のreadableイベントが発火(ファイヤ)されるのを待つか、あるいはストリームの終わりを示すエンドイベントを待つかのいずれかになります。ストリームがバイナリモードで動作している場合、メソッドread()に引数sizeを渡すことで、読み込むデータの大きさを指定できます。この指定はネットワークを経由したプロトコルや、特定のデータ形式の解析をする場合などに特に有用です。

ではreadStdinモジュールを実行してみましょう。コンソールで文字を何文字か入力してからEnter (return) キーを押すと、標準出力にデータが出てくると思います。ストリームを終了する（終了イベントを生成する）にはEOF (end of file) 文字を入力する必要があります。WindowsではCtrl+Z、Unix/Linux (macOS含む) ではCtrl+Dを入力します。

他のプロセスの接続もできます。パイプオペレータ (|) を使うことで、プログラムの標準出力をほかのプログラムの標準入力に「リダイレクト」できます。たとえば次のようなコマンドを実行します（任意の言語で書かれたプログラムとやり取りできます）。

```
$ cat 〈ファイルのパス〉 | node readStdin
```

flowingモード

ストリームから読み込むもうひとつの方法はデータイベントにリスナーをアタッチするものです。これはストリームを「flowingモード」にスイッチします。このモードではデータがread()を使って取り出されるのではなく、データが到着するとすぐにリスナーにプッシュされます。

たとえば、上で作成したreadStdinをflowingモードで使うと次のようになります(06_streams_flowing/readStdin.js)。

```
process.stdin
  .on('data', chunk => {
    console.log('New data available');
    console.log(
      `Chunk read: (${chunk.length}) "${chunk.toString()}"`
    );
  })
  .on('end', () => process.stdout.write('End of stream'));
```

flowingモードは旧バージョンのストリームインタフェース(Streams1とも呼ばれます)を継承(拡張)したもので、データフローに対する柔軟性が小さくなります。「Streams2」のインタフェースの導入により、flowingモードが標準のモードではなくなりました。これを有効にするにはデータイベントに対してリスナーをアタッチするか、あるいはメソッドresume()を明示的に呼び出す必要があります。ストリームがデータイベントのemit(エミット)を一時的に停止するためにはメソッドpause()を呼び出し、これにより入ってくるデータを内部バッファでキャッシュできます。

pause()を呼び出してもストリームがnon-flowingモードになるわけではありません。

5.2.2.2 Readableストリームの実装

ストリームからの読み込み方法がわかったので、次にReadableストリームの実装方法を見ましょう。このためには、stream.Readableのプロトタイプを継承する新しいクラスを作ります。ストリームは次のシグニチャをもつメソッド_read()を提供しなければなりません。

```
readable._read(size)
```

Readableクラスの内部でメソッド_read()を呼び、それがpush()を用いて内部バッファにデータを入れていくことになります。

```
readable.push(chunk)
```

read()はストリームの消費者(コンシューマ)によって呼び出されるメソッドである点に注意してください。_read()はストリームサブクラスによって実装されるメソッドで、直接呼び出されるべきものではありません。「_」は通常そのメソッドがパブリックではないこと、直接呼び出すものではないことを示します。

Readableストリームの実装方法を見てみましょう。ランダムな文字列を生成するストリームを実装するために、randomStream.jsを作成します（07_streams_readable）。

```
const stream = require('stream');
const Chance = require('chance');

const chance = new Chance();

class RandomStream extends stream.Readable {
  constructor(options) {
    super(options);
  }

  _read(size) {
    const chunk = chance.string();         // ❶
    console.log(`Pushing chunk of size: ${chunk.length}`);
    this.push(chunk, 'utf8');              // ❷
    if(chance.bool({likelihood: 5})) {     // ❸
      this.push(null);
    }
  }
}

module.exports = RandomStream;
```

冒頭で必要なモジュールをロードします。ここではchance（https://npmjs.org/package/chance）という名前のnpmのモジュールをロードしています。数値、文字列、文などさまざまなランダム値を生成するライブラリです。

その下はクラスRandomStreamの定義です。stream.Readableを親クラスとして指定しています。入力として受理した引数optionsを親クラスのコンストラクタに渡しています。optionsを介して渡される引数としては次のようなものがあります。

- encoding ― BuffersをStringsに変換するために使われる（デフォルトはnull）
- objectMode ― オブジェクトモードをオンにするかを示すフラグ（デフォルトはfalse）
- highWaterMark ― 内部的なバッファに保存できるデータの上限。これを超えた場合ソースからの読み込みはできない（デフォルトは16Kバイト）

それではメソッド_read()の説明をしましょう。

❶ chanceを用いてランダムな文字列を生成する
❷ 内部的な読み込み用のバッファに文字列をプッシュする。Stringをプッシュしているので、エンコーディング（utf8）も指定する（チャンクがバイナリのBufferの場合は不要）
❸ ストリームを5%程度の確率でランダムに停止する。内部バッファにnullをプッシュしてEOF（ストリームの終わり）を示す

関数_read()への入力に指定された引数sizeは無視されます（アドバイザリ引数）。単純に利用可能なデータをプッシュできます。しかし同じ呼び出しの中で複数のプッシュがあるときはpush()がfalseを戻すかチェックしなければなりません。falseは内部バッファが上限highWaterMarkに達したことを意味しますので、データの追加を中止しなければなりません。

generateRandom.jsという名前の新しいモジュールを作り、この中でRandomStreamの新しいオブジェクトをインスタンス化して、そこからデータを取得します（07_streams_readable）。

```
const RandomStream = require('./randomStream');
const randomStream = new RandomStream();

randomStream.on('readable', () => {
  let chunk;
  while((chunk = randomStream.read()) !== null) {
    console.log(`Chunk received: ${chunk.toString()}`);
  }
});
```

これですべての準備が整ったので、このストリームを試してみましょう。これまでと同じようにモジュールgenerateRandomを実行し、ランダムな文字列が画面上に流れるのを確認してください。

5.2.3 Writableストリーム

Writableストリームはデータの行き先（デスティネーション）を表します。Nodeにおいてはストリームモジュールの抽象クラスWritableを使って実装されます。

5.2.3.1 ストリームへの書き込み

Writableストリームにデータをプッシュするのは単純です。次のシグニチャをもつメソッドwrite()を使えばよいのです。

```
writable.write(chunk, [encoding], [callback])
```

引数encodingはオプションですが、chunkがStringの場合は指定できます（デフォルトはutf8で、chunkがBufferの場合は無視されます）。callback関数（オプション）はチャンクが対象リソースに対してフラッシュされるときに呼び出されます。

ストリームにこれ以上データを書き込めないことを知らせるにはメソッドend()を使います。

```
writable.end([chunk], [encoding], [callback])
```

end()によって最後のチャンクを送ることができます。この場合、関数callbackはfinishイベントにリスナーを登録するのと同じ役目をすることになります。finishはすべてのデータがストリームに書き込まれてフラッシュされたときに発火します。

それでは小規模なHTTPサーバを作成してどのように動作するか見てみましょう。このサーバはランダムな文字列を出力します（08_streams_writable/entropyServer.js）。

```
const Chance = require('chance');
const chance = new Chance();

require('http').createServer((req, res) => {
  res.writeHead(200, {'Content-Type': 'text/plain'});       // ❶
  while(chance.bool({likelihood: 95})) {                   // ❷
    res.write(chance.string() + '\n');                     // ❸
  }
  res.end('\nThe end...\n');                               // ❹
  res.on('finish', () => console.log('All data was sent')); // ❺
}).listen(8080, () => console.log('Listening on http://localhost:8080'));
```

このHTTPサーバはオブジェクトresに書き込みをします。resはhttp.ServerResponseのインスタンスでこれもまたWritableストリームです。何が起こっているのかを見てみましょう。

❶ HTTPレスポンスのヘッドを書く（writeHead()はWritableインタフェースの一部ではないことに注意。これは、クラスhttp.ServerResponseによって公にされている補助的なメソッド）
❷ 5%の可能性で終了するループを開始する（chance.bool()を95%の確率でtrueを返すようにする）
❸ ループの内側で、ストリームにランダムな文字列を書く
❹ ループから抜けると、ストリームに対してend()を呼び出す。これによりこれ以上データの書き込みがないことを伝える。また、終了前にストリームに書き込まれる最後の文字列も供給する
❺ 最後にfinishイベントにリスナーを登録する。このリスナーはすべてのデータがフラッシュされてソケットに書き込まれると発火する

このモジュールをentropyServer.jsと名付けることにします。ブラウザでhttp://localhost:8080を開いて確認してみてください。あるいは別のターミナルを開いてcurlを次のように実行します。

```
$ curl localhost:8080
```

この時点でサーバはHTTPクライアントにランダムな文字列を送り始めるはずです（サーバによってはデータをバッファリングするため、ストリーミングの動作がはっきりとは確認できない場合があります）。

5.2.3.2 バックプレッシャ

液体が管を流れるときと同じように、Nodeのストリームにも「ボトルネック」が発生します。データが消費されるよりも速く書き込まれてしまう場合です。このような場合は、入力側のデータをバッファリングするなどの対策が必要です。しかし書き込み側に適切なフィードバックを行わなければ、どんど

んバッファにデータがたまり、メモリの消費量が対処不能なレベルに達してしまいます。

このような事態を避けるために、内部バッファが上限highWaterMarkを上回るときにはwritable.write()がfalseを返します。Writableなストリームは内部的なバッファのサイズを表すプロパティ highWaterMarkをもちます。これを超えるとメソッドwrite()がfalseを返すようになります。falseが返ってきたらアプリケーション側で書き込みを停止する必要があります。バッファが空になればdrain（ドレイン）イベントが発せられ、書き込みを再開しても安全であることがわかります。このメカニズムのことを「バックプレッシャ（back-pressure）」と呼びます。

このメカニズムはReadableストリームにも関係するものでしょうか。実際のところバックプレッシャはReadableストリームにも存在します。そして_read()内で呼び出されるメソッドpush()がfalseを戻すときに発火します。ストリームの実装者に関係する問題なので、利用する側の対応が必要になることはあまり多くはありません。

Writableストリームのバックプレッシャをどのように扱えばよいのかその例を示しましょう。前に見たentropyServerを少し変更します（09_streams_writable_back_pressure）。

```
const Chance = require('chance');
const chance = new Chance();

require('http').createServer((req, res) => {
  res.writeHead(200, {'Content-Type': 'text/plain'});

  function generateMore() {                          // ❶
    while(chance.bool({likelihood: 95})) {
      const shouldContinue = res.write(
        chance.string({length: (16 * 1024) - 1}) // ❷
    );
      if(!shouldContinue) {                          // ❸
        console.log('Backpressure');
        return res.once('drain', generateMore);
      }
    }
    res.end('\nThe end...\n',() => console.log('All data was sent'));
  }
  generateMore();
}).listen(8080, () => console.log('Listening on http://localhost:8080'));
```

重要部分を見てみましょう。

❶ メインのロジックはgenerateMore()という関数にラップされている

❷ バックプレッシャを受ける確率を高くするため、データチャンクのサイズを「16Kバイト−1バイト」にしている。この値はhighWaterMarkよりもほんの少しだけ小さい値

❸ データチャンクを書き込んだ後でres.write()の戻り値をチェックする。falseが戻ってきた

ら内部バッファがいっぱいなので、データの送信を中止する。この場合、関数から抜けdrainイベントが発せられたときのために次の書き込みサイクルを登録する

前の例と同じように、サーバを実行しcurlなどを使ってクライアントのリクエストを生成してみてください。サーバはかなりの速度でデータを生成するので、ソケットが処理できる限界を超えてバックプレッシャが出現することになります。

5.2.3.3 Writableストリームの実装

Writableストリームを実装するには、stream.Writableのプロトタイプを継承し、メソッド_write()を定義します。

次の形式のオブジェクトを受け取るWritableストリームを作ってみましょう。

```
{
  path:    〈ファイルのパス〉
  content: 〈文字列あるいはバッファ〉
}
```

各オブジェクトに対して、ストリームが指定パスに作られたファイルにコンテンツを保存します。ストリームの入力がオブジェクトであり、文字列やバッファではないので、オブジェクトモードで動作しなければなりません。このモジュールをtoFileStream.jsという名前にしましょう（10_streams_writable_implement）。

```
const stream = require('stream');
const fs = require('fs');
const path = require('path');
const mkdirp = require('mkdirp');

class ToFileStream extends stream.Writable {
  constructor() {
    super({objectMode: true});
  }

  _write (chunk, encoding, callback) {
    mkdirp(path.dirname(chunk.path), err => {
      if (err) {
        return callback(err);
      }
      fs.writeFile(chunk.path, chunk.content, callback);
    });
  }
}
module.exports = ToFileStream;
```

最初のステップとして依存するものをすべてロードしましょう。モジュールmkdirpが必要ですのでnpmでインストールしてください。

新しいストリームのために新しいクラスを生成します。このクラスはstream.Writableを継承します。

親コンストラクタを呼び出して内部状態を初期化する必要があります。optionsオブジェクトも指定します。これによりオブジェクトモード（objectMode: true）で動作するよう指定します。stream.Writableで指定できる他のオプションは次のとおりです。

highWaterMark（デフォルトは16Kバイト）
: バックプレッシャの最大値を制御

decodeStrings（デフォルトはtrue）
: _write()に渡す前に文字列を自動的にデコードしバイナリバッファに入れる。オブジェクトモードでは無視される

最後にメソッド_write()の実装です。このメソッドの引数にはデータのチャンクとエンコーディング（バイナリモードでdecodeStringsがfalseに設定されている場合のみ意味をもちます）、それに処理完了時に呼び出されるcallbackが指定されています。結果を返すのは必須ではありませんが、必要な場合はエラーを渡すことができます。これによりストリームがerrorイベントを発します。

作成したストリームを試すためにwriteToFile.jsというモジュールを作成しましょう。ストリームに対して書き込み操作を行ってみます。

```
const ToFileStream = require('./toFileStream.js');
const tfs = new ToFileStream();

tfs.write({path: "file1.txt", content: "Hello"});
tfs.write({path: "file2.txt", content: "Node.js"});
tfs.write({path: "file3.txt", content: "Streams"});
tfs.end(() => console.log("All files created"));
```

Writableストリームをカスタマイズした初めての例です。実行して出力を確認してみてください。3つの新しいファイルができているはずです。

5.2.4 Duplexストリーム

Duplexストリームとは Readable かつ Writable なストリームです。データのソースでもありターゲットでもあるもの（たとえばネットワークソケット）を表現するのに有用です。Duplexストリームはstream.Readableとstream.Writableの両方のメソッドを継承することになります。read()とwrite()の両方を行うことができ、readableイベントとdrainイベントの両方をリッスンすることになります。

Duplexストリームをカスタマイズするには、_read()および_write()の実装を提供する必要があります。Duplex()のコンストラクタに渡されるオプションのオブジェクトは、Readableおよび

Writableの両方のコンストラクタに内部的にそのまま渡されることになります。オプションは前の節で見たものとほぼ同じですが、allowHalfOpen(デフォルトtrue)が追加されています。falseに設定された場合、いずれかのストリームが終了した場合にReadableもWritableも終了することになります。

一方をオブジェクトモード、もう一方をバイナリモードで動作させるためには、ストリームのコンストラクタの中で次のプロパティを明示的に設定する必要があります。

```
this._writableState.objectMode
this._readableState.objectMode
```

5.2.5 Transformストリーム

Transformストリームは特別な種類のDuplexストリームで、データ変換のために特別にデザインされたものです。

単純なDuplexストリームにおいては、ストリームから読み込まれるデータとそこに書き込まれるデータとの間に直接的な関係はありません（少なくともストリームはそうした関係には依存しません）。TCPソケットについて考えてみてください。リモートに対してデータを送ったりリモートからデータを受信したりするだけです。ソケットは入力と出力に関して何か関係があることは想定していません。**図5-4**にDuplexストリームのデータフローを示します。

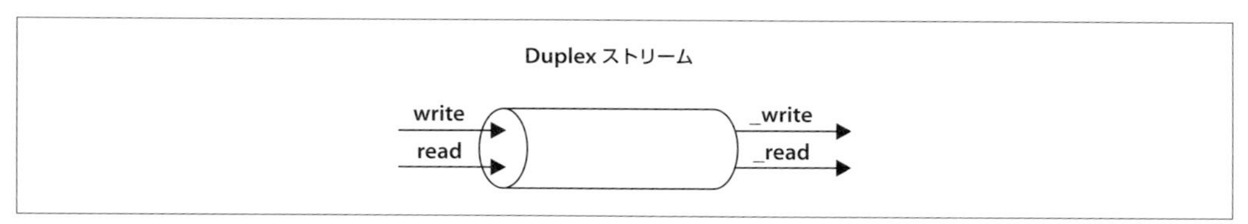

図5-4 Duplexストリームのデータフロー

一方、TransformストリームはWritable側から受理したデータの各チャンクに対して何らかの変換を行い、その結果をReadable側に供給します。**図5-5**にTransformストリームのデータフローの様子を示します。

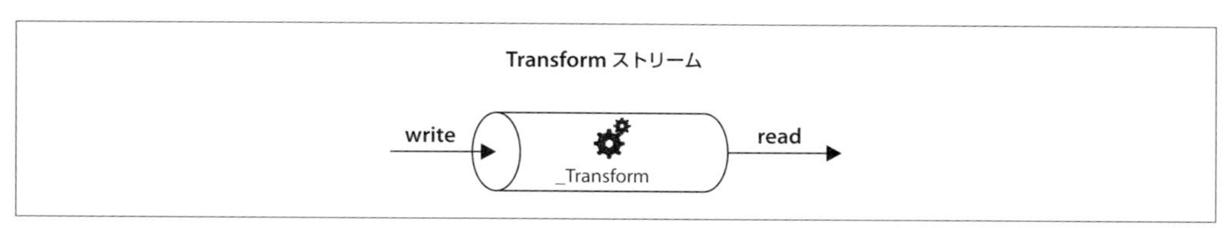

図5-5 Transformストリームのデータフロー

外側から見ると、TransformストリームのインタフェースはDuplexストリームのインタフェースとまったく同じように見えます。Duplexストリームを作る場合、メソッド_read()および_write()を提供する必要がありますが、Transformストリームを実装するには_transform()および_flush()という2つのメソッドを実装する必要があります。

それではTransformストリームを生成する例を見てみましょう。

5.2.5.1　Transformストリームの実装

指定された文字列をすべて置き換えるTransformストリームを実装してみましょう。このためにreplaceStream.jsを作成します(11_streams_transform)。

```
const stream = require('stream');
const util = require('util');

class ReplaceStream extends stream.Transform {
  constructor(searchString, replaceString) {
    super();
    this.searchString = searchString;
    this.replaceString = replaceString;
    this.tailPiece = '';
  }

  _transform(chunk, encoding, callback) {
    const pieces = (this.tailPiece + chunk)           // ❶
      .split(this.searchString);
    const lastPiece = pieces[pieces.length - 1];
    const tailPieceLen = this.searchString.length - 1;

    this.tailPiece = lastPiece.slice(-tailPieceLen);   // ❷
    pieces[pieces.length - 1] = lastPiece.slice(0,-tailPieceLen);

    this.push(pieces.join(this.replaceString));        // ❸
    callback();
  }

  _flush(callback) {
    this.push(this.tailPiece);
    callback();
  }
}

module.exports = ReplaceStream;
```

いつものように依存するモジュールから作っていきます。今回はサードパーティのモジュールは使いません。

それからstream.Transformを継承して新しいクラスを作ります。このクラスのコンストラクタは2つの引数を取ります。マッチする文字列searchStringと変換後の文字列replaceStringです。

またメソッド_transform()で使われるtailPieceという内部変数を初期化します。

では新しいクラスで中心的な役割を演じるメソッド_transform()を見ましょう。メソッド_transform()のシグニチャはWritableストリームの_write()と基本的には同じになります。しかし、データを書き込む代わりにthis.push()を使って内部的なバッファにデータをプッシュします(Readableストリームの_read()で行うのと同じ処理です)。これによりTransformストリームの両側がどう接続されるかが決定されます。

ReplaceStreamのメソッド_transform()がアルゴリズムの中核部分の実装です。あるバッファが与えられたとき、その中の文字列の検索や置換は簡単です。しかしデータがストリームの場合は事情がだいぶ異なります。マッチする文字列が2つのチャンクに分かれている可能性があるのです。上のコードの具体的な手順は次のようになっています。

❶ 関数searchStringをセパレータとして使ってチャンクを分割する
❷ 生成された配列の最後の要素を取り、後ろから(searchString.length - 1)文字を抽出する。結果は変数tailPieceに保存されデータの次のチャンクの頭に追加される
❸ 最後にsplit()の結果得られるすべての部分がreplaceStringをセパレータとして使って合体され、内部バッファにプッシュされる

ストリームが終わると最後のtailPieceがまだ内部バッファにプッシュされずに残っています。これを処理するのが_flush()の役目です。これはストリームが終了する直前に呼び出されます。ここで完全にストリームの終了処理を行うか、ストリームを終了する前に残りのデータ(があればそれ)をプッシュすることになります。

メソッド_flush()はコールバックを取るだけです。このコールバックはすべての操作が完了したときに呼び出され、ストリームを終了させます。

Transformストリームを試してみましょう。replaceStreamTest.jsというモジュールを作成します。このモジュールはデータを書き、変換の結果を読み込みます。

```
const ReplaceStream = require('./replaceStream');

const rs = new ReplaceStream('World', 'Node.js');
rs.on('data', chunk => console.log(chunk.toString()));

rs.write('Hello W');
rs.write('orld!');
rs.end();
```

処理を少し難しくするために、検索文字列(World)を2つのチャンクにまたがるようにしてみました。flowingモードを使って同じストリームから各変換チャンクのログをとりながら読み込みします。次のような出力が生成されるはずです。

```
Hel
lo Node.js
!
```

実は第5のストリームとしてstream.PassThroughがあります。これまで見たストリームクラスと違い、PassThroughは抽象型ではなく、メソッドを実装することなく直接的にインスタンス化できます。このストリームはTransformストリームで変換を適用せずにすべてのデータチャンクを出力するものです。

5.2.6 パイプを使ったストリームの接続

Unixの「パイプ」という概念を発明したのはDouglas Mcllroyですが、これを使うことで、あるプログラムの出力を次のプログラムの入力として簡単に接続できます。たとえばUnix系OSで次のコマンドを実行してみてください。

```
$ echo Hello World! | sed s/World/Node.js/g
```

上のコマンドでは、まずechoがHello World!を標準出力に書き込みます。続いて「|」があるため、echoの出力がsedコマンドの標準入力に渡されます（「リダイレクト」されます）。それからsedが（最後にgがあるため）文字列Worldのすべての出現をNode.jsに置き換え、その結果を標準出力（この場合コンソール）に出力します。

NodeのストリームもReadableストリームのメソッドpipe()を使うことでこれと同じように接続できます。pipe()のシグニチャは次のとおりです。

```
readable.pipe(writable, [options])
```

メソッドpipe()はreadableストリームから出されたデータを受け取り、指定されたwritableストリームに送り出すことになります。

また、writableストリームの終了はreadableストリームがendイベントを出すときに自動的に行われます（optionsに{end: false}を指定しなかった場合）。

メソッドpipe()は引数として渡されたwritableストリーム戻します。ストリームがReadableである場合（具体的にはDuplexストリームあるいはTransformストリームの場合）、「チェーン」を形成することができます。

2つのストリームをパイプで結ぶと「サクション（suction、吸入管）」を生成し、これによりwritableストリームに自動的にデータを流し込むことができます。この場合read()やwrite()を明示的に呼び出す必要はありません。しかしもっとも重要なのは、バックプレッシャを制御する必要がないという点です。それは自動的に処理されるのです。

まずひとつ簡単な例を見てみましょう（これからたくさん例が出てきます）。replace.jsを作成し、標準入力からテキストストリームを受け取り、置換を行い、標準出力にデータを戻すものとします（12_

streams_transform_pipes)。

```
const ReplaceStream = require('./replaceStream');
process.stdin
  .pipe(new ReplaceStream(process.argv[2], process.argv[3]))
  .pipe(process.stdout);
```

このプログラムは標準入力から来たデータをReplaceStreamにパイプし、それから標準出力に戻します。次のコマンドのように、Unixのパイプを使って上のプログラムの標準入力にリダイレクトしてみましょう。

```
$ echo Hello World! | node replace World Node.js
```

実行すると次のような出力が表示されます。

```
Hello Node.js!
```

このように、ストリーム（特にテキストストリーム）を使うことで、複数の処理の接続が簡単にできます。

errorイベントは、自動的にはパイプラインを伝播しません。たとえば次のコードを見てください。

```
stream1
  .pipe(stream2)
  .on('error', function() {});
```

上のパイプラインでは、stream2から来たエラーだけをキャッチします。つまり、stream1で生成されたエラーをキャッチするためには、もうひとつエラーリスナーを直接stream1に追加しなければなりません。この点についての解決策は後ほど紹介します（ストリームの結合）。ターゲットのストリームがエラーを出した場合もパイプラインが壊れてしまい、ソースストリームからのデータがうまく渡されない点にも注意が必要です。

5.2.6.1 ストリームの処理

実はこれまでに見たストリームの生成方法は「Node Way（ノード流）」に従っているとは言えません。ベースストリームクラスから継承するのは、「露出部分最小化」の原則を破っています（ただし、ストリームのデザインそのものが「よくない」と言っているわけではありません）。

実際のところNodeのコアに含まれているのですから、柔軟性が高く、いろいろな目的に使えるよう拡張できなければなりません。

しかしほとんどの場合、プロトタイプから継承できるすべてのパワーや拡張性が必要というわけではありません。多くの場合はストリームを簡単に定義できれば事足ります。

Nodeのコミュニティももちろんこれに対するソリューションを提供しています。through2（https://

npmjs.org/package/through2）がよい例です。このライブラリはTransformストリームの生成を単純化してくれます。次のように単純な関数を呼び出すだけで新しいTransformストリームが作れます。

```
const transform = through2([options], [_transform], [_flush])
```

同様に、from2（https://npmjs.org/package/from2）を使ってもReadableストリームを次のように簡単に生成できます。

```
const readable = from2([options], _read)
```

こうした小さなライブラリを利用することの利点は、下で使用法を見れば明らかになるはずです。

through（https://npmjs.org/package/through）およびfrom（https://npmjs.org/package/from）はStreams1（「flowingモード」で説明した旧バージョンのストリームインタフェース）をベースに作られたライブラリです。

5.3 非同期プログラミングにおけるストリームの活用

これまで見てきたように、ストリームは入出力処理だけでなく、さまざまなデータの処理に有用です。さらに非同期の制御フローを同期的と見えるようなフローに変えることもできます。以下で具体的に見ていきましょう。

5.3.1 逐次実行

デフォルトではストリームはデータを逐次的に処理します。たとえばTransformストリームの関数_transform()はcallback()の実行によって以前の処理が完了しない限り、次のデータチャンクに対して再度実行されることはありません。これは各チャンクを正しい順番で処理するためにきわめて重要な性質ですが、この性質を使ってストリームを従来型の制御フローパターンの「エレガントな代替案」として活用できます。

実際のコードを見たほうがわかりやすいかもしれませんので、指定された一群のファイルを合体するという関数を作ってみましょう。指定された順番は保つものとします。concatFiles.jsというモジュールを作ります（13_streams_sequential_execution）。

```
const fromArray = require('from2-array');
const through = require('through2');
const fs = require('fs');
```

Transformストリームの生成を単純化するためにthrough2を、またReadableストリームをオブジェクトの配列から生成するためにfrom2-arrayを利用します。

では関数concatFiles()を定義しましょう。

```
function concatFiles(destination, files, callback) {
  const destStream = fs.createWriteStream(destination);
  fromArray.obj(files)                              // ❶
    .pipe(through.obj((file, enc, done) => {  // ❷
      const src = fs.createReadStream(file);
      src.pipe(destStream, {end: false});
      src.on('end', done);                          // ❸
    }))
    .on('finish', () => {                           // ❹
      destStream.end();
      callback();
    });
}

module.exports = concatFiles;
```

ファイルの配列に対して逐次処理を行いストリームに変換することになります。処理の手順は次のとおりです。

❶ from2-arrayを使って、配列filesからReadableストリームを作る

❷ 次にthroughストリーム（Transform）を作成して各ファイルを順番に処理する。各ファイルに対してReadableストリームを生成し、destStream（出力ファイル）にパイプする。ソースファイルが読み込みを終了した後、destStreamをクローズしない点に注意。これにはオプションpipe()の{end: false}を指定する

❸ ソースファイルのすべてのコンテンツがdestStreamにパイプされたら、関数doneを呼び出す。これは現在の処理の完了を報告するためにthrough.objによって提供されている。この例では次のファイルの処理を開始するトリガーとなる

❹ すべてのファイルが処理されると、finishイベントが発火（ファイヤ）する。destStreamを終了しconcatFiles()のcallback()を呼び出す。これが全体の操作完了のシグナルを出す

それではこのモジュールを使ってみましょう。次のようなconcat.jsを作ります。

```
const concatFiles = require('./concatFiles');

concatFiles(process.argv[2], process.argv.slice(3), () => {
  console.log('Files concatenated successfully');
});
```

次のようにコマンドを実行することで試すことができます。

```
$ node concat allTogether.txt file1.txt file2.txt
```

これによって、file1.txtとfile2.txtの中身が、この順番に含まれた、allTogether.txtというファイルが作成されます。

関数concatFiles()によって、ストリームだけを使って非同期の逐次的イテレーションが可能になったわけです。3章で見たように、ES6以前のJavaScriptならばイテレータが必要だったところです(ES2015あるいはasyncライブラリなどが必要)。コンパクトかつエレガントな別の方法で同じ効果を得ることができたわけです。

パターン
ストリームを組み合わせることで、一群の非同期タスクのイテレーションを簡潔に記述できる。

5.3.2 順序なしの並行実行

データチャンクを順に処理するのにストリームを使うことができますが、このような処理はNodeの並列性を有効に利用しておらず、ボトルネックになる場合があります。各データチャンクに対して遅い非同期の操作を実行しなければならないとすると、Paralleストリームを使って実行を並行化し全体の処理速度を上げたほうがよいことになります。もちろん、この操作はデータの各チャンクの間の関係がない場合に限り可能になります(オブジェクトストリームに対してはこのようなケースが多いでしょうが、バイナリストリームに関しては稀でしょう)。

Parallelストリームはデータが処理される順番に意味がある場合は使えません。

Transformストリームの実行を並行化するには、3章で見たのと同じようなパターンを適用できます(少し変更が必要です)。

5.3.2.1 順序なしParallelストリームの実装

例を見ましょう。parallelStream.jsに変換のための関数を並列に実行するTransformストリームを定義します(14_streams_unordered_parallel_execution)。

```
const stream = require('stream');

class ParallelStream extends stream.Transform {
  constructor(userTransform) {
    super({objectMode: true});
    this.userTransform = userTransform;
    this.running = 0;
    this.terminateCallback = null;
  }
```

```
    _transform(chunk, enc, done) {
      this.running++;
      this.userTransform(chunk, enc, this._onComplete.bind(this), this.push.bind(this));
      done();
    }

    _flush(done) {
      if(this.running > 0) {
        this.terminateCallback = done;
      } else {
        done();
      }
    }

    _onComplete(err) {
      this.running--;
      if(err) {
        return this.emit('error', err);
      }
      if(this.running === 0) {
        this.terminateCallback && this.terminateCallback();
      }
    }
  }

  module.exports = ParallelStream;
```

コンストラクタは関数userTransform()を受け取り、インスタンス変数として保存します。親コンストラクタを呼び出し、デフォルトでオブジェクトモードをオンにします。

次はメソッド_transform()です。このメソッドでは関数userTransform()を実行します。次に実行中のタスクのカウントをひとつ増やします。最後にdone()を呼び出すことで当該の変換が完了することを知らせます。他の項目を並行に処理するトリガーがこの部分ということになります。

done()を呼び出す前にuserTransform()の完了を待っているわけではなく、即座に呼び出します。一方、userTransform()への特別なコールバックを提供します（メソッドthis._onComplete()）。これでuserTransform()が完了したときに通知を受けることになります。

メソッド_flush()はストリームが終了する直前に呼び出されます。したがってまだ実行しているタスクがあるならば、コールバックdone()を即座に呼び出さないことでfinishイベントのリリースを保留にしたままにできます。代わりに、それを変数this.terminateCallbackに代入します。ストリームがどのように終了されるかはメソッド_onComplete()を見ればわかります。このメソッドは非同期のタスクが完了するたびに呼び出されます。ほかのタスクが実行中であるかをチェックし、まだある場合はthis.terminateCallback()を呼び出します。これによりストリームが終了することになり、メソッド_flush()で保持されたままになっていたfinishイベントがリリースされます。

上で作成したクラスParallelStreamにより、並行にタスクを実行するTransformストリームを簡単に生成できます。しかし注意が必要です。項目の順番を保存しないのです。実際のところ、非同期操作は始まった順番にかかわらず、いつ完了し、データをプッシュするかはわかりません。この性質があるため、データの到着の順番が意味をもつケースが多いバイナリストリームに対しては利用できないわけです。しかし、ある種のオブジェクトストリームに関しては有効になります。

5.3.2.2 URLのステータスのモニタリングの実装

上で作ったParallelStreamを具体的な例に適用してみましょう。URLの長いリストのステータスをモニタリングする単純なサービスを構築します。リストされるURLはひとつのファイルに含まれており、改行で区切られています。ストリームはこうした問題に対して効率的でエレガントな解決策を提供してくれます。URLの並行チェックにParallelStreamを使いましょう。

checkUrls.jsという名前の新しいモジュールを作ることにします。

```
const fs = require('fs');
const split = require('split');
const request = require('request');
const ParallelStream = require('./parallelStream');

fs.createReadStream(process.argv[2])                        // ❶
  .pipe(split())                                            // ❷
  .pipe(new ParallelStream((url, enc, done, push) => {      // ❸
    if(!url) return done();
    request.head(url, (err, response) => {
      push(url + ' is ' + (err ? 'down' : 'up') + '\n');
      done();
    });
  }))
  .pipe(fs.createWriteStream('results.txt'))               // ❹
  .on('finish', () => console.log('All urls were checked'))
;
```

ストリームを使うとエレガントでわかりやすくなります。どのように動作するか見てみましょう。

❶ 指定されたファイルからReadableストリームを生成する

❷ 入力ファイルの中身をsplit（https://npmjs.org/package/split）を経由してパイプする。Transformストリームで各行を異なるチャンクとして出力する

❸ ParallelStreamを使ってURLをチェックする（headリクエストを送り、レスポンスを待つ）。コールバックが呼び出されると結果をストリームに流す

❹ すべての結果がファイルresults.txtにパイプされる

これで次のようなコマンドで実行することができます。

```
$ node checkUrls urlList.txt
```

ここでurlList.txtには次のようなURLのリストが含まれています。

```
http://www.mariocasciaro.me
http://loige.co
http://thiswillbedownforsure.com
```

コマンドの実行が終了すると、ファイルresults.txtが作成されています。このファイルにはたとえば次のような結果が入ります。

```
http://thiswillbedownforsure.com is down
http://loige.co is up
http://www.mariocasciaro.me is up
```

結果の順序は入力ファイルのURLの順番と異なっている可能性があります（処理が並行に行われるため）。

ParallelStreamをthrough2ストリームで置き換えて実行してみてください。through2のほうが遅くなるでしょう。なぜならURLが順番にチェックされるからです。しかしこの場合results.txtの順番は保存されることになります。

5.3.3 順序なしの制限付き並行実行

checkUrlsを何千、何万ものURLを含むファイルに対して実行すると問題が生じます。アプリケーションが安定的に動作するかも保証ができません。そこで、並行に実行するタスクの数を制限することになります。

モジュールlimitedParallelStream.jsを作成しましょう（15_streams_unordered_limited_parallel_execution）。前の節で作成したparallelStream.jsを利用します。

まずはコンストラクタから見てみましょう（concurrencyの部分が変わっています）。

```
class LimitedParallelStream extends stream.Transform {
  constructor(concurrency, userTransform) {
    super({objectMode: true});
    this.concurrency = concurrency;
    this.userTransform = userTransform;
    this.running = 0;
    this.terminateCallback = null;
    this.continueCallback = null;
  }
// ...
```

引数concurrencyは並列度を表します。そして2つのコールバックを保持します。ひとつはメソッド_transform（continueCallback）で、もうひとつはメソッド_flush（terminateCallback）のコールバックです。

次はメソッド_transform()です。

```
_transform(chunk, enc, done) {
  this.running++;
  this.userTransform(chunk, enc, this._onComplete.bind(this));
  if(this.running < this.concurrency) {
    done();
  } else {
    this.continueCallback = done;
  }
}
```

これがメソッド_transform()です。done()を呼び出す前に空いた実行スロットがあるか、および次の項目の処理をトリガーする必要があるかどうかをチェックする必要があります。並行実行のストリームが最大数に達している場合、コールバックdone()を変数continueCallbackに保存し、ひとつのタスクが終了したらすぐに呼び出せるようにします。

メソッド_flush()はクラスParallelStreamの場合とまったく同じように動作するので、メソッド_onComplete()の実装に移りましょう。

```
_onComplete(err) {
  this.running--;
  if(err) {
    return this.emit('error', err);
  }
  const tmpCallback = this.continueCallback;
  this.continueCallback = null;
  tmpCallback && tmpCallback();
  if(this.running === 0) {
    this.terminateCallback && this.terminateCallback();
  }
}
```

タスクが完了するたびに、保存されたcontinueCallback()を呼び出します。これによりストリームがアンブロックされることになり、次の項目の処理がトリガーされます。

以上がモジュールlimitedParallelStreamの処理内容です。このモジュールをcheckUrlsでparallelStreamの代わりに使うことで、タスク数の制限が可能になります。

5.3.3.1 順序付きの並行実行

上で作成した並行ストリームはエミットされたデータの順番をシャッフルしてしまう可能性がありますが、これが許されない場合もあります。しかし、順番を保った並行実行が不可能なわけではありません。必要なのは各タスクでエミットされたデータをソートすることです。それによりデータの順番を保つことができます。

各実行タスクによってエミットされる間、チャンクを並び替えるためにバッファを利用します。詳細は長くなるため、そういったストリームの実装はここでは紹介しません。たとえばthrough2-parallel（https://npmjs.org/package/through2-parallel）などを使うことで可能になります。

既存のモジュールcheckUrlsを変更することで、順序付き並行実行の様子をチェックできます。チェックを並行に実行する間、入力ファイルのURLと同じ順番で書かれた結果が欲しいとしましょう。

through2-parallelを使って次のように実行できます（16_streams_ordered_parallel_execution）。

```
// ...
const throughParallel = require('through2-parallel');

fs.createReadStream(process.argv[2])
  .pipe(split())
  .pipe(throughParallel.obj({concurrency: 2},(url, enc, done) => {
      // ...
    })
  )
  .pipe(fs.createWriteStream('results.txt'))
  .on('finish', () => console.log('All urls were checked'));
```

through2-parallelのインタフェースはthrough2のものとよく似ています。唯一の違いは指定するトランスフォーム関数の並列度を制限できる点です。checkUrlsのこの新版を実行すると、ファイルresults.txtには入力ファイルと同じ順番でURLが現れることになります。

出力の順番は入力と同じですが、非同期のタスクは相変わらず並行に実行され、終了の順番は異なる可能性があります。

これでストリームを使った非同期制御の分析を終了することにしましょう。次にパイプ処理のパターンをまとめます。

5.4　パイプ処理パターン

Nodeを使ったパイプはさまざまな方法で接続が可能です。2つの異なるストリームをひとつにマージしたり、ひとつのストリームを2つのパイプに分岐させたり、条件によって流れをリダイレクトしたりといったことができます。この節では主要なパイプ処理（piping）のパターンを紹介します。

5.4.1　Combinedストリーム

この章ではストリームについて紹介し、コードのモジュール化と再利用のための重要なツールであることを紹介してきましたが、もうひとつ作業が残っています。それはパイプライン全体を再利用するための方法です。複数のストリームをまとめてひとつのストリームのように扱うこともできるのです

(**図5-6**)。

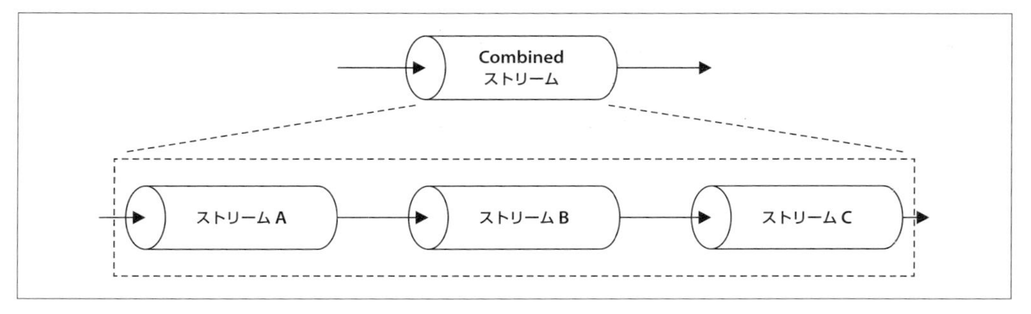

図5-6 Combinedストリーム(ストリームの合併)

図5-6を見れば概要は理解できるでしょう。

- Combinedストリームに書き込むときは、実際にはパイプラインの先頭のストリームに書き込む
- Combinedストリームから読み込むときには、実際には最後のストリームから読み込む

CombinedストリームはDuplexストリームになります。最初のストリームをWritable側に接続し、最後のストリームをReadable側に接続します。

2つの異なるストリームからDuplexストリーム(ひとつはWritable、もうひとつがReadable)を作成するには、npmモジュールの`duplexer2`(https://npmjs.org/package/duplexer2)などを利用できます。

しかしこれだけでは十分ではありません。Combinedストリームの特徴としてもうひとつ重要なことがあります。パイプライン内でエミットされたエラーをすべてキャプチャしなければならないのです。既に説明したように、エラーイベントが自動的にパイプラインを伝播するわけではありません。したがって、エラーをきちんと管理する必要があります。このためには各ストリームにエラーリスナーをアタッチする必要があります。しかしCombinedストリームがブラックボックスだとすると、つまりパイプラインの中間のストリームにアクセスできないとすると、Combinedストリームが、パイプライン内のストリームから来るすべてのエラーのまとめ役(アグリゲータ)としての役目を果たす必要があります。

整理すると、Combinedストリームは2つの大きな長所をもちます。

- ブラックボックスとして内部のパイプラインを隠蔽しつつ再配布ができる
- エラー管理が単純化される。エラーリスナーをパイプライン内の各ストリームにアタッチする必要がなく、単にCombinedストリームだけにアタッチすればよい

Combinedストリームは一般によく使われるので、特別な処理が必要ないのならば、`multipipe`(https://www.npmjs.org/package/multipipe)や`combine-stream`(https://www.npmjs.org/

package/combine-stream）などの既存のソリューションを再利用するのがよいでしょう。

5.4.1.1 Combinedストリームの実装

単純な例を見てみましょう。次の2つのTransformストリームがあるとします。

- データの圧縮と暗号化とを行うストリーム
- データの復号と展開とを行うストリーム

multipipeなどのライブラリを使えば、コアライブラリで利用できるストリームのいくつかを合併（combine）することで、こうしたストリームを簡単に作ることができます（17_streams_combined_a/combinedStreams.js）。

```
const zlib = require('zlib');
const crypto = require('crypto');
const combine = require('multipipe');

module.exports.compressAndEncrypt = password => {
  return combine(
    zlib.createGzip(),
    crypto.createCipher('aes192', password)
  );
};

module.exports.decryptAndDecompress = password => {
  return combine(
    crypto.createDecipher('aes192', password),
    zlib.createGunzip()
  );
};
```

こうしたCombinedストリームをブラックボックスであるかのように使って、たとえば、圧縮と暗号化を行いつつファイルをアーカイブするような（小さな）アプリケーションを作成できます。

archive.jsというファイルを作成して実行してみましょう（17_streams_combined_a）。

```
const fs = require('fs');
const compressAndEncryptStream =
  require('./combinedStreams').compressAndEncrypt;

fs.createReadStream(process.argv[3])
  .pipe(compressAndEncryptStream(process.argv[2]))
  .pipe(fs.createWriteStream(process.argv[3] + ".gz.enc"));
```

パイプラインからCombinedストリームを作ることで、上のコードをさらに改良できます。今回は再利用可能なブラックボックスを得るのではなく、全体的なエラー管理だけを行います。繰り返しますが、次のようなコードを書くだけでは最後のストリームから出されたエラーだけしかキャッチできません。

```
fs.createReadStream(process.argv[3])
  .pipe(compressAndEncryptStream(process.argv[2]))
  .pipe(fs.createWriteStream(process.argv[3] + ".gz.enc"))
  .on('error', err => {
    // 最後のストリームのエラーのみ
    console.log(err);
  });
```

しかしCombinedストリームを使うことで、この問題をエレガントに解決できます。archive.jsを次のように書き換えてみましょう（18_streams_combined_b）。

```
const combine = require('multipipe');
const fs = require('fs');
const compressAndEncryptStream =
  require('./combinedStreams').compressAndEncrypt;

combine(
  fs.createReadStream(process.argv[3])
  .pipe(compressAndEncryptStream(process.argv[2]))
  .pipe(fs.createWriteStream(process.argv[3] + ".gz.enc"))
).on('error', err => {
  // どのストリームのエラーでもキャッチできる
  console.log(err);
});
```

エラーリスナーを直接Combinedストリームにアタッチすることができ、内部の任意のストリームから発せられた任意のエラーイベントを受信できます。

archiveモジュールを実行するには、次のようにパスワードとファイルを指定します。

```
$ node archive 〈パスワード〉〈ファイル名〉
```

この例でCombinedストリームの重要性が理解できたことと思います。ストリームを合併（combine）して再利用可能なストリームを作ることができると同時に、パイプラインのエラー管理を単純化できるのです。

5.4.2　ストリームのフォーク

ストリームを「分岐（フォーク）」して、ひとつのReadableストリームを複数のWritableストリームに分けることができます。同じデータを異なるデスティネーションに送りたいとき、たとえば2つのソケット（あるいはファイル）に送りたい、といった場合に役に立ちます。同じデータに対して異なる変換を行う場合だけでなく何らかの基準に基づいてデータを分けたいといった場合にも使えます（**図5-7**）。

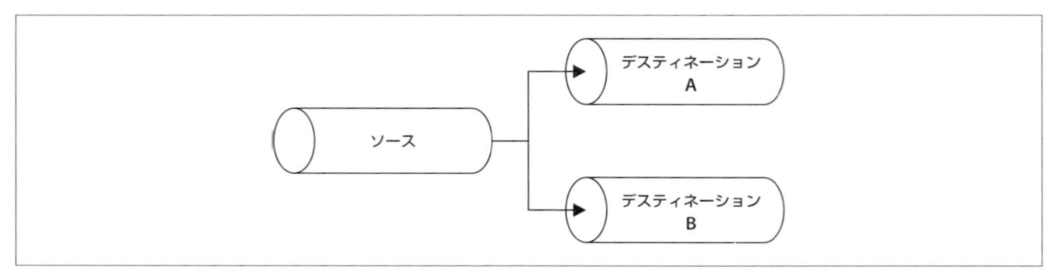

図5-7 ストリームのフォーク

ストリームのフォークは単純です。具体的に見てみましょう。

5.4.2.1 マルチプル・チェックサムジェネレータの実装

指定のファイルに対してsha1ハッシュおよびmd5ハッシュの両方を出力する小さなユーティリティを作ってみましょう。generateHashes.jsという名前を付けます（19_streams_fork）。

まずは初期化です。

```
const fs = require('fs');
const crypto = require('crypto');

const sha1Stream = crypto.createHash('sha1');
sha1Stream.setEncoding('base64');

const md5Stream = crypto.createHash('md5');
md5Stream.setEncoding('base64');
```

ここまでは特別なことは何もありません。次の部分はファイルからReadableストリームを実際に作って2つのストリームにフォークするところです。sha1ハッシュを含むファイルとmd5ハッシュを含むファイルの2つを作成します。

```
const inputFile = process.argv[2];
const inputStream = fs.createReadStream(inputFile);
inputStream
  .pipe(sha1Stream)
  .pipe(fs.createWriteStream(inputFile + '.sha1'));

inputStream
  .pipe(md5Stream)
  .pipe(fs.createWriteStream(inputFile + '.md5'));
```

とても単純です。変数inputStreamはsha1Streamだけでなくmd5Streamにもパイプされます。ただし、いくつか留意点があります。

- md5Streamおよびsha1StreamはinputStreamが終わるときに自動的に終了するが、pipe()を呼び出すときにオプションで{end: false}を指定するとこの動作を変更できる

- ストリームの2つのフォークは同じデータチャンクを受信する。したがって、データに対して副作用がある操作を行う場合は注意が必要。すべてのストリームに影響を与えてしまうことになる
- バックプレッシャが自動的に機能する。inputStreamから来るフローはもっとも遅いフォークと同じ速度になる

5.4.3 ストリームのマージ

分岐(フォーク)の反対はマージです。複数のReadableストリームをひとつのWritableストリームにパイプすることになります（**図5-8**）。

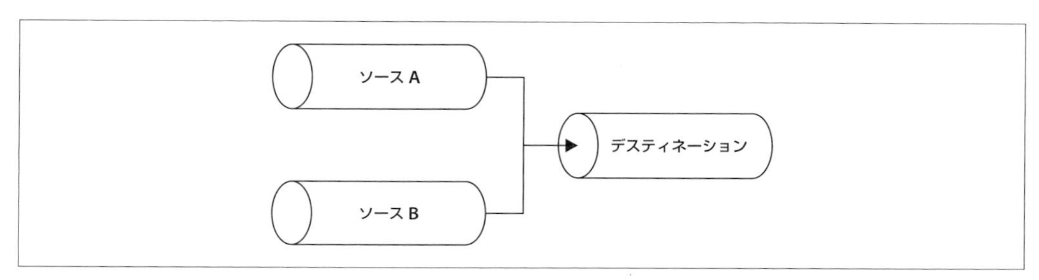

図5-8 ストリームのマージ

複数のストリームをひとつにまとめるのは一般的には単純な操作です。しかしendイベントの処理には注意が必要です。auto endのオプションを指定してパイプすると、ひとつのソースが終了するとすぐにデスティネーションストリームが終了してしまいます。

このような処理をするとエラーが起こるのが普通です。アクティブなソースが、既に終了してしまったストリームに書き込もうとするという事態になるからです。複数のソースをひとつのデスティネーションにパイプする場合は、オプション{end: false}を指定し、すべてのソースが読み込みを完了した段階で、デスティネーションでend()を呼び出すことでこの問題を回避できます。

5.4.3.1 複数ディレクトリをアーカイブするtarボールの作成

例として2つのディレクトリからひとつのtarボールを作る小さなプログラムを実装してみましょう。まず、次の2つのnpmパッケージを利用します。

- tar（https://npmjs.org/package/tar）——tarボールの作成
- fstream（https://npmjs.org/package/fstream）——ファイルシステムのファイルからオブジェクトストリームを生成

新しいモジュールの名前はmergeTar.jsです（20_streams_merge）。まずは初期化をします。

```
const tar = require('tar');
const fstream = require('fstream');
```

```
const path = require('path');

const destination = path.resolve(process.argv[2]);
const sourceA = path.resolve(process.argv[3]);
const sourceB = path.resolve(process.argv[4]);
```

上のコードでは、ライブラリを読み込み、デスティネーションファイルと2つのソースディレクトリの名前を記憶する変数（sourceAとsourceB）を初期化しています。

続いてtarストリームを作成し、デスティネーションにパイプしています。

```
const pack = tar.Pack();
pack.pipe(fstream.Writer(destination));
```

それではsourceストリームを初期化しましょう。

```
let endCount = 0;
function onEnd() {
  if(++endCount === 2) {
    pack.end();
  }
}

const sourceStreamA = fstream.Reader({type: "Directory", path: sourceA})
  .on('end', onEnd);

const sourceStreamB = fstream.Reader({type: "Directory", path: sourceB})
  .on('end', onEnd);
```

上のコードでは、2つのソースディレクトリ（sourceStreamAとsourceStreamB）から読み込むストリームを作成しています。それから各ソースストリームに対して、endリスナーをアタッチします。このリスナーは、2つのディレクトリの読み込みが完了したときにpackストリームを終了します。

最後にマージを実行します。

```
sourceStreamA.pipe(pack, {end: false});
sourceStreamB.pipe(pack, {end: false});
```

両方のソースをパックストリームにパイプし、デスティネーションストリームの自動終了をオフにします（2つのpipe()の呼び出しに対してオプション{end: false}を指定します）。

これで単純なtarユーティリティの完成です。実行する際には、デスティネーションのファイルを第1引数に指定し、2つのソースディレクトリを続いて指定します。

```
$ node mergeTar dest.tar 〈ディレクトリ1〉〈ディレクトリ2〉
```

なお、npmにはストリームのマージを単純化してくれる次のようなモジュールが提供されています。

- merge-stream（https://npmjs.org/package/merge-stream）
- multistream-merge（https://npmjs.org/package/multistream-merge）

デスティネーションストリームにパイプされるデータはランダムに入り交じってしまうことに注意が必要です。(上の例のような) オブジェクトストリームでは許容できますが、バイナリストリームでは多くの場合、問題になります。

しかし、順番にストリームをマージできるバージョンがあります。ソースストリームを次々と消費し、前のストリームが終了すると、次のストリームがチャンクをエミットします (すべてのソースの出力を次々と連結していくことになります)。npmにはこのような状況に対処できるパッケージが用意されています。たとえば`multistream` (https://npmjs.org/package/multistream) がそのひとつです。

5.4.4 マルチプレクシングとデマルチプレクシング

マージストリームパターンにはバリエーションがあります。複数のストリームを一緒にするだけでなく、共有チャネルを使って複数のストリームのデータを供給するものです (**図5-9**)。各ソースストリームは共有チャネルの中で論理的に分かれているため、これまでのものとは概念的には異なることになります。これにより、共有チャネルの終端にデータが達したときにストリームを再度分割できます。

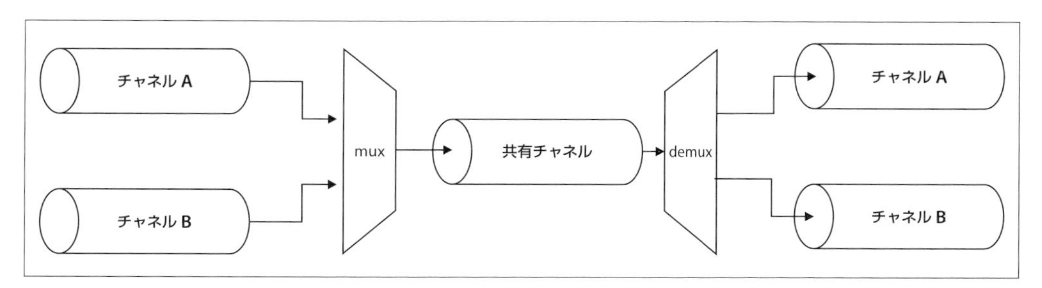

図5-9　マルチプレクシングとデマルチプレクシング

1章でも説明しましたが、複数ストリーム (一般には「チャネル」) を一緒に結合してひとつのストリーム上を流すことをマルチプレクシング (multiplexing)、逆に共有されたストリームからオリジナルのストリームを再構築することをデマルチプレクシング (demultiplexing) と呼びます。そして、こうした操作を行うデバイスのことをマルチプレクサ (multiplexer、略してmux) あるいは、デマルチプレクサ (demultiplexer、略してdemux) と呼びます。この本ではこれ以上の説明はしませんが、コンピュータサイエンスや通信において広く研究されている分野で、電話回線、ラジオ、テレビ、そしてインターネットなどで利用されています。

この節ではNodeにおいて、共有ストリームを使って論理的に分離されたストリームを送ったり、逆に共有ストリームから元のストリームに戻したりする方法を説明します。

5.4.4.1 リモートロガーの作成

例として「リモートロガー」を作成します。まずひとつの子プロセスを起動し標準出力と標準エラーをリモートサーバにリダイレクトし、最終的に2つのストリームを別々のファイルに保存します。この場合、共有されるメディアはTCP接続で、マルチプレクシングの対象となる2つのチャネルは子プロセスのstdoutとstderrということになります。ここで「パケットスイッチング」と呼ばれる技法を用いますが、これはIP、TCP、あるいはUDPなども使われています。データを「パケット」にラップし、メタ情報を付加して転送します。このメタ情報を使ってマルチプレクシング、ルーティング、フロー制御、データの整合性のチェックなどを行います。この例で実証するプロトコルは最小限のものです。**図5-10**に示すような構造をもつよう、単純にデータをパケットにラップします（小包のように包み込みます）。

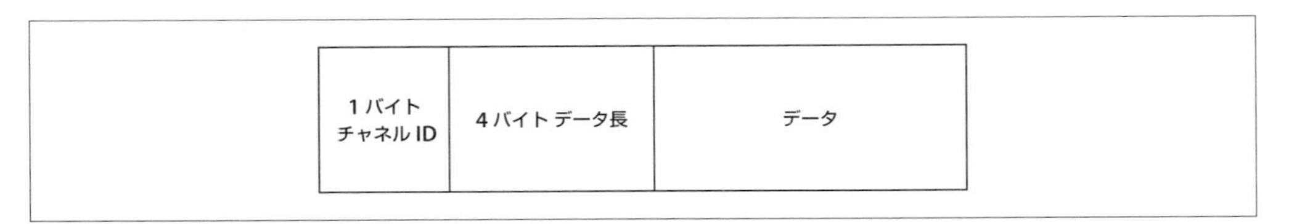

図5-10　ラップするデータの構造

図5-10のとおり、実際のデータだけでなく、ヘッダ（チャネルIDとデータ長）も保持しています。これを使って、各ストリームのデータを区別し、デマルチプレクサがパケットを正しいチャネルにルーティングできるようにします。

クライアント側――マルチプレクシング

クライアント側から作成していきましょう。単純にclient.jsという名前にします（21_streams_mux_demux）。子プロセスの開始とストリームのマルチプレクシングを担当します。

モジュールの定義から始めます。最初は依存するライブラリの指定です。

```
const child_process = require('child_process');
const net = require('net');
```

それから、一連のソースに対してマルチプレクシング処理を行う関数です。

```
function multiplexChannels(sources, destination) {
  let totalChannels = sources.length;

  for(let i = 0; i < sources.length; i++) {
    sources[i]
      .on('readable', function() {                          // ❶
        let chunk;
        while ((chunk = this.read()) !== null) {
          const outBuff = new Buffer(1 + 4 + chunk.length);  // ❷
          outBuff.writeUInt8(i, 0);
          outBuff.writeUInt32BE(chunk.length, 1);
          chunk.copy(outBuff, 5);
          console.log('Sending packet to channel: ' + i);
```

```
            destination.write(outBuff);                          // ❸
          }
        })
        .on('end', () => {                                       // ❹
          if (--totalChannels === 0) {
            destination.end();
          }
        });
    }
  }
```

関数multiplexChannels()はマルチプレクシング処理の対象となるソースストリームと、デスティネーションのチャネルを受け取り、次の処理を行います。

❶ 各ソースストリームに対して、readableイベントのリスナーを登録する。このイベントではnon-flowingモードを使ってストリームからデータを読む

❷ ひとつのチャンクが読まれるとそれをパケットにラップする。チャネルIDの1バイト（UInt8）、パケットサイズの4バイト（UInt32BE）、そして実際のデータの順

❸ パケットの準備が整うと、デスティネーションストリームに書き込む

❹ 最後にendイベントにリスナーを登録する。これによりすべてのソースストリームが終了するとデスティネーションストリームを終了する

チャネル用に1バイトしか確保していないため、このプロトコルでは256のソースストリームまでしかマルチプレクシング処理を行えません。

クライアントの最後の部分は単純です。

```
const socket = net.connect(3000, () => {                        // ❶
  const child = child_process.fork(                             // ❷
  process.argv[2],
  process.argv.slice(3),
    {silent: true}
  );
  multiplexChannels([child.stdout, child.stderr], socket);   // ❸
});
```

❶ アドレスlocalhost:3000に対して新しいTCPクライアント接続を生成する

❷ コマンド行の第1引数に指定されたパスから子プロセスを開始する。配列process.argvの残りを子プロセスに対する引数とする。オプション{silent: true}を指定することで、子プロセスが親のstdoutおよびstderrを継承しないようにする

❸ 関数mutiplexChannels()に子プロセスのstdoutとstderrを渡し、これらをマルチプレク

シング処理しソケットに入れる

サーバ側 — デマルチプレクシング

サーバ側はserver.jsとします。このプログラムでは、ストリームのデマルチプレクシング処理を行い、2つのファイルにパイプします。まずdemultiplexChannel()という関数を作りましょう。

```
const net = require('net');
const fs = require('fs');

function demultiplexChannel(source, destinations) {
  let currentChannel = null;
  let currentLength = null;

  source
    .on('readable', () => {                                    // ❶
      let chunk;
      if(currentChannel === null) {                            // ❷
        chunk = source.read(1);
        currentChannel = chunk && chunk.readUInt8(0);
      }

      if(currentLength === null) {                             // ❸
        chunk = source.read(4);
        currentLength = chunk && chunk.readUInt32BE(0);
        if(currentLength === null) {
          return;
        }
      }

      chunk = source.read(currentLength);                      // ❹
      if(chunk === null) {
        return;
      }
      console.log('Received packet from: ' + currentChannel);
      destinations[currentChannel].write(chunk);               // ❺
      currentChannel = null;
      currentLength = null;
    })
    .on('end', ()=> {                                          // ❻
      destinations.forEach(destination => destination.end());
      console.log('Source channel closed');
    });
}
```

上のコードは一見複雑に見えますがそれほどでもありません。NodeのReadableストリームを使えば、この程度のプロトコルのデマルチプレクシングの実装は簡単です。

❶ non-flowingモードを使ってストリームから読み込みを始める
❷ まだチャネルIDを読んでない場合、ストリームから1バイトの読み込みをトライしそれを数値に変換する
❸ 次のステップはデータ長の読み込み。4バイト分を占めているが、まだ内部バッファに十分にデータが到着していない可能性がある（可能性は高くはないが）。この場合`this.read()`がnullを返す。このケースでは解析を中断し、次の`readable`イベントをトライする
❹ データ長の読み込みに成功したら、内部バッファから取得すべきデータの量がわかるので全体の読み込みを試みる
❺ すべてのデータを読み込んだときは正しいデスティネーションチャネルに書くことができる。このとき、変数`currentChannel`および`currentLength`を忘れずにリセットする（次のパケットの解析に使われる）
❻ 最後にソースチャネルが終わったときにすべてのデスティネーションチャネルを閉じることを忘れないようにする

これで、ソースストリームのデマルチプレクシング処理が可能になります。

```
net.createServer(socket => {
  const stdoutStream = fs.createWriteStream('stdout.log');
  const stderrStream = fs.createWriteStream('stderr.log');
  demultiplexChannel(socket, [stdoutStream, stderrStream]);
}).listen(3000, () => console.log('Server started'));
```

TCPサーバをポート`3000`で開始します。それから各接続を受理するたびに2つの異なるファイルを指す2つのWritableストリームを作成します。ひとつは標準入力用でもうひとつが標準エラー用です。最後に`demultiplexChannel()`を使って`socket`ストリームを`stdoutStream`および`stderrStream`にデマルチプレクシングします。

実行

それではこのアプリケーションを実行してみましょう。まず、サンプル出力を生成するプログラム（`generateData.js`）を作ります。

```
console.log("out1");
console.log("out2");
console.error("err1");
console.log("out3");
console.error("err2");
```

それではリモートロギングのアプリケーションを実行します。まずサーバを開始します。

```
$ node server
```

それからクライアントです。（別のターミナルを開いて）子プロセスとして開始したいファイルを指定

して実行します。

```
$ node client generateData.js
```

クライアントはすぐに実行を開始しますが、各プロセスの終わりに、アプリケーションgenerateDataの標準入力と標準出力がひとつのTCP接続を経由し、サーバへと転送され、サーバ上では2つのファイルにデマルチプレクシング処理されます。

child_process.fork()（http://nodejs.org/api/child_process.html#child_process_child_process_fork_modulepath_args_options）を使っているため、クライアントはNodeのモジュールしか起動できません。

5.4.4.2　オブジェクトストリームのマルチプレクシングとデマルチプレクシング

バイナリ/テキストストリームのマルチプレクシングやデマルチプレクシングについての例を示しましたが、同じようにオブジェクトストリームを処理することもできます。オブジェクトを使う際の最大の違いは、アトミックメッセージ（オブジェクト）を使ってデータを転送する方法を既にもっているという点です。したがって、マルチプレクシングの処理はプロパティchannelIDを各オブジェクトに設定するだけで済みます。またデマルチプレクシングはchannelIDを読んで、各オブジェクトを正しくデスティネーションストリームにルーティングすればよいのです。

デマルチプレクシングのみに関連するもうひとつのパターンとしては、ある条件を満たすソースから来るデータのみのルーティングを行うものがあり、このパターンにおいては、**図5-11**のような「コンプレックスフロー」を実装することができます。

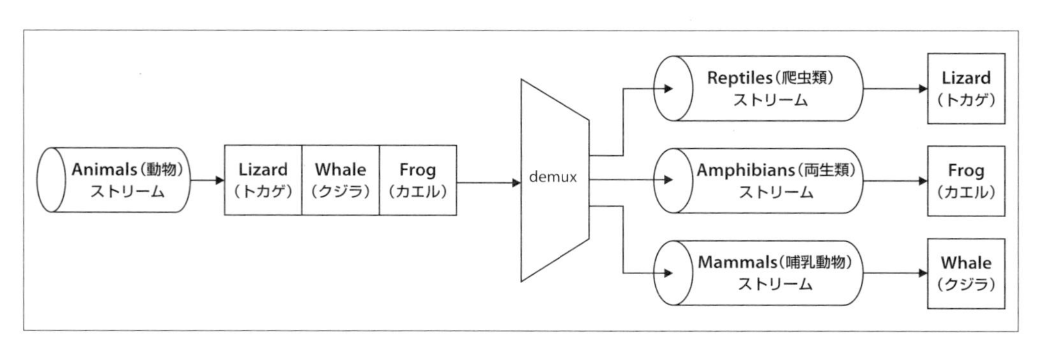

図5-11　データのルーティングからだけからなるデマルチプレクシング

図5-11で表現されるシステムで使われているデマルチプレクサはAnimals（動物）を表現するオブジェクトのストリームを取り、それぞれを動物の分類に基づいて個別のデスティネーションストリーム「Reptiles（爬虫類）」「Amphibians（両生類）」「Mammals（哺乳動物）」に分配します。

このストリームに対して`if...else`のパターンを実装することになります。詳細は省略しますが、パッケージ`ternary-stream`（https://npmjs.org/package/ternary-stream）などが参考になるでしょう。

5.5 まとめ

この章ではNodeのストリームについて見てきました。なぜストリームがNodeのコミュニティで広く使われているかを説明し、まず基本的な機能を紹介しました。続いていくつかの高度なパターンを紹介し、ストリームがいかに多機能で強力であるかを説明しました。

ストリームひとつだけで処理しきれなければ、別のストリームと接続することでさらに強力なソリューションを作ることができます。このような手法はNodeの「1モジュール1機能」の原則にうまく合致しています。ストリームは単にNode利用者にとって「知っておけば便利」というだけでなく、必須のもので、バイナリデータ、文字列、そしてオブジェクトの処理に欠かせないものです。

6章 オブジェクト指向デザインパターンのNode.jsへの適用

デザインパターンとは、繰り返して現れる問題に対して再利用可能なソリューションのことです。定義には非常に広範囲のものが含まれ、複数の領域にまたがる可能性があります。しかし、通常この言葉は有名なオブジェクト指向パターンのことを指します。今はほとんど伝説と化し、「四人組」あるいは「GoF (gang of four)」と呼ばれる、Erich Gamma、Richard Helm、Ralph Johnson、John Vlissidesによる共著『オブジェクト指向における再利用のためのデザインパターン』によって90年代に有名になったものです。この本ではこれを「従来型のデザインパターン」あるいは「GoFデザインパターン」と呼ぶことにします。

この一連のオブジェクト指向デザインパターンをJavaScriptに適用する場合、従来型のオブジェクト指向言語のときと同じようにそのまま型どおりにというわけにはいきません。JavaScriptはマルチパラダイムの、オブジェクト指向、プロトタイプベース、動的型付け可能な言語です。関数は第1級（ファーストクラス）のオブジェクトとして扱われますし、関数型プログラミングの形式を使うこともできます。おかげでJavaScriptは非常に多才な言語となっており、開発者にはとてつもなく強い力を与えてくれますが、同時にプログラミングのスタイル、慣用、技法、さらには言語の使われ方のパターンまで、多数の流派に分裂してしまっています。JavaScriptを使って同じ結果を得るのにも非常に多くのやり方があるので、問題へのアプローチとして何が最良の方法かについて誰もが自分独自の意見をもっているのです。この状態を明確に反映しているのがJavaScriptの世界におけるフレームワークや自己主張の強いライブラリの多さです。おそらく他の言語ではこれほど多くのフレームワークやライブラリはありません。おまけに今、NodeがJavaScriptの驚くべき可能性を押し広げ、非常に多くの応用シーンを生み出しているのです。

この一連の流れの中で、従来型デザインパターンもJavaScriptがもつ本来の性質から影響を受けています。実装の方法が数多くあるので、従来型のオブジェクト指向の強い実装から見ると「パターン」とは言いにくくなってしまっています。場合によっては、パターン化すらもできません。JavaScriptには本物のクラスや抽象インタフェースがないからです。しかし、各パターンの基礎になるもともとのアイデア、解決できる問題、ソリューションの中心にある概念は変わっていません。

この章では、もっとも重要なGoFデザインパターンのいくつかがどのようにNode（およびその哲学）に応用できるかを見ることで、パターンの重要性を別の観点から再発見したいと思います。従来型のパターンに混じって、JavaScriptの世界で生まれた「従来型とは少し違う」パターンもいくつか見ていきます。

この章で検討するデザインパターンは次のとおりです。

- ファクトリ
- 公開（リビーリング）コンストラクタ
- プロキシ
- デコレータ
- アダプタ
- ストラテジー
- ステート
- テンプレート
- ミドルウェア
- コマンド

この章ではJavaScriptの継承についてある程度の知識があることを前提として説明します。さらに、パターンの実装はクラスベースのものだけでなく、オブジェクトベースのものや関数ベースのものもあります。このため、この章では標準UMLを使った説明ではなく、より一般的で直感的な図を使います。

6.1　ファクトリ

まず手始めに、もっとも単純でNodeでもっともよく使われるデザインパターンである「ファクトリ」を取り上げましょう。

6.1.1　オブジェクト生成の一般的インタフェース

JavaScriptにおいては、純粋なオブジェクト指向デザインより関数ベースの定義のほうが、単純で使いやすく、「露出部分最小化」の原則に合致するために好まれることが多いということは、既に強調しました。これは、オブジェクトの新しいインスタンスを生成するときに特に言えることです。new演算子やObject.create()を使ってプロトタイプから新たなオブジェクトを直接作成するより、ファクトリを呼び出すほうが、ずっと便利で柔軟です。

もっとも重要な点はファクトリを使うことでオブジェクトの生成を実装から分離できる点です。新しいインスタンスの生成をラップして、より柔軟な制御を可能にしてくれるのです。クロージャを使って新しいインスタンスを生成してもよいですし、プロトタイプと演算子newを使っても、Object.create()を使っても、さらには特定の条件下では異なるインスタンスを返すことさえ可能です。利用者側では、生成方法についてはまったく関知しません。newを使うとオブジェクトの生成法が限定されてしまいますが、JavaScriptでは特別な負担なくもっとずっと柔軟にできるのです。ちょっとした例として、次のようなImageのオブジェクトを生成する単純なファクトリを考えてみましょう（01_factory_simple_a/factory.js）。

```
function createImage(name) {
  return new Image(name);
}
const image = createImage('photo.jpeg');
```

ファクトリcreateImage()は不要ではないかと思うかもしれません。なぜnewを使ってクラスImageから直接インスタンス化しないのでしょうか。次のようなコードではいけないのでしょうか？

```
const image = new Image(name);
```

既に述べたように、newを使うと、コードは特定のタイプのオブジェクトに縛られてしまいます。上の例ではImageのオブジェクトです。ファクトリならばもっとずっと柔軟にできます。クラスImageを改変して小さいクラスに分割し、サポートするフォーマットにそれぞれ対応するようにしようと思ったとします。新しい画像を作成する唯一の手段としてファクトリをひとつ公開しているだけなら、既存のコードを壊すことなしに、次のように書き換えるだけで済んでしまいます（02_factory_simple_b）。

```
function createImage(name) {
  if(name.match(/\.jpeg$/)) {
    return new JpegImage(name);
  } else if(name.match(/\.gif$/)) {
    return new GifImage(name);
  } else if(name.match(/\.png$/)) {
    return new PngImage(name);
  } else {
    throw new Error('Unsupported format'); // サポートされていないフォーマット
  }
}
```

それだけでなく、ファクトリは作成したオブジェクトのコンストラクタも非公開にしてくれるので、継承や改変を防ぐことができます（「露出部分最小化」の原則）。Nodeでは、コンストラクタを非公開にしたままファクトリだけをexportすることで、これを達成できるのです。

6.1.2 カプセル化強化の仕組み

ファクトリは、クロージャを利用することでカプセル化にも利用できます。

「カプセル化」とは、外部コードからの直接操作を制限することでオブジェクト内部へのアクセスを制御する技法です。オブジェクトとのやり取りは「公開されたインタフェース」を介してのみ行われ、オブジェクト実装の詳細が変化しても外部のコードには影響を与えません。ほぼ同じ意味で「情報隠蔽」という用語も使われます。カプセル化は、継承（インヘリタンス）、多態性（ポリモーフィズム）、抽象化とともにオブジェクト指向の基本原理です。

JavaScriptには「アクセスレベル制御子」がありません（たとえばprivate変数を宣言できません）。ですからカプセル化を強制する唯一の方法は関数のスコープとクロージャを使った方法です。ファクトリを使えばprivate変数を簡単に実現できます。たとえば次のコードを見てください（`03_factory_encapsulation`）。

```
function createPerson(name) {
  const privateProperties = {};

  const person = {
    setName: name => {
      if(!name) throw new Error('A person must have a name'); // person（人）には name（名）が必須
      privateProperties.name = name;
    },
    getName: () => {
      return privateProperties.name;
    }
  };

  person.setName(name);
  return person;
}
```

上のコードでは2つのオブジェクトを生成するのにクロージャを利用しています。ファクトリから返されるpublicインタフェースとなるオブジェクト`person`と、外部からのアクセスが不可能で、オブジェクト`person`によって提供されるインタフェースを通してしか操作できない`privateProperties`です。たとえば上のコードでは、人（`person`）の名前（`name`）が決して空にならないようにしています。これは`name`がオブジェクト`person`の単なるプロパティであれば強制できなかったことです。

ファクトリは、privateメンバーを作成するのに使える技法のひとつにすぎません。ほかにも次のような方法があります。

- コンストラクタ内でprivate変数を定義する（Douglas Crockfordがhttp://javascript.crockford.com/private.htmlで推奨している方法）
- 何らかの慣用法、たとえばプロパティ名の前に「_」や「$」を付ける（とはいえ、これでメンバーへの外部からのアクセスが技術的に防げるわけではない）
- ES2015のWeakMapを使用する（http://fitzgeraldnick.com/weblog/53/）

このテーマに関する詳細な記事をMozillaが公開しています ― https://developer.mozilla.org/en-US/Add-ons/SDK/Guides/Contributor_s_Guide/Private_Properties

6.1.3 単純なコードプロファイラの作成

それではファクトリを使って動く例を作ってみましょう。次のようなメソッドをもつ単純な「コードプロファイラ」を作ります。

- プロファイルのセッションを開始するメソッドstart()
- プロファイルのセッションを終了し、実行時間をコンソールに表示するメソッドend()

まずprofiler.jsという名前のファイルを作成し、次のような内容を入力します（04_factory_profiler)。

```
class Profiler {
  constructor(label) {
    this.label = label;
    this.lastTime = null;
  }

  start() {
    this.lastTime = process.hrtime();
  }

  end() {
    const diff = process.hrtime(this.lastTime);
    console.log(
      `Timer "${this.label}" took ${diff[0]} seconds and ${diff[1]} nanoseconds.`
    );
  }
}
```

上記のクラスでは何も凝ったことをしていません。start()が呼び出されると、単純にデフォルトのタイマーを使って現在時刻を保存し、end()が実行されると経過時間を計算して結果をコンソールに出力します。

さて、このようなプロファイラを使って実際のアプリケーションでさまざまなルーチンの実行時間を計測すると、特に実稼働環境では標準出力に大量のログが生成されてしまいます。実稼働（製品）モードで実行されているときにはプロファイリング情報の出力先をリダイレクトして、たとえばデータベースに入れるとか、あるいはまったく出力しないようにしたいところです。演算子newを使ってProfilerのオブジェクトを直接インスタンス化すると、切り替えるにはプロファイラを呼び出す側かProfilerオブジェクト自体の内部のどちらかに、何かロジックを追加しなければなりません。しかし、ファクトリを使ってProfilerのオブジェクトの生成を抽象化すれば、開発モードか製品モードかに応じて、完全に動作するProfilerオブジェクトを返すか、同じインタフェースをもつ空のメソッドをもった模擬オブジェクトを返すかを選択できます。それではモジュール`profiler.js`の内部にこの仕組みを組み込んで、`Profiler`のコンストラクタを公開するのではなく関数、つまりファクトリだけをexportして公開するようにしましょう。次のようなコードになります。

```
module.exports = function(label) {
  if(process.env.NODE_ENV === 'development') {
    return new Profiler(label);                          // ❶
  } else if(process.env.NODE_ENV === 'production') {
    return {                                             // ❷
      start: function() {},
      end: function() {}
    }
  } else {
    throw new Error('Must set NODE_ENV'); // NODE_ENVの設定が必要
  }
};
```

作成したファクトリは`Profiler`オブジェクトの生成を実装から切り離して抽象化します。

❶ アプリケーションが開発（development）モードで実行されていれば、完全に動作する新しい`Profiler`オブジェクトを返す

❷ アプリケーションが製品（production）モードで実行されていれば、メソッド`start()`と`stop()`が空の関数になっている模擬オブジェクトを返す

ここで強調したいのは、JavaScriptの動的型付け機能のおかげで、`new`を使ってインスタンス化したオブジェクトを返すことも、単純なオブジェクトリテラルを返すこともできるという点です（「ダックタイピング」と呼ばれます — https://en.wikipedia.org/wiki/Duck_typing）。ここで生成したファクトリは、その仕事を完璧にこなします。ファクトリ関数の中で望んだ方法でオブジェクトを生成でき、初期化のステップを追加することも、条件に応じて違う型のオブジェクトを返すことも可能で、しかも利用者側にはそうした詳細をまったく知らせません。この簡潔なパターンのパワーがよくわかります。

それでは作成したプロファイラを使ってみましょう。ここで作成したファクトリのユースケースということになります。

```
const profiler = require('./profiler');

function getRandomArray(len) {
  const p = profiler(`Generating a ${len} items long array`);//長い配列を生成（長さ：${len}）
  p.start();
  const arr = [];
  for (let i = 0; i < len; i++) {
    arr.push(Math.random());
  }
  p.end();
}
```

```
getRandomArray(1e6);
console.log('Done');
```

変数pにProfilerのインスタンスが保存されていますが、コードを見てもこの時点ではオブジェクトがどのように生成、実装されているかわかりません。

上のコードをprofilerTest.jsという名前のファイルに入れて、次のコマンドを実行して確認してみましょう。

```
$ export NODE_ENV=development; node profilerTest
```

上のコマンドはコンソールにプロファイリング情報を出力します。模擬プロファイラのほうを試してみたいなら、次のコマンドを実行します。

```
$ export NODE_ENV=production; node profilerTest
```

ここで示した例は、ファクトリ関数（メソッド）パターンの単純な応用ですが、オブジェクトの生成を実装と分離する利点をはっきりと示しています。

6.1.4 合成可能ファクトリ関数

Nodeにおいてファクトリ関数をどのように実装するかわかったところで、JavaScriptコミュニティで人気となっている新しい高度なパターンを紹介しましょう。取り上げるのは「合成可能ファクトリ関数」といって、複数のファクトリ関数から「合成」により機能拡張されたファクトリ関数を新たに生成できるようなタイプのものです。特に異なるオブジェクトから振る舞いやプロパティを継承するときに、複雑なクラス階層を構築しなくてもオブジェクトを生成できるので便利です。

例を見てみましょう。いろいろなキャラクタが画面上に登場するビデオゲームを作成したいとします。キャラクタは画面内を動く（move）ことができ、切りつける（slash）ことも撃つ（shoot）こともできます。もちろんキャラクタですから生命力、画面内の位置、名前といった基本的な属性ももっています。

いくつかのキャラクタを定義して、それぞれ異なる振る舞いをするものとします。

Character
　生命力、位置、名前をもった基本キャラクタ

Mover（動くキャラ）
　動くことのできるキャラクタ

Slasher（切りつけるキャラ）
　切りつけることのできるキャラクタ

Shooter（撃つキャラ）
撃つことのできるキャラクタ（弾があれば）

既存のキャラクタの振る舞いを組み合わせることで新しいタイプのキャラクタを定義できるのが理想です。自由に組み合わせられるべきで、たとえば次にあげるような新しいタイプを、既存のキャラクタを使って定義したいのです。

Runner（走るキャラ）
動くことのできるキャラクタ

Samurai（侍）
動くことと切りつけることができるキャラクタ

Sniper（スナイパー）
撃つことのできるキャラクタ（動かない）

Gunslinger（拳銃使い）
動くことと撃つことのできるキャラクタ

Western Samurai（西洋侍）
動くこと、切りつけること、撃つことのできるキャラクタ

見てわかるように、基本タイプのすべての性質を何の制限もなく組み合わせたいのです。この問題をクラスと継承を使って簡単にモデル化することが不可能であるのは明らかでしょう。

ですからその代わりに合成可能ファクトリ関数を使いましょう。モジュール`stampit`（https://www.npmjs.com/package/stampit）を利用します。

このモジュールは、ファクトリ関数を合成して新しいファクトリ関数を生成できる直感的なインタフェースを提供しています。基本的には、使いやすく巧みなインタフェースを使って、指定したプロパティやメソッドをもつオブジェクトを生成するファクトリ関数が定義できます。

基本タイプのキャラクタCharacterの定義をしてみましょう（`05_factory_composable/game.js`）。

```
const stampit = require('stampit');

const character = stampit()  // 基本キャラ
  .props({
    name: 'anonymous',
    lifePoints: 100,
    x: 0,
    y: 0
  });
```

上に示したコードの中で、Characterのインスタンスを新たに生成するファクトリ関数characterを定義しました。すべてのキャラクタがname（名前）、lifePoints（生命力）、x（x座標）、y（y座標）のプロパティをもち、それぞれのデフォルト値はanonymous、100、0、0になります。stampitのメソッドpropsは、こういったプロパティを定義するためのものです。このファクトリ関数を使うには次のようにします。

```
const c = character();
c.name = 'John';
c.lifePoints = 10;
console.log(c); // { name: 'John', lifePoints: 10, x:0, y:0 }
```

それでは動くキャラ（Mover）のファクトリ関数moverを定義しましょう。

```
const mover = stampit()  // 動くキャラ
  .methods({
    move(xIncr, yIncr) {
      this.x += xIncr;
      this.y += yIncr;
      console.log(`${this.name} moved to [${this.x}, ${this.y}]`);
    }
  });
```

この例ではstampitの関数methodsを使って、このファクトリ関数で作成されるオブジェクトで使用可能なすべてのメソッドを定義しています。動くキャラ（Mover）の定義には、インスタンスの位置xとyを増加させる関数moveがあります。メソッド内部からキーワードthisを使ってインスタンスのプロパティにアクセスできる点に注意してください。

基本的な概念が理解できましたから、切りつけるキャラ（Slasher）や撃つキャラ（Shooter）に対するファクトリ関数の定義も追加してみましょう。

```
const slasher = stampit()  // 切りつけるキャラ
  .methods({
    slash(direction) {
      console.log(`${this.name} slashed to the ${direction}`);
    }
  });

  const shooter = stampit() // 撃つキャラ
    .props({
      bullets: 6
    })
    .methods({
      shoot(direction) {
        if (this.bullets > 0) {
          --this.bullets;
          console.log(`${this.name} shoot to the ${direction}`);
        }
```

```
    }
  });
```

Shooterのファクトリ関数shooterを定義するのにpropsとmethodsの両方を使っている点に注意してください。さて、すべての基本タイプが揃ったのでそれを合成し、強力で表現力豊かなファクトリ関数を新たに生成しましょう。

```
const runner = stampit.compose(character, mover); // 走るキャラ(基本+動く)
const samurai = stampit.compose(character, mover, slasher); // 侍(基本+動く+
切りつける)
const sniper = stampit.compose(character, shooter); // スナイパー(基本+撃つ)
const gunslinger = stampit.compose(character, mover, shooter); // 拳銃使い(基
本+動く+撃つ)
westernSamurai = stampit.compose(gunslinger, samurai); // 西洋侍(拳銃使い+侍)
```

メソッドstampit.composeが合成元のファクトリ関数のメソッドとプロパティをもとにオブジェクトを生成する新しいファクトリ関数を合成しています。強力で非常に自由度が高く、クラスではなく振る舞いをもとに考えることができます。

この例のまとめとして、westernSamuraiのインスタンスを新しく作成して使ってみましょう。

```
const gojiro = westernSamurai();
gojiro.name = 'Gojiro Kiryu';
gojiro.move(1,0);
gojiro.slash('left');
gojiro.shoot('right');
```

次のような出力が得られます。

```
Yojimbo moved to [1, 0]
Yojimbo slashed to the left
Yojimbo shoot to the right
```

stampitモジュールの詳細と、その背景となるアイデアについては、Eric Elliot本人のページを参照してください — https://github.com/stampit-org/stamp-specification

6.1.5 実践での利用

既に触れたように、Nodeでファクトリは非常によく使われています。新しいインスタンスを生成するファクトリだけを提供しているパッケージも数多くあります。そうした例をいくつか見ていきましょう。

Dnode (https://npmjs.org/package/dnode)

Nodeのリモートプロシージャコール(RPC)システムのひとつ。ソースコードを見ると、ロジッ

クはDという名前のクラスに実装されていることがわかる。しかし、これは外部には決して公開されず、exportで公開されているインタフェースはファクトリのみで、これを使ってクラスのインスタンスを生成する。
ソースコードは次を参照 — https://github.com/substack/dnode/blob/34d1c9aa9696f13bdf8fb99d9d039367ad873f90/index.js#L7-9

Restify (https://npmjs.org/package/restify)
REST APIを作成するためのフレームワークで、ファクトリrestify.createServer()を使ってサーバのインスタンスを新たに生成できる。ファクトリは内部的にクラスServer（これはexportされていない）のインスタンスを生成する。
ソースコードは次を参照 — https://github.com/mcavage/node-restify/blob/5f31e2334b38361ac7ac1a5e5d852b7206ef7d94/lib/index.js#L91-116

クラスとファクトリの両方を公開しているモジュールもありますが、ドキュメントではファクトリのほうを新たなインスタンスを生成する主たる（便利な）方法としています。いくつか例をあげます。

http-proxy (https://npmjs.org/package/http-proxy)
これはプログラム可能なプロキシのライブラリで、新たなインスタンスをhttpProxy.createProxyServer(options)で生成する。

コアのNode.js HTTPサーバ
新たなインスタンスは通常http.createServer()を使って生成される（実質的にはnew http.Server()のショートカット）。

bunyan (https://npmjs.org/package/bunyan)
よく使われているログ生成ライブラリ。READMEファイルで、（new bunyan()と等価ではあるものの）ファクトリbunyan.createLogger()をインスタンス生成の主メソッドにするよう提案している。

この他にもさまざまなコンポーネントの作成をラップするファクトリを提供しているものがあります。よく使われている例として4章で紹介したthrough2とfrom2がありますが、新たなストリームの作成をファクトリを使って単純化することで、開発者が継承や演算子newを明示的に使わなくて済むようにしてくれています。

最後に、stampitモジュールと合成可能ファクトリ関数を内部的に使用しているパッケージをいくつか紹介しておきます。react-stampit（https://www.npmjs.com/package/react-stampit）は、合成可能ファクトリ関数の能力をフロントエンドに生かし、ウィジェットの振る舞いを簡単に合成できます。remitter（https://www.npmjs.com/package/remitter）はRedisベースのpub/subモジュールです。

6.2 公開コンストラクタ

「公開(リビーリング)コンストラクタ(revealing constructor)」は比較的新しいパターンで、NodeコミュニティとJavaScriptの世界で人気を得つつあります。特にPromiseなどのコアライブラリで利用されていることが影響しています。

実はこのパターンはプロミスを紹介した4章で少し登場しています。あらためてPromiseのコンストラクタについて詳しく見てみましょう。

```
const promise = new Promise(function (resolve, reject) {
  // ...
});
```

このように、Promiseはコンストラクタの引数として、「executor関数」と呼ばれる関数を受け付けます。この関数はコンストラクタPromise内部で呼び出され、インスタンス生成のコード内で、生成中のプロミスの内部状態の一部のみを限定的に操作することを可能にするために使われます。言い方を変えると、関数resolveとrejectを公開しておいて、それらを呼び出せばオブジェクトの内部状態を変えられるようにするための仕組みとして働いているのです。

このようにする利点は、コンストラクタのコードだけがresolveとrejectにアクセスでき、いったんpromiseのオブジェクトが生成されてしまうと、安全に受け渡し可能になるということにあります。他のコードからはrejectやresolveをいっさい呼び出すことができず、プロミスの内部状態を変えることはできません。

それこそが、Domenic Denicolaがブログの中でこのパターンを「公開(リビーリング)コンストラクタ」と名付けた理由なのです。

Domenic Denicolaのページではこのパターンの歴史的由来を分析し、このパターンのいくつかの側面をNodeストリームで使われているテンプレートパターンや、Promiseライブラリの初期の実装で使われていたインスタンス生成のための他のパターンと比較しています — https://blog.domenic.me/the-revealing-constructor-pattern/

6.2.1 読み出し専用イベントエミッタ

この節では、公開コンストラクタのパターンを利用して「読み出し専用イベントエミッタ」を作成します。これは(コンストラクタに渡された関数の内部以外からは)メソッドemitを呼び出せない、特殊なイベントエミッタ(EventEmitter)です(2.3節のEventEmitterクラスの説明参照)。

roee.jsという名前のファイルにクラスRoee(read-only event emitter)のコードを入力しましょう(06_revealing_constructor)。

```
const EventEmitter = require('events');
```

```
module.exports = class Roee extends EventEmitter {
  constructor (executor) {
    super();
    const emit = this.emit.bind(this);
    this.emit = undefined;
    executor(emit);
  }
};
```

これは単純なクラスですが、コアクラスのEventEmitterを継承したもので、唯一のコンストラクタ引数として関数executorを取ります。

コンストラクタの内部では、関数superを呼び出し、親クラスのコンストラクタを呼び出すことでイベントエミッタEventEmitterが正しく初期化されるようにしています。その後、関数emitのバックアップを保存し、undefinedを代入することでemitを削除します。

最後に関数executorを呼び出し、関数emitのバックアップを引数として渡します。

ここで重要なのは、メソッドemitにundefinedが代入されてしまうと、コードの他の場所からemitを呼び出せない点です。emitのバックアップはローカル変数として定義されており、executorにしか渡されません。この仕組みにより、emitはexecutor関数の中からしか使用できないことになります。

それではこの新しいクラスを使って単純なティッカーを作ってみましょう。1秒ごとにtickを発生し、発生した「全tick数」を保持します。ファイルticker.jsの内容です。

```
const Roee = require('./roee');

const ticker = new Roee((emit) => {
  let tickCount = 0;
  setInterval(() => emit('tick', tickCount++), 1000);
});

module.exports = ticker;
```

見てのとおり、コードは非常に単純なものです。新たにRoeeをインスタンス化してexecutor関数にイベント起動のロジックを渡します。executor関数はemitを引数として受け取りますから、1秒ごとにtickイベントを新たに発生させるのに使用できます。

このtickerモジュールをどのように使うのか、簡単な例を見てみましょう。

```
const ticker = require('./ticker');

ticker.on('tick', (tickCount) => console.log(tickCount, 'TICK'));
// ticker.emit('something', {}); <-- これは失敗する
// require('events').prototype.emit.call(ticker, 'someEvent', {}); <-- これが
成功する
```

tickerのオブジェクトは、他のイベント発生クラスをもとにしたオブジェクトと同じように使え、メソッドonを使えばいくつでもリスナーをアタッチできるのですが、この例では、メソッドemitを使おうとするとエラー「TypeError: ticker.emit is not a function」が引き起こされてコードは失敗します。

この例は公開コンストラクタのパターンの使い方を示すのにとても役立っていますが、このイベントエミッタの読み出し専用機能の堅牢さは完璧ではなく、回避する方法がいくつかあります。たとえば、次のようにオリジナルのemitのプロトタイプを直接使えば、tickerのインスタンスにイベントを発生させることができます。

```
require('events').prototype.emit.call(ticker, 'someEvent', {});
```

6.2.2 実践での利用

このパターンはとても興味深いもので賢くできていますが、Promiseのコンストラクタを除けば一般的なユースケースを探すことは非常に困難です。

ただし、現在用いられているテンプレートパターンをよりよいものに置き換え、さまざまなストリームのオブジェクトの振る舞いを記述可能にしようと、このパターンを適用したストリームの新たな仕様が開発中であることは、触れておくべきことでしょう。次のサイトを参照してください――https://streams.spec.whatwg.org

また、5章でクラスParallelStreamを実装した際に、このパターンを既に使っていることを指摘しておくことも重要でしょう。このクラスはコンストラクタの引数として関数userTransformを取ります（これがexecutor関数になります）。

この例ではexecutor関数がコンストラクタ内で呼び出されていませんが、ストリームの内部のメソッド_transformの中では、パターンの一般的なコンセプトが生きています。実際この方法を使うと、新しいParallelStreamのインスタンスを生成するときに、指定したい変換ロジックに相手を限定して、ストリームの内部の一部（たとえば関数push）を公開することができます。

6.3 プロキシ

「プロキシ」とは他のオブジェクト（「サブジェクト」）へのアクセスを制御するオブジェクトです。プロキシとサブジェクトは同一のインタフェースをもつので、両者を透過的に切り替えられます。このパターンは「サロゲート（代理）」とも呼ばれます。プロキシはサブジェクトに実行させることを意図した機能のすべてあるいは一部をインターセプトし、拡張したり補完したりします（**図6-1**）。

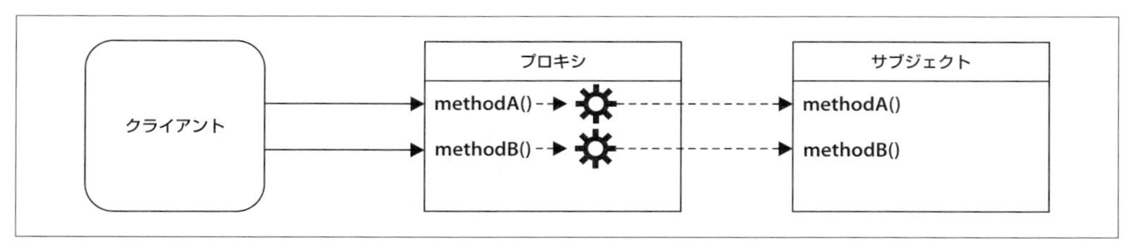

図6-1　プロキシとサブジェクトの関係

図6-1はプロキシとサブジェクトは同じインタフェースをもち、クライアントからすると完全に透過的であること、両者を入れ替えられることを示しています。プロキシは呼び出しをサブジェクトに転送すると同時に、前処理や後処理を追加することで機能を拡張します。

クラス間のプロキシについて述べているのではないことに注意してください。プロキシパターンはサブジェクトの実際のインスタンスをラップして、その状態を保存することを目的としたものです。

プロキシが有用な状況としては、たとえば次のようなものがあります。

データの妥当性確認
入力をサブジェクトに転送する前に、プロキシが妥当性を確認する

セキュリティ
クライアントに操作の実行権限があるかをプロキシが検証し、検証の結果が「権限あり」の場合に限ってリクエストをサブジェクトに渡す

キャッシュ保存
プロキシが内部キャッシュをもち、データがキャッシュ内にない場合にだけサブジェクトに操作を実行させるようにする

遅延初期化
サブジェクトの実体化の負荷が大きい場合、プロキシを使えば本当に必要なときまで初期化を遅らせることができる

ロギング
メソッドの呼び出しをプロキシによってインターセプトし、引数とともに呼び出しの情報を記録する

リモートオブジェクト
プロキシがリモートにあるオブジェクトを取得して、ローカルにあるように見せかける

もちろん、プロキシパターンにはもっと多数の応用がありますが、上の例を見ると使用法の広がりがどれほどのものかイメージがつかめると思います。

6.3.1 プロキシ実装の手法

あるオブジェクトのプロキシを作成する場合、メソッドのすべてをインターセプトすることも、一部のみをインターセプトして残りのメソッドは直接サブジェクトに任せる（委譲する）こともできます。方法はいくつかありますが代表的なものを見ていきましょう。

6.3.1.1 オブジェクトの合成

合成（composition）とは、あるオブジェクトを他のオブジェクトと組み合わせて機能を拡張する技法です。プロキシパターンにおける具体例としては、サブジェクトと同じインタフェースをもったプロキシオブジェクトを新たに作成し、サブジェクトへの参照はインスタンス変数やクロージャ変数の形でプロキシの内部に保存します。サブジェクトは、クライアントから渡される場合も、プロキシ自体が生成する場合もあります。

この手法の例を次に示します。擬似的なクラスとファクトリを使っているものです（07_proxy_a/createProxy.js）。

```
function createProxy(subject) {
  const proto = Object.getPrototypeOf(subject);
  function Proxy(subject) {
    this.subject = subject;
  }

  Proxy.prototype = Object.create(proto);
  //プロキシが処理するメソッド
  Proxy.prototype.hello = function(){
    return this.subject.hello() + ' world!';
  };

  //サブジェクトに委譲するメソッド
  Proxy.prototype.goodbye = function(){
    return this.subject.goodbye
      .apply(this.subject, arguments);
  };

  return new Proxy(subject);
}
module.exports = createProxy;
```

合成を使ったプロキシを実装するには、変更したいと思ったメソッド（たとえばhello()）をインターセプトする必要がありますが、その他のメソッドは単にサブジェクトに委譲します（たとえばgoodbye()）。

上のコードは、サブジェクトにプロトタイプがあり、正しいプロトタイプチェーンを維持したいという場合の例になっています。上のようにすれば、`proxy instanceof Subject`は`true`を返します。これを実現するために「擬似クラシカル継承（pseudo-classical inheritance）」を使用しました。

これはある意味で余計なステップであり、必要になるのはプロトタイプチェーンを維持したい場合だけです。プロトタイプチェーンを維持すると、サブジェクトを使って動作することを想定して作成された当初のコードとプロキシとの互換性が増します。

とはいえ、JavaScriptは動的型付け言語ですから、継承を避けてより直接的な方法を用いるのが普通です。たとえば、上のコードで示されたプロキシを、オブジェクトリテラルとファクトリを使って実装してしまうこともできます（`08_proxy_b`）。

```
function createProxy(subject) {
  return {
    //proxied method プロキシが処理するメソッド
    hello: () => (subject.hello() + ' world!'),

    //delegated method サブジェクトに委譲するメソッド
    goodbye: () => (subject.goodbye.apply(subject, arguments))
  };
}
```

メソッドのほとんどをサブジェクトに委譲してしまうプロキシを作成したいなら、`delegates`（https://npmjs.org/package/delegates）のようなライブラリを使って自動的に生成するほうが便利です。

6.3.1.2 オブジェクト拡張

オブジェクト拡張（モンキーパッチング）はオブジェクトの個々のメソッドをプロキシで処理するのにもっとも現実的と言える方法で、サブジェクトのメソッドをプロキシ版で直接置き換えて修正してしまう方法です。次の例を見てください（`09_proxy_c`）。

```
function createProxy(subject) {
  const helloOrig = subject.hello;
  subject.hello = () => (helloOrig.call(this) + ' world!');

  return subject;
}
```

この技法は少数のメソッドをプロキシで処理したいときには非常に便利な方法ですが、`subject`を直接修正してしまうという欠点があります。

6.3.2 異なる技法の比較

合成は、サブジェクトに手を加えずもともとの振る舞いを変更しないので、プロキシの作成法としてもっとも安全な方法と言えます。唯一の欠点は、メソッドをひとつだけプロキシで処理したい場合に、その他すべてのメソッドを手作業で委譲しなければならないことです。必要があれば、サブジェクトのプロパティへのアクセスも委譲しなければなりません。

オブジェクトのプロパティは`Object.defineProperty()`を使えば委譲が可能です。さらに詳しい情報が次のサイトにあります — https://developer.mozilla.org/ja/docs/Web/JavaScript/Reference/Global_Objects/Object/defineProperty

それに対し、オブジェクト拡張はサブジェクト自体を修正してしまいます。これが望ましくない場合もありますが、委譲に関するさまざまな面倒が生じないことは事実です。そのために、オブジェクト拡張はJavaScriptでプロキシを実装する際にもっとも現実的な方法であり、サブジェクトの修正が大きな問題とならない状況下でよく採用される技法となっています。

しかし、合成が必須となる状況があります。それはたとえば必要なときにだけ作成されるようにサブジェクトの初期化を制御したい場合（つまり「遅延初期化」の場合）です。

ファクトリ関数（上の例では`createProxy()`）を使うことで、プロキシを生成するのに使用されるテクニックからオリジナルのコードを守ることができます。

6.3.3 ログ付きの出力ストリームの作成

実際の例でプロキシパターンを見るため、出力ストリームのプロキシとして動作するオブジェクトを作成しましょう。メソッド`write()`の呼び出しをすべてインターセプトし、呼び出しのたびごとにログにメッセージを記録します。プロキシを実装するのにオブジェクト合成を使用します。次に示すのが`loggingWritable.js`の内容です（`10_proxy_logging_writable_stream`）。

```
function createLoggingWritable(writableOrig) {
  const proto = Object.getPrototypeOf(writableOrig);

  function LoggingWritable(writableOrig) {
    this.writableOrig = writableOrig;
  }

  LoggingWritable.prototype = Object.create(proto);

  LoggingWritable.prototype.write = function(chunk, encoding, callback) {
    if(!callback && typeof encoding === 'function') {
```

```
        callback = encoding;
        encoding = undefined;
      }
      console.log('Writing ', chunk);
      return this.writableOrig.write(chunk, encoding, function() {
      console.log('Finished writing ', chunk);
        callback && callback();
      });
    };

    LoggingWritable.prototype.on = function() {
      return this.writableOrig.on
        .apply(this.writableOrig, arguments);
    };

    LoggingWritable.prototype.end = function() {
      return this.writableOrig.end
        .apply(this.writableOrig, arguments);
    };

    return new LoggingWritable(writableOrig);
  }
```

上のコードでは、引数として渡されたオブジェクト`writable`のプロキシ版を返すファクトリを生成しました。メソッド`write()`をオーバライドし、メソッドが呼び出されるたびに、また非同期処理が完了するたびに標準出力にログメッセージを出力しています。これは非同期関数のプロキシを作成する例にもなっています。非同期関数の場合、コールバックのプロキシ化も必要になります。これはNodeのようなプラットフォームでは考慮しておかねばならない重要な点です。残りのメソッド`on()`と`end()`は、単に元のストリーム`writable`に委譲されます（ここでは`writable`のその他のメソッドについては考慮していません）。

今作成したプロキシをテストしてみるために、モジュール`loggingWritable.js`に数行のコードを追加します。

```
const fs = require('fs');

const writable = fs.createWriteStream('test.txt');
const writableProxy = createLoggingWritable(writable);

writableProxy.write('First chunk'); // 最初のチャンク
writableProxy.write('Second chunk'); // 2番目のチャンク
writable.write('This is not logged'); // これはログに出力されない
writableProxy.end();
```

プロキシはストリームについて元のインタフェースを変更しませんし、外から見た振る舞いも変えません。それでも上のコードを実行すると、ストリームに書き込んだチャンクが透過的にコンソールにログ出力されているのがわかります。

6.3.4 現場でのプロキシ ― 関数フッキングとAOP

プロキシにはさまざまな形式があるので、Nodeの中だけでなく、現場においてもかなりよく見られるパターンになっています。実際、プロキシを簡単に作成できるようにしてくれるライブラリが数個あり、そのほとんどでオブジェクト拡張が利用されています。開発コミュニティ内では、このパターンは「関数フッキング」と呼ばれたり、ときには「アスペクト指向プログラミング（aspect-oriented programming：AOP）」と呼ばれたりしますが、実際はプロキシの応用です。AOPではライブラリを使って開発者が特定のメソッドに実行前後のフッキングを設定できるようになっており、指定されたメソッドの実行前後に独自のコードを実行できるようになっています。

プロキシは「ミドルウェア」と呼ばれることもあります。ミドルウェアパターン（この章の後のほうで扱います）の中に現れて、関数の入出力の前処理、後処理を可能にするからです。ときにはミドルウェアに似たパイプラインを使って同じメソッドに複数のフッキングを登録することもあります。

簡単に関数フッキングを実装できるようにするライブラリとして、`hooks`（https://npmjs.org/package/hooks）、`hooker`（https://npmjs.org/package/hooker）、`meld`（https://npmjs.org/package/meld）などがあります。

6.3.5 ES2015のプロキシ

ES2015の仕様ではProxyという名前のグローバルオブジェクトが導入されました。Nodeのバージョン6以降で利用可能です。

ProxyのAPIにはコンストラクタ`Proxy`があり、引数として`target`と`handler`を取ります。

```
const proxy = new Proxy(target, handler);
```

ここで、`target`はプロキシが適用されるオブジェクト（サブジェクト）を表し、`handler`はプロキシの振る舞いを定義するオブジェクトです。

オブジェクト`handler`には「トラップメソッド」と呼ばれる定義済みのオプションメソッド（たとえば`apply`、`get`、`set`、`has`など）があり、`proxy`のインスタンスについて対応する操作が実行された場合には自動的に呼び出されるようになっています。

このAPIがどのように機能するのか理解を深めるために、例を見てみましょう（`11_proxy_es2015`）。

```
const scientist = {
  name: 'nikola',
  surname: 'tesla'
};

const uppercaseScientist = new Proxy(scientist, {
```

```
  get: (target, property) => target[property].toUpperCase()
});

console.log(uppercaseScientist.name, uppercaseScientist.surname); // NIKOLA TESLA
```

この例ではProxy APIを使って、targetとなるオブジェクトscientistのプロパティへのすべてのアクセスをインターセプトし、プロパティの元の値を大字列に変換しています。

この例を注意して見ると、このAPIに奇妙な点があるのに気づくかもしれません。targetとなるオブジェクトのすべての属性へのアクセスがインターセプトできるのです。これはこのAPIが、この章の前の節で定義したようなプロキシオブジェクトの生成を容易にする単なるラッピングではなく、JavaScriptの言語自体の深部に統合された機能であり、オブジェクトについて実行される多くの操作をインターセプトし変更することを可能にしてくれるものだからです。この特徴のおかげで、以前は容易に達成できなかった「メタプログラミング」「演算子オーバロード」「オブジェクトの仮想化」といった新たな興味深い応用への道がひらけます。

では別の例を見てみましょう。

```
const evenNumbers = new Proxy([], {
  get: (target, index) => index * 2,
  has: (target, number) => number % 2 === 0
  });

console.log(2 in evenNumbers); // true
console.log(5 in evenNumbers); // false
console.log(evenNumbers[7]);   // 14
```

この例では、すべての偶数を含んだ仮想的な配列を作成しています。通常の配列として使えるので、配列の要素にはいつもどおりの構文で（たとえばevenNumbers[7]のように）アクセスできますし、配列の中に要素が存在するかどうかを演算子inを使って（たとえば2 in evenNumbersのように）チェックできます。配列にデータを保存することはないので、「仮想」と呼ばれています。

実装を見ると、このプロキシは空配列をtargetとし、handlerに2つのトラップ、getとhasを定義しています。

- トラップgetは配列の要素へのアクセスをインターセプトし、与えられたインデックスに該当する偶数を返す
- トラップhasは演算子inの使用をインターセプトし、与えられた数が偶数かどうかをチェックする

Proxy APIはこの他にもset、delete、constructといった興味深いトラップを多数サポートしています。さらに必要に応じて無効化できるプロキシの作成も可能で、すべてのトラップを無効にしてtargetとなったオブジェクトのもともとの振る舞いを復帰させます。

こういった特徴をすべて分析すると、この章がカバーすべき範囲を超えてしまいます。ここで重要

なのは、プロキシパターンを必要なときに利用できる強力な基盤をProxy APIが提供しているという点です。

Proxy APIに興味が湧き、機能やトラップメソッドについてすべて知りたいと思ったら、Mozillaによる次の記事がよいでしょう — https://developer.mozilla.org/it/docs/Web/JavaScript/Reference/Global_Objects/Proxy
また、Googleが公開している詳細な記事もよい情報源です — https://developers.google.com/web/updates/2016/02/es2015-proxies

6.3.6 実践での利用

Mongoose（http://mongoosejs.com）はMongoDB用として人気のある「オブジェクト・ドキュメント・マッピング（object-document mapping：ODM）」用のライブラリです。内部的にはパッケージhooks（https://npmjs.org/package/hooks）を使ってオブジェクトDocumentのメソッドinit、validate、save、removeの前後処理用フッキングを提供しています。http://mongoosejs.com/docs/middleware.htmlに公式ドキュメントがありますので、詳細はそちらを参照してください。

6.4 デコレータ

デコレータは既存のオブジェクトの振る舞いを動的に拡張する構造パターンです。普通の継承と異なるのは、振る舞いが同じクラスのすべてのオブジェクトに追加されるのではなく、明示的にデコレートされるインスタンスのみに追加されることです。

実装の点では、プロキシパターンに非常によく似ていますが、デコレータではオブジェクトの既存のインタフェースに対して振る舞いを拡張したり修飾したりするのではなく、**図6-2**に示すように新しい機能で拡張します。

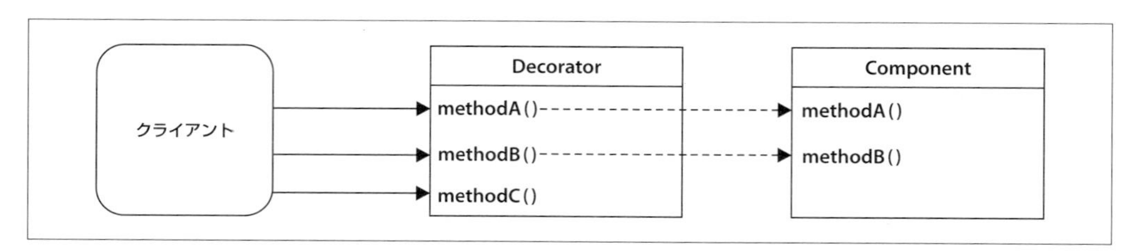

図6-2　デコレータパターン

図6-2ではオブジェクトDecoratorがオブジェクトComponentにmethodC()を追加して拡張しています。既存のメソッドは処理を追加されることなく、デコレータがデコレートするオブジェクトにそのまま委譲されるのが普通です。もちろん、必要があればプロキシパターンを追加することも簡単で、

既存のメソッドの呼び出しをインターセプトし変更してしまうこともできます。

6.4.1 デコレータの実装

プロキシとデコレータは、概念としては別々の意図をもった異なるパターンなのですが、実際には実装の方法は共通です。

6.4.1.1 合成

合成の場合、デコレートされるコンポーネントは、通常それを継承して生成されるオブジェクトでラップされる形になります。デコレータは新しいメソッドを定義するだけで、既存のメソッドは元のコンポーネントに委譲されます（12_decorator_a）。

```
function decorate(component) {
  const proto = Object.getPrototypeOf(component);

  function Decorator(component) {
    this.component = component;
  }

  Decorator.prototype = Object.create(proto);

  //新しいメソッド
  Decorator.prototype.greetings = function() {
    return 'Hi!';
  };

  //委譲されるメソッド
  Decorator.prototype.hello = function() {
    return this.component.hello.apply(this.component, arguments);
  };

  return new Decorator(component);
}
```

6.4.1.2 オブジェクト拡張

「オブジェクトのデコレート（decoration）」はデコレートされるオブジェクトに新たなメソッドを直接アタッチすることでも実現できます（13_decorator_b）。

```
function decorate(component) {
  //新しいメソッド
  component.greetings = () => {
    // ...
  };
  return component;
}
```

プロキシパターンを分析したときに論じた警告がデコレータにも当てはまります。では、実際に使える例でこのパターンを練習してみましょう。

6.4.2 データベースLevelUPへのデコレータ使用

次の例のコーディングを開始する前に、これから作業対象とするモジュールLevelUPについて説明しておきましょう。

6.4.2.1 LevelUPとLevelDBの紹介

LevelUP (https://npmjs.org/package/levelup) は、元来はChromeブラウザにIndexedDBを実装するために作成されたキー/値 (key/value) 保存用のGoogleのLevelDB用のNodeラッパーですが、単なるラッパー以上の能力があります。LevelDBは最小主義に従い拡張性に富むため、Dominic TarrはLevelDBのことを「データベース界のNode.js」と名付けています。Node同様、LevelDBはとてつもなく高速なパフォーマンスと、もっとも基本的な機能のみを提供し、開発者がその上に任意のデータベースを構築できるようにしています。

Nodeコミュニティ (およびRod Vagg) は、このデータベースの力をNodeに取り入れる機会を逃さずLevelUPを作成しました。LevelDBのラッパーとして誕生しましたが、その後進化してサポート範囲を広げ、インメモリストアから、RiakやRedisといった他のNoSQLデータベース、さらにはIndexedDBやlocalStorageなどのウェブ・ストレージ・エンジンまで、複数のバックエンドをサポートするようになり、サーバとクライアントの両方で同じAPIが使えるようになって非常に興味深い応用法がひらけました。

今日ではLevelUPの周囲に、その小さな核を拡張するプラグインやモジュールによって構成される本格的な生態系が構築され、レプリケーション、二次索引、ライブ更新、クエリエンジンその他の機能が実装されています。さらに、LevelUP上に完全なデータベースが構築されており、その中にはPouchDB (https://npmjs.org/package/pouchdb) やCouchUP (https://npmjs.org/package/couchup) といったCouchDBクローンや、levelgraph (https://npmjs.org/package/levelgraph) のようなグラフデータベースまであり、Nodeとブラウザの両方で使うことができます！

LevelUPの生態系についてより詳しくは次のサイトを参照してください — https://github.com/rvagg/node-levelup/wiki/Modules

6.4.2.2 LevelUPプラグインの実装

次の例では、簡単なLevelUP用プラグインを作るのに、デコレータパターン、特にオブジェクト拡張の技法をどのように使うかを示します。この技法はとても単純ですが、オブジェクトをデコレートして機能を追加する際にはもっとも実用的で効果的な方法です。

ここでパッケージlevel（http://npmjs.org/package/level）を使います。このパッケージにはlevelupと、LevelDBをバックエンドとして使用するデフォルトのアダプタleveldownがバンドルされています。

これから作成しようとするのは、指定されたパターンのオブジェクトがデータベースに保存されるたびに通知を受け取ることができるようにするLevelUP用プラグインです。たとえば、{a: 1}というパターンを登録すると、{a: 1, b: 3}や{a: 1, c: 'x'}といったオブジェクトがデータベースに登録されたときに通知を受け取ることができます。

levelSubscribe.jsという名前で新たにモジュールを作成することから始めましょう（14_decorator_levelup_plugin）。

```
module.exports = function levelSubscribe(db) {

  db.subscribe = (pattern, listener) => {         // ❶
    db.on('put', (key, val) => {                  // ❷
      const match = Object.keys(pattern).every(
        k => (pattern[k] === val[k])              // ❸
      );
      if(match) {
        listener(key, val);                       // ❹
      }
    });
  };

  return db;
};
```

これでプラグインはおしまいです。限りなくシンプルです。上のコードが何をしているのか、簡単に見ていきましょう。

❶ オブジェクトdbを、subscribe()という名前の新しいメソッドでデコレートする。提供されたインスタンスdbにメソッドを直接アタッチしている（オブジェクト拡張）

❷ データベースに対して実行されるすべてのput操作をリッスンする

❸ 非常に単純なパターンマッチングのアルゴリズムを実行し、提供されたパターン内のすべてのプロパティが挿入されるデータ内にあるかどうかを検証する

❹ マッチするものがあればリスナーに通知を送る

それでは、levelSubscribeTest.jsという名前で新しいファイルを作り、今作成した新しいプラグインを試すためのコードを少し書きましょう。

```
const level = require('level');                             // ❶
```

```
const levelSubscribe = require('./levelSubscribe');          // ❷

let db = level(__dirname + '/db', {valueEncoding: 'json'});
db = levelSubscribe(db);

db.subscribe(
  {doctype: 'tweet', language: 'en'},                         // ❸
  (k, val) => console.log(val)
);
db.put('1', {doctype: 'tweet', text: 'Hi', language: 'en'}); // ❹
db.put('2', {doctype: 'company', name: 'ACME Co.'});
```

詳しく見ていきましょう。

❶ まずLevelUPデータベースを初期化し、ファイルを保存するディレクトリと値のデフォルトエンコーディングを選択する

❷ 次に、プラグインを付加して、元のオブジェクトdbをデコレートする

❸ この時点でプラグインが提供する新たな機能、メソッド`subscribe()`が利用できるようになっている。このメソッドで`doctype: 'tweet'`と`language: 'en'`が含まれるすべてのオブジェクトに関心があることを登録する

❹ 最後に`put`を使ってデータベースに値を保存する。最初の呼び出しは、登録に結びつけたコールバックを起動するので、保存されるオブジェクトがコンソールに出力されるのが見られる。この場合にはオブジェクトが登録された条件にマッチするため。それに対して2番目の呼び出しは、保存されるオブジェクトが登録された条件にマッチしないので何も出力されない

この例はデコレータパターンの実際の応用法を、もっとも単純な実装法（すなわちオブジェクト拡張）で示したものです。取るに足らないパターンに見えるかもしれませんが正しく用いれば確かな力を発揮します。

話を簡単にするため、このプラグインは`put`操作との組み合わせでしか動きませんが、`batch`操作と組み合わせて動くように簡単に拡張できます — https://github.com/rvagg/node-levelup#batch

6.4.3 実践での利用

デコレータが実際に使われている例をさらに探すには、LevelUPのその他のプラグインのコードを見てみるとよいでしょう。

`level-inverted-index`（https://github.com/dominictarr/level-inverted-index）

LevelUPデータベースに逆索引を追加するプラグインで、データベースに保存されている値

に対して単純なテキスト検索が実行できるようになる

`level-plus` **(https://github.com/eugeneware/levelplus)**

LevelUPデータベースのアトミックな更新を追加するプラグイン

6.5 アダプタ

アダプタは本来のものと異なるインタフェースを使ってオブジェクトへのアクセスを可能にするものです。名前が示唆するとおり、あるオブジェクトを、そのオブジェクトと異なるインタフェースを想定しているコンポーネントが使用できるようにするアダプタとして働きます。次の**図6-3**が状況を説明しています。

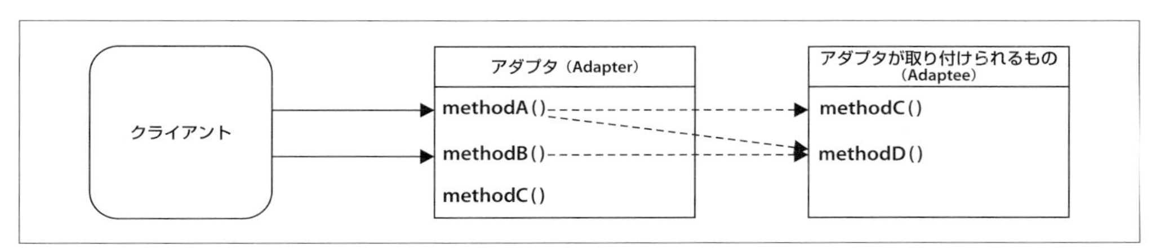

図6-3　アダプタパターン

図6-3はアダプタ（Adapter）が取り付けられる相手（Adaptee）を実質的にラップして、異なるインタフェースを提示させる様子を示しています。図はAdapterへの操作が場合によってAdapteeのメソッドを2つ以上組み合わせて実現される可能性があることも強調しています。実装の点から見るともっともよく見られる技法は合成で、アダプタのメソッドが、取り付けられる相手のメソッドへの橋渡しを提供します。このパターンは非常に単純なので、すぐに実例に取りかかりましょう。

6.5.1 ファイルシステムAPIによるLevelUPの利用

ここではLevelUP APIを変換するアダプタを作成し、コアモジュール`fs`と互換性のあるAPIに変換します。中でも、`readFile()`と`writeFile()`の呼び出しがすべて`db.get()`と`db.put()`の呼び出しに確実に変換されるようにします。そうすれば、LevelUPデータベースが単純なファイルシステム操作のストレージバックエンドとして使えるようになります。

まず`fsAdapter.js`という名前の新しいモジュールを作成しましょう。最初に依存ファイルを読み込み、アダプタを作成するのに使うファクトリ`createFsAdapter()`をexportします（`15_adapter`）。

```
const path = require('path');

module.exports = function createFsAdapter(db) {
  const fs = {};
```

```
  // ...この後に、次に示すコードが続く
```

次に、ファクトリ内に関数readFile()を実装し、モジュールfsにもともと備わっている関数のインタフェースと確実に互換性をもつようにします。

```
fs.readFile = (filename, options, callback) => {
  if(typeof options === 'function') {
    callback = options;
    options = {};
  } else if(typeof options === 'string') {
    options = {encoding: options};
  }

  db.get(path.resolve(filename), {                    // ❶
      valueEncoding: options.encoding
    },
    (err, value) => {
      if(err) {
        if(err.type === 'NotFoundError') {            // ❷
          err = new Error(`ENOENT, open "${filename}"`);
          err.code = 'ENOENT';
          err.errno = 34;
          err.path = filename;
        }
        return callback && callback(err);
      }
      callback && callback(null, value);              // ❸
    }
  );
};
```

上のコードでは、新しい関数の振る舞いが元の関数fs.readFile()とできるだけ近いものになるよう、少し余計な手間をかける必要がありました。各ステップを説明すると次のようになります。

❶ クラスdbからファイルを取得するには、ファイル名をキーとしてdb.get()を呼び出すが、必ずフルパスを使うようにする（path.resolve()を使う）。データベースが使うvalueEncodingの値を、入力として受け入れたオプションencodingの値と等しくなるようにする

❷ データベース内にキーが見つからなければ、エラーコードをENOENTとしてエラーを作成する。このエラーコードは、元のモジュールfsでファイルがなかったことを示すために使われるコード。その他のタイプのエラーはすべてcallbackに転送される（この例がカバーする範囲を考えて、もっともよくあるエラー条件のみを対象とする）

❸ キー/値の組がデータベースから取得できれば、callbackを使って呼び出し元に値を返す

見てわかるように、ここで作成した関数はかなり大ざっぱなものです。関数fs.readFile()の完璧な代替とすることは望めませんが、一般的な状況ならばきちんと機能します。

関数writeFile()の実装法も見ておきましょう。

```
fs.writeFile = (filename, contents, options, callback) => {
  if(typeof options === 'function') {
    callback = options;
    options = {};
  } else if(typeof options === 'string') {
    options = {encoding: options};
  }

  db.put(path.resolve(filename), contents, {
    valueEncoding: options.encoding
  }, callback);
}
```

この場合も、完全なラッパーにはなっていません。たとえばファイルのパーミッションのオプション（options.mode）などは省略しています。また、データベースから返されるすべてのエラーはそのまま転送しています。

最後にオブジェクトfsを返してファクトリ関数を終了します。

```
  return fs;
}
```

新たなアダプタの準備ができました。小さなモジュールを書くだけで使ってみることができます。

```
const fs = require('fs');

fs.writeFile('file.txt', 'Hello!', () => {
  fs.readFile('file.txt', {encoding: 'utf8'}, (err, res) => {
    console.log(res);
  });
});

// 存在しないファイルを読もうとする
fs.readFile('missing.txt', {encoding: 'utf8'}, (err, res) => {
  console.log(err);
});
```

上のコードはもともとのfs APIを使ってファイルシステムにより読み出しと書き込みの操作を実行しており、コンソールには次のように出力されます。

```
{ [Error: ENOENT, open 'missing.txt'] errno: 34, code: 'ENOENT', path: 'missing.txt' }
Hello!
```

それではモジュールfsを、今作成したアダプタに置き換えてみましょう。次のようになります。

```
const levelup = require('level');
const fsAdapter = require('./fsAdapter');
const db = levelup('./fsDB', {valueEncoding: 'binary'});
```

```
const fs = fsAdapter(db);
```

プログラムを再実行すると、同じ出力が得られるはずですが、指定されたファイルはファイルシステムを使って読み書きされてはいないという事実が異なっています。アダプタを使って実行されたすべての操作は、LevelUPデータベース上で実行される操作に置き換えられています。

今作成したアダプタは馬鹿げたものに見えるかもしれません。実際のファイルシステムの代わりにデータベースを使っても、何の役にも立たないのではないかと思われたでしょう。しかし、LevelUP自体のアダプタにブラウザでもデータベースを実行できるようにするものがあることを思い出してください。そのようなアダプタのひとつが`level.js`（https://npmjs.org/package/level-js）です。これでアダプタのもつ意味が明らかになりました。モジュール`fs`を利用するブラウザのコードと共用できるのです。たとえば3章で作成したウェブスパイダーは、動作中にダウンロードしたウェブページを保存するのに`fs` APIを使っています。今作成したアダプタに少し手を入れれば、ウェブスパイダーがブラウザ内で実行できるのです。この先、ブラウザとコードを共用したい場合にアダプタがきわめて重要なパターンであることがわかってきます。8章でさらに詳しく見ていきます。

6.5.2 実践での利用

アダプタパターンには実践での応用例が多数あります。ここでは注目に値するものをいくつかあげます。

- LevelUPが、デフォルトのLevelDBからブラウザ内のIndexedDBまで、いろいろなストレージをバックエンドとして動作可能であることは既に説明しました。これは、LevelUP内部の（プライベートの）APIを複製するように作られたさまざまなアダプタによって可能になっているのです。どのように実装されているかは、次で見ることができます — https://github.com/rvagg/node-levelup/wiki/Modules#storage-back-ends
- `jugglingdb`はマルチデータベースORMで、さまざまなデータベースとの互換性をもたせるために、当然複数のアダプタが使われています。そのうちのいくつかが次のサイトで説明されています — https://github.com/1602/jugglingdb/tree/master/lib/adapters
- ここで作成した例を完全にしたものが`level-filesystem`（https://www.npmjs.org/package/level-filesystem）で、LevelUP上に構築された`fs` APIの正式な実装です

6.6 ストラテジー

ストラテジーパターンは、「コンテキスト（context）」と呼ばれるオブジェクトに対し、その可変部分のロジックを抜き出した「ストラテジー（strategy）」と呼ばれる交換可能なオブジェクトを複数提供することで、ロジックの変更をサポートするパターンです。コンテキストが一連のアルゴリズムに共通したロジックを実装するのに対し、ストラテジーは変更可能な部分を実装し、入力値、システム構成、ユー

ザー設定といった要因の変化に応じてコンテキストが振る舞いを変えられるようにします。ストラテジーは一連の解決策の一部であるのが普通で、どのストラテジーもコンテキストから要求される同一のインタフェースを実装します（**図6-4**）。

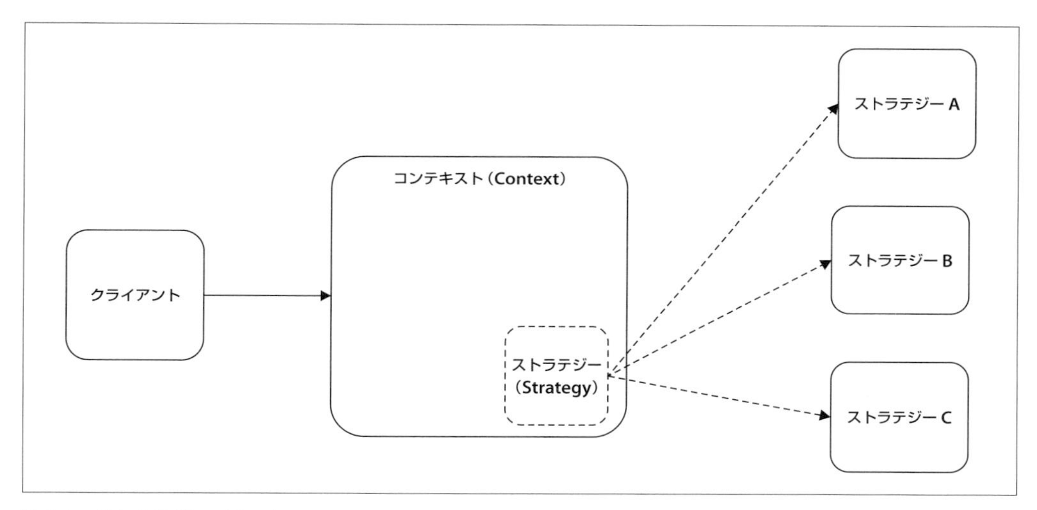

図6-4　ストラテジーパターン

図6-4はコンテキストのオブジェクトがその構造の中に、異なるストラテジーをまるで交換可能な部品のように取り込む様子を示しています。自動車を例にとれば、タイヤは異なる路面状態に適応するためのストラテジーと考えることができます。冬用タイヤを付ければ雪道が走れますし、主に高速道路を使って長距離を走る場合は高性能タイヤを付けるでしょう。状況に対応するために自動車を取り替えようとはせず、またどんな道でも走れるように車輪が8つ付いた自動車が欲しいとも思いません。

このパターンがいかに強力であるかはすぐわかります。アルゴリズム内の問題を分離する助けとなるばかりでなく、より高い柔軟性が得られ、類似の問題の違うバリエーションに適応可能になります。

ストラテジーパターンは、アルゴリズムのバリエーションをサポートするのに複雑な条件のロジック（多数の`if...else`や`switch`文）が必要な場合や、一連の解決法の中にある異なるアルゴリズムを混ぜて使いたい場合などでは、特に有用です。e-コマースサイトのオンライン注文（オーダー）を表す`Order`という名前のオブジェクトを考えましょう。オブジェクトには`pay()`という名前のメソッドがあり、名前が示すとおり、注文を確定してユーザーからオンラインストアへの送金を実行します。

複数の支払いシステムをサポートするには、次のような2つのオプションをもちます。

- メソッド`pay()`の内部で`if...else`文を使い、選択された支払いオプションを操作に基づき完了する
- 支払いのロジックをストラテジーのオブジェクトに委譲し、ストラテジーのほうにユーザーが選択した支払い方法のロジックを実装する

1番目の方法では、その他の支払い方法をサポートしようとした場合、コードを変更しなければOrderのオブジェクトは対応できません。また、支払い方法のオプションの数が増加すると、かなり複雑になる可能性があります。一方、ストラテジーパターンを使うと、Orderは支払い方法を事実上無制限にサポートできるようになりますが、支払いを完了する作業を別のオブジェクトに委譲してしまうので、自分が処理する事項はユーザーの属性や購入された品物、相対価格などだけに限定しておくことができます。

それではこのパターンを、単純で現実的な例に対して実際に使ってみましょう。

6.6.1 マルチフォーマットの設定用オブジェクト

データベースのURL、サーバのリスニング用ポートなど、アプリケーションで使用する一連の設定用パラメータを保持するためのConfigという名前のオブジェクトを考えましょう。オブジェクトConfigは、こういったパラメータにアクセスするための簡潔なインタフェースを提供できなければなりませんが、ファイルなど不揮発性のストレージを使って設定を読み込んだり書き出したりする機能も提供しなければなりません。設定を保存するのに、JSON、INI、YAMLといった異なったフォーマットをサポートできるようにしたいものです。

ストラテジーパターンについて学んだことを生かせば、オブジェクトConfigの中で可変の部分がどこであるかすぐわかります。設定をシリアライズしたり元に戻したり（デシリアライズしたり）する機能です。そこがストラテジーになります。

config.jsという名前の新しいモジュールを作成し、設定管理モジュールの一般的な部分を定義しましょう（16_strategy）。

```
const fs = require('fs');
const objectPath = require('object-path');

class Config {
  constructor(strategy) {
    this.data = {};
    this.strategy = strategy;
  }

  get(path) {
    return objectPath.get(this.data, path);
  }

// ...クラスの残りの部分
```

上のコードでは、設定データをインスタンス変数（this.data）にカプセル化したうえでメソッドset()とget()を提供し、object-path（https://npmjs.org/package/object-path）という名前のnpmライブラリを使用して、設定用プロパティにドット記法（たとえばproperty.subProperty）でアクセスできるようにしました。コンストラクタ内ではstrategyを入力として受け付けますが、これはデータを解析してシリアライズするアルゴリズムを担うものです。

それではどのようにstrategyを使うのか見るために、クラスConfigの残りの部分を書きましょう。

```
    set(path, value) {
      return objectPath.set(this.data, path, value);
    }

    read(file) {
      console.log(`Deserializing from ${file}`);
      this.data = this.strategy.deserialize(fs.readFileSync(file, 'utf-8'));
    }

    save(file) {
      console.log(`Serializing to ${file}`);
      fs.writeFileSync(file, this.strategy.serialize(this.data));
    }
  }
  module.exports = Config;
```

上のコードでは、ファイルから設定を読み込む際に、デシリアライズする作業をstrategyに委譲します。そして、設定をファイルに保存したいときには、設定をシリアライズするのにstrategyを使います。この単純なデザインにより、Configのオブジェクトはデータの読み書きに際して異なるファイルフォーマットをサポートできるようになるのです。

実際に試してみるために、strategies.jsという名前のファイルに2つのストラテジーを作成しましょう。JSONデータの解析とシリアライズを行うストラテジーから始めます。

```
module.exports.json = {
  deserialize: data => JSON.parse(data),
  serialize: data => JSON.stringify(data, null, '  ')
}
```

複雑なことは何もありません。このストラテジーは単に既成のインタフェースを、Configのオブジェクトが利用可能な形で実装しただけです。

同様に、次に作成するストラテジーはファイル形式INIのサポートを可能にするものです。

```
const ini = require('ini'); //-> https://npmjs.org/package/ini
module.exports.ini = {
  deserialize: data => ini.parse(data),
  serialize: data => ini.stringify(data)
}
```

さて、このすべてがどのように連携するかを示すために、configTest.jsという名前のファイルを作成し、サンプルの設定ファイルを異なるフォーマットを用いて読み書きしてみましょう。

```
const Config = require('./config');
const strategies = require('./strategies');
```

```
const jsonConfig = new Config(strategies.json);
jsonConfig.read('samples/conf.json');
jsonConfig.set('book.nodejs', 'design patterns');
jsonConfig.save('samples/conf_mod.json');

const iniConfig = new Config(strategies.ini);
iniConfig.read('samples/conf.ini');
iniConfig.set('book.nodejs', 'design patterns');
iniConfig.save('samples/conf_mod.ini');
```

このテストモジュールはストラテジーパターンの特質を明らかにしています。我々が定義したのはクラスConfigひとつだけで、そこでは設定管理モジュールの共通部分を実装し、シリアライズとデシリアライズに使用するストラテジーを入れ替えることで、異なるファイルフォーマットをサポートするConfigのインスタンスを別々に作成できるようになっています。

上の例は、ストラテジーを選択する際に使える方法のうちひとつだけを示したものです。その他にも次のような方法が考えられます。

- シリアライズ用とデシリアライズ用の2つのストラテジーファミリーを別々に作成する。こうすると、ひとつのフォーマットで読み込んで別のフォーマットで保存できる
- 与えられたファイルの拡張子に従って、ストラテジーを動的に選択する。Configのオブジェクトはマップextension->strategyを保持し、そのマップを使って指定された拡張子に対応する正しいアルゴリズムを選択する

これでわかるように、使用するストラテジーを選択する方法は複数あり、どれが正しいかは我々が何を要求するかと、機能と単純とのトレードオフにどこで折り合いをつけたいかのみに依存します。

また、このパターン自体の実装法にもかなりの幅があります。たとえば、もっとも単純な形では、コンテキストもストラテジーも単なる関数になります。

```
function context(strategy) {...}
```

上のような状況は無意味に思えるかもしれませんが、関数が第1級（ファーストクラス）であり完全なオブジェクトとして使用できるJavaScriptのようなプログラミング言語では、決して過小評価されるべきものではありません。

このようなバリエーションの中でも、変わらないのはパターンの背後にある考え方です。実装はいつものことながら少し変わるのですが、パターンが実現する核となるコンセプトは同じです。

6.6.2 実践での利用

Passport.js（http://passportjs.org）はNodeの認証用フレームワークで、ウェブサーバ上で複数の認証スキームのサポートを可能にしてくれます。Passportを使うと、ウェブアプリケーション内で「Facebookでログイン」「Twitterでログイン」といった機能を最小限の手間で提供できます。Passport

は認証過程で必要とされる共通のロジックから変更可能な部分、つまり実際の認証ステップを分離するのに、ストラテジーパターンを使っています。たとえば、FacebookやTwitterのプロファイルにアクセスするためのアクセストークンを入手するのにOAuthを使うか、単にローカルのデータベースを使ってユーザー名/パスワードの組を検証したかったとします。Passportにとってみれば、これらは認証過程を完了するための別々のストラテジーにすぎず、想像すればわかるように、ライブラリが事実上無限の認証サービスをサポートできるようにしているのです。http://passportjs.orgでサポートされている認証プロバイダの数を見れば、ストラテジーパターンの能力の大きさがわかるでしょう。

6.7 ステート

ステートパターンはストラテジーパターンの変種で、コンテキストの状態（ステート）に従って変化するストラテジーと見ることができます。前の節ではストラテジーが、ユーザー設定、設定パラメータ、与えられた入力などのいろいろな変数に基づいて選択されることを見てきましたが、いったん選択が行われると、ストラテジーはその後コンテキストが消滅するまでずっと変わることがありません。

これに対してステートパターンの場合、ストラテジー（この場合は「ステート」とも呼ばれます）は動的に変化し、コンテキストが消滅するまでの間に変わることがあります。そのため、**図6-5**に示すように、内部状態（ステート）に応じて振る舞いを適応させることができるのです。

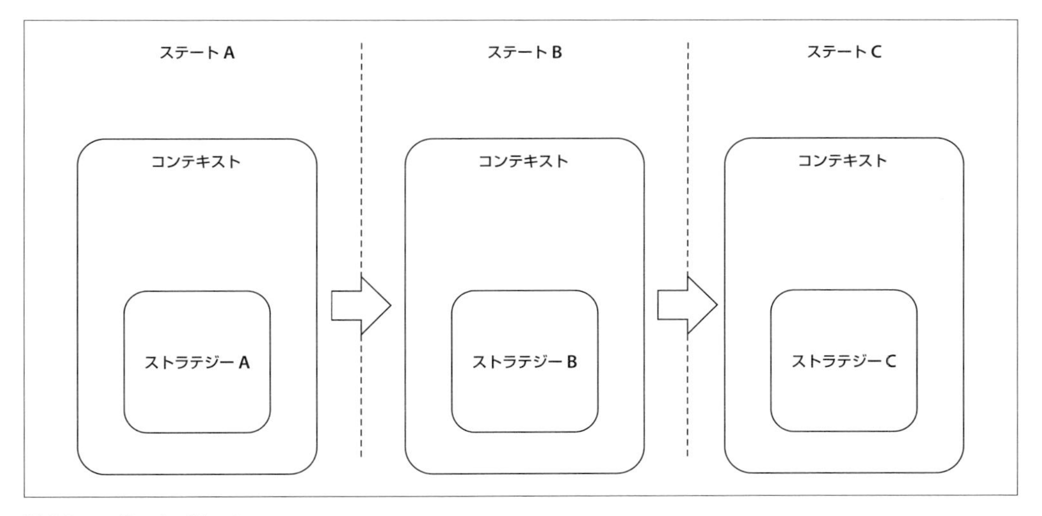

図6-5 ステートパターン

ホテルの予約システムを例に取りましょう。部屋の予約を表す`Reservation`という名前のオブジェクトがあったとします。これは、状態に応じてオブジェクトの振る舞いを適応させねばならない古典的な状況です。次のような一連のイベントを考えます。

1. 予約を作成すると、ユーザーは予約を確定（confirm()）できるようになる。もちろん確定前にはキャンセル（cancel()）できない。しかし、支払い前に考えを変えれば予約を削除（delete()）することはできる
2. 予約が確定されると、confirm()の機能を再度使うことに意味はない。しかし、予約は記録されているので、予約のキャンセルはできなければならず、削除はできてはならない
3. 予約日の前日には予約のキャンセルができてはならない。遅すぎるため

では、この予約システムをひとつのモノリシックなオブジェクトで実装しなければならないと想像してみてください。予約の状態に応じて一つひとつの操作を有効/無効にするコードを書くために、たくさんのif...else文やswitch文を書かなければならないという想像ができます。

ステートパターンならこの状況に完璧に対応できます。ストラテジーを3つ作成し、そのすべてに先ほど説明した3つのメソッド（confirm()、cancel()、delete()）を実装し、どのメソッドにもモデル化した状態に対応する振る舞いをひとつだけ実装します。このパターンを使えば、オブジェクトReservationがひとつの振る舞いから他の振る舞いへと、動作を切り替えることも簡単です。状態が変化するたびに異なるストラテジーの「アクティベーション」をするだけでよいのです。

状態の変化を引き起こしたり制御したりするのは、コンテキストのオブジェクトの場合も、クライアントのコードやStateのオブジェクト自体の場合もあります。Stateのオブジェクト自体が行うなら、コンテキストのほうは、可能な状態としてどのようなものがあるかや状態をどのように遷移するかについて何も知らなくてよいので、柔軟性とコードの分離という意味でもっともよい結果を得られるのが普通です。

6.7.1　基本的なフェイルセーフソケットの実装

それではステートパターンについて学んだことを応用するために、具体的な例を見ましょう。サーバとの接続が失われても失敗（フェール）しないクライアントTCPソケットを作成します。ソケットは、サーバがオフラインになっている間に送られたデータをすべてキューに保存し、接続が再び確立したらすぐに再送信を試みるようにします。このソケットはモニタリングシステムで使われ、何台かの機械が何らかのリソースの利用状況に関する統計を一定の間隔で送信してきます。このデータを収集しているサーバが停止すると、ソケットはサーバがオンラインに復帰するまでデータをローカルのキューに蓄積し続けます。

それではコンテキストオブジェクトにあたるfailsafeSocket.jsという名前の新たなモジュールを作成することから始めましょう（17_state）。

```
const OfflineState = require('./offlineState');
const OnlineState = require('./onlineState');

class FailsafeSocket{
  constructcr (options) {                       // ❶
```

```
    this.options = options;
    this.queue = [];
    this.currentState = null;
    this.socket = null;
    this.states = {
      offline: new OfflineState(this),
      online: new OnlineState(this)
    };
    this.changeState('offline');
  }
  changeState (state) {                       // ❷
    console.log('Activating state: ' + state);
    this.currentState = this.states[state];
    this.currentState.activate();
  }

  send(data) {                                // ❸
    this.currentState.send(data);
  }
}

module.exports = options => {
  return new FailsafeSocket(options);
};
```

クラスFailsafeSocketは3つの主要な要素から構成されています。

❶ コンストラクタはさまざまなデータ構造を初期化するが、その中にはソケットがオフラインのときに送られたデータを保存しておくためのキューが含まれている。また、2つの状態の配列statesも作成する。状態のひとつはソケットがオフラインになっているときの振る舞いを実装するためのもので、もうひとつはソケットがオンラインのときのためのもの

❷ メソッドchangeState()が状態を切り替える役目を担う。インスタンス変数currentStateを更新し、切り替え後の状態this.currentStateについてactivate()を呼び出すだけ

❸ メソッドsend()はソケットの機能そのもので、状態のオフライン/オンラインに基づいて振る舞いを変えるようにしたい場所。現在アクティブになっているステートに処理を委譲することでこの機能を実現している

2つの状態がどのようなものか見てみましょう。まずモジュールofflineState.jsから始めます。

```
const jot = require('json-over-tcp');          // ❶

module.exports = class OfflineState {

  constructor (failsafeSocket) {
    this.failsafeSocket = failsafeSocket;
  }
```

```
    send(data) {                                   // ❷
      this.failsafeSocket.queue.push(data);
    }

    activate() {                                   // ❸
      const retry = () => {
        setTimeout(() => this.activate(), 500);
      }
      this.failsafeSocket.socket = jot.connect(
        this.failsafeSocket.options,
        () => {
          this.failsafeSocket.socket.removeListener('error', retry);
          this.failsafeSocket.changeState('online');
        }
      );
      this.failsafeSocket.socket.once('error', retry);
    }
  };
```

作成したモジュールはソケットがオフラインの間の振る舞いの管理を引き受けるものです。仕組みを説明します。

❶ TCPソケットをそのまま使うのではなく、`json-over-tcp`（https://npmjs.org/package/json-over-tcp）という名前の小さなライブラリを使う。これはTCP接続上でJSONオブジェクトを簡単に送信できるようにするライブラリ

❷ メソッド`send()`は受け取ったデータをキューに保存することだけが仕事。オフラインの状態を前提にしているので、必要なのはそれだけ

❸ メソッド`activate()`は`json-over-tcp`を使ってサーバとの接続を確立しようとする。確立に失敗すれば、500ミリ秒後に再接続を試みる。有効な接続が確立されるまで接続が試みられる。有効な接続が確立されると、`failsafeSocket`の状態が`online`へと遷移する

次にモジュール`onlineState.js`を実装しましょう。ストラテジー`onlineState`を次のように実装します。

```
module.exports = class OnlineState {
  constructor(failsafeSocket) {
    this.failsafeSocket = failsafeSocket;
  }

  send(data) {                                     // ❶
    this.failsafeSocket.socket.write(data);
  };

  activate() {                                     // ❷
    this.failsafeSocket.queue.forEach(data => {
```

```
        this.failsafeSocket.socket.write(data);
      });
      this.failsafeSocket.queue = [];

      this.failsafeSocket.socket.once('error', () => {
        this.failsafeSocket.changeState('offline');
      });
    }
  };
```

ストラテジーOnlineStateは非常に単純で、次のような仕組みです。

❶ メソッドsend()はデータをソケットに直接書き込む。オンラインであることを想定しているため

❷ メソッドactivate()はソケットがオフラインになっている間にキューに蓄えられたデータをすべて送信し、errorイベントのリッスンを開始する。簡単にするため、エラーがあればソケットがオフラインになったものとみなし、offlineのステートに遷移することにする

これでfailsafeSocketはおしまいです。サンプルのクライアントとサーバを作成し、試してみる準備ができました。サーバのコードをserver.jsという名前のモジュールに書き込みます。

```
const jot = require('json-over-tcp');
const server = jot.createServer();
server.on('connection', socket => {
  socket.on('data', data => {
     console.log('Client data', data);
  });
});
server.listen(5000, () => console.log('Started'));
```

次はクライアント側のコードclient.jsです。

```
const createFailsafeSocket = require('./failsafeSocket');
const failsafeSocket = createFailsafeSocket({port: 5000});

setInterval(() => {
  //現在のメモリ使用量を送信
  failsafeSocket.send(process.memoryUsage());
}, 1000);
```

サーバは受け取ったJSONメッセージをコンソールにただ書き出すだけのものですが、クライアントはFailsafeSocketのオブジェクトを利用して、メモリの使用状況を1秒ごとに送信します。

作成したシステムを試してみるには、クライアントとサーバの両方を実行する必要があります。そうすれば、サーバを止めたり再起動したりしてfailsafeSocketの機能をテストできます。クライアントの状態がonlineとofflineの間を切り替わり、サーバがオフラインになっている間にキューに保存されたメモリ使用量は、サーバがオンラインに復帰したとたんに再送信されます。

このサンプルを見ると、ステートパターンが、状態に依存して振る舞いを適応させねばならないコンポーネントをモジュール化し可読性を増すのに有効であることがわかります。

この節で作成したクラス`FailsafeSocket`はステートパターンをデモするためだけのもので、TCPソケットの接続に関する問題を信頼性100%で完全に解決するものを目指してはいません。たとえば、ソケットのストリームに書き込まれたデータをサーバがすべて受信したかどうかは検証していません。その検証には、ここで説明しようとしたパターンに必ずしも関連していないコードがさらに必要となります。

6.8 テンプレート

次に分析の対象とするのはテンプレートと呼ばれるパターンで、これにもストラテジーパターンと多くの共通点があります。テンプレートは、アルゴリズムの骨格となる抽象擬似クラスを定義するものです。ステップの一部は未定義のままになります。サブクラスは、「テンプレートメソッド」と呼ばれる欠けたステップを実装することで、アルゴリズムの欠損部を埋めるのです。このパターンの意図は、似たアルゴリズムのバリエーションをすべて集めたクラスファミリーを定義できるようにすることです。**図6-6**のUML図は、上で説明した構造を表したものです。

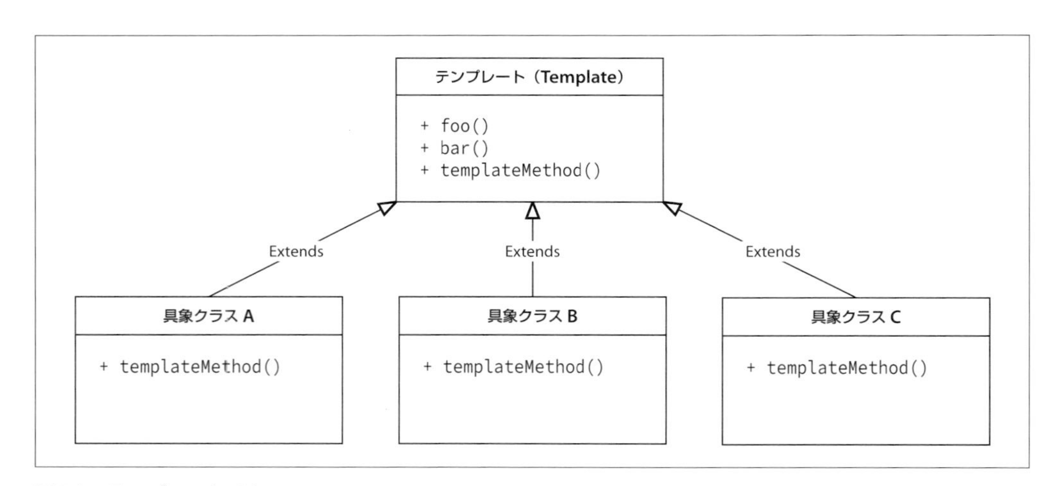

図6-6 テンプレートパターン

図6-6に示されている3つの具象クラスはTemplateを継承したもので、`templateMethod()`の実装を提供しています。`templateMethod()`はC++の用語を使えば「抽象メソッド」あるいは「純仮想メソッド」です。JavaScriptでは、メソッドが未定義のままになっているか、常に例外を投げる関数に割り当てられていることを意味し、メソッドを実装する必要があるという事実を示しています。テンプ

レートパターンは、継承が実装の核となるので、これまでに見てきたどのパターンよりも古典的な意味でのオブジェクト指向であると考えられます。

テンプレートとストラテジーの目的は非常に似ていますが、両者の主な違いは構造と実装にあります。どちらも共通部分を再利用しながらアルゴリズムの一部を変更することを可能にしてくれます。しかし、ストラテジーでは「動的な」変更が可能で、実行時にも変更できるのに対し、テンプレートでは具象クラスが定義された瞬間にアルゴリズムが決定されます。このような前提で考えれば、テンプレートパターンはあらかじめパッケージ化されたアルゴリズムのバリエーションを作成しておきたい場合により適していると言えるでしょう。いつもそうですが、どちらのパターンを選ぶかは開発者しだいです。一つひとつのユースケースについてさまざまな長所短所を考慮しなければなりません。

6.8.1 設定管理用テンプレート

ストラテジーとテンプレートの違いを理解するために、ストラテジーパターンの節で定義したオブジェクトConfigを、今度はテンプレートを使って再実装してみましょう。前のバージョンのオブジェクトConfigと同様、異なるファイルフォーマットを使って一連の設定属性を読み書きできるものがほしいのです。

テンプレートクラスの定義から始めましょう。ConfigTemplateという名前にします（18_template）。

```
const fs = require('fs');
const objectPath = require('object-path');

class ConfigTemplate {

  read(file) {
    console.log(`Deserializing from ${file}`);
    this.data = this._deserialize(fs.readFileSync(file, 'utf-8'));
  }

  save(file) {
    console.log(`Serializing to ${file}`);
    fs.writeFileSync(file, this._serialize(this.data));
  }

  get(path) {
    return objectPath.get(this.data, path);
  }

  set(path, value) {
    return objectPath.set(this.data, path, value);
  }

  _serialize() {
    throw new Error('_serialize() must be implemented'); // _serialize()の実装が必要
```

```
  }

  _deserialize() {
    throw new Error('_deserialize() must be implemented'); //_deserialize()の実装が必要
  }
}
module.exports = ConfigTemplate;
```

新たに作成されたクラスConfigTemplateには、_deserialize()と_serialize()の2つのテンプレートメソッドがあります。これらは設定の読み込みと書き出しを実行するために必要なメソッドです。名前の最初に付いている「_」は、内部的にのみ利用することを表す印で、protectedのメソッドに目印を付ける簡便な方法です。JavaScriptではメソッドを抽象メソッドとして定義できませんので、単に「スタブ」として定義し、起動されたら(言い換えれば、具象サブクラスでオーバライドされていなければ)例外を投げるようにします。

それではテンプレートから具象クラスを作成しましょう。例としてJSONフォーマットを用いて設定を読み書きしてくれる具象クラスを作成します。

```
const util = require('util');
const ConfigTemplate = require('./configTemplate');

class JsonConfig extends ConfigTemplate {

  _deserialize(data) {
    return JSON.parse(data);
  };

  _serialize(data) {
    return JSON.stringify(data, null, '  ');
  }
}
module.exports = JsonConfig;
```

クラスJsonConfigは先ほどのテンプレートであるクラスConfigTemplateを継承し、メソッド_deserialize()と_serialize()の具体的実装を提供しています。

クラスJsonConfigは、シリアライズとデシリアライズのストラテジーを指定する必要がなく、スタンドアローンの設定用オブジェクトとして使用可能です。ストラテジーがクラス自体に焼き付けてあるからです。

```
const JsonConfig = require('./jsonConfig');

constjsonConfig = new JsonConfig();
jsonConfig.read('samples/conf.json');
jsonConfig.set('nodejs', 'design patterns');
jsonConfig.save('samples/conf_mod.json');
```

テンプレートパターンを使えば、最小限の手間で完全に動作する新たな設定管理モジュールが手に入ります。親となるテンプレートクラスから継承したロジックとインタフェースが再利用されるので、少数の抽象メソッドに対し実装を提供するだけでよいのです。

6.8.2 実践での利用

このパターンはどこかで見たような感じがするかもしれません。実は、5章で独自ストリームの実装のためいろいろなストリームクラスを拡張する際に、既に出会っているのです。5章の場合、テンプレートメソッドとしてメソッド`_write()`、`_read()`、`_transform()`、`_flush()`が、実装したいストリームクラスに応じて選択されました。新しい独自ストリームを作成するには、特定の抽象ストリームクラスを継承し、テンプレートメソッドの実装を与える必要がありました。

6.9 ミドルウェア

Nodeでもっとも特徴的なパターンのひとつは何と言っても「ミドルウェア」です。残念なことに未経験者、とりわけ企業プログラムの世界出身の開発者にとって、かなりわかりにくいものでもあります。わかりにくい理由は、おそらくミドルウェアという語の意味と関連があるのだと思います。ミドルウェアは企業プログラマーがソフトウェアの構造を言うときに使う専門用語で、OS API、ネットワーク通信、メモリ管理などの低レベル機構を抽象化して開発者がアプリケーションの業務機能だけに集中することを助けてくれるようなさまざまなソフトウェア群のことを指します。このような使い方の場合、ミドルウェアという単語はCORBA、ESB（エンタープライズ・サービス・バス）、Spring、JBossといった話題を思い起こさせるのですが、より一般的な意味では低レベルのサービスとアプリケーションの接着剤のように機能するすべてのソフトウェア層（文字どおり「間にあるソフトウェア」）のことを指すこともあるのです。

6.9.1 Expressにおけるミドルウェア

Express（http://expressjs.com）によってNodeの世界にミドルウェアという語が広まり、特定のデザインパターンと結びつけられました。実際Expressでは、ミドルウェアは一連のサービス、典型的には関数であり、パイプラインに組み立てられて、到着するHTTPリクエストや関連するレスポンスの処理を担当します。

Expressは非常に柔軟性のある、必要最低限度のウェブフレームワークとして有名です。ミドルウェアパターンを使えば、フレームワークの必要最低限度のコアを拡張する必要なしに現在のアプリケーションに簡単に追加可能な新機能を作成・配布でき、開発者にとって効果的な戦略となります。

Expressミドルウェアのシグニチャは次のとおりです。

```
function(req, res, next) { ... }
```

ここで、`req`は到着するHTTPリクエスト、`res`はレスポンス、`next`は現在のミドルウェアが処理が完了したときに起動されるコールバックで、パイプライン上の次のミドルウェアを呼び出します。

Expressのミドルウェアが実行する処理の例には次のようなものがあります。

- リクエストのボディの解析
- リクエストとレスポンスの圧縮/展開
- アクセスログの作成
- セッションの管理
- 暗号化されたクッキーの管理
- CSRF（シーサーフ）（クロスサイトリクエストフォージェリ）の防御の提供

考えてみると、こういったものはすべて厳密にはアプリケーションの主たる機能に関連したものではなく、ウェブサーバの必要最小限のコアに必須な部品とも言えません。それよりもアクセサリー、つまりアプリケーションの周辺業務へのサポートを提供し、実際のリクエストハンドラが主要な業務ロジックのみに集中できるようにするコンポーネントと言ったほうがふさわしいでしょう。基本的には、そのような作業は「間にあるソフトウェア（ミドルウェア）」の仕事です。

6.9.2 パターンとしてのミドルウェア

Expressにミドルウェアを実装するために使われている技法は新しいものではありません。実際に、インターセプトフィルタ（Intercepting Filter）パターンと責任連鎖（Chain of Responsibility）パターンをNodeによって実現したものとみなすことができます。もっと一般的に言えば、「パイプライン処理」でもあり、ストリームを思い起こさせます。現在、Nodeの世界では、ミドルウェアはExpressフレームワークの範囲を超えて非常に広範囲に使われています。ミドルウェアと呼ばれるのは、関数の形をした一連の処理ユニット、フィルタ、ハンドラが結合されて非同期の逐次処理機構を構成し、すべての種類のデータの前処理や後処理を行うという、特定のパターンです。このパターンの主な利点は柔軟性です。実際、このパターンを使うと、信じられないほど小さな手間でプラグインのインフラができてしまい、新しいフィルタやハンドラでシステムを目立たずに拡張する方法が提供されます。

インターセプトフィルタパターンについてさらに知りたい場合は、次の記事から始めるとよいでしょう ― http://www.oracle.com/technetwork/java/interceptingfilter-142169.html
責任連鎖パターンの優れた概説は次のURLにあります ― http://java.dzone.com/articles/design-patterns-uncovered-chain-of-responsibility

次の**図6-7**はミドルウェアパターンの構成要素を示しています。

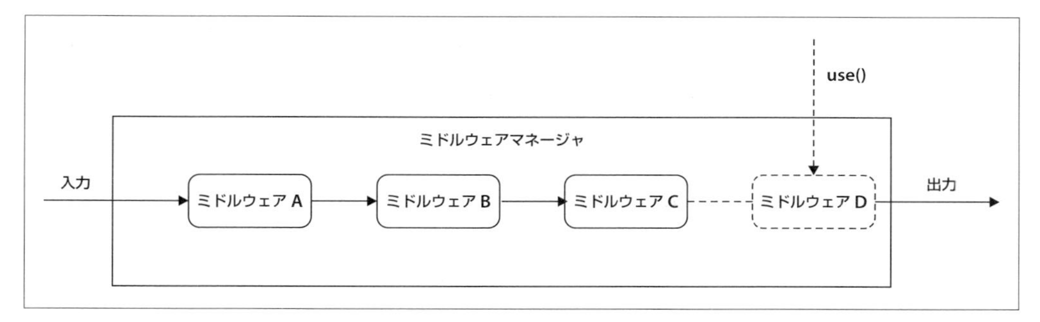

図6-7　ミドルウェアパターン

このパターンに必須の構成要素が「ミドルウェアマネージャ」で、ミドルウェアの関数を組織立てて実行する役割を担います。パターンの実装詳細でもっとも重要な点は次のとおりです。

- 新たなミドルウェアは関数`use()`を呼び出すことで登録される（この関数名は、このパターンの数多くの実装に共通する慣習だが、任意の名前でかまわない）。通常、新たなミドルウェアはパイプラインの最後にしか追加できないが、これは厳密に守らねばならない規則ではない
- 処理が必要なデータを新しく受け付けた場合、登録されているミドルウェアは非同期の逐次実行の流れとして起動される。パイプライン内の各ユニットが、前のユニットの実行結果を入力として受け取る
- ミドルウェアの各関数が、コールバックを起動しないか、コールバックにエラーを渡すことで、その先のデータ処理を簡単に停止できる。エラーが起こると、通常はエラー処理に特化した一連のミドルウェアがあって、その実行が始まる

パイプライン内でデータがどのように処理され伝播して行くかに関する厳密な規則はありません。実装方法には次のようなものがあります。

- 追加の関数やプロパティでデータを補う
- 何らかの処理結果でデータを置き換える
- データは変更不可能のままとし、処理の結果として必ず新規のコピーを返す

どれが正しい実装方法かは、ミドルウェアマネージャの実装形式と、ミドルウェア自体が実行する処理のタイプによって異なります。

6.9.3　ØMQ用のミドルウェアフレームワークの作成

それではメッセージライブラリØMQ（http://zeromq.org）の周囲にミドルウェアフレームワークを構築して、パターンを実際に当てはめてみましょう。ØMQ（ZMQあるいはZeroMQとも呼ばれています）は、さまざまなプロトコルを使ってネットワーク上でアトミックなメッセージを交換するための単純

なインタフェースを提供しています。パフォーマンスが高いことできわだっており、一連の基本抽象メソッドは、開発者によるメッセージ伝達機構の独自の実装を容易にすることに的を絞って作成されています。そのためにØMQはしばしば複雑な分散系を構築するため選択されています。

11章で、ØMQの機能をさらに詳しく見ます。

ØMQのインタフェースはかなり低レベルです。メッセージに使えるのは文字列とバイナリのバッファだけなので、データのエンコーディングやカスタムフォーマットはライブラリのユーザーが実装しなければなりません。

次の例題では、ØMQソケットを通してやり取りするデータの前処理と後処理を抽象化するミドルウェアのインフラを作成し、JSONオブジェクトを透過的に扱えるようにすると同時に、送信するメッセージの圧縮もシームレスに行えるようにします。

例題に進む前に、次のURLにある指示に従ってØMQのネイティブライブラリを確実にインストールしてください ― http://zeromq.org/intro:get-the-software
バージョン4.0のブランチにあるバージョンであれば、どれでもこの例題に使えるはずです。

6.9.3.1　ミドルウェアマネージャ

ØMQの周囲にミドルウェアのインフラを作成する最初のステップは、新しいメッセージの送受信の際にミドルウェアのパイプラインの実行を担当するコンポーネントの作成です。そのために、zmqMiddlewareManager.jsという名前の新しいモジュールを作成し、内容を書き込みましょう（19_middleware_zmq）。

```
module.exports = class ZmqMiddlewareManager {
  constructor(socket) {
    this.socket = socket;
    this.inboundMiddleware = [];                          // ❶
    this.outboundMiddleware = [];
    socket.on('message', message => {                     // ❷
      this.executeMiddleware(this.inboundMiddleware, {
        data: message
      });
    });
  }

  send(data) {
    constmessage = {
```

```
        data: data
      };

      this.executeMiddleware(this.outboundMiddleware, message,
        () => {
          this.socket.send(message.data);
        }
      );
    }

    use(middleware) {
      if (middleware.inbound) {
        this.inboundMiddleware.push(middleware.inbound);
      }
      if (middleware.outbound) {
        this.outboundMiddleware.unshift(middleware.outbound);
      }
    }

    executeMiddleware(middleware, arg, finish) {
      function iterator(index) {
        if (index === middleware.length) {
          return finish && finish();
        }
        middleware[index].call(this, arg, err => {
          if (err) {
            return console.log('There was an error: ' + err.message);
          }
          iterator.call(this, ++index);
        });
      }

      iterator.call(this, 0);
    }
  };
```

このクラスの最初の部分では、この新しいコンポーネントのコンストラクタを定義しています。引数としてØMQソケットを取り、次の処理を行います。

❶ ミドルウェア関数を保持する空のリストを2つ作成する。リストの一方は受信するメッセージ用の`inboundMiddleware`、もう一方は送信するメッセージ用の`outboundMiddleware`

❷ `'message'`イベントのリスナーを新たにアタッチし、ソケットから受信される新しいメッセージのリッスンをすぐさま開始する。リスナー内では、パイプライン`inboundMiddleware`を実行することで受信メッセージを処理する

クラス`ZmqMiddlewareManager`の次のメソッド`send`は、新しいメッセージがソケット経由で送信された際にミドルウェアを実行します。

メッセージはリストoutboundMiddleware内にあるフィルタで処理され、その後socket.send()に渡されて実際にネットワークに送信されます。

次に、メソッドuseについて説明しましょう。このメソッドはパイプラインに新しいミドルウェア関数を追加するために必要なものです。どのミドルウェアも2つで一対になっています。この実装ではミドルウェアは2つのプロパティ、inboundとoutboundをもったオブジェクトで、このプロパティにミドルウェア関数が入っており、各リストに追加されることになります。

ここで大切なのは、ミドルウェアinboundはリストinboundMiddlewareの最後に（pushにより）「プッシュ」され、ミドルウェアoutboundはリストoutboundMiddlewareの最初に（unshiftを使って）「挿入」されるという点です。これは、お互いに反対の関係にある送受信のミドルウェア関数は、通常は逆順に実行される必要があるからです。たとえば、JSONを使った受信メッセージを展開してデシリアライズしたいのなら、送信の場合はまずシリアライズしてそれから圧縮しなければならないわけです。

ミドルウェアを対にするというこの慣習は、厳密には一般的パターンの一部ではなく、この個別の例における実装詳細にすぎないことに注意してください。

最後の関数executeMiddlewareはこのコンポーネントのコアとなるもので、ミドルウェア関数の実行を担当する関数です。この関数のコードは見慣れたものであるはずです。実はこれは3章で学んだ非同期的逐次処理パターンを実装したものにすぎません。配列middleware内の各関数が入力として受け付けたものが、次から次へと実行されていきます。各ミドルウェア関数には同じオブジェクトargが引数として渡されます。この仕組みのおかげで、データをひとつのミドルウェアから次のものへと伝えていくことができるのです。順次実行の最後にはコールバックfinish()が呼び出されます。

説明を簡潔にするために、エラー処理用ミドルウェアパイプラインをサポートしていません。通常、ミドルウェア関数がエラーをスローした場合、エラー処理に特化したミドルウェアパイプラインが実行されます。ここで示したのと同じ技法を使えば、それも簡単に実装できます。

6.9.3.2 JSONメッセージをサポートするミドルウェア

ミドルウェアマネージャの実装が済みましたので、送受信メッセージをどのように処理するかを実例で示すために一対のミドルウェア関数を作成しましょう。既に述べたように、ミドルウェアのインフラを整備した目的のひとつは、JSONメッセージをシリアライズ/デシリアライズするフィルタを用意することですから、その処理を行う新しいミドルウェアを作成しましょう。jsonMiddleware.jsという名前の新しいモジュールを作成して、次のコードを入力します。

```
module.exports.json = () => {
  return {
    inbound: function (message, next) {
      message.data = JSON.parse(message.data.toString());
      next();
    },
    outbound: function (message, next) {
      message.data = new Buffer(JSON.stringify(message.data));
      next();
    }
  }
};
```

ここで作成したミドルウェア`json`は単純です。

- ミドルウェア`inbound`は入力として受け取ったメッセージをデシリアライズし、結果を`message`のプロパティ`data`に代入して戻し、パイプラインに沿ってさらに処理が行えるようにする
- ミドルウェア`outbound`は与えられたデータをすべてシリアライズし、`message.data`に入れる

ここで作成したフレームワークがサポートするミドルウェアが、Expressで用いられているものとかなり異なっていることに注目してください。これは、ここでの目的に合うようにこのパターンを適合できることを示すためもので、まったく普通で完全な例なのです。

6.9.3.3 ØMQのミドルウェアフレームワークの利用

これでミドルウェアインフラを使う準備ができました。使ってみるために、非常に単純な応用例として、サーバに一定の間隔でpingを送るクライアントと、受信したメッセージをそのまま送り返すエコーサーバを作成します。

実装の面でいうと、ØMQが提供するソケットペアreq/repを使ったメッセージ通信パターン「リクエスト/リプライ」を使います(http://zguide.zeromq.org/page:all#Ask-and-Ye-Shall-Receive)。それからソケットを今作成した`zmqMiddlewareManager`でラップし、構築してあるミドルウェアインフラを、JSONメッセージをシリアライズ/デシリアライズするミドルウェアも含めて、すべて利用できるようにします。

サーバ

サーバ側(`server.js`)の作成から始めましょう。モジュールの最初の部分で、コンポーネントを初期化します。

```
const zmq = require('zmq');
const ZmqMiddlewareManager = require('./zmqMiddlewareManager');
const jsonMiddleware = require('./jsonMiddleware');
const reply = zmq.socket('rep');
```

```
reply.bind('tcp://127.0.0.1:5000');
```

上のコードでは、必要な依存ファイルをロードし、ØMQソケット'rep'（リプライ用）をローカルポートにバインドしています。次にミドルウェアを初期化します。

```
const zmqm = new ZmqMiddlewareManager(reply);
zmqm.use(jsonMiddleware.json());
```

新しいZmqMiddlewareManagerのオブジェクトを生成し、ミドルウェアを2つ追加します。ひとつはメッセージを圧縮/展開するためのもので、もうひとつはJSONメッセージを解析/シリアライズするものです。

コードを短くするために、ミドルウェアzlibの実装は示しませんでしたが、この本のサンプルコードに入っています。

クライアントから送られてくるリクエストを処理する準備ができました。処理のためにはミドルウェアを追加するだけで、今度はそれをリクエストのハンドラとして使うのです。

```
zmqm.use({
  inbound: function (message, next) {
      console.log('Received: ', message.data);
    if (message.data.action === 'ping') {
      this.send({action: 'pong', echo: message.data.echo});
    }
    next();
  }
});
```

ミドルウェアの最後の項目がミドルウェアzlibとjsonの後に定義されていますから、変数message.dataに入っているメッセージの展開とデシリアライズを透過的に適用できます。その一方、send()に渡されたデータは送信用ミドルウェアによって処理され、この例ではシリアライズされてから圧縮されます。

クライアント

作成中のちょっとした応用例のクライアント側、'client.js'では、サーバが使用するポート5000に接続する新しいソケットØMQ'req'（リクエスト用）をまず開始しなければなりません。

```
const zmq = require('zmq');
const ZmqMiddlewareManager = require('./zmqMiddlewareManager');
const jsonMiddleware = require('./jsonMiddleware');

const request = zmq.socket('req');
request.connect('tcp://127.0.0.1:5000');
```

それから、サーバで行ったのと同じようにミドルウェアフレームワークを準備します。

```
const zmqm = new ZmqMiddlewareManager(request);
```

次に、サーバから送られてくるレスポンスを処理する受信用ミドルウェアを作成します。

```
zmqm.use({
  inbound: function (message, next) {
  console.log('Echoed back: ', message.data);
  next();
  }
```

上のコードでは、ただ単に受信したレスポンスをインターセプトしてコンソールに出力するだけです。

最後に、一定の間隔でpingリクエストを送信するタイマーを設定しますが、ミドルウェアをすべて利用するように、必ず`zmqMiddlewareManager`を使うようにします。

```
setInterval( () => {
  zmqm.send({action: 'ping', echo: Date.now()});
}, 1000);
```

すべての`inbound`と`outbound`の関数を、キーワード`function`を使って明示的に定義し、アロー演算子の使用を避けていることに注目してください。これは意図的なもので、アロー演算子による関数定義は関数のスコープをそのレキシカルスコープに閉じ込めるからです（付録A参照）。アロー関数式により定義された関数に`call`を適用しても、その内部スコープは変更されません。言い換えれば、アロー関数を使えば、ミドルウェアは`this`を`zmqMiddlewareManager`のインスタンスと認識できず、エラー（`"TypeError: this.send is not a function"`）が起こってしまうのです。

アプリケーションを試してみることができるようになりましたので、まずサーバを起動しましょう。

```
$ node server
```

次のコマンドでクライアントを起動します。

```
$ node client
```

この時点で、クライアントがメッセージを送信し、サーバがそれをエコーバックするのが確認できるはずです。

我々が作成したミドルウェアフレームワークはきちんと仕事をこなしました。メッセージを透過的に展開/圧縮しデシリアライズ/シリアライズしてくれ、ハンドラは雑用から解放されて本来業務に専念できるようになりました。

6.9.4　Koaのジェネレータを使用したミドルウェア

前の節では、コールバックを用いたミドルウェアのパターンをどうすれば実装できるかを示し、メッセージ送受信システムへの応用例を見ました。

ミドルウェアパターンの紹介のときに述べたことですが、このパターンが真価を発揮するのは、入出力をアプリケーションの中心部を通るデータの流れとして扱えるような、ロジックの「層」を構築する便利な仕組みとしてウェブフレームワークの中で使われたときです。

Express以外に、ミドルウェアパターンを多用しているウェブフレームワークがKoa（http://koajs.com/）です。Koaはきわめて興味深いフレームワークなのですが、その主な理由はコールバックを使わずにES2015のジェネレータ関数のみを使ってミドルウェアパターンを実装するという過激な選択をしていることです。この選択により、ミドルウェアの作成がいかに劇的に単純化されたかはこのすぐ後で示しますが、実際のコードに進む前に、このウェブフレームワークに必要なミドルウェアパターンを可視化する別の図式を示しましょう（**図6-8**）。

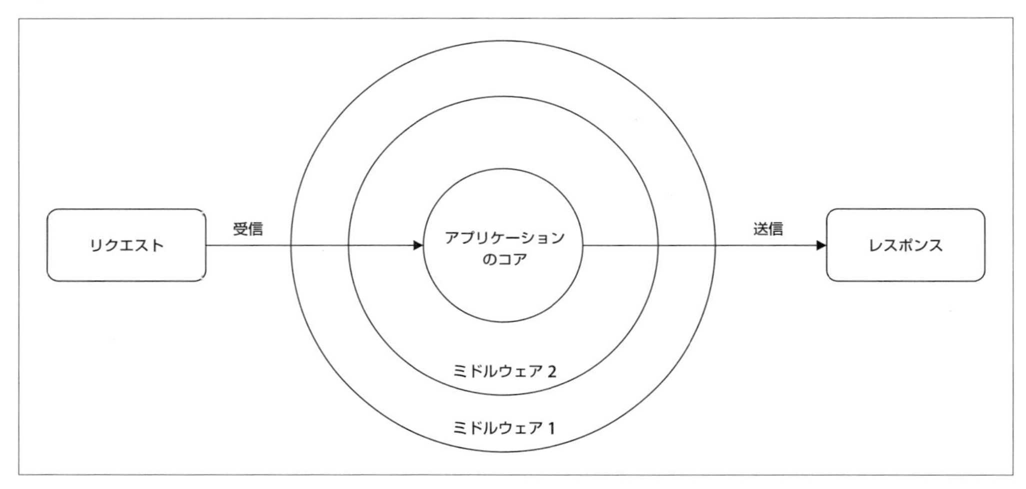

図6-8　ミドルウェアパターン

図6-8では、受信されるリクエストが、アプリケーションの中心部に到着する前に、複数のミドルウェアを通過しています。データフローのこの部分は、「インバウンド」あるいは「ダウンストリーム」と呼ばれます。データフローがアプリケーションの中心部に到達した後に、再びすべてのミドルウェアを通過しますが、今度は逆順になります。この過程があるので、アプリケーションのロジック本体が実行された後にミドルウェアがその他の処理を追加でき、レスポンスをユーザーに送信できるようになるのです。データフローのこの部分を「アウトバウンド」「アップストリーム」と呼びます。

図6-8は、プログラマーの間では「タマネギ」と呼ばれることがあります。ミドルウェアがアプリケーションの中心部を取り囲んでいる様子がタマネギの層を連想させるからです。

それでは、Koaを使ってウェブアプリケーションを新たに作成し、ジェネレータ関数を使用するといかに簡単に独自のミドルウェアを作成できるか見てみましょう。

ここで作成するアプリケーションは、サーバの現在のタイムスタンプを返すだけの非常に単純なJSON APIです。

何よりもまず、Koaをインストールする必要があります。

```
$ npm install koa
```

次に、新たにapp.jsを作成します(20_middleware_generators)。

```
const app = require('koa')();

app.use(function *(){
  this.body = {"now": new Date()};
});

app.listen(3000);
```

アプリケーションの中核部分が、app.use呼び出しの中でジェネレータ関数を使って定義されているところが重要です。ミドルウェアがまったく同じ方法でアプリケーションに追加されることをこのすぐ後で示しますが、我々が作成しているアプリケーションのコア部分も、アプリケーション総体に追加される最後の(次のミドルウェアにデータを引き渡す必要のない)ミドルウェアだとわかります。

アプリケーションの第1版は準備ができました。さっそく実行してみましょう。

```
$ node app.js
```

次にブラウザでhttp://localhost:3000を表示し、動作しているところを見ましょう。

現在処理中のレスポンスのボディにJavaScriptのオブジェクトを設定すれば、レスポンスをJSON文字列に換えたり、正しいcontent-typeヘッダを付加したりするところは、Koaが面倒を見てくれていることに注意しましょう。

APIはうまく動きましたが、それを悪用しようとする人たちから守るため、1秒以内にひとつ以上のリクエストができないようにしようと思います。これを行うロジックは、APIの業務ロジックの範囲外にあるものと考えられます。ですから、そのためのミドルウェアを作成して機能を追加しましょう。rateLimit.jsという名前の別モジュールとして作成します。

```
const lastCall = new Map();

module.exports = function *(next) {

  // inbound
  const now = new Date();
  if (lastCall.has(this.ip) && now.getTime() -
     lastCall.get(this.ip).getTime() < 1000) {
     return this.status = 429; // Too Many Requests
```

```
    }

    yield next;

    // outbound
    lastCall.set(this.ip, now);
    this.set('X-RateLimit-Reset', now.getTime() + 1000);
  };
```

このモジュールは、作成したミドルウェアのロジックを実装するジェネレータ関数をexportします。

最初に目にとまるのは、与えられたIPアドレスからの最後の呼び出しの際に受け取った時間をMapオブジェクトを使って保存しているところです。このMapをメモリ上のデータベースのように使用し、特定のユーザーが1秒あたり1個以上のリクエストを送って我々のサーバに過負荷をかけていないかチェックできるようにしています。もちろんこの実装は単なる見本で、実際の現場では理想的とは言えません。実際にはRedisやMemcachedといった外部ストレージを使い、過負荷の検出にもより洗練されたロジックを使うほうがよいでしょう。

ミドルウェアの本体が論理的にはインバウンドとアウトバウンドの2つの部分に分かれており、呼び出しyield nextで隔てられているのがわかります。受信の部分は、まだアプリケーションの中核部分に達していない部分で、ユーザーが頻度の上限を超えていないかどうかをここでチェックしなければなりません。上限を超えていれば、レスポンスのHTTPステータスコードを429（リクエストが多すぎる）に設定して戻り、フローの実行を中止します。

そうでなければ、yield nextを呼び出して次のミドルウェアへと進むことができます。ここがプログラムの核心部分です。ジェネレータ関数とyieldを使用すると、このミドルウェアの実行はリスト内にある他のミドルウェアがすべて実行されるまで中断されます。実行が再開されるのは、最後のミドルウェア（アプリケーションの実質的な中核）が実行されて送信のデータフローが開始され、各ミドルウェアに逆順に制御が戻されて最初のミドルウェアが再度呼び出されたときです。

我々が作成したミドルウェアに制御が戻され、ジェネレータ関数の実行が再開されたら、呼び出し成功のタイムスタンプを保存し、リクエストにヘッダX-RateLimit-Resetを追加して、ユーザーがいつになったら新しいリクエストを送信できるか知らせるようにします。

より完全で信頼性のある送信頻度制限ミドルウェアが必要な場合は、モジュールkoajs/ratelimitを見てみるとよいでしょう — https://github.com/koajs/ratelimit

このミドルウェアを有効にするには、アプリケーションの核となるロジックを入れた既存のapp.useの前の部分のapp.jsのコードに、次の行を追加する必要があります。

```
app.use(require('./rateLimit'));
```

それでは、新しいアプリケーションが動くところを見るために、サーバを再起動し、ブラウザを再度立ち上げましょう。ページの再読み込みを何回か素早く行うと、頻度制限に引っかかって、エラーの内容を説明するメッセージ「Too Many Requests」が表示されるはずです。このメッセージは、ステータスコードが429に設定されレスポンスの本体が空である結果としてKoaにより自動的に追加されたものです。

Koaフレームワーク内で用いられているジェネレータを使ったミドルウェアパターン実装の実際について詳細は、レポジトリ`koajs/compose`（https://github.com/koajs/compose）にあります。これは、ジェネレータの配列をパイプラインで実行するような、ひとつの新しいジェネレータに変換するのに使われるコアモジュールです。

6.10　コマンド

Nodeできわめて重要なもうひとつのデザインパターンが「コマンド」です。もっとも一般的な定義では、コマンドとはある処理を後で実行するのに必要なすべての情報をカプセル化したオブジェクトと考えることができます。ですから、メソッドや関数を直接呼び出す代わりに、そのような呼び出しを実行する意図（インテント）と同等のオブジェクトを生成するのです。その意図を実際の処理に変換して具体化するのは別のオブジェクトの仕事になります。伝統的には、**図6-9**に示すように、このパターンは4つのコンポーネントによって構成されます。

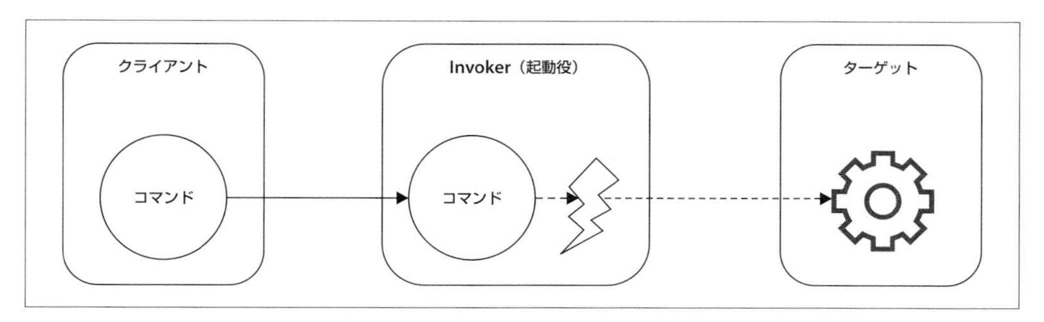

図6-9　コマンドパターンのコンポーネント

コマンドパターンの典型的な構成は次のように説明できます。

コマンド

　メソッドや関数を呼び出すのに必要な情報をカプセル化したオブジェクト

クライアント

　コマンドを作成し、Invokerに提供

Invoker（起動役）
ターゲット上でコマンドを実行

ターゲット（レシーバとも呼ぶ）
起動の主体。オブジェクトの唯一の関数あるいはメソッドのこともある

この後の例で示すように、パターンをどのように実装したいかによってこの4つのコンポーネントは大きく変わります。どのパターンでもそのようなことがありましたが、このパターンも例外ではありません。操作を直接実行する代わりにコマンドパターンを使うことには、いくつかの利点と応用法があります。

- コマンドは後で実行するようにスケジューリングできる
- コマンドならシリアライズしてネットワーク上に送信することが容易。この特質は単純だが、そのおかげで遠隔地にあるマシンにジョブを分散させたり、ブラウザからサーバへコマンドを伝達したり、RPCシステムを構築したりなど、さまざまなことができる
- システム上で実行されたすべての操作履歴の保存が、コマンドを使うと容易になる
- データ同期や競合解消のアルゴリズムの中には、コマンドが重要な役割を果たすものがある
- 実行が予定されていたコマンドは、実行されていなければキャンセルできる。また取り消し（アンドゥ）も可能で、アプリケーションの状態をコマンドが実行される前の時点に戻せる
- 複数のコマンドをまとめて一緒のグループにすることもできる。その性質を使って、アトミックなトランザクションを作成したり、一連の操作がすべて一度に実行されるような仕組みを実装したりできる
- 一連のコマンドに対し、さまざまな変形が可能。たとえば重複の除去、結合や分離、「操作変換（operational transformation：OT）」などの、より複雑なアルゴリズムの適用などが考えられる。OTは、文書編集などのリアルタイム共同作業用ソフトウェアのほとんどで、その基礎となっている

OTに関するすばらしい説明が次のサイトにあります ― http://www.codecommit.com/blog/java/understanding-and-applying-operational-transformation

上のリストを見れば、ネットワークと非同期的実行がきわめて重要な役割を果たすNodeのようなプラットフォームでは、このパターンがとりわけ重要であることが明らかです。

6.10.1 柔軟なパターン

既に述べたように、JavaScriptではコマンドパターンはいろいろな方法で実装できます。実装の幅広さを実感できるよう、そのうちのいくつかを実例を使って示します。

6.10.1.1 タスクパターン

もっとも基本的で自明な「タスクパターン」から始めましょう。ある操作を後から呼び出す機能をもったオブジェクトをJavaScriptで作成するのにもっとも簡単な方法はクロージャを作ることです。

```
function createTask(target, args) {
  return () => {
    target.apply(null, args);
  }
}
```

これには何も目新しいことはありません。この本の中でこのパターンを既に何度も使っており、特に3章で頻繁に使いました。この技法を使うと、処理の実行を制御して実際の実行を先延ばしするのに別のコンポーネントを使うことができるようになります。これは、コマンドパターンのInvoker（起動役）と実質的には同じものです。たとえば、ライブラリasyncに渡すために処理をどのように定義したかを思い出してください。よりよい例は、ジェネレータと組み合わせてサンク（thunk）をどのように使ったかでしょう。コールバックのパターン自体が非常にシンプルな形のコマンドパターンと考えられます。

6.10.1.2 より複雑なコマンド

より複雑なコマンドの例を見てみましょう。今度は「アンドゥ」と「シリアライゼーション」をサポートします。まずコマンドのターゲットとして、Twitterのようなサービスに対するステータス更新の送信を担当する小さなオブジェクトを考えます。簡単のために、そのようなサービスのモックアップを使います（21_command）。

```
const statusUpdateService = {
  statusUpdates: {},
  sendUpdate: function(status) {
    console.log('Status sent: ' + status);
    let id = Math.floor(Math.random() * 1000000);
    statusUpdateService.statusUpdates[id] = status;
    return id;
  },

  destroyUpdate: id => {
    console.log('Status removed: ' + id);
    delete statusUpdateService.statusUpdates[id];
  }
};
```

それでは、新しいステータス更新をポストするという処理を表すコマンドを作成しましょう。

```
function createSendStatusCmd(service, status) {
  let postId = null;

  const command = () => {
    postId = service.sendUpdate(status);
  };

  command.undo = () => {
    if(postId) {
      service.destroyUpdate(postId);
      postId = null;
    }
  };

  command.serialize = () => {
    return {type: 'status', action: 'post', status: status};
  };

  return command;
}
```

上の関数は、新たにsendStatusのコマンド群を生成するファクトリです。各コマンドは次の3つの機能を実装しています。

1. コマンド自体は関数で、呼び出されると処理を開始する。言い換えると、以前に見たタスクパターンを実装したもの。コマンドが実行されると、ターゲットのサービスのメソッドを使ってステータスの更新を送信する
2. 関数undo()は主処理に付加され、処理の効果を取り消す。ここではターゲットとなるサービスのメソッドdestroyUpdate()を呼び出しているだけ
3. 関数serialize()は、コマンドオブジェクトを再作成するのに必要な情報をすべて含んだJSONオブジェクトを生成する

続いてInvokerを作成します。コンストラクタとメソッドrun()を実装するところから始めましょう。

```
class Invoker {

  constructor() {
    this.history = [];
  }

  run (cmd) {
    this.history.push(cmd);
    cmd();
```

```
    console.log('Command executed', cmd.serialize());
  }
}
```

先に定義しておいたメソッドrun()がInvokerの基本的機能です。Invokerはコマンドをインスタンス変数history内に保存し、コマンド自体の実行を開始する役割を担います。次にコマンドの実行を遅延させるメソッドを追加しましょう。

```
delay (cmd, delay) {
  setTimeout(() => {
    this.run(cmd);
  }, delay)
}
```

そして、直前に実行したコマンドを取り消すメソッドundo()を実装します。

```
undo () {
  const cmd = this.history.pop();
  cmd.undo();
  console.log('Command undone', cmd.serialize());
}
```

最後に、コマンドをシリアライズしてウェブサービスを使ってネットワーク経由で送信することにより、遠隔地のサーバ上で実行できるようにしましょう。

```
  runRemotely (cmd) {
    request.post('http://localhost:3000/cmd',
      {json: cmd.serialize()},
      err => {
        console.log('Command executed remotely', cmd.serialize());
      }
    );
  }
}
```

コマンド、Invoker、ターゲットが揃いましたので、欠けているコンポーネントはクライアントだけです。それではInvokerのインスタンス化から始めましょう。

```
const invoker = new Invoker();
```

さらに、次のコードによりコマンドを作成します。

```
const command = createSendStatusCmd(statusUpdateService, 'HI!');
```

ステータスのメッセージを送信する機能をもったコマンドができました。それではすぐに発行してみましょう。

```
invoker.run(command);
```

おっと、間違いました。最後のメッセージを送る前の状態にステートを戻しましょう。

```
invoker.undo();
```

メッセージを今から1時間後に送信するよう予定することもできます。

```
invoker.delay(command, 1000 * 60 * 60);
```

また、処理を別のマシンに移すことでアプリケーションの負荷を分散することもできます。

```
invoker.runRemotely(command);
```

ここで作成したちょっとした例を見れば、処理をコマンドでラップすると大きな可能性が開けることがわかると思います。示したものは氷山の一角にすぎません。

最後になりましたが、きちんとしたコマンドパターンは本当に必要な場合だけに使われてきたということは注目に値します。実際、メソッドstatusUpdateServiceを単に呼び出すだけのためにかなり余分なコードを書かねばなりませんでした。呼び出しだけが必要なのであれば、複雑なコマンドなど不要です。処理の実行を予定時刻まで遅延させたい場合や非同期的処理を実行したい場合は、より単純なタスクパターンがもっともよい妥協点です。そうではなく、取り消しのサポート、操作変換、競合解消その他、以前説明した凝ったユースケースのような高度な機能を必要とするなら、コマンドによるもっと複雑な仕組みを使うことが必要でしょう。

6.11 まとめ

この章では、従来型のGoFデザインパターンがJavaScriptに、特にNodeの哲学にどう適用できるかを学びました。言語、プラットフォーム、コミュニティによって同化される過程で、変形されたもの、単純化されたもの、名前が変わったり適応した形に変わったものがありました。ファクトリのような単純なパターンがコードの柔軟性を大きく増加させること、プロキシ、デコレータ、アダプタによって既存のオブジェクトのインタフェースを操作、拡張、適応させることができることを強調しました。一方で、ストラテジー、ステート、テンプレートは、大規模なアルゴリズムを固定部分と可変部分に分離することで、コンポーネントのコード再利用性と拡張性を促進することを示しました。ミドルウェアパターンを学ぶことで、データの処理が単純かつ拡張可能でエレガントな枠組みの中で行えるようになります。最後に、コマンドパターンは、処理をより柔軟にかつ強力にするシンプルな抽象化を提供してくれます。

広く受け入れられているこういったデザインパターンをJavaScriptでどのように具体化するかを見るだけでなく、特にJavaScriptコミュニティの中で生まれ育った新たなデザインパターンも紹介しました。「公開コンストラクタ」と「合成可能ファクトリ関数」のパターンです。これらのパターンはJavaScript言語の「非同期性」や「プロトタイプベースのプログラミング」といった特徴的な側面を扱う助けとなります。

最後に、JavaScriptでは多数の小さなクラスやインタフェースを拡張するのではなく、再利用可能なオブジェクトや関数を組み合わせて処理を行ったりソフトウェアを構築したりするものだという証拠を数多く得ました。他のオブジェクト指向言語出身の開発者には、デザインパターンの中にJavaScriptで実装すると非常に異なったものになってしまうものがあるのを見て、気持ちが悪いと思った人もいるかもしれません。ひとつのデザインパターンを実装するのに、ひとつだけでなくたくさんの異なる方法があると知って、途方にくれた人もいるかもしれません。

JavaScriptは実用的な言語で、この言語を使うことで仕事を素早く片付けられます。しかし、構造やガイドラインといったものがなければ、トラブルを自ら招いているようなものです。そこでこの本が、特にこの章が、役に立つのです。この本の大きな目的は創造性と厳格さの間の正しいバランスを身につけてもらうことです。再利用によりコードの質を高めるようなパターンが存在するということだけでなく、その実装詳細が最重要というわけではないことも示しました。実装にはさまざまなバリエーションがあり、他のパターンと一部重なっていることすらあります。本当に重要なのは設計図であり、ガイドラインであり、パターンの基礎にある考え方です。それこそが真に再利用可能な情報で、よりよいNodeアプリケーションを楽しくデザインする際に活用できるものなのです。

7章 モジュールの接続

Nodeのモジュールシステムは、JavaScript言語に昔からある「コードを独立したユニットとして整理する機構がない」という欠陥をとても賢く補ってくれます。関数`require()`を使ってモジュールをリンクできるのは、単純でありながら強力な仕組みです（2章参照）。しかしNodeを始めたばかりの開発者は混乱することが多いようです。実際、「コンポーネントXのインスタンスをモジュールYに渡すのに一番よい方法は何だ？」という質問が頻繁になされます。

混乱してしまって、Singleton（シングルトン）パターンを使えばモジュールをリンクさせるもっと使い慣れた方法が見つかるのではないかと考え、むやみに突き進む人もいます。あるいはDI（依存性注入）パターンを過剰に使用し、理由もなしにすべての依存関係を（ステートレスのものまで）依存性注入で取り扱うようにしてしまう人もいます。Nodeの話題の中で、「モジュールの接続」の技術がもっとも意見の分かれるものと言っても過言ではありません。これに影響を与えているグループは数多くありますが、どの主張も誰もが認めるものとはなっていません。どの方法にも一長一短があり、最終的にはひとつのアプリケーション内に、いくつもの手法やその変形版が混在してしまっていることも多いのです。

この章では、モジュール接続のさまざまな方法を分析して強みと弱みに光を当て、それによって実現したい単純さ、再利用可能性、拡張性の間のバランスを考慮しつつ、合理的に選択するための指針を提供します。特に次のような、この問題に関係する重要なパターンを示します。

- 依存関係のハードコーディング
- 依存性注入
- サービスロケータ
- 依存性注入コンテナ

その後で、こういったものと関係の深いプラグインの接続法について探っていきます。これはモジュール接続の特殊形と考えることができ、同じ特徴を示すことが多いのですが、適用の文脈がやや異なり、独特な問題点が明らかになることがあります。特に、プラグインが別のNodeパッケージとして配布される場合が問題です。プラグイン可能なアーキテクチャを構築する技法を学び、次にそのようなプラグインをメインのアプリケーションの流れにどう統合するかに焦点を合わせます。

この章を最後まで読めば、Nodeモジュールを接続する難解な技術も、不可解な謎ではなくなっているはずです。

7.1 モジュールと依存関係

現在の多くのアプリケーションは複数のコンポーネントを接続させる方式で作成されており、規模が大きくなるにつれ、コンポーネントの接続方法が成否を決めるカギとなってきます。拡張性など「技術」の問題だけではなく、システムをどう捉えるかといった「考え方」の問題にもなるのです。依存関係が「絡みあったグラフ」になってしまうと、プロジェクトの「技術的負債」が増加します。場合によっては、機能の修正や拡張のための変更が大仕事になってしまいます。

最悪の場合、コンポーネントの接続が強すぎて、リファクタリングしない限り、ひどいときにはアプリケーションの一部を全面的に書き直さない限り、追加も変更もできないようになります。だからといって最初に作成するモジュールから凝ったデザインを採用する必要はありませんが、最初からよいバランスを保つように心がけることは大切です。

Nodeはアプリケーションのコンポーネントを組織化しつなぎ合わせるための非常に優れたツールを提供しています。それがモジュールシステムCommonJSです。しかし、このモジュールシステムを使っただけで成功が保証されるわけではありません。クライアントのモジュールと依存対象との間に一定程度の「間接性」が付加されはするものの、その一方で、正しく用いないと「結合度」を高めてしまうことにもなってしまいます。この節では依存対象との接続について基本的な側面を論じます。

7.1.1 Node.jsにおけるもっとも一般的な依存関係

ソフトウェアアーキテクチャにおいては、コンポーネントの振る舞いや構造に影響を及ぼすすべてのエンティティ、ステート（状態）、データフォーマットを「依存関係（dependency）」と考えることができます。たとえば、あるコンポーネントが「別のコンポーネントが提供するサービスを使っている」「システムのグローバルなステートのうちの特定のものを必要としている」「他のコンポーネントと情報を交換するために特定の通信プロトコルを実装している」などです。依存関係という概念は非常に幅広く、ときには見極めが困難なことがあります。

Nodeには「モジュール間」という明白な依存関係があります。モジュールは、コードを組織化し構造を組み立てる際に利用できる基本的な仕組みであり、モジュールシステムをまったく利用せずに大規模なアプリケーションは作成できません。モジュールをアプリケーションのさまざまな要素をグループ化するために正しく利用すれば、多くの利点が得られます。この際に、モジュールの次のような特徴を利用していることになります。

- （理想的には）目的を絞っているので、読みやすく理解しやすい

- 別ファイルとなっているので、同定しやすい
- 異なるアプリケーション間で再利用が容易である

モジュールは「情報隠蔽」にぴったりのレベルの粒度で、（`module.exports`を使用することで）コンポーネントのパブリックなインタフェースのみを公開する効率的な仕組みを提供しています。

しかし、アプリケーションやライブラリの機能を複数のモジュールにただ単に展開しても、「よいデザイン」と言うには不十分です。正しい展開が必要です。失敗のひとつは、モジュール間の関係が非常に強固で単一の一枚岩（モノリシック）的構造になってしまう場合で、モジュールを取り除いたり取り替えたりしようとすると構造の大部分が影響を受けてしまうようなものです。コードをモジュールにまとめる方法とモジュール同士をつなげる方法が重要です。そして、ソフトウェアデザインの問題はどれも同じなのですが、大切なのは「バランスをどう保つか」なのです。

7.1.2 凝集度と結合度

モジュール構築のバランスを保つ際に考慮すべき重要な尺度が「凝集度（cohesion）」と「結合度（coupling）」です。どちらの尺度もフトウェアアーキテクチャの任意のコンポーネントやサブシステムの指標となり得るもので、当然、Nodeのモジュールに関しても指標として利用できます。この2つの尺度は次のように定義できます。

凝集度

コンポーネントの各機能間の関連性に関する尺度。たとえば、ひとつのことしかしないモジュールはすべての部品がその単一の作業だけに関して働くので凝集度が高い。逆に、すべての型のオブジェクトをデータベースに保存する関数（たとえば`saveProduct()`、`saveInvoice()`、`saveUser()`などといった関数）の入ったモジュールは凝集度が低くなる。

結合度

あるコンポーネントがシステム内の他のコンポーネントから独立している度合いを示す。たとえば、あるモジュールのデータを直接読み出したり変更したりするモジュールは、そのモジュールとの結合度が高い。また、グローバルなステートや共有ステートを介して相互作用する2つのモジュールも強く結合している。一方、パラメータのやり取りのみによって通信する2つのモジュールは結合度が低い。

凝集度が高く結合度が低ければ、簡単に理解でき、再利用しやすく、拡張性の高いモジュールになるのが普通です。

7.1.3 ステートをもつモジュール

JavaScriptではすべてがオブジェクトです。純粋なインタフェースやクラスといった抽象的な概念はありませんが、動的型付けのおかげでインタフェース(ポリシー)と実装(ディテール)とを分離する自然な仕組みができあがっているのです。それが、6章で見たデザインパターンの中に、伝統的な実装と比べると妙に単純化されたものがあった理由です。

JavaScriptでは、インタフェースを実装から分離する際の問題は小さくなっています。しかし、Nodeのモジュールシステムを使っただけで、ひとつの特定の実装との関係をハードコーディングしてしまったことになります。通常の場合にはそれで問題ありませんが、dbハンドル、HTTPサーバのインスタンス、サービスのインスタンス、その他一般的なステートレスでないオブジェクトを含め、ステートをもったインスタンスを公開しているモジュールを`require()`でロードすると、実際はSingletonに非常に近いものを参照していることになり、Singletonの長所だけでなく、いくつかの落とし穴も引き継ぐことになります。

7.1.3.1 Node.jsにおけるSingletonパターン

Nodeを使い始めたばかりの人の多くが、Singletonパターンを正しく実装するにはどうするか悩みます。多くの場合、単にアプリケーションのさまざまなモジュールでひとつのインスタンスを共有したいだけなのです。でも、Nodeでの答えは思ったより簡単です。`module.exports`を使ってインスタンスをエクスポートするだけで、Singletonパターンによく似たものが得られます。たとえば次のコードを見ましょう。

```
// 'db.js' module
module.exports = new Database('my-app-db');
```

データベースの新しいインスタンスをエクスポートするだけで、このパッケージ内(アプリケーションのコード全体と考えても同じことです)にモジュールdbのインスタンスがたったひとつしかないことが既に想定できているのです。これが可能なのは、最初の`require()`の呼び出し時にモジュールがキャッシュされ、次回の呼び出し時にはキャッシュを返すからです。たとえば次のコードにより、上で定義したモジュールdbの共有インスタンスを簡単に手に入れることができます。

```
const db = require('./db');
```

しかしここに落とし穴があります。モジュールがキャッシュされる際には検索キーとしてフルパスが使われます。ですから、Singletonであることが保証されるのは現在のパッケージ内だけです。2章で見たように、各パッケージはディレクトリ`node_modules`内に自分用のプライベートな依存関係を保持している場合があります。そのため同じパッケージの(したがって同じモジュールの)複数のインスタンスが生成される可能性があり、Singletonが「シングル」でなくなってしまうかもしれないのです。たとえば、モジュールdbが`mydb`という名前のパッケージ内にラップされている場合を考えてください。パッケージのファイルpackage.jsonには次のコードが含まれることになります。

```
{
  "name": "mydb",
  "main": "db.js"
}
```

それでは、次のようなパッケージ依存関係のツリーを考えてください。

```
app/
└──── node_modules
        ├──── packageA
        │       └── node_modules
        │             └──── mydb
        └──── packageB
                └──── node_modules
                        └──── mydb
```

packageAとpackageBの両方がパッケージmydbに依存しています。さらに、メインのアプリケーションであるパッケージappはpackageAとpackageBに依存しています。この状況では、データベースのインスタンスがひとつだけという仮定が崩れてしまいます。実際、packageAもpackageBも、次のようなコマンドを使ってデータベースのインスタンスを読み込むことになります。

```
const db = require('mydb');
```

ところが、モジュールmydbはどのパッケージから要求（require）されているかによって異なるディレクトリに解決されるので、実際にはpackageAとpackageBとが別々の、Singletonのように見えて実はSingletonではないインスタンスを読み込むのです。

この時点で、文献に出てくるようなSingletonパターンはNodeには存在しないと言ってしまうこともできるのですが、インスタンスを保存する本物の「グローバル変数」を使えばまた事情が違います。次のような場合です。

```
global.db = new Database('my-app-db');
```

こうすればインスタンスがひとつだけしかなく、同一パッケージ内のみならず、アプリケーション全体で共有されることが保証されます。しかし、この方法は何としても避けるべきものです。ほとんどの場合、純粋なSingletonを本当に必要としているわけではありませんし、いずれにせよ、この後説明するように、異なるパッケージにまたがってインスタンスを共有するのに使えるパターンが他にあるのです。

この本全体を通して、話を簡単にするため、Singletonという言葉を「モジュールがexportする、ステートをもつオブジェクト」を表すのに使いますが、その中には言葉の厳密な定義に従えば本物のSingletonではないものも含まれます。しかし確実に言えるのは、異なるコンポーネント間でステートを簡単に共有するという、オリジナルのパターンと同じ実用的な意図を共有しているということです。

7.2 モジュール接続のためのパターン

依存関係と結合度に関する基本を説明しましたから、より実際的な概念について掘り下げていきましょう。この節では、モジュール接続のパターンのうち主なものを示します。特に、アプリケーションでもっとも重要なタイプの依存関係である、ステートをもつインスタンスとの接続に焦点を合わせます。

7.2.1 依存関係のハードコーディング

2つのモジュール間のもっともありきたりの関係から分析を開始しましょう。「ハードコードされた依存」です。Nodeでは、クライアントとなるモジュールが別のモジュールを`require()`を使って明示的に読み込んだときにこの依存が成立します。この節で説明するとおり、この方法によるモジュール依存関係の構築は単純で効果的ですが、ステートをもつインスタンスへの依存をコードに書き込む場合には、モジュールの再利用性が制限されてしまうため、また別の注意が必要です。

7.2.1.1 依存関係をハードコーディングした認証サーバの構築

分析の出発点として、まず**図7-1**に示したような構造を見てみましょう。

図7-1 単純な認証システムの構造

図7-1は、レイヤー構造の典型例を示したもので、単純な認証システムの構造を表しています。`AuthController`はクライアントからの入力を受け付け、リクエストからログイン情報を抽出して予備的な認証を実行します。次に`AuthService`に依頼して、提出された証明書がデータベースに保存されている情報と一致するかチェックします。このチェックは、データベースと通信する手段としてモジュール`db`のハンドルを使い、具体的なクエリを実行することにより行われます。この3つのコンポーネントがどのように接続されているかにより、再利用性、テスト可能性、保守性のレベルが決定されます。

これらのコンポーネントを接続するもっとも自然な方法は、`AuthService`内から`db`を`require`し、さらに`AuthController`内から`AuthService`を`require`する方法です。これが、今話題にしている依存関係のハードコーディングです。

今説明したシステムを実装して、実際の使い方を見てみましょう。その後で次の2つのHTTP APIを公開する単純な「認証サーバ」を構築することにします。

`POST '/login'`

認証に必要なユーザー名（`username`）とパスワード（`password`）の入ったJSONオブジェクトを受信する。成功すると「JSONウェブトークン（JWT）」を返す。JWTはこの後に続くユーザーの認証情報を確認するリクエストで使われる。

JWTはグループ間で、お互いのクレーム（claim）を表現し、共有するためのフォーマットです。「シングルページ・アプリケーション（SPA）とクロスオリジンリソース共有（CORS）」が、クッキーをベースとした認証に代わる、より高い柔軟性をもった方式として爆発的に広まるにつれて、JWTの人気も上昇しています。JWTに関する詳細は次のサイトの仕様を参照してください――https://self-issued.info/docs/draft-ietf-oauth-json-web-token.html

`GET '/checkToken'`

GETのクエリパラメータからトークンを読み取り、有効性を検証する。

この例では、複数の技術を利用しますが、そのいくつかは既に登場したものです。具体的には、Web APIの実装には`express`（https://npmjs.org/package/express）を、ユーザーデータの保存には`levelup`（https://npmjs.org/package/levelup）を利用します。

dbモジュール

アプリケーションをボトムアップで作成していきましょう。最初に必要なのがデータベース`levelUp`のインスタンスを公開するモジュールです。そのために、`lib/db.js`という名前で新しいファイルを作成し、次の内容を入力します（`01_hard-coded_dependency`）。

```
const level = require('level');
const sublevel = require('level-sublevel');

module.exports = sublevel(
  level('example-db', {valueEncoding: 'json'})
);
```

上のモジュールは、ディレクトリ`./example-db`に保存されたデータベース`LevelDB`への接続をただ単に作成し、作成したインスタンスをプラグインsublevel（https://npmjs.org/package/level-sublevel）を使ってデコレートします。sublevelはデータベースの複数のセクション（SQLのテーブルやMongoDBのコレクションに相当）の作成と検索をサポートする機能を追加します。モジュールがexportするオブジェクトはデータベースのハンドル自体で、ステートをもったインスタンスです。したがって、Singletonを作成したことになります。

モジュールauthService

Singletondbができましたので、それを使ってモジュールlib/authService.jsを実装しましょう。このモジュールはユーザーの証明書をデータベース内の情報と照合するコンポーネントです（関係のある部分だけを示しています）。

```
// ...
const db = require('./db');
const users = db.sublevel('users');

const tokenSecret = 'SHHH!'; // シーッ！

exports.login = (username, password, callback) => {
  users.get(username, function(err, user) {
    // ...
  });
};

exports.checkToken = (token, callback) => {
  // ...
  users.get(userData.username, function(err, user) {
    // ...
  });
};
```

モジュールauthServiceは、ユーザー名とパスワードの組をデータベースの情報と照合するサービスlogin()と、トークンを読み込み正当性を認証するサービスcheckToken()とを実装しています。

上に示したコードは、ステートをもったモジュールに関して「依存関係のハードコーディング」を行った最初の例でもあります。モジュールdbはステートをもちますが、単純にrequireで読み込まれています。代入後の変数dbには、クエリをすぐ実行できるような初期化済みのデータベースハンドルが入っています。

この時点で、モジュールauthServiceのコードのどこを見てもモジュールdbの特定のインスタンスを必要としていないことがわかります ― どのインスタンスでも使えます。しかし、dbの特定のインスタンスへの依存をハードコードしてしまったのですから、別のデータベースのインスタンスとauthServiceを組み合わせて再利用するには、コードを書き換えなければなりません。

モジュールauthController

アプリケーションの階層を上がってモジュールlib/authController.jsがどのようになるかを見ましょう。このモジュールはHTTPリクエストの処理を担当し、実質的にはExpressのルート（route）の集合です。

```
const authService = require('./authService');
exports.login = (req, res, next) => {
  authService.login(req.body.username, req.body.password,
```

```
      (err, result) => {
        // ...
      }
    );
  };

  exports.checkToken = (req, res, next) => {
    authService.checkToken(req.query.token,
      (err, result) => {
        // ...
      }
    );
  };
```

モジュールauthControllerはExpressのルートを2つ実装しています。ひとつはログインを実行して対応する認証トークンを返すもの（login()）、もうひとつはトークンの正当性をチェックするもの（checkToken()）です。どちらのルートもロジックのほとんどをauthServiceに委譲してしまうので、実際の仕事はHTTPリクエストとレスポンスの処理だけです。

見てわかるとおり、この場合もステートをもったモジュールauthServiceへの依存をハードコードしています。モジュールauthServiceはモジュールdbに直接依存しているので、推移関係によりステートをもっていることになります。このことから、依存関係をコードに書き込むとその影響がアプリケーション全体の構造にいかに簡単に広がってしまうかがわかります。モジュールauthControllerがモジュールauthServiceに依存しており、そのauthServiceが今度はモジュールdbに依存しています。この推移関係により、モジュールauthController自体がdbの特定のひとつのインスタンスに間接的に結びつけられていることになります。

モジュールapp

最後に、すべての部品をつなげてアプリケーションの入り口を実装しましょう。一般の例にならって、プロジェクトのルートに置いたapp.jsという名前のモジュールにロジックを入れます。

```
const express = require('express');
const bodyParser = require('body-parser');
const errorHandler = require('errorhandler');
const http = require('http');

const authController = require('./lib/authController');

const app = module.exports = express();
app.use(bodyParser.json());

app.post('/login', authController.login);
app.get('/checkToken', authController.checkToken);

app.use(errorHandler());
```

```
http.createServer(app).listen(3000, () => {
  console.log('Express server started');
});
```

見てのとおり、ここで作成したモジュールappは本当に基本的な部分だけです。単純なExpressサーバひとつに、ミドルウェアとauthControllerが公開する2つのルートとが登録されているだけです。もちろんここでもっとも重要なのは、authControllerをrequire()する行で、ステートをもったインスタンスに対して依存関係のハードコーディングをしてしまっています。

認証サーバの実行

今実装した認証サーバを起動してみる前に、サンプルコードにあるスクリプトpopulate_db.jsを使ってサンプルデータをいくつかデータベースに登録しておきましょう。それが済んだら次のコマンドでサーバを起動します。

```
$ node app
```

これで今作成した2つのウェブサービスが起動されます。RESTのクライアントを使うこともできますし、使い慣れたcurlコマンドでもよいでしょう。たとえば、ログインを実行するには次のコマンドを実行します。

```
$ curl -X POST -d '{"username": "alice", "password":"secret"}' \
  http://localhost:3000/login -H "Content-Type: application/json"
```

上のコマンドは、ウェブサービス/checkLoginのテストに使えるトークンを返すはずです（次のコマンドの〈トークン〉と置き換えてください）。

```
$ curl -X GET -H "Accept: application/json" \
  http://localhost:3000/checkToken?token=〈トークン〉
```

上のコマンドは、たとえば次のような文字列を返します。サーバが期待したとおりに動作していることが確認できます。

```
{"ok":"true","user":{"username":"alice"}}
```

7.2.1.2 依存関係のハードコーディングの長所と短所

上で実装した例は、Nodeでモジュールを接続させる慣例的な方法を示すもので、モジュールシステムの力をフルに使ってアプリケーションのさまざまなコンポーネント間の依存関係を管理しています。作成したモジュールからステートをもったインスタンスをexportしてNodeがそのライフサイクルを管理できるようにしたうえで、アプリケーションの他の部分からそれを直接requireしました。その結果、直感的にすぐわかる構造となって理解やデバッグが容易となり、外部からの介入なしに各モジュールが初期化と接続を自分で行います。

しかしその一方で、ステートをもったインスタンスへの依存をハードコードすることで、モジュールを他のインスタンスと接続させる可能性が制限されてしまい、再利用性が低下してユニットテストの困難さが増しました。たとえば`authService`を他のデータベースのインスタンスと組み合わせて再利用することは、特定のインスタンスとの依存関係がハードコードされているのでほぼ不可能です。同様に、`authService`を単独でテストすることは、モジュールが使用しているデータベースを模倣するシステムが簡単には作成できないため、困難な作業になります。

最後になりますが、依存関係のハードコーディングに伴う問題点のほとんどは、インスタンスがステートをもっていることと関連しています。つまり、ステートをもたないモジュール（たとえばファクトリ、コンストラクタ、ステートレスな関数など）を`require()`でロードしたとしても、同じような問題は起きません。特定の実装と強く結びつくのは同じですが、Nodeではそれがコンポーネントの再利用性に悪影響を与えることは通常はありません。特定のステートとの結合を持ち込まないからです。

7.2.2 依存性注入

依存性注入（dependency injection：DI）パターンは、ソフトウェアデザインに関連する概念の中でももっとも誤解されているものではないでしょうか。この言葉は、Spring（Java、C#用）やPimple（PHP用）といったフレームワークやDIコンテナと関連づけられることが多いのですが、実はもっとずっと単純です。DIパターンの背後にある中心的なアイデアはコンポーネントの依存関係を外部のエンティティから「入力として与える」、つまり「注入する」というものです。

外部のエンティティとは、クライアントのコンポーネントのこともあれば、システム内のモジュールの接続を取り仕切る「グローバルコンテナ」のこともあります。この方法の主たる利点は結合性の排除（デカップリング）が進むことで、とりわけステートをもったインスタンスに依存するモジュールで効果があります。DIを使うと、各依存対象がモジュールにハードコードされずに外部から受け取られることになります。したがってモジュールはどのような依存対象でも使えるように作り込めることになり、異なる環境で再利用できるようになります。

前の節で作成した認証サーバをこのパターンを使ってリファクタリングし、モジュールの接続にDIを使うようにします。

7.2.2.1 DIを使った認証サーバのリファクタリング

モジュールがDIを使うようにリファクタリングするのに、非常に単純な方法を使います。ステートをもったインスタンスへの依存をハードコードする代わりに、ファクトリを作成して依存対象を引数として取るようにします。

ではさっそくリファクタリングに取りかかりましょう。モジュール`lib/db.js`は次のようになります（`02_di`）。

```
const level = require('level');
```

```
const sublevel = require('level-sublevel');

module.exports = dbName => {
  return sublevel(
    level(dbName, {valueEncoding: 'json'})
  );
};
```

リファクタリングの第1段階はモジュールdbをファクトリに変えることです。そうすれば、それを使ってデータベースのインスタンスをいくらでも作ることができるようになります。つまりモジュール全体が再利用可能となりステートをもたなくなるのです。

続けてモジュールlib/authService.jsの新版を実装しましょう。

```
const jwt = require('jwt-simple');
const bcrypt = require('bcrypt');

module.exports = (db, tokenSecret) => {
  const users = db.sublevel('users');
  const authService = {};

  authService.login = (username, password, callback) => {
    // ...この部分は前の版と同じ
  };

  authService.checkToken = (token, callback) => {
    // ...この部分は前の版と同じ
  };

  return authService;
};
```

これでモジュールauthServiceもステートをもたなくなりました。特定のインスタンスをexportすることもなく、単なるファクトリになっています。もっとも重要なポイントは、dbへの依存が前の版ではハードコードされていたところを、ファクトリ関数の引数として「注入可能（injectable）」にしたところです。単純な変更ですが、このおかげでどのようなデータベースのインスタンスを接続させたauthServiceでも、新たに作成できるようになったのです。

モジュールlib/authController.jsも同じように変更して、次のようにします。

```
module.exports = (authService) => {
  const authController = {};

  authController.login = (req, res, next) => {
    // ...この部分は前の版と同じ
  };

  authController.checkToken = (req, res, next) => {
    // ...この部分は前の版と同じ
```

```
  };

  return authController;
};
```

モジュールauthControllerは、ステートをもたないばかりか、依存関係もまったくハードコードされていません。唯一の依存対象であるauthServiceは、呼び出しの際にファクトリの入力として与えられています。

さあ、すべてのモジュールが実際に作成され接続されるところを見る時間がきました。アプリケーションの最上層であるモジュールapp.jsの中身です。次のようなコードになります。

```
// ...
const dbFactory = require('./lib/db');                          // ❶
const authServiceFactory = require('./lib/authService');
const authControllerFactory = require('./lib/authController');

const db = dbFactory('example-db');                             // ❷
const authService = authServiceFactory(db, 'SHHH!'); // シーッ！
const authController = authControllerFactory(authService);

app.post('/login', authController.login);                       // ❸
app.get('/checkToken', authController.checkToken);
// ...
```

上のコードの内容は次のようにまとめられます。

❶ 各サービスのファクトリをロード。この時点では、すべてステートをもたないオブジェクト

❷ 各サービスに必要な依存対象を供給してインスタンス化する。これがすべてのモジュールを作成して接続する段階

❸ 最後に、いつもと同じようにauthControllerのルート（routes）をExpressサーバに登録する

これで認証サーバのDIを使った接続が完了し、使えるようになりました。

7.2.2.2 その他のタイプのDI

上で示した例は、DIのひとつのタイプ（ファクトリ注入）だけを示すものでしたが、他にもあげておく価値のあるものがあります。

コンストラクタ注入

このタイプのDIでは、依存対象はコンストラクタを起動する際に引数として渡されます。次にあげる例のようなものが考えられます。

```
const service = new Service(dependencyA, dependencyB);
```

プロパティ注入

このタイプのDIでは、依存対象はオブジェクトの作成後にアタッチされます。次のコードに示したようになります。

```
const service = new Service();  //ファクトリとも使える
service.dependencyA = anInstanceOfDependencyA;
```

プロパティ注入では、オブジェクトが依存対象と接続されていない状態で作成されるので、「不安定な」状態であることになります。ですから、堅牢性は最低なのですが、複数の依存対象の間に循環があるような場合には有用なことがあります。たとえば「A」と「B」の2つのコンポーネントがあり、ファクトリ注入やコンストラクタ注入を使うことになっていて、さらにお互いが依存しあっている場合には、どちらもインスタンス化できません。インスタンス化には他方が存在している必要があります。次のような単純な例を考えてみましょう。

```
function Afactory(b) {
  return {
    foo: function() {
      b.say();
    },
    what: function() {
      return 'Hello!';
    }

  }
}

function Bfactory(a) {
  return {
    a: a,
    say: function() {
      console.log('I say: ' + a.what);
    }
  }
}
```

上の2つのファクトリ間の依存関係のデッドロックを解決するにはプロパティ注入を使うしかありません。たとえば、まず「B」の不完全なインスタンスを生成し、それを使って「A」を作成します。最後に「A」に関連するプロパティを設定することで「A」を「B」に注入します。次のようになります。

```
const b = Bfactory(null);
const a = Afactory(b);
b.a = a;
```

稀に依存関係の循環が簡単には避けられないことがあります。しかし、それが悪いデザインで起こる症状だと忘れないことが重要です。

7.2.2.3　DIの長所と短所

DIを使用した認証サーバの例では、モジュールを特定の依存対象のインスタンスdependencyから分離（デカップリング）できました。その結果、各モジュールを最小限の手間で、コードの変更まったくなしに再利用できるようになり、DIパターンを使うモジュールのテストも単純化されます。模擬の依存対象を簡単に与えることができ、システムの他の部分の状態から隔離した環境でモジュールのテストができます。

ここで示した例でもうひとつ強調しておかねばならない重要な点は、依存対象と結びつける責任を、全体の構造の最下層から最上層へと「移動」させたことです。なぜそうするかと言えば、アプリケーションの構造のうち上層にあるコンポーネントのほうが下層にあるコンポーネントより本質的に再利用しにくいからです。層を上れば上るほどコンポーネントは個別の目的に特化していきます。

以上のことを前提とすれば、上層にあるコンポーネントが下層にある依存対象を所有するという従来からのアプリケーション構造の見方を逆転させ、下層のコンポーネントはインタフェースのみに依存し（JavaScriptでは依存関係から導き出されるインタフェースです）、依存関係の実装の決定は上層のコンポーネントが行うようにするという考え方が理解できます。前の節の認証サーバでは、実際にすべての依存関係は最上層のコンポーネントであるモジュールapp内でインスタンス化され接続されました。appは再利用性が低いので、結合度の点からいえばもっとも再利用に向かないモジュールです。

しかし、結合性排除と再利用の観点から見たこのような利点は、それなりの対価を伴います。一般的に言って、「コーディング時」に依存関係を解決できないと、システム内のさまざまなコンポーネント間の関係が把握しにくくなります。また、すべての依存関係をモジュールapp内でインスタンスに取り込むということは、特定の順序に従わねばならなくなるということです。現実にはアプリケーション全体の依存グラフを手作業で作成しなければならなくなります。依存関係を解決しなければならないモジュール数が増加すると、管理不能になってしまいます。

この問題に対する現実的な解決策は、依存関係の管理をすべて1箇所に集中させるのではなく、複数のコンポーネントに分散することです。そうすれば、各コンポーネントは固有の依存サブグラフだけに責任をもてばよいので、指数関数的に増加する依存関係管理の複雑さを減少させられます。もちろん、アプリケーション全体をDIにより構築するのではなく、DIを局所的に、必要なときにだけ用いるという選択肢もあります。

この章の後のほうで、構造が複雑な場合にモジュールの接続を単純化するもうひとつの方策として、DIコンテナについて説明します。これはアプリケーションのすべての依存関係に関するインスタンス化と接続のみを担当するコンポーネントです。

DIを利用するとモジュールの複雑性と冗長性は増加しますが、これまで見てきたように、DIを採用する理由は数多くあります。単純さと再利用性のバランスがとれる適切な方法を選択しなければなりません。

DIはしばしば「依存関係逆転の原則（dependency inversion principle：DIP）」や「制御の反転（inversion of control：IoC）」と組にして言及されますが、すべて異なる概念です（関連はありますが）。

7.2.3 サービスロケータ

前の節では、DIによって再利用性が高く結合性が低いモジュールが得られ、依存対象との接続方法が変わってしまうことを学びました。同じような意図で使われるもうひとつのパターンが「サービスロケータ」です。その核となる原理は、「中心となる『レジストリ』に各コンポーネントを管理させ、モジュールが依存対象をロードする際にはその仲介役をさせる」というものです。依存関係をハードコードせずに、サービスロケータに依頼して対象を取得するというわけです。

サービスロケータを使えば、それへの依存を導入することになり、モジュールとどのように接続するかで結合度の高さが決まり、それに従って再利用性が決まることになります。Nodeのサービスロケータには、システムのさまざまなコンポーネントとどのように接続しているかによって、次の3つの種類があります。

- サービスロケータに対する依存のハードコーディング
- 注入されたサービスロケータ
- グローバル・サービスロケータ

最初のものは、`require()`を使ってサービスロケータのインスタンスを直接参照するのですから、結合性排除の点ではもっとも利点の少ないものです。結合性を排除しようとしているコンポーネントとの強い結合を導入することになるので、「アンチパターン」とみなされます。サービスロケータは間接参照の階層を増やして複雑さを増加させるだけで、再利用性から見て何の価値も得られません。

それに対して、「注入されたサービスロケータ」の場合はDIによりコンポーネントから参照されるようになります。依存先を一つひとつ加える代わりにまとめて注入できるので、こちらのほうが便利でしょう。後で述べますが、利点はこれだけではありません。

サービスロケータを参照する第3の方法がグローバルスコープから直接参照する方法です。これにはサービスロケータのハードコードと同じような欠点がありますが、グローバルになっていますので「本当のSingleton」であり、パッケージ間でのインスタンス共有のパターンとして安易に使われることがあります。この章の後のほうで議論しますが、現時点でもこの方法を採用する理由はあまりありません。

Nodeのモジュールシステムは既に一種のサービスロケータパターンを実装しており、require()がサービスロケータ自体のグローバルインスタンスを代表しています。

ここで行っている議論は、サービスロケータパターンを使ってみれば明らかになるはずです。認証サーバをリファクタリングすることで実際に見てみましょう。

7.2.3.1 サービスロケータを使った認証サーバのリファクタリング

それでは認証サーバを、サービスロケータの注入を使うように書き換えましょう。そのためには、まずサービスロケータ自体を実装します。lib/serviceLocator.jsという新しいモジュールを使います（03a_service_locator）。

```
module.exports = function() {
  const dependencies = {};
  const factories = {};
  const serviceLocator = {};

  serviceLocator.factory = (name, factory) => {      // ❶
    factories[name] = factory;
  };

  serviceLocator.register = (name, instance) => {   // ❷
    dependencies[name] = instance;
  };

  serviceLocator.get = (name) => {                  // ❸
    if(!dependencies[name]) {
      const factory = factories[name];
      dependencies[name] = factory && factory(serviceLocator);
      if(!dependencies[name]) {
        throw new Error('Cannot find module: ' + name);
      }
    }
    return dependencies[name];
  };

  return serviceLocator;
};
```

ここで作成したモジュールserviceLocatorは、3つのメソッドをもったオブジェクトを返すファクトリです。

❶ factory()はコンポーネント名をファクトリと関連づけるために使われる
❷ register()はコンポーネント名をインスタンスと直接関連づけるために使われる
❸ get()は名前を指定してコンポーネントを取得する。インスタンスが既にあれば、単にそれを返

す。なければ、新しいインスタンスを得るために登録されているファクトリの起動を試みる（モジュールのファクトリが現在のサービスロケータのインスタンスserviceLocatorを注入されて起動される部分が重要。システムの依存グラフを自動的にオンデマンドで構築していく、このパターンの中核的な仕組みとなっている。これがどのような働きをするか、このすぐ後で見る）

サービスロケータによく似た単純なパターンとして、オブジェクトをひとまとまりの依存対象のネームスペースとして使うという方法があります。

```
const dependencies = {};
const db = require('./lib/db');
const authService = require('./lib/authService');
dependencies.db = db();
dependencies.authService = authService(dependencies);
```

それではさっそくモジュールlib/db.jsを書き換えて、serviceLocatorがどのように働くか見てみましょう。

```
const level = require('level');
const sublevel = require('level-sublevel');

module.exports = (serviceLocator) => {
  const dbName = serviceLocator.get('dbName');

  return sublevel(
    level(dbName, {valueEncoding: 'json'})
  );
}
```

モジュールdbは、入力として受け付けたサービスロケータを使って、インスタンス化するデータベースの名前を取得します。ここが非常に面白いところで、サービスロケータはコンポーネントのインスタンスを返すのに使えるだけでなく、これから構成しようとする依存グラフ全体の振る舞いを定義する設定パラメータの提供にも使えるのです。

次のステップはモジュールlib/authService.jsの書き換えです。

```
// ...
module.exports = (serviceLocator) => {
  const db = serviceLocator.get('db');
  const tokenSecret = serviceLocator.get('tokenSecret');

  const users = db.sublevel('users');
  const authService = {};

  authService.login = (username, password, callback) => {
    // ...この部分は前の版と同じ
  }
```

```
  authService.checkToken = (token, callback) => {
    // ...この部分は前の版と同じ
  }

  return authService;
};
```

また、モジュールauthServiceはサービスロケータを入力として取るファクトリになっています。モジュールの2つの依存対象、ハンドルdbとtokenSecret（これがもうひとつの設定パラメータです）は、サービスロケータのメソッドget()を使って取得されます。

同じようにして、モジュールlib/authController.jsも書き換えます。

```
module.exports = (serviceLocator) => {
  const authService = serviceLocator.get('authService');
  const authController = {};

  authController.login = (req, res, next) => {
    // ...この部分は前の版と同じ
  };

  authController.checkToken = (req, res, next) => {
    // ...この部分は前の版と同じ
  };

  return authController;
}
```

さあ、これで作成したサービスロケータのインスタンス化と設定のしかたを見る準備が整いました。それをするのはもちろんモジュールapp.jsの中です。

```
// ...
const svcLoc = require('./lib/serviceLocator')();      // ❶

svcLoc.register('dbName', 'example-db');               // ❷
svcLoc.register('tokenSecret', 'SHHH!');
svcLoc.factory('db', require('./lib/db'));
svcLoc.factory('authService', require('./lib/authService'));
svcLoc.factory('authController', require('./lib/authController'));

const authController = svcLoc.get('authController');   // ❸

app.post('/login', authController.login);
app.all('/checkToken', authController.checkToken);
// ...
```

新たに作成したサービスロケータを使った接続のしかたは次のとおりです。

❶ サービスロケータのファクトリを起動し新たにインスタンス化する

❷ サービスロケータに設定パラメータとモジュールファクトリを登録する。まだこの時点ではすべての依存対象がインスタンス化されているわけではなく、ファクトリが登録されただけ

❸ サービスロケータからauthControllerをロード。ここが、アプリケーションの依存グラフ全体のインスタンス化を開始するエントリポイントになる。コンポーネントauthControllerのインスタンスを要求すると、サービスロケータは関連づけられているファクトリを自分自身のインスタンスを注入して起動し、次にファクトリauthControllerがモジュールauthServiceのロードを試み、今度はそれがモジュールdbをインスタンス化する

サービスロケータに遅延機能が組み込まれているのは興味深いことです。各インスタンスは必要になって初めて生成されるのです。ところがここにもうひとつ重要な事実が隠れています。見てのとおり、すべての依存関係が事前に手作業で接続される必要がなく、自動的に接続されるのです。モジュールのインスタンス化と接続をどのような順序でするべきか前もって知っている必要がないというのは長所です。すべて自動で「オンデマンド」で行われます。単純なDIパターンと比較して、こちらのほうがずっと便利です。

もうひとつよく使われているのが、Expressサーバのインスタンスを単純なサービスロケータとして使うパターンです。サービスをexpressApp.set(name, instance)を使って登録し、expressApp.get(name)を使って後から取得すればよいのです。このパターンの便利なところは、サービスロケータとして働くサーバのインスタンスが既に各ミドルウェアに注入されており、プロパティrequest.appを使ってアクセスできることです。このパターンの例がサンプルプログラムにあります。

7.2.3.2 サービスロケータの長所と短所

サービスロケータとDI（依存性注入）には多くの共通点があります。どちらも依存関係の所有権をコンポーネントの外にあるものに移し替えるのです。しかし、構造全体の柔軟性を決定するのは、サービスロケータとの接続法です。先ほどの例を実装するのに、サービスロケータをグローバルにしたりハードコードしたりさず、注入を選んだのは偶然ではありません。注入以外の方法ではこのパターンの利点がほぼ台無しになってしまうからです。実際には、コンポーネントをrequire()を使ってその依存対象に直接結合してしまうのではなく、サービスロケータという特定のインスタンスに結合するのです。サービスロケータとの接続をコードに書き込んでしまうと、どのコンポーネントをどの名前と関連づけるかについて柔軟性が増すのですが、再利用性という観点からは利点がありません。

また、DIと同じで、サービスロケータを使うとコンポーネント間の関係が実行時に解決されるため、関係の把握がより困難になります。さらに、あるコンポーネントが要求する依存関係を知るための困難さも増します。DIでは、ファクトリやコンストラクタの引数で宣言するので、依存関係が明らかに示されます。ところがサービスロケータではあまり明確でなく、コードを調べる必要が生じたり、各コンポー

ネントがどのような依存対象をロードしようとするのか明確に記述したドキュメントが必要になったりします。

最後になりましたが、サービスロケータがDIコンテナと誤解されている場合があるという点も重要です。サービスレジストリとして同じ役割を果たすからなのですが、両者の間には大きな違いがあります。サービスロケータでは各コンポーネントが依存対象をサービスロケータ自体からロードします。DIコンテナを使った場合は、コンポーネントはコンテナのことをまったく知りません。

この2つのアプローチの違いは次の2つの理由から明確になります。

再利用性

サービスロケータを使うコンポーネントは、システム内でサービスロケータが使用可能なことを要求するので、再利用性が低くなる

可読性

既に見たように、サービスロケータを使うとコンポーネントが何に依存するかわかりにくくなる

再利用性の点から言えば、サービスロケータパターンは依存関係のハードコーディングとDIとの中間に位置します。便利さと単純さという点では、依存グラフの全体を手作業で構築しなくてもよいので、手作業のDIより明らかに優れています。

そのような前提に立つと、コンポーネントの再利用性と利便性という点で、DIコンテナが最善の妥協点を提供することになります。次の節ではこのパターンを分析します。

7.2.4 DIコンテナ

サービスロケータをDI（依存性注入）コンテナに変換する作業はそれほど大したものではないのですが、既に述べたように、結合性排除という点では大きな違いを生みます。このパターンを使うと、各モジュールがサービスロケータに頼る必要がなくなり、必要な依存関係を表明するだけで後はDIコンテナが引き受けて片付けてくれます。後で見ますが、この仕組みで大きく改善される点は、すべてのモジュールがDIコンテナなしでも再利用できるところです。

7.2.4.1 DIコンテナに対する依存関係の宣言

DIコンテナは、本質的には「機能をひとつだけ追加したサービスロケータ」で、その機能とはモジュールのインスタンス化の前に依存関係に関する要求項目を特定することです。それを可能にするには、モジュールは何らかの方法で依存関係を宣言する必要がありますが、後で見るようにそれには複数の方法があります。

最初に取り上げる方法は、おそらくもっともよく使われているもので、ファクトリやコンストラクタで使われている引数の名前に基づいて一連の依存関係を注入する方法です。たとえばモジュール

authServiceを見てみましょう。

```
module.exports = (db, tokenSecret) => {
  // ...
}
```

このモジュールのインスタンス化は、コードに従って、DIコンテナによりdbとtokenSecretという名前の依存対象を使って行われます──単純で直感的な仕組みです。しかし、関数の引数の名前を読むためには、ちょっとした工夫が必要です。JavaScriptの場合、関数をシリアライズして実行時にソースコードを取得可能です。関数の参照に対してtoString()を呼び出すだけでよいのです。正規表現を使えば、引数リストを取得することは特殊技術でも何でもありません。

この関数の引数の名前を使って依存関係を注入するという技法は、AngularJS（http://angularjs.org）によって広まりました。これは、Googleが開発したクライアントサイドのJavaScriptフレームワークで、すべてがDIコンテナの上に構築されています。

この方法の最大の問題は「ミニフィケーション」との相性が悪いことです。ミニフィケーションは、クライアントサイドのJavaScriptで広く行われている習慣で、ソースコードのサイズを最小限まで減らすために行うコード変換です。ミニフィケーションでは「名前修飾（name mangling）」という処理が行われることが多く、ローカル変数の名前を短くするために普通はすべて1文字にされてしまいます。都合が悪いことに関数の引数はローカル変数であり、この過程で影響を受けるため、依存関係を宣言するために用意した仕組みが壊れてしまうのです。ミニフィケーションはサーバサイドのコードでは必要性が高くありませんが、Nodeのモジュールはブラウザと共用されることが多いので、考慮しておかねばならない重要な点です。

幸いなことに、DIコンテナでは、どの依存対象を注入すべきかを知るために別の技法も使えます。次にあげるような技法です。

- ファクトリ関数に特別なプロパティ（たとえば、注入すべき依存対象をすべて列挙した配列）を付加する

  ```
  module.exports = (a, b) => {};
  module.exports._inject = ['db', 'another/dependency'];
  ```

- 依存対象の配列とファクトリ関数を指定する

  ```
  module.exports = ['db', 'another/depencency',(a, b) => {}];
  ```

- 関数の各引数の後にコメントとして情報を付加する（しかし、これもミニフィケーションとは相性がよくありません）

  ```
  module.exports = function(a /*db*/, b /*another/depencency*/) {};
  ```

これらの技法はどれも頑固な支持者がいます。ですからこの本の例としては、もっとも単純でよく使

われている、関数の引数を使って依存対象の名前を取得する方法を採用することにします。

7.2.4.2 DIコンテナを使った認証サーバのリファクタリング

上で作成した認証サーバを再び書き直しますが、単なるDIパターンを使ったバージョンのほうを出発点として使いましょう。DIコンテナがサービスロケータよりずっと手直しが少なくて済むことを示すためです。実のところ、これからやろうとしているのは、アプリケーションの他のコンポーネントには手を付けず、モジュールapp.jsにコンテナの初期化を任せるリファクタリングです。

しかしまず、DIコンテナを実装する必要があります。ディレクトリlib/の下にdiContainer.jsという名前の新しいモジュールを作成しましょう。最初の部分を示します(04_di_container)。

```
const fnArgs= require('parse-fn-args');

module.exports = function() {
  const dependencies = {};
  const factories = {};
  const diContainer = {};

  diContainer.factory = (name, factory) => {
    factories[name] = factory;
  };

  diContainer.register = (name, dep) => {
    dependencies[name] = dep;
  };

  diContainer.get = (name) => {
    if(!dependencies[name]) {
      const factory = factories[name];
      dependencies[name] = factory &&
          diContainer.inject(factory);
      if(!dependencies[name]) {
        throw new Error('Cannot find module: ' + name);
      }
    }
    return dependencies[name];
  };
  // ...続く
```

モジュールdiContainerの最初の部分は、以前に見たサービスロケータと機能的には同じです。目立った相違は次の点だけです。

- 関数の引数から名前を抽出するのに使用する、args-list (https://npmjs.org/package/args-list) という名前の新しいnpmモジュールが必要
- 今回はモジュールのファクトリを直接呼び出すのではなく、diContainerモジュールのinject()という名前のメソッドを使う。このメソッドはモジュールの依存関係を解決し、それ

を使ってファクトリを起動する

メソッドdiContainer.inject()の中身を見てみましょう。

```
    diContainer.inject = (factory) => {
      const args = fnArgs(factory)
      .map(dependency => diContainer.get(dependency));
      return factory.apply(null, args);
    };

  }; //ここまで module.exports = function() {
```

DIコンテナがサービスロケータとは違うのは、上のメソッドがあるからです。メソッドのロジックはとても素直です。

1. ライブラリparse-fn-argsを使って、入力として与えられたファクトリ関数から引数リストを抽出する
2. それぞれの引数の名前を、get()により取得した各引数に対応する依存対象のインスタンスにマップする
3. 最後に、今作成した依存関係リストを与えてファクトリを呼び出す

作成中のdiContainerについての作業はこれで終了です。見てのとおり、サービスロケータとあまり変わりがありませんが、依存関係を注入してモジュールをインスタンス化するという単純な手順が(サービスロケータ全体を注入することに比べて)劇的な変化をもたらします。

認証サーバの書き換えの仕上げに、モジュールapp.jsも少し工夫します。

```
// ...
const diContainer = require('./lib/diContainer')();

diContainer.register('dbName', 'example-db');
diContainer.register('tokenSecret', 'SHHH!'); // シーッ!
diContainer.factory('db', require('./lib/db'));
diContainer.factory('authService', require('./lib/authService'));
diContainer.factory('authController', require('./lib/authController'));

const authCcntroller = diContainer.get('authController');

app.post('/login', authController.login);
app.get('/checkToken', authController.checkToken);
// ...
```

見てわかるように、モジュールappのコードは、前の節でサービスロケータを初期化したのに使ったものと同じです。もうひとつ気づくのは、DIコンテナを立ち上げ、したがって依存グラフ全体のロードを開始させるために、diContainer.get('authController')を呼び出してDIコンテナをサービスロケータとして使う必要がまだあるということです。それさえ済めば、DIコンテナに登録されている

すべてのモジュールが自動的にインスタンス化され接続されます。

7.2.4.3 DIコンテナの長所と短所

DIコンテナは登録されるモジュールがDIパターンを使っていることを前提としていますから、長所と短所も引き継いでいます。具体的に言えば、結合度を低下させテスト可能性を向上させましたが、その一方で複雑さは増しました。依存関係が実行時に解決されるからです。DIコンテナはサービスロケータパターンと多くの性質を共有していますが、実際に依存するもの以外の余計なサービスにモジュールを依存させないという事実を利点としてもっています。これは大きな利点で、各モジュールはDIコンテナなしでも、単に手作業で注入を行いさえすれば利用できるのです。

それがこの節で示したことの本質でもあります。元来のDIパターンを使った認証サーバの旧版を使い、（モジュールappを除いた）コンポーネントの変更なしに、すべての依存関係の注入を自動化できたのです。

npmで、再利用可能なDIコンテナが多数見つかります。コードを見ることで新たなアイデアも浮かぶでしょう──https://www.npmjs.org/search?q=dependency%20injection

7.3 プラグインの接続

ソフトウェアエンジニアにとって夢のようなアーキテクチャといえば、小さな最小限のコアをもち、プラグインを使って必要に応じて自由に拡張できるものでしょう。残念ながら、これは容易に得られるとは限りません。時間、リソース、複雑さなどの点でコストがかさむことが多いからです。それでもなお、何らかの種類の外部拡張性が望まれます。たとえシステムの一部に限られているとしてもです。この節では、この魅力的な世界に飛び込み、次の二律背反的な問題に焦点を合わせます。

- アプリケーションのサービスをプラグインに解放する
- プラグインを親アプリケーションの流れに組み込む

7.3.1 パッケージとしてのプラグイン

Nodeでは、アプリケーションのプラグインは多くの場合プロジェクトのディレクトリnode_modulesにパッケージとしてインストールされます。これには2つの利点があります。第1に、npmの力を使ってプラグインの配布と依存関係の管理できます。第2に、パッケージが独自の依存グラフをもつことができるので、親プロジェクトの依存関係をプラグインに使わせるのに比べ、依存関係間の衝突や非互換性の危険性を少なくできます。

次のディレクトリ構造は、アプリケーションに2つのプラグインをパッケージとして付けた例です。

```
application
└── node_modules
    ├── pluginA
    └── pluginB
```

Nodeの世界では、これは非常に一般的な手法です。よく知られている例としては、express（http://expressjs.com）とミドルウェア、gulp（http://gulpjs.com）、grunt（http://gruntjs.com）、nodebb（http://nodebb.org）、docpad（http://docpad.org）などがあります。

しかし、パッケージを使うことの利点は外部プラグインの場合に限られません。実際には、コンポーネントをまるで内部プラグインであるかのようにパッケージ内にラップすることでアプリケーション全体を構築するというパターンが、よく使われます。つまり、アプリケーションの主パッケージの中にモジュールを並べるのではなく、機能の大まかな区分ごとに別のパッケージを作り、それをディレクトリnode_modules内にインストールするのです。

パッケージは非公開（private）でもよく、公開のnpmレジストリから入手可能である必要はありません。package.json内でフラグprivateをセットしておけば、npmによる公開を防げます。そうしてから、パッケージをgitなどでコミットするか、非公開のnpmサーバを利用して、開発チーム内で共有します。

なぜこのパターンを使うのでしょうか。何よりもまず便利だからです。パッケージのローカルモジュールを相対パスの記述で参照するのは実際的ではない、あるいは長たらしいと思うのが普通です。たとえば次のようなディレクトリ構造を考えてください。

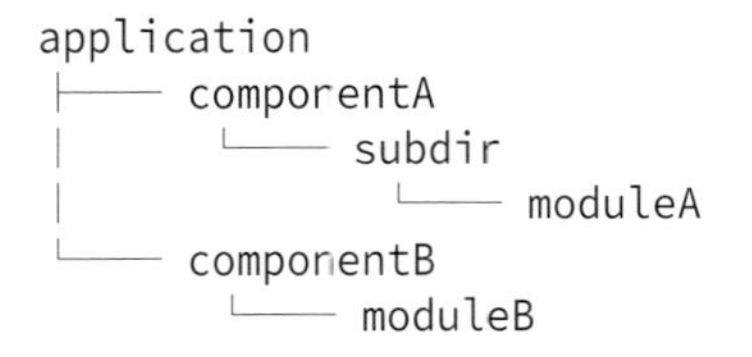

```
application
├── comporentA
│   └── subdir
│       └── moduleA
└── componentB
    └── moduleB
```

moduleAからmoduleBを参照したい場合、次のように書く必要があります。

```
require('../../componentB/moduleB');
```

ですからそうせずに、（2章で学んだように）require()の解決アルゴリズムの性質を利用することにしてディレクトリcomponentB全体をパッケージに入れてしまうのです。ディレクトリnode_modulesにインストールすれば、次のように書くことができます（アプリケーションのメインパッケージのどこからでも同じです）。

```
require('componentB/moduleB');
```

プロジェクトをパッケージに分ける2つ目の理由は、もちろん再利用性のためです。パッケージは独自のプライベートな依存関係をもつことができるので、開発者は何をメインのアプリケーションに公開し、何をプライベートのままにしておくかを、結合性排除と情報隠蔽がアプリケーション全体にもたらす良い効果を考慮に入れつつ考えざるをえなくなります。

パターン

パッケージはnpmと組み合わせてコードを配布するためだけでなく、アプリケーション内の整理の手段としても使える。

ここで説明したユースケースは、パッケージを（npmのパッケージの大多数のように）ステートレスで再利用可能なライブラリとして利用するばかりでなく、むしろ特定のアプリケーションに対してサービスを提供したり、機能を拡張したり、振る舞いを修飾したりするための不可欠な部品として利用しています。主な違いは、この型のパッケージは単に使われているのではなく、アプリケーション内部に組み込まれているということです。

ここではプラグインという言葉を、特定のアプリケーションに組み込まれることを意図したパッケージの意味で使います。

この後に示すように、この型の構造をサポートしようと決めたときによく直面する問題が、メインのアプリケーションの部分をプラグインに公開することです。実際、ステートレスなプラグインだけを考えるわけにはいきません ── もちろん完全な拡張性を目指すためのものなのですが、プラグインは作業を行うために親アプリケーションのサービスをいくつか使わねばならないことがあるからです。この部分は、親アプリケーション内でモジュールがどのような技術を使って接続されているかに大きく依存します。

7.3.2 拡張ポイント

アプリケーションを拡張可能にする方法は、文字どおり無限にあります。たとえば6章で見たデザインパターンのいくつかは、まさに機能拡張のためのものです。プロキシやデコレータを使えば、サービスの機能を変えたり強化したりできます。ストラテジーを使えばアルゴリズムの一部を入れ替えられます。ミドルウェアなら既存のパイプラインに処理ユニットを挿入できます。また、ストリームは元来が組み立て用に作られているので、大きな拡張性を提供できます。

その一方で、イベントエミッタはイベントとpublish（発行）/subscribe（登録）のパターンを使ってコンポーネントを分離してくれます。もうひとつの重要な技術が、新しい機能を付加したり、既存の機能を変更したりできる箇所をアプリケーション内に明示的に作り込んでおくことです。アプリケーション内にあるそのような箇所は「フック」と呼ばれます。まとめると、プラグインをサポートするためのもっとも重要な要素は拡張ポイントであると言えます。

コンポーネントを接続する方法は、アプリケーションのサービスをプラグインに対して公開する方法にも影響を与えますので、プラグイン方式の決定にも関係することになります。この節では、主にこの問題に焦点を合わせます。

7.3.3 拡張機能のプラグイン側制御とアプリケーション側制御

先に進んでいくつか例を示す前に、これから使おうとしている技術の背景を理解しておくことが重要です。アプリケーションのコンポーネントを拡張するには主に2つの方法があります。

1. 明示的拡張
2. 制御の反転(inversion of control：IoC)による拡張

第1の場合は、インフラを明示的に拡張する特定のコンポーネント(新しい機能を提供するもの)が存在しますが、第2の場合はインフラ側で拡張機能をロード、インストールしたり、特定の新コンポーネントを実行したりして管理します。第2の方法では**図7-2**に示すように、制御の流れが反転しています。

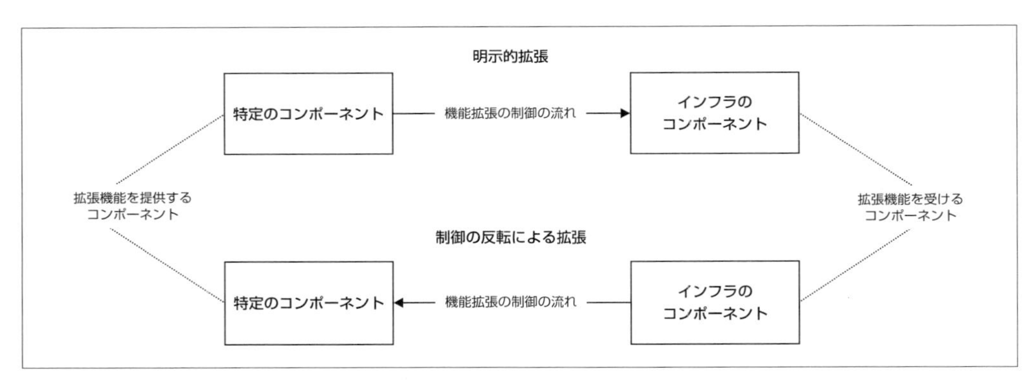

図7-2 拡張機能の制御

IoCは非常に広範な原則で、アプリケーション拡張性の問題以外にも応用可能です。実際、より一般的に言えば、何らかの形でIoCを実装することにより、カスタムコードでインフラを制御するのではなく、インフラ側でカスタムコードを制御できます。IoCを導入すると、アプリケーションのコンポーネントはフローを制御する力を手放す代わりに結合度を低下させられるのです。これは「ハリウッド原則」あるいは「don't call us, we'll call you(連絡してくるな。こっちから連絡するから)」と呼ばれています。

たとえば、DIコンテナは依存性管理の特定の場合に応用されたIoCの実例です。オブザーバパターンもステート管理に応用されたIoCの例です。テンプレート、ストラテジー、ステート、ミドルウェアも同じ原則をさらに局所的に使用したものです。ブラウザもUIのイベントをJavaScriptのコードにディスパッチする際にはIoC原則を実装しています（ブラウザのイベントを能動的にポーリングしているのはJavaScriptのコードではありません）。そもそも、Node自体がさまざまなコールバックの実行を制御する際にIoC原則に従っているのです。

IoC原則についてさらに知りたい場合は、その達人であるMartin Fowlerの言葉を次のURLで直接調べてみるとよいでしょう ― http://martinfowler.com/bliki/InversionOfControl.html

この概念をそれぞれのプラグインの場合に当てはめてみると、拡張機能には2つの形態があることがわかります。

- プラグイン側で制御する拡張機能
- アプリケーション側で制御する拡張機能（IoC）

1番目のケースでは、プラグインのほうがアプリケーションのコンポーネントを使って必要に応じて拡張しますが、2番目のケースでは、制御がアプリケーション側にあり、拡張ポイントのひとつにプラグインを組み込みます。

簡単な例を示すため、Expressアプリケーションを拡張して新たなルートを追加するプラグインを考えましょう。プラグイン側で制御する拡張機能を使う場合は次のようになるでしょう。

```
// アプリケーション側
const app = express();
require('thePlugin')(app);

// プラグイン側
module.exports = function plugin(app) {
  app.get('/newRoute', function(req, res) {...})
};
```

それに対して、アプリケーション側で制御する拡張機能（IoC）を使いたい場合は、上の例と同じものが次のようになります。

```
// アプリケーション側
const app = express();
const plugin = require('thePlugin')();
app[plugin.method](plugin.route, plugin.handler);

// プラグイン側
module.exports = function plugin() {
  return {
    method: 'get',
    route: '/newRoute',
    handler: function(req, res) {...}
  }
```

```
}
```

コードの最後の部分を見ると、プラグインが機能拡張の過程の中で受動的にしか振る舞っていないのがわかります。制御はアプリケーションが握っており、プラグインを受け付けるフレームワークを実装しています。

上の例を検討すれば、2つの方針の間の重要な違いがわかります。

- 「プラグイン側で制御する拡張機能」のほうが強力かつ柔軟です。というのも、アプリケーションの内部情報にアクセスでき、まるでプラグインがアプリケーション自体の一部であるかのように自由に動けることが多いからなのです。しかし、これは時として利点というより負担となることがあります。実際、アプリケーションに少しでも変更があるとプラグインへの悪影響を直接受けやすく、親アプリケーションの進化に合わせて常に更新が要求されるのです
- アプリケーション側で制御する拡張機能では、アプリケーション側に「プラグイン用インフラ」が必要です。プラグイン側で制御する拡張機能の場合に必要なのは、アプリケーションのコンポーネントが何らかの方法で拡張可能であることだけです
- プラグイン側で制御する拡張機能では、アプリケーションの内部サービスをプラグインと共有することが必須になります（先ほどの例では、共有するサービスはインスタンスappです）。共有しなければ拡張できません。アプリケーション側で制御する拡張機能でもアプリケーションのサービスに一部アクセスする必要が生じる場合がありますが、拡張するためではなく使用するためです。2つほど例をあげるとすれば、プラグインでインスタンスdbにクエリを投げたくなるかもしれませんし、親アプリケーションのログ記録機能を利用したいと思うかもしれません

最後の点は、アプリケーションのサービスをプラグインに公開することの重要性を考えるきっかけになります —— それこそがこの節の探求の主眼です。もっともよいのはプラグイン側で制御する拡張機能の実際的な例を示すことでしょう。インフラという点では必要な手間は最小限ですから、アプリケーションのステートをプラグインと共用する問題について、より重点を置いた説明ができます。

7.3.4 ログアウトプラグインの実装

では、以前作成した認証サーバ用の小さなプラグインの作成に取りかかりましょう。アプリケーションを作成した当初の方法では、トークンは期限が切れると無効になるだけで、明示的な無効化はできません。無効化機能のサポートを追加しましょう。つまり「ログアウト」ですが、親アプリケーションのコードを修正するのでなく、外付けのプラグインに処理を委譲します。

この新機能をサポートするために、作成後にすべてのトークンをデータベースに保存し、チェックするたびに保存されているかどうか確認することにします。トークンの無効化には、データベースからの削除だけで済みます。

そのために、プラグイン側で制御する拡張機能を使って、`authService.login()`と`authService.`

checkToken()の呼び出しをプロキシで代行します。次にlogout()という名前の新しいメソッドでauthServiceをデコレートします。その後、新しいエンドポイント（/logout）を公開するために、メインExpressサーバに新しいルートを登録します。これでHTTPリクエストを使ってトークンを無効化できるようになります。

今説明したプラグインを4つの異なった方法で実装します。

- 依存関係のハードコーディング
- 依存性注入を使用した実装
- サービスロケータを使用した実装
- DIコンテナを使用した実装

7.3.4.1 依存関係のハードコーディング

これから作成する最初のプラグイン実装法は、アプリケーションにステートをもつモジュールを接続する場合に依存関係をハードコードする事例をカバーするものです。この場合は、プラグインがパッケージのディレクトリnode_modulesにあるならば、親アプリケーションのサービスを使うには親パッケージにアクセスする必要があります。それには2つの方法があります。

- require()を使用し、相対パスあるいは絶対パスを用いてアプリケーションのルートに移動する
- 親アプリケーションのモジュール（通常はプラグインをインスタンス化したモジュール）になりすまして（impersonateして）require()を使用する。こうすれば、require()を使って（プラグインからではなく）まるで親アプリケーションから呼び出されたかのようにアプリケーションのすべてのサービスに容易にアクセス可能となる

1番目の方法では、パッケージが親アプリケーションの位置をわかっていることが前提となっており、堅牢性が低くなります。モジュールになりすますパターンのほうはパッケージがどこからrequireされているかには関係がないので、次のデモの実装ではこの方法を採用します。

プラグインを作成するため、まずディレクトリnode_modulesにauthsrv-plugin-logoutという名前で新しいパッケージを作成します。コーディングを始める前に、パッケージを説明する最小限のpackage.jsonを作成し、必須のパラメータのみを埋めておく必要があります（ファイルへの完全なパスはnode_modules/authsrv-plugin-logout/package.jsonです）。

```
{
  "name": "authsrv-plugin-logout",
  "version": "0.0.0"
}
```

これでプラグインのメインモジュールを作成する準備ができましたので、ファイルindex.jsを作成

します。これはNodeがrequireされたパッケージをロードしようとする際に（package.jsonでプロパティmainが定義されていなければ）デフォルトとなるモジュールです。いつものようにモジュールの冒頭の行は依存対象をロードするためのものです。requireの方法に注目してください（ファイルはnode_modules/authsrv-plugin-logout/index.jsです）。

```
const parentRequire = module.parent.require;

const authService = parentRequire('./lib/authService');
const db = parentRequire('./lib/db');
const app = parentRequire('./app');

const tokensDb = db.sublevel('tokens');
```

第1行目が違いを生んでいます。モジュールparentの関数require()への参照を取得しており、parentはプラグインをロードしているモジュールです。この例ではparentは親アプリケーションのモジュールappになりますので、parentRequire()を呼び出すたびに、まるでapp.jsから呼び出したようにモジュールをロードすることになります。

次のステップはメソッドauthService.login()のプロキシの作成です。6章でこのパターンを検討しましたから、もう仕組みはわかっているはずです。

```
const oldLogin = authService.login;                          // ❶
authService.login = (username, password, callback) => {
  oldLogin(username, password, (err, token) => {             // ❷
    if(err) return callback(err);                            // ❸

    tokensDb.put(token, {username: username}, () => {
      callback(null, token);
    });
  });
}
```

上のコードの各ステップを説明しましょう。

❶ まず、元のメソッドlogin()への参照を保存し、プロキシバージョンでオーバライドする
❷ プロキシ関数内では元のlogin()に独自のコールバックを与えて呼び出し、元の戻り値をインターセプトできるようにする
❸ 元のlogin()がエラーを返した場合は、それを単にコールバックに転送する。エラーがなければトークンをデータベースに保存する

同様に、checkToken()にもカスタムロジックを追加できるように、呼び出しをインターセプトする必要があります。

```
const oldCheckToken = authService.checkToken;
```

```
authService.checkToken = (token, callback) => {
  tokensDb.get(token, function(err, res) {
    if(err) return callback(err);

    oldCheckToken(token, callback);
  });
}
```

今度は、元のメソッドcheckToken()に制御を渡す前にデータベース内にトークンが存在するかどうかチェックします。トークンが見つからなければget()はエラーを返します。これはトークンが無効化されているということですから、コールバックにエラーを渡してそのまま戻ります。

authServiceの拡張機能の仕上げとして、トークンを無効化するために使用する新しいメソッドでデコレートする必要があります。

```
authService.logout = (token, callback) => {
  tokensDb.del(token, callback);
}
```

メソッドlogout()は単純で、データベースからトークンを削除するだけです。

最後に、Expressサーバに新たなルートを付加し、ウェブサーバ経由で新たな機能を公開します。

```
app.get('/logout', (req, res, next) => {
  authService.logout(req.query.token, function() {
    res.status(200).send({ok: true});
  });
});
```

これでプラグインを親アプリケーションに付加する準備ができました。アプリケーションのメインディレクトリに戻り、モジュールapp.jsを編集するだけで付加できます。

```
// ...
let app = module.exports = express();
app.use(bodyParser.json());

require('authsrv-plugin-logout');

app.post('/login', authController.login);
app.all('/checkToken', authController.checkToken);
// ...
```

見てわかるように、プラグインを付加するにはrequireするだけでよいのです。このコードが実行されたとたんに(アプリケーションの起動時に)制御の流れがプラグインに渡され、今度はプラグインがモジュールauthServiceとappを機能拡張するというのは今まで見てきたとおりです。

これで認証サーバがトークンの無効化もサポートするようになりました。再利用可能な方法で行い、アプリケーションのコアとなる部分にはほとんど手を触れておらず、機能を拡張するのにプロキシとデコレータのパターンを簡単に適用できました。

それではアプリケーションを再び起動してみましょう。

```
$ node app
```

次に、新たなウェブサービス/logoutが実際に存在し、期待どおりの動作をすることを確認しましょう。curlを使えば、/loginを使って新しいトークンの入手を試みることができます。

```
$ curl -X POST -d '{"username": "alice", "password":"secret"}' \
  http://localhost:3000/login -H "Content-Type: application/json"
```

次に/checkTokenを使ってトークンが有効かどうかチェックします。

```
$ curl -X GET -H "Accept: application/json" \
  http://localhost:3000/checkToken?token=〈トークン〉
```

これで、トークンをエンドポイント/logoutに渡して無効化できます。curlでは次のようなコマンドになります。

```
$ curl -X GET -H "Accept: application/json" \
  http://localhost:3000/logout?token=〈トークン〉
```

トークンの有効性を再度チェックすると、否定的反応が返るはずで、プラグインがうまく動いていることが確認できます。

今実装したような小さいプラグインであっても、プラグインベースの拡張性をサポートすることの利点は明らかです。さらに、モジュールなりすましを使って別のパッケージから親アプリケーションのサービスにアクセスする方法も見ました。

モジュールなりすまし（module impersonation）パターンはかなり多くのNodeBBのプラグインで使われています。実際のアプリケーションでどのように使われているか知りたければ、そのうちのいくつかをチェックしてみるのもよいでしょう。注目に値する例へのリンクをあげておきます。

- nodebb-plugin-poll — https://github.com/Schamper/nodebb-plugin-poll/blob/b4a46561aff279e19c23b7c635fda5037c534b84/lib/nodebb.js
- nodebb-plugin-mentions — https://github.com/julianlam/nodebb-plugin-mentions/blob/9638118fa7e06a05ceb24eb521427440abd0dd8a/library.js#L4-13

モジュールなりすましは、もちろん依存関係をハードコードしている形になりますから、長所も短所も同様になります。一方では、わずかな手間とインフラに対する最小限の必要条件で親アプリケーションのすべてのサービスにアクセスできるようになりますが、もう一方では、サービスの特定のインスタンスのみならずその配置とも強い結合が形成され、プラグインが親アプリケーションの変更やリファクタリングの影響にさらされやすくなります。

7.3.4.2 サービスロケータを用いたサービスの公開

モジュールなりすまし同様、アプリケーションのコンポーネントをすべてプラグインに公開したいならサービスロケータも良い選択肢なのですが、さらに良いことには、プラグインがサービスロケータを使って自分のサービスをアプリケーションや他のプラグインにさえ公開できるという、非常に大きな利点があります。

それでは先ほど作成したログアウト用プラグインを、サービスロケータを使用して書き直してみましょう。ファイルnode_modules/authsrv-plugin-logout/index.js内のプラグインのメインモジュールを書き換えます（06_plugin_service_locator/）。

```
module.exports = (serviceLocator) => {
  const authService = serviceLocator.get('authService');
  const db = serviceLocator.get('db');
  const app = serviceLocator.get('app');

  const tokensDb = db.sublevel('tokens');

  const oldLogin = authService.login;
  authService.login = (username, password, callback) => {
    // ...この部分は前の版と同じ
  }

  const oldCheckToken = authService.checkToken;
  authService.checkToken = (token, callback) => {
    // ...この部分は前の版と同じ
  }

  authService.logout = (token, callback) => {
    // ...この部分は前の版と同じ
  }

  app.get('/logout', (req, res, next) => {
    // ...この部分は前の版と同じ
  });
};
```

プラグインが親アプリケーションのサービスロケータを入力として受け取るようになりましたから、どのようなサービスにも必要に応じてアクセスできます。つまり、アプリケーション側はプラグインがどのような依存関係を必要としているかについて前もって知っている必要がないのです。プラグイン側で制御する拡張機能を実装しようとする場合、これが非常に大きな利点です。

次のステップは親アプリケーションからのプラグインの実行ですが、それにはモジュールapp.jsを修正する必要があります。以前作成したサービスロケータをベースとした認証サーバを利用します。必要な修正は次のコードに示した点です。

```
// ...
const svcLoc = require('./lib/serviceLocator')();
svcLoc.register(...);
// ...

svcLoc.register('app', app);
const plugin = require('authsrv-plugin-logout');
plugin(svcLoc);

// ...
```

上のコードで修正点は太文字になっています。この修正により、次のことが可能になります。

- サービスロケータにモジュールapp自身を登録できる。プラグインがappにアクセスできるようになる
- プラグインをrequireできる
- サービスロケータを引数として与えてプラグインのメイン関数を起動できる

既に指摘したように、サービスロケータの最大の強みはアプリケーションのすべてのサービスをプラグインに公開する単純な手段を提供していることだけでなく、逆にプラグインのサービスを親アプリケーションが共有したり、さらに他のプラグインからも共有できるような仕組みとして使えるということです。この最後の点が、プラグイン側で制御する拡張機能で使われるサービスロケータパターンの最大の強みでしょう。

7.3.4.3 DIを使ったサービス公開

サービスをプラグインにまで広げるのにDI（依存性注入）を使うのは、アプリケーション自体の中で使うのと同じように簡単です。親アプリケーション内で依存関係にあるものを接続する主な方法がDIであれば、プラグインへの公開にDIを使うことがほぼ必須ですが、依存関係管理の形式としてハードコーディングやサービスロケータが主に使われていたとしても、DIを使って悪いことはひとつもありません。さらにDIは、アプリケーション側で制御する拡張機能をサポートしたい場合、プラグインと共有するものに対する制御が向上するので、理想的な選択肢なのです。

本当にそうなのか検証するために、ログアウトのプラグインがDIを使うようにさっそく書き直してみましょう。必要な変更は非常に少ないので、プラグインのメインモジュール（node_modules/authsrv-plugin-logout/index.js）から始めましょう（07_plugin_di）。

```
module.exports = (app, authService, db) => {
  const tokensDb = db.sublevel('tokens');

  const oldLogin = authService.login;
  authService.login = (username, password, callback) => {
```

```
    // ...この部分は前の版と同じ
  }

  let oldCheckToken = authService.checkToken;
  authService.checkToken = (token, callback) => {
    // ...この部分は前の版と同じ
  }

  authService.logout = (token, callback) => {
    // ...この部分は前の版と同じ

  }

  app.get('/logout', (req, res, next) => {
    // ...この部分は前の版と同じ
  });
};
```

プラグインのコードをファクトリにラップし、ファクトリが入力として親アプリケーションのサービスを受け取るようにしただけです。残りの部分は変えていません。

リファクタリングの仕上げとして、親アプリケーションにプラグインを付加する方法も変える必要があります。モジュール`app.js`の中でプラグインをrequireする1行を書き換えましょう。

```
// ...
const plugin = require('authsrv-plugin-logout');
plugin(app, authService, authController, db);
// ...
```

依存対象をどのように取得するのかはわざと示していません。実際、どのようにしても大きな違いはありません。どの方法でも同じように機能します。依存関係のハードコーディングでも、ファクトリやサービスロケータからインスタンスを取得するのでもかまいません ── 問題ではないのです。これはDIが、親アプリケーション内でのサービス接続方法に関係なくプラグインの接続に使用できる、柔軟性のあるパターンであることの証明になっています。

しかし、違いはもっとずっと深いところにあります。DIは、プラグインにサービスを提供するもっともすっきりした方法であるのは確かですが、もっとも重要なのは、プラグインに何を公開するかについて最適なレベルの制御力をもち、侵略的すぎる拡張機能に対する情報隠蔽効果や防御効果が優れているということです。しかし、これは欠点とも考えられます。親アプリケーションはプラグインがどのサービスを必要としているか常に把握できるとは限らないからです。すべてのサービスを注入してしまうのは実際的ではありません。そこで一部だけ、たとえば親アプリケーションの重要なコアのサービスのみに限って注入することになります。そんなわけで、プラグイン側で制御する拡張機能を主にサポートしたい場合には、DIは理想的な選択肢ではありません。ところが、DIコンテナを使えば、こういった問題は簡単に解決できます。

Ncdeのタスクランナーである Grunt（http://gruntjs.com）は、プラグインにGruntのコアナービスのインスタンスを提供するのにDIを使っています。インスタンスがあれば、各プラグインは新しいタスクを付加したり、設定パラメータを取得するのに使ったり、他のタスクを実行したりしてサービスを拡張できます。Gruntのプラグインは次のようなコードになります。

```
module.exports = function(grunt) {
  grunt.registerMultiTask('taskName', 'description',
    function(...) {...}
  );
};
```

7.3.4.4 DIコンテナを使ったサービス公開

上の例を出発点として、作成したプラグインをDIコンテナと組み合わせて使えるようにしましょう。次のコードに示すように、モジュールappに小さな変更を加えます（08_plugin_di_container）。

```
// ...
const diContainer = require('./lib/diContainer')();
diContainer.register(...);
// ...
// プラグイン初期化
diContainer.inject(require('authsrv-plugin-logout'));
// ...
```

アプリケーションのインスタンスもしくはファクトリの登録が済めば、残るはプラグインのインスタンス化だけですが、DIコンテナを使って依存関係を注入すればよいのです。このようにすれば、各プラグインは自分に必要な依存関係をrequireすることができ、親アプリケーションはそれについて知っている必要はありません。すべての接続はDIコンテナがいつもどおり自動的にやってくれます。

DIコンテナを使うということは、どのプラグインもアプリケーションのすべてのサービスにアクセスできる可能性が生じるということなので、情報隠蔽の程度も、何が使えて何が拡張できるのかに対する制御力も低下します。この問題に対する解決策としてひとつ考えられるのは、プラグインに対して公開したいサービスだけを登録したDIコンテナを別に作成することです。こうすれば、各プラグインが親アプリケーションの何を見ることができるのかを制御できます。これは、DIコンテナがカプセル化と情報隠蔽の点から見ても、非常に良い選択肢であることを示しています。

これでログアウトプラグインと認証サーバのリファクタリングは完了です。

7.4 まとめ

依存対象との接続という話題はソフトウェア工学の中でも人によって大きく意見が異なるものですが、この章では分析をできる限り事実に基づいたものに限定するようにし、もっとも重要な接続パターンの客観的な概観を示すように努めました。NodeにおけるSingletonとインスタンスに関する主要な疑問のいくつかを解消し、モジュール接続法として依存関係のハードコーディング、DI、サービスロケータについて学びました。認証サーバを題材に、各技法のコードを作成し、各実装方法の長所と短所を明らかにしました。

この章の後半では、アプリケーションによるプラグインのサポート方法を説明しましたが、もっとも重要なのは、プラグインを親アプリケーションと接続する方法です。章の前半で示したのと同じ技法を適用しましたが、別の観点から分析しました。プラグインが親アプリケーションの適切なサービスにアクセスできることがいかに重要であるか、機能にいかに大きな影響を与えうるかを説明しました。

この章の内容を理解すれば、アプリケーションで達成したい分離（結合性排除）、再利用性、単純さのレベルに応じた最善のアプローチを選べるはずです。また、同じアプリケーション内で複数のパターンを利用することも検討しました。たとえば、メインの技法として依存関係をハードコードする一方で、プラグインの接続にはサービスロケータを利用するといった方法です。ここまで来れば自由自在に使いこなせるはずです。

8章
ユニバーサルJavaScript

JavaScriptは1995年に生まれ、当初の目的はウェブ開発者にブラウザ内でコードを直接実行する力を与え、動的かつ対話的なウェブサイトを作れるようにしようというものでした。

以来、JavaScriptは大きく成長し、今では非常に有名で広く使われている言語になりました。誕生したばかりのJavaScriptは非常に単純で限られた機能しかもたない言語でしたが、今日ではブラウザで実行しなくても、どのような種類のアプリケーションも作成できる、完全な汎用言語とみなせるようになりました。実際、JavaScriptは現在では、フロントエンドのアプリケーション、ウェブサーバ、モバイルアプリケーションを動かし、ウェアラブル機器、サーモスタットやドローンにまで使われているのです。

複数のプラットフォームやデバイスで横断的に使えることから、JavaScript開発者の間で新しい動きが起こっています。同じプロジェクト内の異なる環境間におけるコード再利用を単純化できるようにしようというのです。Nodeに関連した例としては、サーバ（バックエンド）とブラウザ（フロントエンド）とで簡単にコードを共有できるようなウェブアプリケーションの作成があります。このコード再利用への努力は、当初は「アイソモーフィックJavaScript」と呼ばれていましたが、現在では多くの場合「ユニバーサルJavaScript」と呼ばれています。

この章では、特にウェブ開発の領域におけるユニバーサルJavaScriptの長所を探り、サーバとブラウザの間でコードの大部分を共有できるようなツールやテクニックを紹介します。

特にサーバとクライアントの両方でモジュールを利用する方法と、WebpackやBabelといったツールを使ってブラウザ用のパッケージを作成する方法を学びます。ライブラリReactをはじめとする著名なモジュールを採用して、ウェブインタフェースを作成したりウェブサーバの状態をフロントエンドと共有したりし、最後にはアプリケーション内でユニバーサルなルーティングやデータ取得を可能にする興味深いソリューションをいくつか探ります。

この章を最後まで読めば、Reactを使ったシングルページ・アプリケーション（single-page application：SPA）が作れるようになります。Nodeサーバで以前示したコードのほとんどを再利用した、一貫性のある、理解しやすい、保守しやすいアプリケーションです。

8.1 ブラウザとのコード共有

Nodeの主な「売り」のひとつが、JavaScriptで書かれていて、多くのユーザーに使われているChromeブラウザに搭載されたエンジンのV8で実行されるということです。これだけでNodeとブラウザでのコード共有は簡単だと結論できると思ってしまうかもしれませんが、共有するのが小さくて自己完結した汎用のコードフラグメントの場合は別として、常にそうとは言えません。クライアントとサーバの両方で使えるコードを開発するには、本来別物の両環境で同じコードがきちんと動作するよう、無視できないレベルの努力が要求されるのです。たとえば、NodeではDOMやビューはなく、一方ブラウザにはファイルシステムもなければ新しいプロセスを開始する能力もありません。さらに、Nodeでは新しいES2015の機能の多くが安全に使えますが、ブラウザではそうはいきません。ES2015対応のウェブブラウザのシェアが100%になるにはまだ時間がかかるでしょうから、それまでクライアントではES5のコードを実行させるのが安全です。

こうしたわけで、両プラットフォーム向け開発で要求される努力のほとんどが、今述べた違いを最小限にまで減らすことなのです。それには、抽象化とパターンの力を借りて、アプリケーションがブラウザ向けコードとNodeコードの間で実行時に動的に、あるいはビルド時に、切り替えられるようにします。

幸いなことに、この可能性に対する関心が高まったため、Nodeの多くのライブラリやフレームワークが両環境のサポートを開始しました。この進化を支えたもうひとつの要素は、この新しいワークフローをサポートするツールの増加で、ツールは何年にもわたって改良され続けています。つまり、Node上でnpmのパッケージを使用しているなら、それがブラウザ上でもシームレスに動作する可能性が高いのです。ところが、それだけでは作成したアプリケーションがブラウザとNodeの両方で問題なく実行できるとは保証できません。これから見ていくように、クロスプラットフォームのコードを開発する際には、注意深いデザインが必要なのです。

この節では、Nodeとブラウザの両方に向けたコードを書くときにぶつかる可能性がある基本的な問題を探り、この新たな刺激的難問に挑戦する助けとなるツールやパターンをいくつか紹介します。

8.1.1 モジュールの共有

ブラウザとサーバとでコードを共有したいと思ったときにぶつかる最初の壁は、Nodeが使用するモジュールシステムと、ブラウザで使われるさまざまな異なるモジュールシステムとの大きな隔たりです。もうひとつの問題はブラウザに関数`require()`がない、つまりモジュールの構成を解決するためのファイルシステムがないということです。ですから、コードの大部分が両プラットフォームで実行可能になるように書き、その中でCommonJSのモジュールシステムを使い続けたいと思ったら、余分な作業がひとつ必要になります——すべての依存対象をビルド時にバンドルし、ブラウザ上で`require()`のメカニズムを抽象化する（つまり、働きを変えずに別のコードで書き換える）のを助けるツールが必要なのです。

8.1.1.1 ユニバーサルなモジュール定義

Nodeでは、CommonJSモジュールがコンポーネント間の依存関係の基盤を形成しています。ところが「ブラウザ空間」は細かく分断されてしまっています。

- モジュールシステムが（まったく）存在しない。つまり、他のモジュールにアクセスするためには大域変数（グローバル）を多用する
- 非同期的モジュール定義（asynchronous module definition：AMD）ローダをベースとした環境。たとえばRequireJS（http://requirejs.org）
- CommonJSモジュールシステムの主要素を実装した環境

幸い、作成したコードをNode環境で使用されているモジュールシステムから抽象化して独立させる助けとなる「ユニバーサルモジュール定義（universal module definition：UMD）」と呼ばれるパターンがあります。

UMDモジュールの作成

UMDはまだ標準化されていないため、サポートが必要なコンポーネントやモジュールシステムのニーズに応じて多くの変化形が存在する可能性があります。とはいえ、AMD、CommonJS、ブラウザグローバルなど、よく使われているモジュールシステムをサポートできる形式がひとつは存在しているでしょう。

どのようなものか簡単な例を見てみましょう。新たなプロジェクトを作成し、`umdModule.js`という名前の新しいモジュールを作成します（`01_umd`）。

```
(function(root, factory) {                               // ❶
  if(typeof define === 'function' && define.amd) {  // ❷
    define(['mustache'], factory);
  } else if(typeof module === 'object' &&            // ❸
      typeof module.exports === 'object') {
    var mustache = require('mustache');
    module.exports = factory(mustache);
  } else {                                               // ❹
    root.UmdModule = factory(root.Mustache);
  }
}(this, function(mustache) {                             // ❺
  var template = '<h1>Hello <i>{{name}}</i></h1>';
  mustache.parse(template);

  return {
    sayHello:function(toWhom) {
         return mustache.render(template, {name: toWhom});
    }
  };
}));
```

上の例は、外部の依存対象をひとつもった単純なモジュールです。mustache（http://mustache.github.io）は単純なテンプレートエンジンです。このUMDモジュールの最終産物は、mustacheのテンプレートをレンダリングしてそれを呼び出し元に返す、sayHello()という名前のメソッドひとつだけをもったオブジェクトです。UMDの最終目標はモジュールを、その環境で利用可能な他のモジュールシステムと統合することです。次のように動作します。

❶ すべてのコードは即時実行型の無名関数にラップされる。2章で見た公開モジュールパターンと非常によく似ている。関数はシステムで利用可能なグローバルなネームスペースのオブジェクトであるルートオブジェクト（たとえばブラウザであればwindow）を受け入れる。すぐ後に示すように、主に依存対象をグローバル変数として登録するためにこれが必要となる。2番目の引数はモジュールのfactory()で、これはモジュールの依存対象を入力として受け付け、インスタンスを返す関数（依存性注入）

❷ 最初にするのはAMDがシステム上で利用可能かどうかのチェック。関数defineとフラグamdの存在確認により判断する。存在すれば、システム上にAMDローダがあることになるので、依存対象としてmustacheをfactory()に注入することを要求しつつdefineを使ってモジュールを登録する

❸ オブジェクトmoduleとmodule.exportsの存在を調べることで、Node類似のCommonJS環境にいるかどうかチェックする。存在すれば、require()を使ってモジュールの依存対象をロードし、factory()に渡す。そしてfactory()の戻り値をmodule.exportsに代入する

❹ 最後に、AMDもCommonJSもなければ、モジュールをグローバル変数に代入する。使われるオブジェクトrootは、ブラウザ環境ではオブジェクトwindowであるのが普通。さらに、依存対象Mustacheがグローバルスコープになる理由がわかる

❺ 最終段階として、ラッパー関数が即時実行され、オブジェクトthis（ブラウザではオブジェクトwindowになる）がrootとして渡され、2番目の引数としてはモジュールのファクトリ関数が渡される。ファクトリ関数が依存対象を引数として受け取っているのがわかる

モジュール内でES2015の機能をひとつも使っていないことも強調しておかねばなりません。このコードがブラウザでも変更なしに実行できることが保証されます。

それでは、このUMDモジュールがNodeとブラウザの両方でどのように使えるのかを見ていきましょう。最初に、新たにファイルtestServer.jsを作成します。

```
const umdModule = require('./umdModule');
console.log(umdModule.sayHello('Server!'));
```

このスクリプトを実行すると次のような出力が得られます。

```
<h1>Hello <i>Server!</i></h1>
```

できたてほやほやのモジュールをクライアントでも使ってみたいので、testBrowser.htmlというページを作り、次のような内容を入力します。

```
<html>
  <head>
    <script src="node_modules/mustache/mustache.js"></script>
    <script src="umdModule.js"></script>
  </head>
  <body>
    <div id="main"></div>
    <script>
      document.getElementById('main').innerHTML =
        UmdModule.sayHello('Browser!');
    </script>
  </body>
</html>
```

このコードはページのタイトルに大きく「Hello Browser!」と書いたページを表示します。

上のコードでは、依存対象（mustacheと、ここで作成したumdModule）をページのヘッドに通常のスクリプトとして読み込み、UmdModule（ブラウザ内でグローバル変数として使用可能）を使ってHTMLコードを生成しブロックmainの内部に置く、短いインラインスクリプトを作成しました。

サンプルコードには、AMDローダと組み合わせて利用する例も含まれています。

UMDパターンに関する考察

UMDパターンは、もっともよく使われているモジュールシステムと互換性のあるモジュールを作成するのに使われる、効果的で単純な技法です。しかし、それには決まりきったコードを大量に書かなければならないのはこれまで見てきたとおりで、各環境でのテストが困難になる可能性がある一方で、エラーが起きやすくなることも避けられません。ですから、UMDの決まり文句を手作業で書くのが意味があるのは、既に作成済みでテストも終わっているモジュールをラップするときだけです。新しいモジュールをゼロから作っている際にそんなことをしてはなりません。現実的でも実際的でもありません。そのような場合には、作業過程の自動化を支援するツールに仕事を任せたほうがよいでしょう。そのようなツールのひとつがWebpackで、この章で使用することになります。

一般に使用されているモジュールシステムは、AMD、CommonJS、ブラウザのグローバルだけではないということも言っておく必要があるでしょう。これまでに示したパターンはほとんどのユースケースをカバーすると思いますが、その他のモジュールシステムをサポートするには変更が必要です。たとえばすぐ下で見るES2015のモジュール仕様は、他の方法と比較して利点が多いでしょう。

公式なUMDパターンの広範なリストが次のURLにあります — https://github.com/umdjs/umd

8.1.1.2 ES2015モジュール

ES2015仕様で導入された機能のひとつが「ビルトインモジュールシステム」です。この本では初登場ですが、それは残念なことにこの本の執筆時点ではNodeの現行バージョンでES2015モジュールがサポートされていないからなのです。

ここでは機能の詳細について説明しませんが、何年か後には主力のモジュール構文になる可能性がもっとも高いものですから、知っておくことは重要です。ES2015モジュールは標準であるばかりでなく、これまでに説明してきたその他のモジュールシステムより優れた構文と多数の利点をもたらします。

ES2015モジュールの目標はCommonJSとAMDモジュールのもっとも良いところを取り出すことでした。

- CommonJSのように、構文を簡潔にし、単一exportにし、循環依存のサポートを提供する
- AMDのように、非同期ロード、設定変更可能なモジュールロードを直接サポートする

おまけに、宣言的構文のおかげで、静的アナライザを使って静的チェックや最適化といった処理を実行することができるのです。たとえばスクリプトの依存ツリーを分析して、インポートされているモジュールから未使用の関数をすべて削除したバンドルファイルをブラウザ向けに作成することで、よりコンパクトなファイルをクライアントに提供し、ロード時間を短縮できます。

ES2015のモジュールについて詳しくはES2015の仕様を参照してください — http://www.ecma-international.org/ecma-262/6.0/#sec-scripts-and-modules

現在は、Babelのようなトランスパイラを採用することで、Nodeでも新しいモジュール構文を使うことができます。実際、多くの開発者がユニバーサルJavaScriptアプリを作成するための自分なりのソリューションを提示する際にそれを推奨しています。一般論として将来にも通じるものを作成しようというのは良い考えですが、特にこの場合、機能が既に標準化されており、いずれはNodeのコアの一部になるのですからなおさらです。しかし話を単純にするため、この章全体を通してCommonJSの構文から外れないようにします。

8.2 Webpackの導入

Nodeアプリケーションを書くうえで何としても避けたいのが、開発に使用しているプラットフォームがデフォルトとして提供しているモジュールシステムと異なるもののサポートを手作業で追加することです。理想的な状況は、今までと同じようにrequire()とmodule.exportsを使ってモジュールを書き続け、書き上げたコードをツールを使って変換してブラウザで容易に実行できるようなバンドルにすることでしょう。幸いなことに、この問題を解決してくれるプロジェクトが既に数多くありますが、その中でもWebpack（https://webpack.github.io）はもっとも人気があり、広く使われています。

Webpackを使えば、Nodeモジュール流の記法が使え、その後にコンパイルのステップがあって、モジュールがブラウザで動作するのに必要なすべての依存関係が入った（関数require()の書き直しも含めた）バンドル（単一のJavaScriptファイル）を作成してくれるのです。このバンドルはウェブページに組み込んでブラウザで簡単に実行できます。Webpackはソースコードを再帰的にスキャンして関数require()の参照を探し、参照を解決してモジュールをバンドルに組み込んでくれるのです。

WebpackがNodeモジュールからブラウザバンドルを作成するための唯一のツールというわけではありません。他によく使われているものとしてBrowserify（http://browserify.org）、RollupJs（http://rollupjs.org）、Webmake（https://npmjs.org/package/webmake）があります。さらに、require.jsでもクライアントとNodeの両方に使えるモジュールを作成できますが、CommonJSの代わりにAMDを使います（http://requirejs.org/docs/node.html）。

8.2.1 Webpackの魔法を探る

この魔法の仕組みがどうなっているのか簡単に説明するために、Webpackを使うと前の節で作成したumdModuleがどうなるのかを見てみましょう。まずWebpack自体をインストールする必要があります。単純なコマンドでできます。

```
$ npm install webpack -g
```

オプション-gは、Webpackをグローバルでインストールするようnpmに命令するもので、この後で示すようにコンソールから単純なコマンドでアクセスできるようにするためです。

次に新たなプロジェクトを作成し、以前作成したumdModuleに相当するモジュールを作成していきます。もしNodeで実装しなければならないとしたら、次のようになります（03_webpack/sayHello.js）。

```
var mustache = require('mustache');
var template = '<h1>Hello <i>{{name}}</i></h1>';
mustache.parse(template);
module.exports.sayHello = function(toWhom) {
```

```
    return mustache.render(template, {name: toWhom});
  };
```

UMDパターンを適用するより間違いなく簡単です。ではブラウザのコードの入り口となるmain.jsという名前のファイルを作りましょう。

```
window.addEventListener('load', function(){
  var sayHello = require('./sayHello').sayHello;
  var hello = sayHello('Browser!');
  var body = document.getElementsByTagName("body")[0]; body.innerHTML =
hello;
});
```

上のコードではNodeでするのとまったく同じようにモジュールsayHelloをrequireしています。ですから、依存関係の管理やパスを組み立てたりするのに悩む必要はありません。require()とするだけで後は全部やってくれます。

次に、プロジェクトにmustacheを確実にインストールしてください。

```
$ npm install mustache
```

さあ、これからが魔法のステップです。ターミナルで次のコマンドを実行します。

```
$ webpack main.js bundle.js
```

上のコマンドはモジュールmainをコンパイルし、要求（require）されている依存対象をすべてまとめてbundle.jsという名前のひとつのファイルに納めてくれます。これでブラウザで使えるようになるわけです。

本当にそうかどうかちょっとためしてみるのに、magic.htmlというHTMLページを作成し、次のコードを入力します。

```
<html>
  <head>
    <title>Webpack magic</title>
    <script src="bundle.js"></script>
  </head>
  <body>
  </body>
</html>
```

これだけでブラウザでコードが実行されます。ページを開いて自分の目で見てください。

開発中にソースコードを修正するたびにWebpackを手作業で実行するのは避けたいところです。必要なのはソースが変更されたら自動的にバンドルを生成し直す仕組みです。それにはWebpackのコマンドを実行する際にオプション--watchを使います。このオプションを設定するとWebpackは継続的に実行され、関連するソースファイルのひとつに変更があるたびにバンドルを再コンパイルしてくれます。

8.2.2 Webpackを使う利点

Webpackの魔法はこれにとどまりません。ブラウザとコードを共有する作業をより単純に、シームレスなものにしてくれる機能のリストを次に示します（これで全部ではありません）。

- Webpackは多くのNodeコアモジュールに対して、ブラウザと互換性のあるバージョンを自動的に割り当てる。つまり、`http`、`assert`、`events`ほか数多くのモジュールをブラウザで使うことができる

モジュール`fs`はサポートされていないもののひとつです。

- ブラウザと互換性のないモジュールがある場合は、ビルドから除くことも、空オブジェクトで置き換えることも、ブラウザと互換性のある別の代替モジュールを提供することもできる（これは必要不可欠な機能で、この後で示す例で利用）
- Webpackは異なるモジュールに対してバンドルを生成できる
- Webpackを使うと、サードパーティ製の「ローダ」や「プラグイン」を使ってソースファイルに追加の処理を実行できる。必要と考えられるあらゆるローダやプラグインが揃っており、CoffeeScript、TypeScriptのコンパイルといったものから、AMD、Bower（http://bower.io）、Component（http://component.github.io）といったパッケージの`require()`を使ったロードのサポートまで、あるいはミニフィケーションからコンパイル、さらにはテンプレートやスタイルシートといったアセットのバンドルをするものまである
- Webpackは、Gulp（https://npmjs.com/package/gulp-webpack）やGrunt（https://npmjs.org/package/grunt-webpack）といったタスクマネージャから簡単に起動できる
- Webpackを使うと、JavaScriptファイルだけでなく、スタイルシート、画像、フォント、テンプレートといったものまで、プロジェクトのリソースなら何でも管理とプリプロセスが可能
- Webpackの環境設定により、依存ツリーを切り分けて別々のチャンクに構成し直し、ブラウザが必要としたときにオンデマンドでロードするようにできる

Webpackの力と柔軟性は非常に魅力的なので、多くの開発者がクライアント側だけのコードの管理にも使いだしているほどです。それが可能なのは、クライアント側のライブラリにもデフォルトでCommonJSとnpmをサポートし始めたものが多くなったという事実があるからです。おかげで新しく興味深い利用法が可能になりました。たとえばjQueryは次のようにインストールできます。

```
$ npm install jquery
```

そして、簡単な1行のコードでソース中にロードできます。

```
const $ = require('jquery');
```

多くのクライアント側のライブラリがCommonJSとWebpackをサポートしていて驚くことでしょう。

8.2.3 ES2015をWebpackとともに使用

上で見たように、Webpackの主要な利点のひとつが、バンドル前にローダとプラグインを使ってソースコードを変換できることです。

この本ではES2015が提供する新しく便利な機能を数多く使ってきましたし、ユニバーサルJavaScriptアプリケーションを作成する際にも使っていきたいと思っています。この節では、我々が作成したソースモジュール内のES2015構文を使用した例を書き直すのに、Webpackのローダ機能をどのように使うかを見ていきます。正しく設定すれば、Webpackはトランスパイル（トランスコンパイル）を引き受け、生成するブラウザ用コードはES5となるため、現在利用可能なすべてのブラウザとの最大限の互換性が保証されます。

最初に、新しくフォルダ`src`を作ってモジュールをそこに移しましょう。こうすれば、コードを整理してトランスパイル後のコードをオリジナルのソースコードと分けておくことが容易になります。またこのように分けると、Webpackを正しく設定することが容易になり、コマンドラインからWebpackを起動する方法も単純になります。

これでモジュールを書き直す準備ができました。`src/sayHello.js`のES2015版は次のようになります（`04_webpack_es2015`）。

```
const mustache = require('mustache');
const template = '<h1>こんにちは<i>{{name}}</i></h1>';
mustache.parse(template);
module.exports.sayHello = toWhom => {
  return mustache.render(template, {name: toWhom});
};
```

ここで`const`、`let`やアロー関数を使ったことに注目してください。

今度はファイル`src/main.js`をES2015版にアップデートします。ファイル`src/main.js`は次のように書き換えられます。

```
window.addEventListener('load', () => {
  const sayHello = require('./sayHello').sayHello;
  const hello = sayHello('Browser!');
  const body = document.getElementsByTagName("body")[0];
  body.innerHTML = hello;
});
```

これでファイル`webpack.config.js`を作成する準備ができました。

```
const path = require('path');

module.exports = {
  entry:  path.join(__dirname, "src", "main.js"),
```

```
    output: {
      path: path.join(__dirname, "dist"),
      filename: "bundle.js"
    },
    module: {
      loaders: [
        {
          test: path.join(__dirname, "src"),
          loader: 'babel-loader',
          query: {
            presets: ['es2015']
          }
        }
      ]
    }
  };
```

このファイルはWebpackの設定オブジェクトをexportするモジュールで、Webpackをコマンドラインから引数なしで起動したときに読み込まれます。

設定オブジェクト内では、エントリポイントをファイル`src/main.js`とし、バンドルファイルの保存先を`dist/bundle.js`としています。

この部分は説明をしなくても理解できるでしょうから、配列`loaders`を見てみましょう。この配列はオプションですが、Webpackがバンドルファイルを作成する際にソースファイルの内容を書き換えるローダを指定するものです。基本的な考え方は、ローダとは特定の変換（この場合は`babel-loader`を使ったES2015からES5への変換）を表し、ローダに対して定義されているそれぞれの式`test`にマッチしたときだけ適用されるものだということです。この例ではWebpackに対し、フォルダ`src`にあるすべてのファイルについて`babel-loader`を使用し、Babelのオプションとしてプリセット`es2015`を適用するように命令しています。

これで準備はほぼ終わりました。後はWebpackを起動する前に、次のコマンドでBabelとプリセット`es2015`をインストールすれば準備完了です。

```
$ npm install babel-core babel-loader babel-preset-es2015
```

バンドルを生成するには、次のコマンドを実行するだけです。

```
$ webpack
```

ファイル`magic.html`内で新しい`dist/bundle.js`を参照することを忘れないください。ブラウザで開けばすべてが今までどおりきちんと動いていることがわかるはずです。

好奇心が沸いたら、新たに生成されたバンドルファイルの中身を見てください。ソースファイル内で使われたすべてのES2015機能が、ES5で実行可能な等価なコードに変換されていることがわかるでしょう。生成されたコードは世間で使用されているどのブラウザでも問題なく実行できます。

8.3 クロスプラットフォーム開発の基礎

異なるプラットフォーム向けの開発で、我々がもっともよく直面するのは、コンポーネントの共通部分を共有しつつ、プラットフォーム個別の細かい差異に合わせて異なる実装を提供するという問題です。この難問に突き当たったときに使える原則やパターンをいくつか調べていきましょう。

8.3.1 実行時のコード分岐

ホストプラットフォームに合わせて異なる実装を提供するための、もっとも簡単で直感的な技法は、コードを動的に分岐させることです。そのためには実行時にホストプラットフォームを認識する仕組みが必要で、認識結果により`if...else`文で実装を動的に切り替えます。一般的な方法としては、Nodeだけ、あるいはブラウザだけで利用可能なグローバル変数をチェックするという方法があります。たとえば、グローバル変数`window`の存在をチェックします。

```
if(typeof window !== "undefined" && window.document) {
  //クライアント側のコード
  console.log('Hey browser!');
} else {
  //Node側のコード
  console.log('Hey Node.js!');
}
```

実行時分岐を使ってNodeとブラウザを切り替えるのは、この目的に使える方法としてもっとも直感的で単純なパターンです。しかし、不便な点もあります。

- 両方プラットフォーム用のコードが同じモジュールに含まれるので、最終的なバンドルにも含まれることになり、使用しないコードで容量が増加することになる
- 使われすぎると、本来業務のロジックがクロスプラットフォームの互換性を向上させるためだけのロジックと混ざり合うため、コードの可読性がかなり低下する
- 動的分岐を使ってプラットフォームにより異なるモジュールをロードするようにすると、ターゲットプラットフォームと関係なしにすべてのモジュールが最終のバンドルに追加される結果となる。たとえば次のようなコードを考えると、Webpackにより生成されるバンドルには`clientModule`と`serverModule`の両方が含まれることになり、それを避けるにはビルド時に明示的に一方を除外するしかない。

  ```
  if(typeof window !== "undefined" && window.document) {
    require('clientModule');
  } else {
    require('serverModule');
  }
  ```

この最後の問題点は、バンドルを作成するプログラムには変数の実行時の値をビルド時に知る確実

な方法がない（変数が定数である場合を除いて）という事実が原因です。そのため、requireしているコードが実行されるかどうかにかかわらず、すべてのモジュールが取り込まれてしまうのです。

逆に、変数を使って動的にrequireされるモジュールはバンドルに取り込まれません。たとえば次のようなコードからは、モジュールがひとつもバンドルされません。

```
moduleList.forEach(function(module) {
  require(module);
});
```

Webpackはこうした制限のいくつかを克服しており、ある特定の状況下では動的読み込みの可能性のあるものを推定できる点は強調に値するでしょう。たとえば、次のようなコードがあったとします。

```
function getController(controllerName) {
  return require("./controller/" + controllerName);
}
```

この場合はフォルダcontroller内にあるすべてのモジュールが取り込まれます。

公式ドキュメントを見て、どのような場合がサポートされているかを理解しておくことを、強く勧めます。

8.3.2 ビルド時のコード分岐

この節では、Webpackを使って、コードの中でサーバだけが使う部分をビルド時にすべて除去する方法を見ていきます。そうすることで、より軽いバンドルファイルが得られ、サーバ内でしか使われるべきでない人目に晒したくないコードを誤って公開してしまうことが防げます。

ローダ以外に、Webpackはプラグインのサポートも提供しており、バンドルファイルを作成するのに使用する処理用パイプラインを機能拡張できます。ビルド時のコード分岐を実行するには、DefinePluginとUglifyJsPluginという名前の2つのビルトインプラグインのパイプラインを使います。

DefinePluginは、ソースファイル内に特定のコードが出現するたびにカスタムコードや変数で置き換えるのに使います。他方、UglifyJsPluginのほうは作成したコードを圧縮し、実行されない文（死んだコード）を除去するのに使えます。

こういった概念をよりよく理解するために、実際的な例を見てみましょう。ファイルmain.jsの中身が次のようなものだったと仮定します。

```
if (typeof __BROWSER__ !== "undefined") {
  console.log('Hey browser!');
} else {
  console.log('Hey Node.js!');
}
```

次に、ファイルwebpack.config.jsを作成します。

```
const path = require('path');
const webpack = require('webpack');

const definePlugin = new webpack.DefinePlugin({
  "__BROWSER__": "true"o
});

const uglifyJsPlugin = new webpack.optimize.UglifyJsPlugin({
  beautify: true,
  dead_code: true
});

module.exports = {
  entry:  path.join(__dirname, "src", "main.js"),
  output: {
    path: path.join(__dirname, "dist"),
    filename: "bundle.js"
  },
  plugins: [definePlugin, uglifyJsPlugin]
};
```

このコードの重要な部分は、導入した2つのプラグインを定義して設定するところです。

1番目のプラグインDefinePluginは、ソースコードの特定の部分を動的なコードや定数値の変数で置き換えるものです。設定のしかたはやや手が込んでいますが、この例はどのように働くかを理解する助けになるでしょう。この例の場合、コード内に出現するすべての__BROWSER__を探し、それをtrueで置換するようにプラグインを設定しています。設定用オブジェクト内のすべての値（この場合、"true" は文字列で真偽値ではありません）はコードであり、ビルド時に評価され、マッチした部分のコードとの置換に使われます。この機能があるため、環境変数、現在のタイムスタンプ、gitへの最終コミットのハッシュ値などを含んだ外部の動的な値をバンドルに入れることができるのです。検索された__BROWSER__が置換されると、最初のif文は内部的にはif (true !== "undefined")のようになりますが、Webpackは賢いので、この式が常にtrueと評価されることが理解でき、さらにコードを変形してif (true)とします。

2番目のプラグイン（UglifyJsPlugin）は、UglifyJS（https://github.com/mishoo/UglifyJS）を使ってバンドルファイルのJavaScriptコードを難読化し最小化するのに使われます。プラグインにオプションdead_codeを指定すると、UglifyJSは実行されない文をすべて削除します。コードは処理されて、まず次のような状態になります。

```
if (true) {
  console.log('Hey browser!');
} else {
  console.log('Hey Node.js!');
}
```

これがさらに処理されて、次のようになります。

```
console.log('Hey browser!');
```

オプションのbeautify: trueは、興味がある場合には作成されたバンドルファイルを読めるように、インデントと空白をすべて除去してしまわないようにするものです。製品版を作成するときはこのオプションを指定しないほうがよいでしょう。デフォルトではfalseになります。

サンプルコードの中には、WebpackのDefinePluginを使って、特定の定数を、バンドル生成のタイムスタンプ、現在のユーザー、現在のOSといった動的な変数で置換する方法を示した例が追加してあります。

このテクニックを使うとずっと小さいバンドルファイルが作成できるので、実行時コード分岐よりははるかに優れた方法ではありますが、間違った使い方をすればソースコードが長くて複雑なものになることは同じです。アプリケーション内のあちこちにサーバ用コードとブラウザ用コードに分岐する文があるのは望ましいことではありません。

8.3.3　モジュールの置換

多くの場合、クライアント用バンドルに含まれるべきコードと含まれるべきでないコードがビルド時には既にわかっています。つまり、この判断を前もって行い、バンドル作成プログラムに対してモジュールの実装を置き換えるようビルド時に命令すればよいわけです。そうすれば、不要なモジュールが削除されるのでバンドルファイルは小さくなり、実行時やビルド時の分岐に必要だったif...else文がすべてなくなりますので、コードも読みやすくなります。

簡単な例を使って、Webpackでモジュール置換をどのように取り入れるか見てみましょう（08_buildtime_module_swapping_a）。

警告（アラート）メッセージを表示するだけの、alertという名前の関数をexportするモジュールを作成します。2つの実装を作成し、ひとつをサーバ用、もうひとつをブラウザ用とします。alertServer.jsから始めましょう。

```
module.exports = console.log;
```

そしてalertBrowser.jsは次のようになります。

```
module.exports = alert;
```

コードはこの上なく単純です。サーバにはconsole.log、ブラウザにはalertという、どちらもデフォルトの関数を使っているだけです。どちらも引数として文字列を取ります、一方はその文字列をコンソールに表示し、もう一方はウィンドウに表示します。

それでは、汎用のmain.jsのコードを書きましょう。デフォルトではサーバ用モジュールを使用します。

```
const alert = require('./alertServer');
alert('Morning comes whether you set the alarm or not!');
```

何もおかしなところはありません──モジュールalertをインポートして、それを使っただけです。次のように入力すれば
コンソールに「Morning comes whether you set the alarm or not!」と表示されます。

```
$ node main.js
```

ここからが面白いところです。ブラウザ用バンドルを作成するときにalertServerをrequireしている部分をalertBrowserに置換したい場合、webpack.config.jsをどのように書けばよいか見てみましょう。

```
const path = require('path');
const webpack = require('webpack');

const moduleReplacementPlugin =
  new webpack.NormalModuleReplacementPlugin(/alertServer.js$/,
    './alertBrowser.js');

module.exports = {
  entry:  path.join(__dirname, "src", "main.js"),
  output: {
    path: path.join(__dirname, "dist"),
    filename: "bundle.js"
  },
  plugins: [moduleReplacementPlugin]
};
```

ここでNormalModuleReplacementPluginを使いました。これは引数を2つ取ります。最初の引数は正規表現で、2番目の引数はリソースへのパスを表す文字列です。ビルド時にリソースが正規表現にマッチしたら、2番目の引数で与えられたリソースに置換されます。

この例では、モジュールalertServerにマッチする正規表現が与えられたので、一致した部分がalertBrowserに置換されます。

この例では簡単にするためにキーワードconstを使いましたが、ES2015の機能をそれと等価なES5コードにトランスパイルする設定を追加しませんでしたので、この設定で生成されるコードは古いブラウザでは実行できない可能性があります。

もちろん、同じ置換のテクニックがnpmから取得される外部モジュールにも使えます。先ほどの例を改良してモジュール置換でひとつ以上の外部モジュールを使う方法を見ましょう。

今では関数alertを使いたいと思う人はいませんが、それにはもっともな理由があります。実際のところ、この関数は非常に見てくれの悪いウィンドウを表示し、ユーザーがウィンドウを閉じるまでブ

ラウザがブロックされます。警告メッセージを表示するにしても、高品質の「トーストポップアップ」を使ったほうがずっと魅力的です。このトースト機能を提供するライブラリがnpmにはたくさんありますが、そのひとつがtoastr（https://npmjs.com/package/toastr）です。プログラムのインタフェースは非常に単純で、楽しめるルック＆フィールを提供しています。

toastrはjQueryに依存しますので、最初にしなければならないのは次のコマンドで両方をインストールすることです。

```
$ npm install jQuery toastr
```

これでJavaScriptの関数alertではなくtoastrを使ってモジュールalertBrowserを書き直すことができます。

```
const toastr = require('toastr');
module.exports = toastr.info;
```

関数toastr.infoは引数として文字列を取り、起動されるとブラウザのウィンドウの右上隅にボックスを出してそこにメッセージを表示してくれます。

Webpackの設定ファイルは同じですが、今度はWebpackが新版のモジュールalertBrowserについて依存を解決して完全な依存ツリーを作るので、生成されるバンドルファイルにはjQueryとtoastrが含まれることになります。

おまけに、サーバ版のモジュールとファイルmain.jsは変わりませんから、この方法を使うとコードの保守がずっと容易になることが証明されます。

この例がブラウザでうまく動くようにするには、HTMLファイルにtoastr用CSSファイルを追加する必要があります。

Webpackとモジュール置換プラグインのおかげで、プラットフォーム間の構造的な違いに簡単に対処できるようになりました。まずは特定のプラットフォーム用のモジュールの作成し、あとで最終的なバンドルの作成時に、Node専用のモジュールをブラウザ用のモジュールと交換すればよいのです。

8.3.4 クロスプラットフォーム開発向けのデザインパターン

Nodeとブラウザとでコードを切り替える方法を学びましたので、残るはこれを自分のデザインに統合する方法と、コンポーネントの一部を交換可能になるよう作成する方法です。たしかに難問ですが初めてではありません。実際、この本全体を通して、見て、分析して、使ってきたパターンは、まさにこの目的を達成するためのものなのです。

そのうちのいくつかを修正して、どのようにクロスプラットフォーム開発に応用するかを説明しましょう。

ストラテジーとテンプレート

この2つは、ブラウザとコードを共有する際にもっとも役に立つパターンです。パターンがもつ意図は、アルゴリズムの共通ステップを確定して入れ替えられる部分を作り出すことで、それはまさに我々が必要としていることだからです。クロスプラットフォーム開発では、これらのパターンを使って、コンポーネントのうちプラットフォームに無関係な部分を共有するとともにプラットフォームに特有の部分を異なるストラテジーやテンプレートのメソッドを用いて変更できるのです（実行時分岐、コンパイル時分岐のいずれもが考えられます）。

アダプタ

このパターンは、コンポーネント全体を入れ替える必要がある場合にもっとも有用だと思われます。6章で、ブラウザと互換性のないモジュール全体をブラウザ互換インタフェース上に構築したアダプタを使って置換する例を見ました。インタフェースfs用のLevelUPアダプタを覚えていますか？

プロキシ

サーバで実行するためのコードをブラウザで実行する場合、サーバで利用できるものがブラウザでも同じように使えると予想するのが普通です。そんなときこそ「**リモート**プロキシパターン」の出番です。サーバのファイルシステムにブラウザからアクセスしたいと想像してください。クライアントにオブジェクトfsを作成し、すべての呼び出しをサーバ側のモジュールfsにプロキシすればよいのではないでしょうか。Ajaxやウェブソケットを使ってコマンドと返値をやり取りするのです。

オブザーバ

オブザーバパターンはイベントを発生するコンポーネントと受け取るコンポーネントの間の自然な抽象化を提供します。クラスプラットフォーム開発では、リスナーに影響を与えずにイベント発生側をブラウザ用実装と入れ替えることができ、逆に発生側に影響を与えずにリスナーを入れ替えることも可能です。

DIとサービスロケータ

DIもサービスロケータも有用で、注入の際にモジュールの実装を置き換えられます。

このように、我々の自由になる手持ちのパターンはきわめて強力ですが、最強の武器は、開発者が最良のアプローチを選択でき、手もとにある個別の問題に適用できるということに尽きます。次の節では、これまでに見てきた概念やパターンを使って実際に動かして見ましょう。

8.4 Reactの紹介

この章ではこれ以降React (ReactJS) を使います。これはもともとFacebookが公開したJavaScriptライブラリ (http://facebook.github.io/react/) で、アプリケーションにビューレイヤーを構築する、関数とツールの総合的なセットを提供するものです。Reactは、コンポーネントの概念に焦点を合わせた抽象化されたビューを提供しており、コンポーネントはボタン、フォームの入力フィールド、HTMLの`div`のような単純なコンテナなど、ユーザーインタフェース内のどのような要素でもかまいません。基本的な考えは、アプリケーションのユーザーインタフェースを、再利用性の高い特定の機能をもったコンポーネントを使って定義し組み合わせるだけで作成しようというものです。

Reactがその他のウェブ用のビュー実装系と違っているのは、デザイン上、DOMに縛られないところです。実際、「バーチャルDOM」と呼ばれる高レベルの抽象化を提供しており、ウェブにぴったり適合するばかりでなく、たとえばモバイルアプリの構築、3D環境のモデリング、さらにはハードウェアコンポーネント間の相互作用の定義といった、別の文脈でも使用できます。

> Learn it once, use it everywhere（習うのは一度だけ、使うのはどこでも）
> — Facebook

これはFacebookがReactを紹介するときによく使う標語です。これは**Write once, run it everywhere**（書くのは一度だけ、実行はどこでも）という有名なJavaの標語を意図的に真似しており、そこから一歩離れて距離を置き、すべての文脈に同じものはなく、個々に特有の実装を必要とするが、同時に「便利な」原則やツールは学んでしまえば文脈にかかわらず再利用できるものだということを宣言しようという明確な意志が見て取れます。

ウェブ開発以外の分野におけるReactの応用法を見るには、次のプロジェクトが参考になります。

- モバイルアプリを作成するReact Native (https://facebook.github.io/react-native)
- 3Dシーンを作成するReact Three (https://github.com/Izzimach/react-three)
- ハードウェア用React Hardware (https://github.com/iamdustan/react-hardware)

ユニバーサルJavaScript開発の文脈でReactがなぜそんなに興味深いかというと、サーバ内でもクライアント上でも、ほとんど同じコードを使ってビューのコードがレンダリングできるからです。言い方を変えると、Reactを使うことにより、ユーザーがリクエストしたページを表示するのに必要なHTMLコードをNodeサーバですべてレンダリングして直接受け取ることが可能で、その後、ページがロードされてからは追加のインタラクションとレンダリングがブラウザ上で直接実行されるのです。このため、シングルページ・アプリケーション (SPA)の作成が可能となり、ほとんどの処理がブラウザ上で完了し、ページ内で更新の必要な部分だけが再描画されます。同時に、ユーザーがロードする最初のページがサーバから直接供給されるため、(感覚的な)ロード時間が短縮し、検索エンジンにとってもコンテンツのインデックス作成がより充実してしかも容易になります。

ReactバーチャルDOMには、画面変化をレンダリングする方法を最適化する能力もあります。つまり、DOMが変化するたびに全部が描き換えられるわけではありません。Reactは賢いインメモリの差分アルゴリズムを使って、ビューを更新するためにDOMに適用すべき最小限の変更を事前計算できるのです。結果として高速なブラウザ画面描画のための効率的な仕組みが得られます。Reactが他のライブラリやフレームワークよりも牽引力があるのは、おそらくこれも重要な理由のひとつです。

説明はこれくらいにして、Reactを使い始めましょう。実際の例に取り組みます。

8.4.1 最初のReactコンポーネント

Reactを使ってみるために、ブラウザのウィンドウ内に要素の一覧を表示する非常に単純なウィジェットのコンポーネントを作成しましょう。

この例では、この章で今まで見てきたWebpackやBabelといったツールをいくつか使います。ですから、コードを書き始める前に、必要となる依存対象をすべてインストールしましょう。

```
$ npm install webpack babel-core babel-loader babel-preset-es2015
```

また、Reactと、Reactのコードを等価なES5コードに変換するBabelのプリセットも必要です。

```
$ npm install react react-dom babel-preset-react
```

これで準備が整いましたので、`src/joyceBooks.js`という名前のモジュールに最初のReactコンポーネントを書き込むことにします(`09_react_rendering_browser`)。

```
const React = require('react');

const books = [
  'Dubliners',
  'A Portrait of the Artist as a Young Man',
  'Exiles and poetry',
  'Ulysses',
  'Finnegans Wake'
];

class JoyceBooks extends React.Component {
  render() {
    return (
      <div>
        <h2>James Joyce's major works</h2>
        <ul className="books">{
          books.map((book, index) =>
            <li className="book" key={index}>{book}</li>
          )
        }</ul>
```

```
      </div>
    );
  }
}

module.exports = JoyceBooks;
```

コードの最初の部分はまったく取るに足らないものです。モジュールReactを読み込み、本の題名を入れた入れた配列booksを定義しているだけです。

次の部分がもっとも興味深いところ、このコンポーネントの心臓部です。Reactのコードを見るのがこれが初めてなら、ずいぶんおかしなコードに見えることでしょう。

さて、Reactのコンポーネントを定義するには、React.Componentを継承したクラスを作成する必要があります。このクラスは、renderという関数を必ず定義しなければなりません。この関数はコンポーネントが受けもっている部分のDOMを記述するのに使われます。

ところで、関数renderの中身はどうなっているのでしょうか。JavaScriptコードらしきものが入ったHTMLコードらしきものを返しますが、引用符で括ったりしていません。不思議に思うのももっともなことで、これはJavaScriptではなくJSXなのです。

8.4.2 JSXとは

先に述べたように、ReactはバーチャルDOMを生成し操作するための高レベルのAPIを提供しています。DOM自体は偉大な概念で、XMLやHTMLで簡単に表せますが、DOMツリーを「ノード」、「親ノード」、「子ノード」といった低レベルの概念を使って動的に操作しようとすると、たちまちとても扱いにくいものになってしまいます。この本質的な複雑さを解決するために、ReactはバーチャルDOMを記述し操作するためにデザインされた中間フォーマットとしてJSXを導入しました。

実際は、JSXそれ自体は言語ではなく、実行するためには普通のJavaScriptにトランスパイルする必要のあるJavaScriptのスーパーセットなのです。それでもなお開発者にとっては、JavaScript内でXMLベースの構文が使えるという利点が得られます。ブラウザ向けに開発しているときには、JSXはウェブコンポーネントを定義するためのHTMLコードを記述するために使われ、上の例でも見たように、HTMLタグをまるで拡張されたJavaScript構文の一部であるかのように直接JSXコードの中に書くことができます。

この方法には本来的な利点があります。つまりHTMLコードがビルド時に動的に検証され、たとえばタグのクローズを忘れたときなどに、前もってエラーが出されるのです。

上の例の関数renderを詳しく調べて、JSXの細部の重要な点を理解しましょう。

```
render() {
  return (
    <div>
      <h2>James Joyce's major works</h2>
```

```
        <ul className="books">{
          books.map((book, index) =>
            <li className="book" key={index}>{book}</li>
          )
        }</ul>
      </div>
    );
  }
```

既に見たように、HTMLコードをJSXコードのどこにでも挿入でき、挿入を示す記号やラッパーを使う必要はありません。この場合は、単にdivタグを定義しているだけで、それがコンポーネントのコンテナとして働きます。

またこのHTMLブロックの内部にJavaScriptのロジックを置くこともできます。ulタグの中にある{...}を見てください。この方法を使うと、多くのテンプレートエンジンで可能になるのと似た方式でHTMLコードの一部を動的に定義することが可能になります。この例では、JavaScriptの関数mapを使い、配列の中にあるすべての本を順に取り上げ、その一つひとつに対して書名を一覧に追加するためのHTMLコードを作成しています。

{...}はHTMLブロック内で式を定義するのに使われますが、もっとも単純なユースケースは変数の内容を表示するために使うもので、ここでは{book}などでそれを使っています。

最後に、このJavaScriptコンテンツの中にさらにHTMLコードブロックを入れていることに注目してください。HTMLとJavaScriptのコンテンツを取り混ぜて、いくらでも入れ子にしてバーチャルDOMを記述できるのです。

Reactで開発する場合にJSXを使うことは必須ではありません。JSXは単にReactバーチャルDOM用JavaScriptライブラリに被せられた使いやすいインタフェースにすぎません。ちょっと手間をかければ、関数を直接呼び出すことで同じ結果が得られ、JSXとトランパイルのステップを完全に省略できます。JSXなしのReactのコードがどのようになるかの例として、上の例の関数renderのトランスパイル後のバージョンを見てください。

```
function render() {
  return React.createElement(
    'div',
    null,
    React.createElement(
      'h2',
      null,
      'James Joyce's major works'
    ),
    React.createElement(
      'ul',
      { className: 'books' },
      books.map(function (book) {
        return React.createElement(
```

```
            'li',
            { className: 'book' },
             book
          );
        })
      )
    );
  }
```

見てわかるように、コードの可読性はかなり低下しており、エラーが起こりやすくなっていますから、JSXに頼ってトランスパイラを使って等価なJavaScriptコードを生成したほうがよいでしょう。

JSXの簡単な概要説明の結びとして、このコードが最終的にどのようなHTMLにレンダリングされるかを見ておきましょう。

```
<div data-reactroot="">
  <h2>James Joyce's major works</h2>
  <ul class="books">
    <li class="book">Dubliners</li>
    <li class="book">A Portrait of the Artist as a Young Man</li>
    <li class="book">Exiles and poetry</li>
    <li class="book">Ulysses</li>
    <li class="book">Finnegans Wake</li>
  </ul>
</div>
```

JSX/JavaScript版のコードでは属性`className`を使ったのに、ここでは`class`になっているという点にも触れておきましょう。バーチャルDOMを扱う場合、HTMLの属性に等価なDOMの属性を使う必要があります。ReactがHTMLコードをレンダリングする際に適切に変換してくれます。

ReactがサポートするタグとHTML属性をすべて掲載した一覧は次のURLで入手可能です — https://facebook.github.io/react/docs/tags-and-attributes.html
JSXの構文について詳しくはFacebookが提供している公式仕様書を参照してください — https://facebook.github.io/jsx

8.4.3 JSXトランスパイルを実行させるWebpack設定

この節では、JSXコードをブラウザで実行可能なJavaScriptコードにトランスパイルできるようにするWebpackの設定例を見ます。

```
const path = require('path');
module.exports = {
  entry:  path.join(__dirname, "src", "main.js"),
  output: {
    path: path.join(__dirname, "dist"),
    filename: "bundle.js"
```

```
    },
    module: {
      loaders: [
        {
          test: path.join(__dirname, "src"),
          loader: 'babel-loader',
          query: {
            cacheDirectory: 'babel_cache',
            presets: ['es2015', 'react'] }
        }
      ]
    }
  };
```

気がついたことと思いますが、この設定は以前ES2015版Webpackの例で見たものとほとんど同じです。変わっているところは次のような点です。

- Babelでプリセットreactを使っている
- オプションcacheDirectoryを使っている。このオプションはBabelが特定のディレクトリ（この場合babel_cache）をキャッシュとして使うことを許可するもので、バンドルファイルの作成が高速化される。必須の指定ではないが、開発速度を上げるために強く推奨される

8.4.4 ブラウザでの描画

Reactコンポーネントの第1号が完成したところで、それを使ってブラウザで描画してみましょう。コンポーネントJoyceBooksを使ったJavaScriptファイルsrc/main.jsを作成します。

```
const React = require('react');
const ReactDOM = require('react-dom');
const JoyceBooks = require('./joyceBooks');

window.onload = () => {
  ReactDOM.render(<JoyceBooks/>, document.getElementById('main'))
};
```

このコードの重要部分は関数ReactDOM.renderの呼び出しです。引数としてJSXのコードブロックとDOM要素を取り、JSXブロックをHTMLのコードにレンダリングして第2引数として与えられたDOMノードに適用します。もうひとつ、ここで渡したJSXブロックにはカスタムタグ（JoyceBooks）しか含まれていません。コンポーネントを要求するたびに、JSXタグ（タグ名はコンポーネントのクラス名として与えられています）として得られるので、このコンポーネントの新しいインスタンスを他のJSXブロックに簡単に挿入できます。これが基礎的な仕組みとなって、開発者がインタフェースを複数のまとまったコンポーネントに分けることができるようになっているのです。

これで、index.htmlを作成すれば、Reactの第1例が実際に動くところを見ることができます。

```
<!DOCTYPE html>
<html>
  <head>
    <meta charset="utf-8" />
    <title>React Example - James Joyce books</title>
  </head>
  <body>
    <div id="main"></div>
    <script src="dist/bundle.js"></script>
  </body>
</html>
```

単純なので説明は不要かもしれませんが、作成したReactアプリケーションのコンテナとして振る舞うmainというIDをもったdivの入っている飾りのないHTMLページに、ファイルbundle.jsを追加しただけです。

後はコマンドラインからwebpackを起動してから、ブラウザでページindex.htmlを開くだけです。

ユーザーがページをロードしたときにクライアント側のレンダリングで次のことが行われています。

1. ページのHTMLコードがブラウザによりダウンロードされてレンダリングされる
2. バンドルファイルがダウンロードされ、内容のJavaScriptが評価される
3. 評価されたコードはページの本当のコンテンツを動的に生成し、それを表示するためにDOMを更新する

つまり、このページをロードしたブラウザのJavaScriptが無効化されていると（たとえば検索エンジンのボットの場合）、このウェブページは意味のあるコンテンツが何もない空白のウェブページのように見えるということです。これは、特にSEOの観点からすると、由々しき問題です。

この章の後のほうで、サーバからこれと同じReactコンポーネントをレンダリングして送信することでこの限界を克服する方法を見ていきます。

8.4.5 ライブラリReact Router

この節では、先ほど作成したサンプルアプリを改良し、非常に単純ながら複数の画面からなるナビゲーション可能なアプリを作成します。アプリは3つのセクションから構成されています。目次、ジェームズ・ジョイスの著作、H・G・ウェルズの著作の各ページです。存在しないURLにユーザーがアクセスしようとしたときに表示されるページもあります。

このアプリを作成するのに、ライブラリReact Router（https://github.com/reactjs/react-router）を使います。これは、ナビゲーション可能なコンポーネントをReactで簡単に作成できるようにしてくれるモジュールです。そこで、まず次のコマンドを実行してプロジェクト内にReact Routerをダウンロードする必要があります（10_react_router）。

```
$ npm install react-router
```

これで新しいアプリのセクションを構築するのに必要なすべてのコンポーネントを作成する準備ができました。それではsrc/components/authorsIndex.jsから始めましょう。

```
const React = require('react');
const Link = require('react-router').Link;

const authors = [
  {id: 1, name: 'James Joyce', slug: 'joyce'},
  {id: 2, name: 'Herbert George Wells', slug: 'h-g-wells'}
];

class AuthorsIndex extends React.Component {
  render() {
    return (
      <div>
        <h1>List of authors</h1>
        <ul>{
          authors.map( author =>
            <li key={author.id}><Link to={`/author/${author.slug}`}>
                    {author.name}</Link></li>
          )
        }</ul>
      </div>
    )
  }
}

module.exports = AuthorsIndex;
```

このコンポーネントはこれから作成するアプリの目次ページです。著者の氏名を2件表示します。話を簡単にするために、このコンポーネントを描画するのに必要なデータはオブジェクトの配列authors（著者）に入れてあり、各項目が著者1名にあたります。もうひとつの新しい要素がコンポーネントLinkです。このコンポーネントはライブラリReact Routerに由来するもので、アプリ内に存在するセクション間のナビゲーションに使われる、クリック可能なリンクを表示するためのものです。注目してほしいのはコンポーネントLinkのプロパティ toです。これはリンクがクリックされたときに表示されるべきルーティングを表す相対URIを指定するのに使われます。ですから、通常のHTMLのタグ<a>とあまり変わらず、唯一の違いは、ページ全体を再描画して新しいページに移動するのではなく、新しいURIに結びついたコンポーネントを表示するのに変更が必要な部分だけを動的に再描画するようにReact Routerがうまく処理してくれることです。アプリのルーティングモジュール用に設定を書けば、この仕組みがどう動くのかがよくわかるでしょう。今のところは、アプリで使用したいその他のコンポーネントをすべて書くことに集中しましょう。そこで、コンポーネントJoyceBooksを書き直し、components/joyceBooks.jsに保存します。

```
const React = require('react');
```

```
const Link = require('react-router').Link;

const books = [
  'Dubliners',
  'A Portrait of the Artist as a Young Man',
  'Exiles and poetry',
  'Ulysses',
  'Finnegans Wake'
];

class JoyceBooks extends React.Component {
  render() {
    return (
      <div>
        <h2>James Joyce's major works</h2>
        <ul className="books">{
          books.map( (book, key) =>
            <li key={key} className="book">{book}</li>
          )
        }</ul>
        <Link to="/">Go back to index</Link>
      </div>
    );
  }
}

module.exports = JoyceBooks;
```

予想どおり、このコンポーネントは前の版と非常に似たものになりました。目立った違いは、コンポーネントの最後に目次に戻る`Link`を追加したことと、関数`map`の中で属性`key`を使ったことだけです。`key`を使うことで、Reactに各要素はユニークなキー（この場合は簡単のために配列の添字を使っています）により識別されることを伝え、リストを再描画する必要が生じた際に常に多くの最適化が実行できるようにしています。この変更は必要不可欠のものではありませんが、とりわけ大規模なアプリケーションでは、強く推奨されることです。

同じ構成に従って、コンポーネント`components/wellsBooks.js`を作成できます。

```
const React = require('react');
const Link = require('react-router').Link;

const books = [
  'The Time Machine',
  'The War of the Worlds',
  'The First Men in the Moon',
  'The Invisible Man'
];

class WellsBooks extends React.Component {
```

```
  render() {
    return (
      <div>
        <h2>Herbert George Wells's major works</h2>
        <ul className="books">{
          books.map( (book, key) =>
            <li key={key} className="book">{book}</li>
          )
        }</ul>
        <Link to="/">Go back to index</Link>
      </div>
    );
  }
}

module.exports = WellsBooks;
```

このコンポーネントは前のものとほとんど同じですから、もちろん改良の余地があります。もっと一般的なコンポーネントAuthorPageを作成して、コードの重複を防ぐことができるはずです。しかしそれは次の節で扱いますので、ここではルーティングだけに集中しましょう。

エラーメッセージを表示するだけのコンポーネントcomponents/notFound.jsも必要です。長くなりますので、実装の詳細は省略します。

それではいよいよ面白いところに進みましょう。ルーティングのロジックを定義するコンポーネントroutes.jsです。

```
const React = require('react');
const ReactRouter = require('react-router');
const Router = ReactRouter.Router;
const Route = ReactRouter.Route;
const hashHistory = ReactRouter.hashHistory;
const AuthorsIndex = require('./components/authorsIndex');
const JoyceBooks = require('./components/joyceBooks');
const WellsBooks = require('./components/wellsBooks');
const NotFound = require('./components/notFound');

class Routes extends React.Component {
  render() {
    return (
      <Router history={hashHistory}>
        <Route path="/" component={AuthorsIndex}/>
        <Route path="/author/joyce" component={JoyceBooks}/>
        <Route path="/author/h-g-wells" component={WellsBooks}/>
        <Route path="*" component={NotFound}/>
      </Router>
    )
  }
}
```

```
module.exports = Routes;
```

ここでまず注意して見ていきたいのは、アプリのルーティング用コンポーネントを実装するのに必要なモジュールのリストです。最初にreact-routerをrequireし、今度はそれがRouter、Route、hashHistoryという我々が使いたい3つのモジュールを取り込んでいます。

Routerはルーティングの設定をすべて保持しているメインのコンポーネントで、コンポーネントRoutesのルートノードとして使用する要素です。プロパティhistoryは、どのルーティングが生きているかと、ユーザーがリンクをクリックするたびにブラウザのURLをどのように更新するかとを検知するために使われる仕組みを指定しています。一般的にいって、それにはhashHistoryとbrowserHistoryの2つの方法があります。前者ではURLの「フラグメント」(「#」より後ろの部分)を使います。この方法を使うと、アプリ内のリンクはindex.html#/author/h-g-wellsのようになります。後者の方法ではフラグメントを使わず、HTML5のHistory API (https://developer.mozilla.org/en-US/docs/Web/API/History_API) を使用してよりもっともらしいURLで表示します。この方法ではおのおののパスにそれぞれ完全なURIがありhttp://example.com/author/h-g-wellsなどとなります。

このサンプルでは、設定がもっとも簡単で、ページの再描画にウェブサーバを必要としない、hashHistoryによる方法を採用します。この章の後のほうでbrowserHistoryによる方法を使う機会があります。

コンポーネントRouteを使うと、pathとcomponentとの間の結びつきを定義できます。ルーティングが一致するとコンポーネントがレンダリングされます。

関数renderの内部では、このようにすべてが構成あれていますが、各コンポーネントとオプションの意味がわかった今なら、内容が理解できるはずです。

ここでしっかりと理解しておく必要があるのは、この宣言の構文とRouterコンポーネントの処理との関係です。

- Routerはコンテナとして働くだけで、HTMLコードをレンダリングするのではなくRouteの定義のリストを入れているだけ
- 各Routeの定義はコンポーネントと関連づけられる。この例では、コンポーネントは視覚的なものなので、ページのHTMLコードによりレンダリングされるが、それが起こるのはページの現在のURLがルーティングと一致した場合だけ
- あるURIにマッチするルーティングはひとつだけ。あいまいな場合は、より個別的なほうのルーティング(たとえば/authorより/author/joyce)が選択される
- *により「キャッチオール」ルーティングが定義できる。これは他のすべてのルーティングがマッチしなかったときにマッチする。ここではページが見つからない場合のメッセージを表示するのに使っている

さあ、このサンプルプログラムを仕上げる最後のステップは、main.jsを更新して、アプリケーションの主コンポーネントとしてコンポーネントRoutesを使うようにすることだけです。

```
const React = require('react');
const ReactDOM = require('react-dom');
const Routes = require('./routes');

window.onload = () => {
  ReactDOM.render(<Routes/>, document.getElementById('main'))
};
```

それではWebpackを実行してバンドルファイルを生成し直し、index.htmlを開いて新しいアプリケーションが動いているところを見てみましょう。

あちこちクリックしてみて、URLが更新される様子を見てください。また、デバッグツールを使えば、セクション間を移動してもページ全体が再描画されるわけではなく、新たなリクエストも発生していないことに気づくでしょう。実際にはアプリは目次ページを開いたときに完全にロードされており、基本的にはルーティング用モジュールを使って現在与えられているURIに応じたコンポーネントを表示したり隠したりしています。いずれにせよルーティング用モジュールはとても賢くて、あるURI（たとえばindex.html#/author/joyce）を指定してページを再描画させようとすると、ただちに正しいコンポーネントを表示します。

React Routerは非常に強力なコンポーネントで、興味深い機能を数多く備えています。たとえば、マルチレベルのユーザーインタフェース（ネストされたセクションのあるコンポーネント）を実現するネストされたルーティングも使用可能です。またこの章ではコンポーネントやデータをオンデマンドでロードできるように拡張する方法も見ていきます。ここでちょっとお休みして、このコンポーネントの公式ドキュメントを読み、利用可能な機能をすべて見てみるのもよいでしょう。

8.5　ユニバーサルJavaScriptアプリケーションの作成

この章もここまでくれば、サンプルアプリケーションを完全なユニバーサルJavaScriptアプリに変換するのに必要な基礎知識はほぼ得られているはずです。WebpackとReactは見ましたし、プラットフォーム間でコードを必要に応じて統合したり分離したりする助けとなるパターンはほとんど分析しました。

この節では、サンプルプログラムをさらに改良します。ユニバーサルなルーティングとレンダリングを追加し、最終的にユニバーサルなデータ取得を追加することで、再利用可能なコンポーネントを作成します。

8.5.1 再利用可能なコンポーネントの作成

先に作成したサンプルプログラムには、JoyceBooksとWellsBooksという非常に似た2つのコンポーネントがありました。この2つのコンポーネントはほとんど同一です。違っているのは、異なるデータを使っているという点だけです。ここで、現実的なシナリオを考えて見ましょう。著者は何百人、いや何千人もいるかもしれません……。そう、各著者専用のコンポーネントを作り続けるのは意味がありません。

この節では、より一般的なコンポーネントを作成し、ルーティングがパラメータで指定できるように改良します。

一般的なコンポーネントcomponents/authorPage.jsの作成から始めましょう（11_react_reusable_components）。

```
const React = require('react');
const Link = require('react-router').Link;
const AUTHORS = require('../authors');

class AuthorPage extends React.Component {
  render() {
    const author = AUTHORS[this.props.params.id];
    return (
      <div>
        <h2>{author.name}'s major works</h2>
        <ul className="books">{
          author.books.map( (book, key) =>
            <li key={key} className="book">{book}</li>
          )
        }</ul>
      <Link to="/">Go back to index</Link>
      </div>
    );
  }
}
module.exports = AuthorPage;
```

このコンポーネントは、これが置き換えるはずの2つのコンポーネントともちろん非常に似ています。大きな違いは、コンポーネントの中からデータを取得する方法と、どの著者を表示したいかを指示するパラメータを受ける方法とが必要になっていることです。

話を簡単にするために、ここではauthors.jsをrequireします。これは、著者に関するデータを入れたJavaScriptオブジェクトをexportするモジュールで、簡単なデータベースとして使います。変数this.props.params.idは、表示したい著者の識別子です。このパラメータはルーティング用モジュールが用意しますが、方法はすぐ後で示します。このパラメータによってデータベースオブジェクトから著者を取得すれば、コンポーネントを描画するのに必要なものがすべて揃います。

データの取得法を理解するために、モジュールauthors.jsがどのようなものになるか、例を示します。

```
module.exports = {

  'joyce': {
    'name': 'James Joyce',
    'books': [
      'Dubliners',
      'A Portrait of the Artist as a Young Man',
      'Exiles and poetry',
      'Ulysses',
      'Finnegans Wake'
    ]
  },

  'h-g-wells': {
    'name': 'Herbert George Wells',
    'books': [
      'The Time Machine',
      'The War of the Worlds',
      'The First Men in the Moon',
      'The Invisible Man'
    ]
  }
};
```

非常に単純なオブジェクトで、著者の名前から作成した文字列の識別子で著者を索引付けるものです。

最後のステップはコンポーネントroutes.jsの見直しです。

```
const React = require('react');
const ReactRouter = require('react-router');
const Router = ReactRouter.Router;
const hashHistory = ReactRouter.hashHistory;
const AuthorsIndex = require('./components/authorsIndex');
const AuthorPage = require('./components/authorPage');
const NotFound = require('./components/notFound');

const routesConfig = [
  {path: '/', component: AuthorsIndex},
  {path: '/author/:id', component: AuthorPage},
  {path: '*', component: NotFound}
];

class Routes extends React.Component {
  render() {
    return<Router history={hashHistory} routes={routesConfig}/>;
  }
}
module.exports = Routes;
```

今度は前のサンプルプログラムにあった2つの著者専用コンポーネントの代わりに新しい汎用のコンポーネントAuthorPageを使っています。ルーティングの仕組みも変えています。今回は、コンポーネントRoutesの関数render内にコンポーネントRouteを入れる代わりに、JavaScriptの配列を使ってルーティングを定義しています。配列オブジェクトはコンポーネントRouterの属性routesに渡されます。この設定は、前のサンプルで見たタグを使ったものとまったく等価ですが、ときにはこちらのほうが書きやすいでしょう。もちろん、ネストされたルーティングが多数あるときなど、タグを使った設定のほうが扱いやすい場合もあります。ここでの重要な変更点は、以前の個別ルーティングに代わって登場した、新たな汎用コンポーネントとリンクされた新たな/author/:idというルーティングです。このルーティングはパラメータを受け付けるようになっており（見てわかるように名前付きパラメータは「コロン前置形式」で定義されています）、以前のルーティングである/author/joyceと/author/h-g-wellsの両方にマッチします。もちろん、この形式であればこの種のどのようなルートにもマッチし、パラメータidにマッチした文字列はコンポーネントに直接渡され、そのコンポーネントはprops.params.idを読むことでそれにアクセスできます。

これでサンプルプログラムは完成です。実行するにはWebpackを使ってバンドルファイルを生成し直してから、ページindex.htmlを再読み込みしてください。このページもmain.jsも変更していません。

汎用コンポーネントとルーティングをパラメータ化すると、柔軟性が非常に大きくなりかなり複雑なアプリが作成できるようになります。

8.5.2 サーバ側でのレンダリング

ユニバーサルJavaScriptの旅をもう少し先へ進めましょう。Reactのもっとも興味深い機能のひとつとしてサーバ側でコンポーネントのレンダリングをしてしまうことができると書きました。この節では、この機能を使ってサンプルプログラムを改良し、サーバから直接レンダリングされるようにします。

ウェブサーバとしてExpress（http://expressjs.com）を、テンプレートエンジンとしてejs（https://npmjs.com/package/ejs）を使います。また、JSXが利用できるようにBabel上でサーバ側スクリプトを実行する必要があるので、それに関連した依存対象を新たにインストールするのが最初の作業になります。

```
$ npm install express ejs babel-cli
```

コンポーネントはすべて前のサンプルプログラムと同じですから、サーバに焦点を合わせます。サーバではルーティングの設定にアクセスする必要がありますから、作業を簡単にするため、ルーティング設定オブジェクトをファイルroutes.jsから抜き出し、routesConfig.jsという名前の専用モジュールに移すことにします。

```
const AuthorsIndex = require('./components/authorsIndex');
const AuthorPage = require('./components/authorPage');
const NotFound = require('./components/notFound');

const routesConfig = [
  {path: '/', component: AuthorsIndex},
  {path: '/author/:id', component: AuthorPage},
  {path: '*', component: NotFound}
];
module.exports = routesConfig;
```

また、静的であったファイル`index.html`を`views/index.ejs`という名前のejsテンプレートに変換します。

```
<!DOCTYPE html>
<html>
  <head>
    <meta charset="utf-8" />
    <title>React Example - Authors archive</title>
  </head>
  <body>
    <div id="main">
      <%- markup -%>
    </div>
    <!--<script src="dist/bundle.js"></script>-->
  </body>
</html>
```

複雑なことは何もありません。強調に値するのは細部の2箇所だけです。

- タグ`<%- markup -%>`はテンプレートの一部で、ブラウザにページを送信する前にサーバ側でレンダリングされるReactコンテンツに動的に置き換えられる
- この節ではサーバ側でのレンダリングに集中したいので、今の段階ではバンドルスクリプトの読み込みをコメントにしている。次の節以降でスクリプトを統合してユニバーサルレンダリングを完成させる

スクリプト`server.js`を作成しましょう。

```
const http = require('http');
const Express = require('express');
const React = require('react');
const ReactDom = require('react-dom/server');
const Router = require('react-router');
const routesConfig = require('./src/routesConfig');

const app = new Express();
const server = new http.Server(app);
```

```
app.set('view engine', 'ejs');

app.get('*', (req, res) => {
  Router.match(
    {routes: routesConfig, location: req.url},
    (error, redirectLocation, renderProps) => {
      if (error) {
        res.status(500).send(error.message)
      } else if (redirectLocation) {
        res.redirect(302, redirectLocation.pathname +
          redirectLocation.search)
      } else if (renderProps) {
        const markup = ReactDom.renderToString(<Router.RouterContext
                      {...renderProps} />);
        res.render('index', {markup});
      } else {
        res.status(404).send('Not found')
      }
    }
  );
});

server.listen(3000, (err) => {
  if (err) {
    return console.error(err);
  }
  console.info('Server running on http://localhost:3000');
});
```

このコードで重要な部分は、`app.get('*', (req, res) => {...})`で定義されるExpressのルーティングです。これは「Expressキャッチオール」ルーティングで、サーバにある各URLへのすべてのGETリクエストをインターセプトするものです。この中で、以前にクライアント側アプリケーションで設定したReact Routerにルーティングロジックを委譲するのです。

パターン

サーバのルーティング用コンポーネント（Express内蔵のもの）は、クライアント側でもサーバ側でもルーティングのマッチができる、ユニバーサルのルーティング用コンポーネント（React Router）に置き換えられている。

サーバにReact Routerを採用するために、関数`Router.match`を使います。この関数は2つの引数を取ります。1番目は「設定オブジェクト」で2番目は「コールバック関数」です。設定オブジェクトには2つのキーがあります。

routes

これはReact Routerにルーティングの設定を渡すためのものです。ここでは、クライアント側でのレンダリングに用いたのとまったく同じ設定を渡します。この節のはじめで専用のコンポーネント入れておいたのはそのためです。

location

これは前もって定義されているルーティングとマッチさせるための、現在リクエストされているURLを指定するのに使います。

ルーティングがマッチするとコールバック関数が呼び出されます。関数は引数を3つ取ります。`error`、`redirectLocation`、`renderProps`で、マッチ操作の結果を判定するのに使います。処理する必要のある場合は4つです。

- 第1はルーティング解決の間にエラーが起こった場合。処理としては、単にブラウザにレスポンス**500 Internal Server Error**を返すだけ
- 第2はマッチしたルーティングがリダイレクトされたものである場合。サーバリダイレクトメッセージ（**302 Redirect**）を作成してブラウザに新たな宛先に向かうよう命令しなければならない
- 第3はルーティングがマッチし、関連するコンポーネントをレンダリングする必要がある場合。この場合、引数`renderProps`が、コンポーネントをレンダリングするのに必要なデータの入ったオブジェクトになる。これがサーバ側ルーティングの仕組みの中心部分で、関数`ReactDom.renderToString`を使えば、現在マッチしたルーティングに結びつけられたコンポーネントを表すHTMLコードをレンダリングできる。レンダリングしたら、作成したHTMLを以前に定義したテンプレート`index.ejs`に挿入すればHTMLページが完成するので、それをブラウザに送る
- 第4はマッチするものがない場合。ブラウザには単にエラー**404 Not Found**を返す

ですから、このコードでもっとも重要な部分は次の行です。

```
const markup = ReactDom.renderToString(<Router.RouterContext {...renderProps} />
```

関数`renderToString`がどのような働きをするのか、詳しく見ていきましょう。

- この関数はモジュール`react-dom/server`で定義されているもので、すべてのReactコンポーネントを文字列にレンダリングできる機能がある。これを使ってサーバ側でHTMLコードをレンダリングすると、すぐさまブラウザに送信されるので、ページのロード時間が短くなりページのSEO親和性が高まる。Reactは賢いので、ブラウザの同じコンポーネントに対し`ReactDom.render()`を呼び出すと、コンポーネントを再度レンダリングせず、既存のDOMノードにイベントリスナーを付加させるだけにする

- レンダリングするコンポーネントは（モジュールreact-routerに含まれている）RouterContextで、これが指定されたルーターの状態に対応するコンポーネントツリーをレンダリングを担当する。このコンポーネントに対して渡すのは、オブジェクトrenderPropsの中のすべてのフィールドである属性の集合である。このオブジェクトを展開するのに、JSXの属性スプレッド演算子を使う（https://facebook.github.io/react/docs/jsx-spread.html#spread-attributes）。これにより、オブジェクト内のキー／値の組がすべて抽出されてコンポーネントの属性になる

さあ、これで次のコマンドによりスクリプトserver.jsが実行できます。

```
$ node server
```

次にブラウザを開き、http://localhost:3000を表示させて、サーバがレンダリングしたアプリが動くところを見ましょう。

バンドルファイルの読み込みを無効にしたので、現時点ではクライアント側のJavaScriptコードが実行されておらず、どの操作も新しいサーバリクエストを生じ、ページ全体が再描画されます。少し不格好ですね。

次の節では、クライアント側とサーバ側の両方のレンダリングを可能にする方法を示し、ユニバーサルルーティングとレンダリングについて効果的な方法をサンプルプログラムに追加します。

8.5.3　ユニバーサルレンダリングとルーティング

この節では、サンプルプログラムを改良してサーバ側とクライアント側の両方でレンダリングとルーティングができるようにします。個々の部品が動くことは既に示しましたので、あとは少し磨きをかけるだけです。

最初にすることは、メインのビューファイル（views/index.ejs）にあるbundle.jsの読み込みをコメントでなくすることです。

次にクライアント側アプリ（main.js）のヒストリー取り扱い方針を変更しなければなりません。hashHistoryによる方法を採用していたのを覚えているでしょうか。ユニバーサルレンダリングでは、クライアントとサーバ両方のルーティングにまったく同じURLを使いたいので、hashHistoryではうまくいきません。サーバ側ではbrowserHistoryしか使えませんから、クライアント側でもそれを使うようにモジュールroutes.jsを書き直しましょう。

```
const React = require('react');
const ReactRouter = require('react-router');
const Router = ReactRouter.Router;
const browserHistory = ReactRouter.browserHistory;
const routesConfig = require('./routesConfig');

class Routes extends React.Component {
```

```
    render() {
      return<Router history={browserHistory} routes={routesConfig}/>;
    }
  }
  module.exports = Routes;
```

見てのとおり、実質的な変更は関数ReactRouter.browserHistoryをrequireして、それをコンポーネントRouterに渡す点だけです。

これでほぼ終了です。あとはサーバからクライアントにファイルbundle.jsを静的アセットとして送れるように、サーバアプリを少し変えてやります。

そのためには、フォルダの内容を指定したパス上の静的ファイルとして公開するミドルウェアExpress.staticを使います。この場合、フォルダdistを公開したいので、サーバのメインのルーティング設定の前に次の行を追加します。

```
  app.use('/dist', Express.static('dist'));
```

アプリが動くところを見るには、Webpackでバンドルファイルを生成し直して、サーバを再起動します。そうすると、以前と同じにhttp://localhost:3000でアプリ内を移動できます。すべて以前と同じに見えますが、インスペクタやデバッガを使えば、今回は最初のリクエストだけがサーバですべてレンダリングされており、その他はブラウザで処理されていることがわかるでしょう。もう少し遊んでみようと思ったら、どれかのURLのページを強制的に再描画させれば、ルーティングがサーバとブラウザの両方で滑らかに処理されているのが確認できます。

8.5.4 ユニバーサルなデータ取得

サンプルプログラムは、さらに成長してより完全でスケーラブルなアプリになるための確かな構造を手に入れ始めました。しかし、今まできちんと向き合ってこなかった非常に基本的な問題が残っています。それは「データ取得」です。JSONデータしか入っていないモジュールを使ったことを覚えていますか。現在のところ、そのモジュールを「データベース」として使っていますが、もちろんいろいろな理由から、これは非常に問題の多い方法です。

- JSONファイルをアプリのさまざまな場所で共有しており、フロントエンド、バックエンド、さらに各Reactコンポーネントからデータに直接アクセスしている
- データにフロントエンドからもアクセスするならば、データベース全体をフロントエンドのバンドルにも入れざるをえないことになる。これは、秘匿すべき情報を公開してしまうことにつながるので危険。またデータベースが大きくなるに従ってバンドルファイルが肥大化し、データに変更があるたびに再コンパイルしなければならない

より結合度の低いスケーラブルな方法が必要なのは明白です。

この節では、データが非同期的にオンデマンドで取得できる専用のREST APIサーバを構築してサン

プルプログラムを改良します。アプリの現在表示されているセクションを描画するのに必要なデータを必要なときにだけ取得するようにします。

8.5.4.1 APIサーバ

APIサーバは、バックエンドサーバと完全に分離されたものにしましょう。理想的には、アプリケーションの残りの部分から独立してAPIサーバを拡大できるようにすべきです。

さっそくapiServer.jsのコードを見てみましょう（14_universal_data_retrieval）。

```
const http = require('http');
const Express = require('express');

const app = new Express();
const server = new http.Server(app);
const AUTHORS = require('./src/authors');            // ❶

app.use((req, res, next) => {                        // ❷
console.log(`Received request: ${req.method} ${req.url} from
    ${req.headers['user-agent']}`);
  next();
});

app.get('/authors', (req, res, next) => {            // ❸
  const data = Object.keys(AUTHORS).map(id => {
    return {
      'id': id,
      'name': AUTHORS[id].name
    };
  });

  res.json(data);
});

app.get('/authors/:id', (req, res, next) => {        // ❹
  if (!AUTHORS.hasOwnProperty(req.params.id)) {
    return next();
  }

  const data = AUTHORS[req.params.id];
  res.json(data);
});

server.listen(3001, (err) => {
  if (err) {
    return console.error(err);
  }
  console.info('API Server running on http://localhost:3001');
});
```

見てのとおり、ここでもExpressをウェブサーバのフレームワークとして使っていますが、一応このコードの主要部分を説明しておきましょう。

❶ データはまだJSONファイル（`src/authors.js`）としてモジュール内に存在している。これは、もちろん簡単にするためで、このサンプルプログラムを動かすためのもの。実際の場面では、MongoDB、MySQL、LevelDBといった本物のデータベースに置き換えられるべきもの。この例では要求されたJSONオブジェクトからデータに直にアクセスするが、実際のアプリケーションでは本物のデータが欲しいときには外部のデータソースにクエリを投げる

❷ リクエストを受け取るたびにコンソールに何らかの有用な情報を表示するミドルウェアを使っている。APIを呼び出しているのが（フロントエンドでもバックエンドでも）何かを知り、アプリ全体が期待どおり振る舞っているかどうかを検証するのにこのログが役立つことを後で見る

❸ `/authors`というURIで同定されるGETエンドポイントを公開する。利用可能な全著者を入れたJSON配列を返す。各著者について、フィールドの`id`と`name`を公開している。ここでもまた、データベースとして`require`したJSONファイルから直接にデータを抽出している。実際のアプリでは、ここで本物のデータベースにクエリを投げることになるであろう

❹ URI `/authors/:id`にもうひとつのGETエンドポイントを公開している。`:id`は汎用のプレースホルダで、データを読み出したい特定の著者のIDにマッチする。与えられたIDが有効であれば（JSONファイル内にそのIDに該当するデータがあれば）、APIはその著者の氏名と著作の配列を入れたオブジェクトを返す

これで、次のコマンドを実行すればAPIサーバが起動できます。

```
$ node apiServer
```

サーバは`http://localhost:3001`でアクセス可能ですから、テストしたければcurlリクエストをいくつか送信してみましょう。

```
$ curl http://localhost:3001/authors/
[{"id":"joyce","name":"James Joyce"},{"id":"h-g-wells","name":"Herbert
George Wells"}]

$ curl http://localhost:3001/authors/h-g-wells
{"name":"Herbert George Wells","books":["The Time Machine","The War of the
Worlds","The First Men in the Moon","The Invisible Man"]}
```

8.5.4.2 フロントエンドのためのリクエストのプロキシ

構築したAPIはバックエンドからもフロントエンドからもアクセスできるべきです。フロントエンドはAJAXリクエストでAPIをコールする必要があります。ブラウザがページをロードしたドメイン内のURLにしかAJAXリクエストを送信できないというセキュリティポリシーに気づいている人もいるで

しょう。つまり、APIサーバが`localhost:3001`で実行され、ウェブサーバが`localhost:3000`で実行されていると、実際には異なる2つのドメインを使用していることになり、ブラウザはAPIのエンドポイントを直接コールできないのです。この制限を回避するためにプロキシをウェブサーバ内に作成し、**図8-1**に示すように、内部的に便宜的なルーティング（`localhost:3000/api`）を使ってAPIサーバのエンドポイントをローカルに公開します。

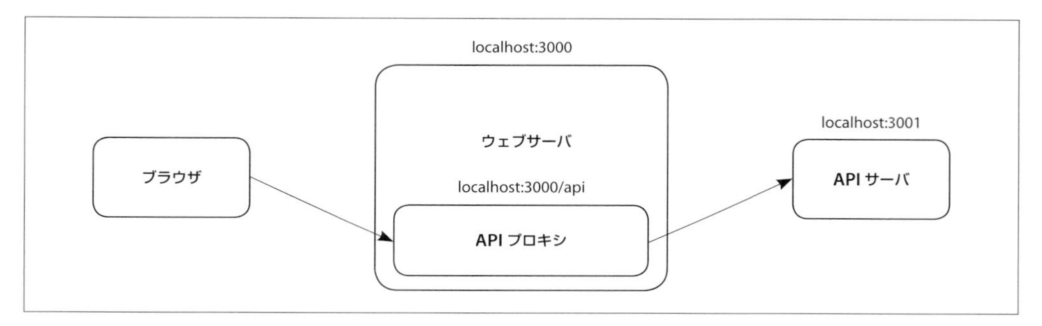

図8-1　便宜的なルーティングを使ってAPIサーバのエンドポイントをローカルに公開

ウェブサーバにプロキシのコンポーネントを構築するため、非常に優れたモジュール`http-proxy`を使いますから、npmを使ってインストールしましょう。

```
$ npm install http-proxy
```

このあとすぐ、ウェブサーバにどのように組み込んで設定するかを示します。

8.5.4.3　ユニバーサルAPIクライアント

この環境下では、2つの異なるプレフィックスを用いてAPIをコールすることになります。

- ウェブサーバからAPIをコールするときには`http://localhost:3001`
- ブラウザからAPIをコールするときには`/api`

また、サーバ側では`request`のようなライブラリや組み込みのライブラリ`http`が使えるのに、ブラウザ側には非同期的HTTPリクエストを行う仕組みのXHR/AJAXしかないことを考慮に入れねばなりません。

このような違いを克服してユニバーサルなAPIクライアントモジュールを構築するために、`axios`と呼ばれるライブラリ（https://npmjs.com/package/axios）を使いましょう。このライブラリはクライアントとサーバの両方で使用でき、各環境でHTTPリクエストを送る際の仕組みが異なっているのを、ひとつの同じAPIとして抽象化してくれます。

そこで、次のコマンドで`axios`をインストールします。

```
$ npm install axios
```

次に、設定済みのaxiosのインスタンスをexportする単純なラッパーモジュールも作成しなければなりません。モジュールの名前をxhrClient.jsとします。

```
const Axios = require('axios');

const baseURL = typeof window !== 'undefined' ? '/api' :
  'http://localhost:3001';
const xhrClient = Axios.create({baseURL});
module.exports = xhrClient;
```

このモジュール内では、コードがブラウザで実行されているのかウェブサーバで実行されているのかを検知するのに変数windowが定義されているかどうかをチェックし、結果に従って正しいAPIプレフィックスを設定します。それから、ベースURLの現在の値を使って設定された新たなaxiosクライアントのインスタンスを単にexportしています。

これで、Reactコンポーネントにこのモジュールを取り込めますので、サーバで実行されているか、ブラウザで実行されているかにかかわらずユニバーサルインタフェースを利用することができ、両環境の内部的な相違はモジュールのコードの内部に隠されます。

ユニバーサルHTTPクライントとして広く評価されているものとしては、この他にsuperagent(https://npmjs.com/package/superagent)やisomorphic-fetch(https://npmjs.com/package/isomorphic-fetch)があります。

8.5.4.4 非同期的Reactコンポーネント

これでコンポーネントから新たに設定されたAPIを使うことになりましたので、非同期的な初期化が必要になります。そのためには、async-props(https://npmjs.com/package/async-props)と呼ばれるReact Routerの拡張機能を使います。

次のコマンドでこのモジュールをインストールしましょう(14_universal_data_retrieval)。

```
$ npm install async-props
```

これでコンポーネントが非同期的になるように書き直す準備ができました。components/authorsIndex.jsから始めましょう。

```
const React = require('react');
const Link = require('react-router').Link;
const xhrClient = require('../xhrClient');

class AuthorsIndex extends React.Component {
  static loadProps(context, cb) {
    xhrClient.get('authors')
      .then(response => {
        const authors = response.data;
```

```
          cb(null, {authors});
        })
        .catch(error => cb(error))
      ;
    }

    render() {
      return (
        <div>
          <h1>List of authors</h1>
          <ul>{
            this.props.authors.map(author =>
              <li key={author.id}>
                <Link to={`/author/${author.id}`}>{author.name}</Link>
              </li>
            )
          }</ul>
        </div>
      )
    }
  }
  module.exports = AuthorsIndex;
```

見てわかるように、この新しいバージョンのモジュールの中では、旧バージョンで使った生のJSONデータを入れたモジュールの代わりに、新しく作成したxhrClientをrequireしています。次にコンポーネントクラスにloadPropsという名前の新たなメソッドを追加します。このメソッドは引数として、ルーティングから渡されたコンテキストパラメータを入れたオブジェクト（context）とコールバック関数（cb）を取ります。メソッド内部では、コンポーネントの初期化に必要なデータを取得するための非同期処理がすべて実行できます。すべてのロードが完了すると（あるいはエラーがあると）、コールバック関数を実行してデータを伝達し、ルーティングモジュールにコンポーネントの準備が整ったことを通知します。この例の場合、xhrClientを使ってエンドポイントauthorsからデータを取得しています。

同様にして、コンポーネントcomponents/authorPage.jsも更新しましょう。

```
  const React = require('react');
  const Link = require('react-router').Link;
  const xhrClient = require('../xhrClient');

  class AuthorPage extends React.Component {
    static loadProps(context, cb) {
      xhrClient.get(`authors/${context.params.id}`)
        .then(response => {
          const author = response.data;
          cb(null, {author});
        })
        .catch(error => cb(error))
```

```
    ;
  }

  render() {
    return (
      <div>
        <h2>{this.props.author.name}'s major works</h2> <!-- 主要作品 -->
        <ul className="books">{
          this.props.author.books.map( (book, key) =>
            <li key={key} className="book">{book}</li>
          )
        }</ul>
        <Link to="/">Go back to index</Link>
      </div>
    );
  }
}
module.exports = AuthorPage;
```

上のコードは前のコンポーネントで説明したのと同じロジックに従っています。主な違いは、今度はAPIエンドポイント`authors/:id`をコールしていることと、ルーティングコンポーネントから渡される変数`context.params.id`からパラメータのIDを取り出していることです。

こういった非同期的コンポーネントを正しくロードできるように、クライアントとサーバの両方のルーティングの定義も更新する必要があります。とりあえずはクライアントに焦点を合わせ、新版の`routes.js`がどのようになるか見てみましょう。

```
const React = require('react');
const AsyncProps = require('async-props').default;
const ReactRouter = require('react-router');
const Router = ReactRouter.Router;
const browserHistory = ReactRouter.browserHistory;
const routesConfig = require('./routesConfig');

class Routes extends React.Component {
  render() {
    return <Router
      history={browserHistory}
      routes={routesConfig}
      render={(props) => <AsyncProps {...props}/>}
    />;
  }
}
module.exports = Routes;
```

前の版と異なる2つの点は、モジュール`async-props`を`require`している点と、それを使うようにコンポーネント`Router`の関数`render`を定義し直した点です。この方法は、実際にはルーティングモジュールのレンダリングロジック内にモジュール`async-props`のロジックを挿入することで、非同期的処理のサポートを可能にしているのです。

8.5.4.5 ウェブサーバ

このサンプルプログラムを完成させるために必要な最後の作業がウェブサーバの更新です。プロキシサーバを使ってAPIコールを本物のAPIサーバにリダイレクトし、ルーティングモジュールがモジュールasync-propsを使うようにします。

server.jsの名前をwebServer.jsに変更し、APIサーバのファイルと明確に区別できるようにしました。新しいファイルの内容は次のようになります。

```
const http = require('http');
const Express = require('express');
const httpProxy = require('http-proxy');
const React = require('react');
const AsyncProps = require('async-props').default;
const loadPropsOnServer = AsyncProps.loadPropsOnServer;
const ReactDom = require('react-dom/server');
const Router = require('react-router');
const routesConfig = require('./src/routesConfig');

const app = new Express();
const server = new http.Server(app);

const proxy = httpProxy.createProxyServer({
  target: 'http://localhost:3001'
});

app.set('view engine', 'ejs');
app.use('/dist', Express.static('dist'));
app.use('/api', (req, res) => {
  proxy.web(req, res, {target: targetUrl});
});

app.get('*', (req, res) => {
  Router.match({routes: routesConfig, location: req.url}, (error,
    redirectLocation, renderProps) => {
    if (error) {
      res.status(500).send(error.message)
    } else if (redirectLocation) {
      res.redirect(302, redirectLocation.pathname +
        redirectLocation.search)
    } else if (renderProps) {
      loadPropsOnServer(renderProps, {}, (err, asyncProps, scriptTag) => {
        const markup = ReactDom.renderToString(<AsyncProps {...renderProps}
          {...asyncProps} />);
        res.render('index', {markup, scriptTag});
```

```
      });
    } else {
      res.status(404).send('Not found')
    }
  });
});

server.listen(3000, (err) => {
  if (err) {
    return console.error(err);
  }
  console.info('WebServer running on http://localhost:3000');
});
```

前の版からの変更点を一つひとつ説明していきましょう。

- まず新しいモジュール(http-proxyおよびasync-props)を読み込む必要がある
- proxyのインスタンスを初期化し、/apiにマッチするリクエストにマップされたミドルウェアを通してウェブサーバに追加する
- サーバ側のレンダリングのロジックを少々変更。今回は、すべての非同期データがロードされていることを確認しなければならないので、関数renderToStringをすぐに呼び出すことができない。モジュールasync-propsはこの目的のために関数loadPropsOnServerを提供している。この関数は現在マッチしているコンポーネントから非同期的にデータをロードするのに必要な処理をすべて実行する。ロードが完了するとコールバック関数が呼び出されるが、メソッドrenderToStringの呼び出しが安全に行えるのはこの関数の内部だけである。今回はコンポーネントRouterContextではなくAsyncPropsを使い、JSXスプレッド形式により同期と非同期の属性のセットを渡していることにも注意が必要。もうひとつ重要な点が、コールバック内でscriptTagという引数を受け入れていること。この変数にはHTMLコード内に設置する必要のあるJavaScriptコードが入っている。このコードにはサーバ側のレンダリング過程でロードされる非同期データを表すコードが入っており、ブラウザがこのデータに直接アクセスでき、重複するAPIリクエストを送らなくてよいようになっている。生成されるHTMLコードにこのスプリプトを挿入するため、コンポーネントのレンダリング過程で取得したマークアップとともにビューに渡す

テンプレートviews/index.ejsも、今述べた変数scriptTagを表示するために少し変更しました。

```
<!DOCTYPE html>
<html>
  <head>
    <meta charset="utf-8"/>
    <title>React Example - Authors archive</title> <!-- 著者アーカイブ -->
```

```
  </head>
  <body>
    <div id="main"><%- markup %></div>
    <script src="/dist/bundle.js"></script>
    <%- scriptTag %>
  </body>
</html>
```

見てのとおり、ページのボディを終了する直前にscriptTagを追加しています。

これでこのサンプルプログラムを実行する準備がほぼ完了です。あとはWebpackでバンドルを生成し直し、次のコマンドでウェブサーバを起動します。

```
$ babel-cli server.js
```

最後に、ブラウザを開き、http://localhost:3000にアクセスしてください。今度もすべて前と変わらないように見えますが、舞台裏ではまったく別のことが起こっています。ブラウザのインスペクタかデバッガを開いて、ブラウザがいつAPIリクエストを送信しているか探してください。また、APIサーバを起動したコンソールをチェックしてログを読み、誰がいつリクエストしているか調べてみてください。

8.6　まとめ

この章では、革新的で変化の早いユニバーサルJavaScriptの世界を探検しました。ユニバーサルJavaScriptはウェブ開発の分野で多くの新しい機会を生み出しましたが、まだ新しく未熟な分野です。

この章では、この話題に関する基本事項をすべて紹介することに注力し、コンポーネント指向ユーザーインタフェース、ユニバーサルレンダリング、ユニバーサルルーティング、ユニバーサルデータ取得といった話題を扱いました。この過程を通して、これらの概念をすべて一緒に組み合わせる方法を示す、非常に単純なアプリケーションを作成しました。また、WebpackやReactといった一連の非常に強力なツールとライブラリも新たに使えるようになりました。

たくさんの話題を扱いましたが、幅広い話題のほんの表面を引っ掻いたにすぎません。しかし、もっと知りたいという興味が湧いたときに自分でこの世界を探検し続けるのに必要な知識は得られているはずです。未熟な領域ですから、今後数年のうちにツールやライブラリはきっと大きく変わることでしょうが、基本的な概念は変わらないはずです。ですから、探検と実験を続けてください。この分野でエキスパートになるには、得た知識を使ってビジネス主導の現実のユースケースに従った実社会のアプリをまず作ることです。

ここで得た知識が、モバイルアプリ開発のような、ウェブ開発以外のプロジェクトにも役立つ可能性があるということも、強調しておく価値のあることでしょう。この分野に興味があるなら、React Nativeが良い出発点になります。

9章 特殊な問題を解決するためのパターン

これまで見てきたデザインパターンはほとんどが一般的なもので、アプリケーション開発のさまざまな分野で応用できるものでした。しかし、より狭い範囲の、ある程度特殊な問題の解決に使われるパターンもあります。そうしたパターンは「レシピ」と呼ばれます。実際の料理と同様、きちんと決まった手順があって、期待どおりのものができあがります。もちろん、だからといってお客さんの好みに合わせるために創造性を発揮してレシピをカスタマイズしてはいけないというわけではなく、レシピにとって重要なのは手順の「骨子」であるのが普通です。この章では、Node開発で遭遇する問題のうち、特定のものを解決する人気のあるレシピを紹介していきます。次のようなレシピです。

- 非同期に初期化されるモジュールをrequireする方法
- 非同期処理にバッチ処理やキャッシングを追加することで、計算量の大きいアプリケーションのパフォーマンスを最小限の手間で大きく向上させる方法
- CPUバウンドな同期処理の効率を上げるための手法

9.1 非同期に初期化されるモジュールのrequire

2章でNodeのモジュールシステムの基本的な特性を説明した際に、`require()`は同期的に実行され、`module.exports`を非同期に設定することはできないと述べました。

これが、コアモジュールや多くのnpmパッケージに同期的APIが存在する主な理由のひとつで、非同期APIの代わりに使うのではなく、主に初期化のときに使うAPIとして利便性のために用意されているのです。

残念なことに、いつも代替が可能とは限りません。同期的APIはいつも使えるわけではなく、特に初期化フェーズでネットワークを使うもの、たとえばハンドシェークプロトコルを実行したり設定パラメータを取得したりするコンポーネントでは使用できません。これには多くのデータベースドライバやメッセージキューのようなミドルウェアシステムのクライアントなどが該当します。

9.1.1 標準的なソリューション

例を考えましょう。dbという名前のモジュールがリモートのデータベースに接続します。モジュールdbはサーバと接続してハンドシェークが完了してからでないとリクエストを受け付けることができません。この場合、選択肢は2つあります。

- モジュールを使い始める前に初期化が済んでいることを確認し、まだであれば初期化完了を待つ。非同期モジュールに命令を実行させるたびにこの処理を行う必要がある

```
const db = require('aDb'); // 非同期モジュール

module.exports = function findAll(type, callback) {
  if(db.connected) {  // 初期化済みか？
    runFind();
  } else {
    db.once('connected', runFind);
  }
  function runFind() {
    db.findAll(type, callback);
  });
};
```

- 非同期モジュールを直接requireせずに、「依存性注入（DI）」を使う。こうすると、モジュールの依存対象が完全に初期化されるまでモジュールの初期化を遅らせることができる。この技法は、モジュール初期化の管理の複雑さを他のコンポーネントに移し替える。移す相手は親モジュールであるのが普通。次の例では、コンポーネントapp.jsがその役割をする

```
// app.jsの中
const db = require('aDb'); // 非同期モジュール
const findAllFactory = require('./findAll');
db.on('connected', function() {
  const findAll = findAllFactory(db);
});

// findAll.jsの中
module.exports = db => {
  // dbに初期化済みであることが保証されている
  return function findAll(type, callback) {
    db.findAll(type, callback);
  }
}
```

1番目の選択肢が非常にまずいことはすぐにわかります。処理のためのコードが多すぎます。

同様に、DIを使った2番目の選択肢も、7章で見たように、ときに望ましくないことがあります。大きなプロジェクトではすぐ複雑すぎて扱えないものになってしまいます。とりわけ手作業で行われた場合や、非同期に初期化されたモジュールがある場合にそうなります。非同期に初期化されるモジュー

ルをサポートするようにデザインされたDIコンテナを使えば、こういった問題は緩和されます。

しかし、これから見ていくように、モジュールを依存対象の初期化状態から簡単に分離できる3番目の選択肢があるのです。

9.1.2 初期化前キュー

依存対象の初期化状態からモジュールを分離する単純なパターンとして、キューとコマンドパターンを利用する方法があります。考え方としては、モジュールの初期化が済んでいない状態で受け取った命令を保存しておき、初期化が完了したら即座に実行するというわけです。

9.1.2.1 非同期に初期化されるモジュールの実装

この単純だが効果的な技法の実例として、小さなテストアプリを作成しましょう。手の込んだことは何もしない、上の仮定を検証するためだけのものです。最初に、asyncModule.jsという名前の、非同期に初期化されるモジュールを作成します（02_async_init_queues）。

```
const asyncModule = module.exports;

asyncModule.initialized = false;

asyncModule.initialize = callback => {
  setTimeout(function() {
    asyncModule.initialized = true;
    callback();
  }, 10000);
};

asyncModule.tellMeSomething = callback => {
  process.nextTick(() => {
    if(!asyncModule.initialized) {
      return callback(
        new Error('I don\'t have anything to say right now')//今は特になし
      );
    }
    callback(null, 'Current time is: ' + new Date());//現在時刻
  });
};
```

上のコードで、asyncModuleは非同期に初期化されるモジュールの動作を説明しようとしています。モジュールが公開しているメソッドのうちinitialize()は10秒の遅延の後に変数initializedをtrueに設定し、コールバックを使って通知します（実際のアプリケーションでは10秒はとても長い時間ですが、競合状態を強調するにはとても便利です）。もうひとつのメソッドtellMeSomething()は現在時刻を返しますが、モジュールが初期化されていなければエラーを発生します。

次のステップは、今作成したサービスに依存する別のモジュールの作成です。routes.jsという名前のファイルに簡単なHTTPリクエストのハンドラを実装しましょう。

```
const asyncModule = require('./asyncModule');

module.exports.say = (req, res) => {
  asyncModule.tellMeSomething((err, something) => {
    if(err) {
      res.writeHead(500);
      return res.end('Error:' + err.message);
    }
    res.writeHead(200);
    res.end('I say: ' + something);
  });
};
```

ハンドラはモジュールasyncModuleのメソッドtellMeSomething()を起動し、結果をHTTPレスポンスに書き出します。見てのとおり、asyncModuleの初期化状態のチェックはいっさい実施していません。これは問題の種になります。

それではコアモジュールhttpだけを使って初歩的なHTTPサーバを作成しましょう（app.js）。

```
const http = require('http');
const routes = require('./routes');
const asyncModule = require('./asyncModule');

asyncModule.initialize(() => {
  console.log('Async module initialized');
  });

http.createServer((req, res) => {
  if (req.method === 'GET' && req.url === '/say') {
    return routes.say(req, res);
  }
  res.writeHead(404);
  res.end('Not found');
}).listen(8000, () => console.log('Started'));
```

これは作成中のアプリケーションの入り口となるもので、asyncModuleの初期化を開始させ、以前に作成したリクエストハンドラ（routes.say()）を利用するHTTPサーバを作成するだけのものです。

いつものようにモジュールapp.jsを実行してサーバを起動してみましょう。サーバがスタートしたらブラウザでhttp://localhost:8000/sayを開き、asyncModuleから何が返ってくるか見てください。

予想どおりで、サーバの起動直後にリクエストを送れば、結果として返ってくるのは次のようなエラーです。

```
Error:I don't have anything to say right now
```

これは、asyncModuleの初期化がまだ済んでいないのに使おうとしたことを示しています。非同期に初期化されるモジュールの実装の詳細にもよりますが、親切にエラーを受け取ることもあれば、重要な情報を失うこともあり、アプリケーション全体がクラッシュしてしまうことさえあります。一般に、このような状況は避けるべきです。リクエストが2、3回失敗したからといって問題にはならないかもしれませんし、初期化が十分速ければ実際に失敗することはないかもしれません。しかし、高負荷アプリケーションや「自動スケーリング」するようにデザインされたクラウドサーバでは、そういった希望的観測はすぐに無効になります。

9.1.2.2 初期化前キューによるモジュールのラップ

サーバをより堅牢にするため、リファクタリングしてこの節の最初のところで説明したパターンを適用していきます。asyncModuleが初期化されていないときに呼び出されたすべての操作をキューに保存し、処理できる態勢が整ったらすぐにキューをフラッシュするのです。ステートパターンのすばらしい適用例です。必要となるステートは2つで、ひとつは初期化が未完了の間にすべての命令をキューに保存しておくもの、もうひとつは初期化完了後に各メソッドを元のモジュールasyncModuleに単に委譲するだけのものです。

多くの場合、非同期モジュールのコードを修正できませんので、キュー保存のレイヤーを追加するためには元のモジュールasyncModuleのプロキシを作成する必要があります。

それではコードの作成を始めましょう。asyncModuleWrapper.jsという名前のファイルを新しく作成し、少しずつ構築していきます。最初にしなければならないのが、アクティブなほうのステートactiveStateに命令を委譲するオブジェクトの作成です。

```
const asyncModule = require('./asyncModule');

const asyncModuleWrapper = module.exports;

asyncModuleWrapper.initialized = false;
asyncModuleWrapper.initialize = () => {
  activeState.initialize.apply(activeState, arguments);
};

asyncModuleWrapper.tellMeSomething = () => {
  activeState.tellMeSomething.apply(activeState, arguments);
};
```

上のコードで、asyncModuleWrapperは現在アクティブなステートに各メソッドを委譲しているだけです。それでは、2つのステートがどのようになっているか見てみましょう。まずnotInitializedStateです。

```
const pending = [];
const notInitializedState = {
```

```
    initialize: function(callback) {
      asyncModule.initialize(() => {
        asyncModuleWrapper.initalized = true;
        activeState = initializedState;                    // ❶

        pending.forEach(req => {                           // ❷
          asyncModule[req.method].apply(null, req.args);
        });

        pending = [];

        callback();                                        // ❸
      });
    },

    tellMeSomething: callback => {
      return pending.push({
        method: 'tellMeSomething',
        args: arguments
      });
    }
  };
```

メソッドinitialize()が呼び出されると、元のモジュールasyncModuleの初期化が開始され、コールバックのプロキシが提供されます。これで元のモジュールが初期化されたかどうかをラッパーが知ることができ、次の命令が実行されます。

❶ 変数activeStateを状態移行後のステートオブジェクト（initializedState）に更新する
❷ キューpendingに保存されていたすべての命令を実行する
❸ 元のコールバックを呼び出す

モジュールはこの時点ではまだ初期化されていないので、このステートのメソッドtellMeSomething()は単にコマンドオブジェクトを新たに生成し、保留されている命令のキューpendingに追加するだけです。

ここまでくれば、パターンは明らかでしょう。元のモジュールasyncModuleがまだ初期化されていなければ、ラッパーは受け取った命令をすべてキューに保存するだけです。そして初期化が完了したという通知を受けると、キューに保存されているすべての命令を実行し、内部ステートをinitializedStateに切り替えます。それではラッパーの最後の部分を見てみましょう。

```
  let initializedState = asyncModule;
```

これを見て驚く人はいないと思いますが、オブジェクトinitializedStateは元のasyncModuleへの単なる参照にすぎません。実際、初期化が完了すれば、すべての命令を元のモジュールに安全に転送できます。それ以上のことは何も必要ありません。

最後にアクティブなステートに初期値を設定する必要がありますが、それはもちろん`notInitializedState`です。

```
let activeState = notInitializedState;
```

これで再びテストサーバを起動できますが、その前に元の`asyncModule`への参照を今回新たに作成した`asyncModuleWrapper`のオブジェクトへの参照に書き換えることを忘れないでください。モジュール`app.js`と`routes.js`の両方を書き換える必要があります。

書き換えたら、サーバにリクエストを再度送ってみましょう。モジュール`asyncModule`がまだ初期化されていない間、リクエストは失敗するのではなく、初期化が完了するまで実行を保留され、初期化完了後になって初めて実際に実行されます。このほうがより堅牢な振る舞いでしょう。

パターン
モジュールが非同期に初期化されるなら、モジュールの初期化が完了するまで命令をすべてキューに保存する。

これで、サーバが起動直後からリクエストを受け付け始めても、モジュールの初期化状態のせいでリクエストが失敗することはなくなりました。この結果を得るのにDIも使わず、間違いの起きやすい長たらしいチェックを使った非同期モジュールの状態の確認も必要ありません。

9.1.3 実践での利用

上に示したパターンは多くのデータベースドライバやORMライブラリで使われています。中でももっとも重要なのはMongoDB用ORMのMongoose（http://mongoosejs.com）です。Mongooseを使えば、クエリを送信するのにデータベースとの接続開始を待つ必要がありません。各命令はキューに保存され、データベースとの接続が確立してから実行されるからです。おかげでAPIの使い勝手が向上します。

Mongooseのコードを覗いて、ネイティブのドライバのプロキシが初期化前キューをどのようにして追加しているかを見てください（このパターンを実装する別法の実例にもなっています）。このパターンの実装を担当している部分のコードは次のURLにあります——https://github.com/LearnBoost/mongoose/blob/21f16c62e2f3230fe616745a40f22b4385a11b11/lib/drivers/node-mongodb-native/collection.js#L103-138

9.2 非同期のバッチ処理とキャッシュの利用

高負荷のアプリケーションでは「キャッシュ」が非常に重要な役割を担い、ウェブページ、画像、スタイルシートといった静的なリソースからデータベースへのクエリの結果といったデータまで、さまざまなものがキャッシングの対象になります。この節では、非同期処理とキャッシングとの関係やその性能向上の度合いについて説明します。

9.2.1 キャッシュ処理もバッチ処理もないサーバの実装

この新しい難題に取り組む前に、これから実装するさまざまな技法の効果を測定する基準として使うための小さなデモサーバを実装しておきましょう。

電子商取引を行う会社の販売管理をするウェブサーバを考えます。具体的課題として、サーバに対するクエリで、特定のタイプの商品に関する売上の合計を問い合わせたいとしましょう。この目的のため、ここでも簡便さと柔軟性を兼ね備えたLevelUPを使います。使用するデータモデルは、salesというサブレベル（データベースのセクション）に保存されたトランザクションの単なるリストです。次の形式で構成されています。

```
transactionId {amount, item}
```

キーはtransactionId（トランザクションID）になっており、値はJSONオブジェクトでamount（金額）とitem（商品のタイプ）が入っています。

処理するデータはきわめて基本的なものですから、totalSales.jsという名前のファイルにAPIを今すぐ実装してしまいましょう。次のようになります（03_batching_and_caching）。

```
const level = require('level');
const sublevel = require('level-sublevel');
const db = sublevel(level('example-db', {valueEncoding: 'json'}));
const salesDb = db.sublevel('sales');

module.exports = function totalSales(item, callback) {
  console.log('totalSales() invoked');
  let sum = 0;
  salesDb.createValueStream()                  // ❶
    .on('data', data => {
      if(!item || data.item === item) {  // ❷
        sum += data.amount;
      }
    })
    .on('end', () => {
      callback(null, sum);                   // ❸
    });
};
```

このモジュールのコアとなるのは関数totalSalesで、exportされる唯一のAPIでもあります。流れを説明しましょう。

❶ 販売トランザクションを入れたサブレベル`salesDb`からストリームを作成。ストリームはデータベースからすべてのエントリを取り出す
❷ 販売トランザクションがデータベースのストリームから返されると、イベント`data`で受け取る。現在のエントリの`amount`の値を合計値`sum`に加えるが、タイプ`item`と入力のタイプが等しかった場合に限る（入力がまったくない場合も、タイプ`item`とは無関係に加算し、すべてのトランザクションの合計が計算できるようにしている）
❸ 最後に、イベント`end`を受け取ると、最終的な`sum`を結果としてメソッド`callback()`を呼び出す

パフォーマンスという点では、ここで構築した単純なクエリが最良のものとは言えないのは明らかです。実際のアプリケーションでは、理想的には商品タイプ`item`によってトランザクションを検索できるようにインデックスをもたせるか、あるいはよりよいのがインクリメンタルなmap/reduceで合計を随時計算することでしょう。しかしこの例では、遅いクエリを使うことでこれから説明するパターンの利点が強調され、かえって良いかもしれません。

「売上合計」アプリケーションの仕上げとして、HTTPサーバを構築して`totalSales`のAPIを公開しましょう（`app.js`）。

```
const http = require('http');
const url = require('url');
const totalSales = require('./totalSales');

http.createServer((req, res) => {
  const query = url.parse(req.url, true).query;
  totalSales(query.item, (err, sum) => {
    res.writeHead(200);
    res.end(`Total sales for item ${query.item} is ${sum}`);
          // `商品 ${query.item} の売上合計は ${sum} です。`
  });
}).listen(8000, () => console.log('Started'));
```

作成したサーバは`totalSales`を公開するだけの最小限のものです。

サーバの起動前に、データベースにサンプルデータを入れましょう。この節のコードサンプルの中にあるスクリプト`populate_db.js`を使ってください。スクリプトは、データベース内に10万件のランダムな販売データを生成します。

さあ、これで準備万端です。サーバを立ち上げるには、いつもと同じく次のコマンドを実行します。

```
$ node app
```

サーバにクエリを投げるには、ブラウザで次のURLに移動します――http://localhost:8000?item=book

しかし、サーバのパフォーマンスをきちんと把握するには複数のリクエストが必要ですから、スクリプトloadTest.jsを使って200ミリ秒間隔でリクエストを送ってみることにします。サンプルにあるファイルはURLに接続するよう設定済みですから、次のコマンドを実行してください。

```
$ node loadTest
```

20個のリクエストが完了するのにしばらく時間がかかります。テストの全実行時間をメモしておいてください。これから最適化を施してどれだけ時間が節約できるかを測定します。

9.2.2 非同期リクエストのバッチ処理

非同期処理を扱う場合、もっとも基礎的なレベルのキャッシュ処理は、同じAPIに対する複数の呼び出しをバッチ処理することで達成できます。考え方はきわめて単純で、非同期処理がまだ終わらないうちにもう一度非同期関数を呼び出すなら、新しいリクエストを作成するのではなく既に実行中の処理にコールバックを追加すればよいというものです。**図9-1**を見てください。

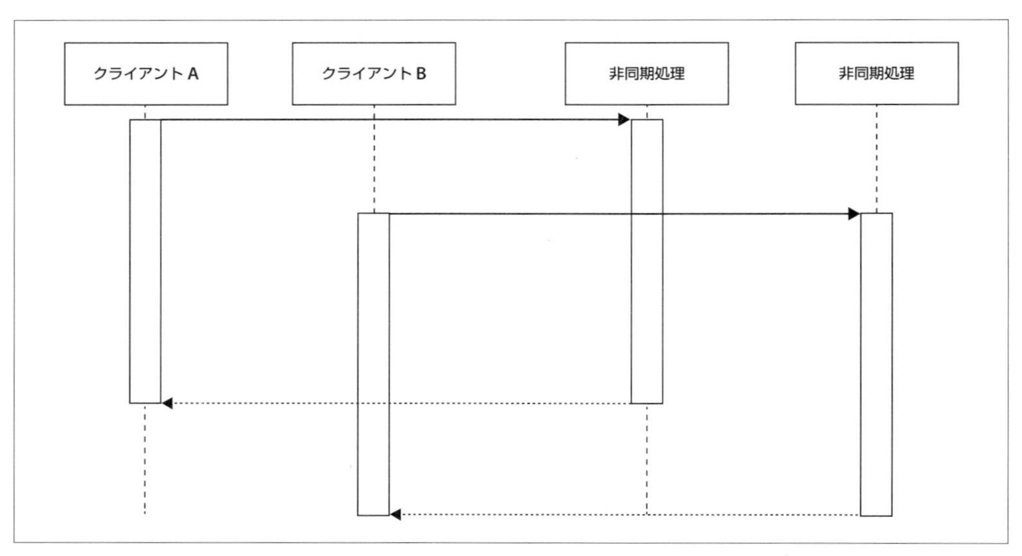

図9-1 同一入力での非同期処理の呼び出し

図9-1は2つのクライアント（2つの別々のオブジェクトでも、別々のウェブリクエストでもかまいません）が「まったく同一の入力」で非同期処理を呼び出しているところを示しています。もちろんこのような状況では、この図に示したように2つのクライアントに対し別々に処理が開始され、異なる時間に完了するというのが自然でしょう。では、次の状況を考えて見ましょう（**図9-2**）。

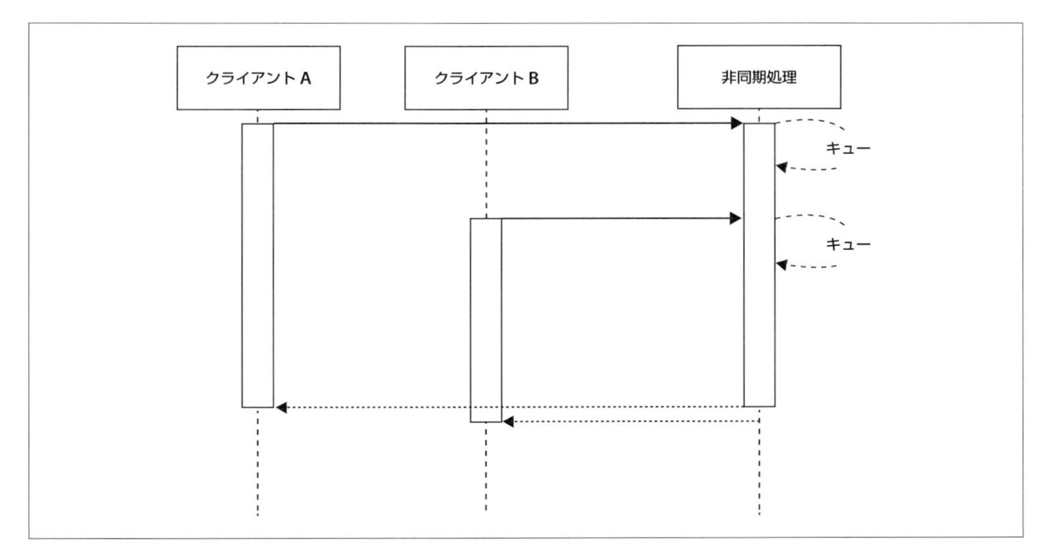

図9-2　同じAPIの同じ入力での呼び出しのバッチ処理

2番目の図では2つのリクエスト（同じAPIを同じ入力で呼び出したもの）がバッチ処理可能となっており、言い換えれば実行中の同じ処理に追加されています。これにより、処理が完了すると両方のクライアントに通知されます。これは単純ですが強力な方法で、アプリケーションの負荷を最適化しますが、（メモリ管理やキャッシュの無効化に関する戦略が必要になる）キャッシングを行う必要がありません。

9.2.2.1 「売上合計」サーバにおけるリクエストのバッチ処理

API totalSalesの上にバッチ処理レイヤーを追加しましょう。使おうとしているパターンは非常に単純です。APIが呼び出されたときに既に処理中の同じリクエストがあれば、コールバックをキューに追加します。非同期処理が完了すると、キュー内のすべてのコールバックが一度に呼び出されます。それではこのパターンがどのようにコードで実現されるか見ていきましょう。totalSalesBatch.jsという名前で新しいモジュールを作成します。この中で、元のAPI totalSalesの上にバッチ処理レイヤーを実装します（03_batching_and_caching）。

```
const totalSales = require('./totalSales');

const queues = {};
module.exports = function totalSalesBatch(item, callback) {
  if(queues[item]) {                                        // ❶
    console.log('Batching operation'); // バッチ処理
    return queues[item].push(callback);
  }
```

```
    queues[item] = [callback];                            // ❷
    totalSales(item, (err, res) => {
      const queue = queues[item];                         // ❸
      queues[item] = null;
      queue.forEach(cb => cb(err, res));
    });
  };
```

関数`totalSalesBatch()`は元のAPI `totalSales()`のプロキシで、次のように動作します。

❶ 入力として与えられた商品タイプ`item`のキューが既に存在すれば、その`item`に関するリクエストが既に処理中である。この場合、既存のキューに`callback`を追加するだけで、呼び出しからすぐに戻る。その他に必要な処理はない

❷ その商品タイプにキューが作成されていなければ、新たなリクエストを作成しなければならない。それにはまず、その`item`に対して新しいキューを作成し、現在のコールバック関数`callback`で初期化する。続いて元のAPI `totalSales()`を呼び出す

❸ 元のAPI `totalSales()`に対するリクエストが完了したら、その`item`のキューに追加されたすべてのコールバックを順にひとつずつ呼び出し、処理結果を渡す

関数`totalSalesBatch()`の振る舞いは元のAPIである`totalSales()`とまったく同じです。以前と違うのは、同じ入力を使った複数のAPI呼び出しがバッチ処理される点で、時間とリソースが節約されます。

元のバッチ処理されないバージョンのAPI `totalSales()`と比較して、どれほどのパフォーマンス向上があるか知りたいと思いませんか。それでは、HTTPサーバが使うモジュール`totalSales`を取り替えてみましょう。ファイル`app.js`を書き換えます。

```
// const totalSales = require('./totalSales');
const totalSales = require('./totalSalesBatch');

http.createServer(function(req, res) {
// ...
```

サーバを再起動し、負荷テストを実行してみると、最初に目につくのがリクエストがまとめて（バッチで）返されることです。これは今実装したパターンの効果で、その働きを実際に示す良い実例になっています。

おまけに、テストの実行時間の合計がかなり短くなっているはずです。元のAPI `totalSales()`で実行したテストと比較して少なくとも4倍は速くなっています。

これは驚くべき結果で、単純なバッチ処理レイヤーを追加しただけなのに非常に大きなパフォーマンス向上が確認できます。本格的なキャッシュ管理の煩雑さとも無縁でいられますし、キャッシュの無効化戦略ついて頭を悩ます必要もないのです。

リクエストのバッチ処理のパターンは、負荷が高くAPIが遅い場合にもっとも力を発揮します。まさにそのような状況でこそ、非常に多くのリクエストをバッチ処理に含めることができるからです。

9.2.3　非同期リクエストのキャッシュ処理

リクエストのバッチ処理パターンの問題のひとつは、APIが速くなればなるほどバッチ処理できるリクエストが減るということです。APIが既に高速であるならそれを最適化しようとすることに意味がないという言い方もできます。しかし、アプリケーションのリソース読み込みに際してAPIはやはり影響因子であり、「塵も積もれば山となる」恐れがあります。また、API呼び出しの結果は頻繁には変わらないと仮定できる場合もあります。ですから、単にリクエストをバッチ処理しただけで最良のパフォーマンスを得られるわけではありません。このような状況をすべて考慮すると、アプリケーションの負荷を減少させ応答性を高めるのにもっとも有力な候補は、より積極的なキャッシングです。

考え方は単純です。リクエストが完了したらすぐに結果をキャッシュに保存します。キャッシュの実体はさまざまで、データベースのエントリでも専用のキャッシュサーバでもかまいません。その後、APIが次に呼び出されたときには、新たにリクエストを発生させなくても結果はキャッシュから瞬時に取り出せます。

キャッシュ処理の発想は、経験を積んだ開発者にとって目新しいものではありませんが、非同期プログラミングでのパターンの異なる点は、最適なものとするにはリクエストのバッチ処理と組み合わせねばならないという点です。なぜなら、キャッシュがないない状態で複数リクエストが同時に処理されれば、処理が完了した時点でキャッシュが複数回設定されてしまうからです。

このような仮定のもとで、非同期リクエストのキャッシュ処理パターンの最終的な構造は**図9-3**のようになります。

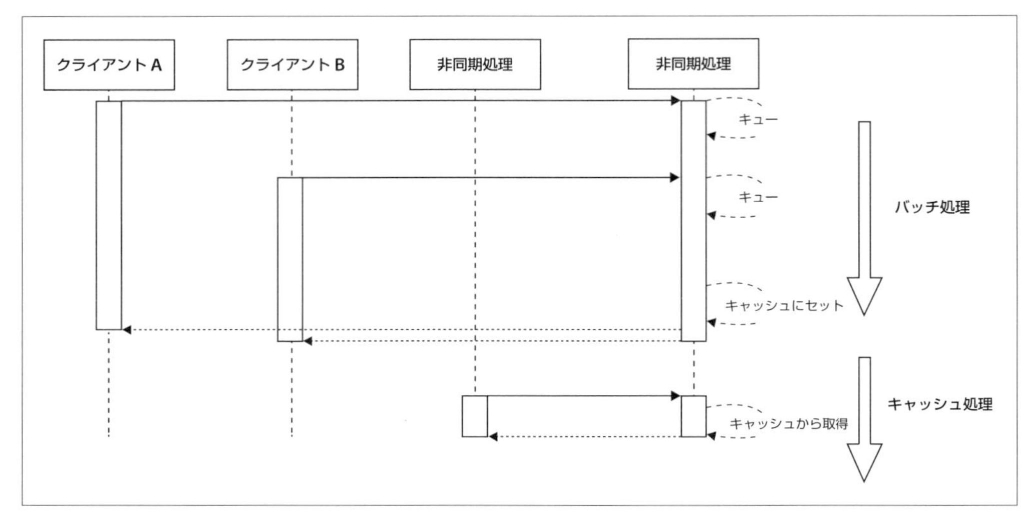

図9-3 非同期リクエストのキャッシュ処理パターンの最終的な構造

図9-3は、最適な非同期キャッシュ処理のアルゴリズムの2つのフェーズを示しています。

- 最初のフェーズはバッチ処理パターンとまったく同じ。キャッシュが設定されていないときに受け取られたリクエストはすべてバッチ処理される。リクエストが完了すると、キャッシュが一度だけ設定される
- キャッシュが最終的に設定されると、その後のリクエストはキャッシュから結果を受け取る

もうひとつ考慮しなければならない重大なものが「Zalgoが解き放たれた」アンチパターンです（2章参照）。非同期APIを扱っているのですから、たとえキャッシュへのアクセスが同期処理だけで実行されていても、キャッシュされていた値も必ず非同期的に返すように気をつけねばなりません。

9.2.3.1 「売上合計」サーバでのリクエストのキャッシュ処理

非同期キャッシュ処理パターンの利点を実例で示し実際に計測するため、`totalSales()`に今学んだことを適用してみましょう。リクエストのバッチ処理の例と同様に、キャッシュ処理レイヤーを追加することだけを目的に元のAPIのプロキシを作成する必要があります。

それでは`totalSalesCache.js`という名前の新しいモジュールを作成しましょう（`03_batching_and_caching`）。

```
const totalSales = require('./totalSales');

const queues = {};
const cache = {};

module.exports = function totalSalesBatch(item, callback) {
```

```
    const cached = cache[item];
    if (cached) {
      console.log('Cache hit');
      return process.nextTick(callback.bind(null, null, cached));
    }

    if (queues[item]) {
      console.log('Batching operation');
      return queues[item].push(callback);
    }

    queues[item] = [callback];
    totalSales(item, (err, res) => {
      if (!err) {
        cache[item] = res;
        setTimeout(() => {
          delete cache[item];
        }, 30 * 1000); //30秒で無効化
      }

      const queue = queues[item];
      queues[item] = null;
      queue.forEach(cb => cb(err, res));
    });
  };
```

上のコードを見れば多くの部分が非同期バッチ処理で使ったものと同じであるとわかるでしょう。実際のところ、違いは次の点だけです。

- APIが呼び出されたたらキャッシュがセットされているかチェックする。セットされていれば`callback()`を使ってキャッシュされていた値を返す。気をつけるのは`process.nextTick()`を使って遅延処理すること
- バッチ処理モード中は実行を続けるが、今回は元のAPIがエラーなしに終了したら結果をキャッシュに保存する。同時にキャッシュを無効化する期限を30秒に設定。単純だが効果的な技法

さて、作成した`totalSales`のラッパーを使ってみる準備ができました。次のようにモジュール`app.js`を更新します。

```
// const totalSales = require('./totalSales');
// const totalSales = require('./totalSalesBatch');
const totalSales = require('./totalSalesCache');

http.createServer(function(req, res) {
  // ...
```

それではサーバを再起動し、前のサンプルプログラムでやったようにスクリプト`loadTest.js`を使ってプロファイルを計測してみましょう。デフォルトのテスト用パラメータを使うと、単純なバッチ

処理と比較して実行時間が10%減少したはずです。もちろんこれは多くの要因（受信したリクエスト数、リクエスト間の時間間隔など）に依存します。バッチ処理に対するキャッシュ処理の利点は、リクエストの頻度が高くそれが長時間続く場合により重要になります。

関数呼び出しの結果をキャッシュしておくことを「メモ化（memoization）」と呼びます。npmでは、多くのパッケージが非同期メモ化を実装しています。よくできたパッケージのひとつが`memoizee`（https://npmjs.org/package/memoizee）です。

9.2.3.2　キャッシュ処理機構の実装について

実社会のアプリケーションでは、より高度なキャッシュの無効化技法と保存メカニズムを使わねばならないかもしれません。それが必要になるのは次の理由からです。

- 大量の値がキャッシュされると、消費するメモリがふくれあがる。その場合、LRU（Least Recently Used）アルゴリズムを用いればメモリ使用量を一定に維持できる
- アプリケーションが複数のプロセスに分散している場合、キャッシュに単なる変数を使うと各サーバのインスタンスから返される結果が異なる恐れがある。それが望ましくなければ、キャッシュに共有領域を使うことができる。よく使われるのがRedis（http://redis.io）とMemcached（http://memcached.org）
- キャッシュを時間で期限切れとせず手作業で無効化すれば、キャッシュの有効時間を長くしたりより新しいデータを提供したりできるかもしれないが、管理は大変になる

9.2.4　プロミスを使ったバッチ処理とキャッシュ処理

4章で、プロミスが非同期処理のコードを大幅に単純化することを見ましたが、バッチ処理とキャッシュ処理を扱う場合にはさらに興味深い応用法があります。プロミスについての説明を振り返ると、この状況でうまく利用できる2つの性質があることがわかります。

- ひとつのプロミスに複数のリスナー`then()`が付加できる
- リスナー`then()`は最大でも1回しか呼び出されないことが保証されており、プロミスがresolve（解決）されてからアタッチされても動作する。さらには、`then()`は**常に**非同期に呼び出されることが保証されている

つまり、1番目の性質はリクエストをバッチ処理する場合に必要なことそのものであり、2番目の性質は、プロミスはそもそもresolveされた値のキャッシュなのであり、キャッシュされた値を一貫して非同期に返す自然な機構を提供しているということなのです。言い換えれば、バッチ処理とキャッシュ処理は、プロミスによってきわめて単純で簡潔なものになります。

では、API `totalSales()`のラッパーをプロミスを使って作成し、バッチ処理とキャッシュ処理のレイヤーを追加してみましょう。`totalSalesPromises.js`という名前の新しいファイルを作成します。

```
const pify = require('pify');                               // ❶
const totalSales = pify(require('./totalSales'));

const cache = {};
module.exports = function totalSalesPromises(item) {
  if (cache[item]) {                                        // ❷
    return cache[item];
  }

  cache[item] = totalSales(item)                            // ❸
    .then(res => {                                          // ❹
      setTimeout(() => {delete cache[item]}, 30 * 1000); //30s expiry
      return res;
    })
    .catch(err => {                                         // ❺
      delete cache[item];
      throw err;
    });
  return cache[item];                                       // ❻
};
```

まず目に入るのが上のコードで実装した方法の単純さとエレガントさです。プロミスは実に偉大なツールなのですが、特にこの例では大きな改善が得られます。上のコードの流れを見ておきましょう。

❶ まず、元の`totalSales()`にプロミス化（promisification）を施すことを可能にするpify（https://www.npmjs.com/package/pify）という（小さな）モジュールをrequireする。こうすると、`totalSales()`はコールバックを受け付ける代わりにES2015のプロミスを返すようになる

❷ ラッパー`totalSalesPromises()`が呼び出されると、与えられた商品タイプ`item`について既にキャッシュされたプロミスが存在するかどうかチェックする。該当するプロミスが既にあれば、それを呼び出し元に返す

❸ 与えられた商品タイプ`item`についてキャッシュされたプロミスがなければ、元の（プロミス化された）API `totalSales()`を呼び出してプロミスを生成する

❹ プロミスがresolveされたら、キャッシュをクリアする制限時間を30秒後に設定して`res`を返せば、プロミスに付加されたリスナーである`then()`のすべてに処理結果が通知される

❺ エラーによりプロミスが破棄された場合、すぐにキャッシュをリセットし、エラーをスローしてプロミスチェーンに拡散させ、同じプロミスに属するリスナーすべてがエラーを受け取るようにする

❻ 最後に、作成しキャッシュされたプロミスを返す

非常に簡単で直感的なばかりでなく、さらに重要なのは、バッチ処理とキャッシュ処理の両方ができているということです。

では、関数totalSalesPromise()を試してみるために、app.jsも少し手直ししましょう。APIがコールバックでなくプロミスを使うようになったからです。モジュールappの修正版をappPromises.jsという名前で作成しましょう。

```
const http = require('http');
const url = require('url');
const totalSales = require('./totalSalesPromises');
http.createServer(function(req, res) {
  const query = url.parse(req.url, true).query;
  totalSales(query.item).then(function(sum) {
    res.writeHead(200);
    res.end(`Total sales for item ${query.item} is ${sum}`);
  });
}).listen(8000, () => console.log('Started'));
```

この実装は、元のモジュールappとほとんど同じですが、違うところはプロミスベース版のバッチ処理/キャッシュ処理ラッパーを使うようになったところです。そのため、呼び出しのしかたが若干異なっています。

これでおしまいです。次のコマンドを実行すれば新版のサーバをテストできます。

```
$ node appPromises
```

スクリプトloadTestを使えば、新しく実装したプログラムが期待どおりに動いていることが確かめられます。実行時間はAPI totalSalesCache()を使ったサーバをテストしたときと同じはずです。

9.3 CPUバウンドなタスクの実行

API totalSales()はリソースを大量に消費しますが、サーバが同時に複数のリクエストを受け付ける能力には影響を与えません。1章で学んだイベントループに関する知識がこの振る舞いの説明になるでしょう。非同期処理を呼び出すとスタックがイベントループのところまで巻き戻され、別のリクエストが扱えるようになるのです。

では、イベントループに制御を戻さないような長大な同期処理を実行した場合はどうなるのでしょうか。この種の処理は「CPUバウンド（CPU-bound）である」とも呼ばれます。I/O処理よりもCPUに対する負荷が非常に高くなります。

この種のタスクがNodeではどのように振る舞うのか、さっそく例で見ていきましょう。

9.3.1 部分和問題の解法

対象として計算量の大きい「部分和問題」を使いましょう。ある整数の集合（あるいは「多重集合」）が、要素の和がゼロになるような空でない部分集合を含むかどうかを判定する問題です。たとえば、集合[1, 2, –4, 5, –3] を与えられた場合、[1, 2, –3] と [2, –4, 5, –3] がこの条件を満たすことになります。

もっとも単純なアルゴリズムは、すべての大きさの部分集合の可能な組み合わせをチェックするもので、計算量は$O(2^n)$となり、言い換えれば入力の大きさに従って指数関数的に増加します。つまり要素20個の集合では1,048,576個にのぼる組み合わせをチェックする必要があり、我々の仮定をテストするのにおあつらえ向きです。もちろん、全部チェックする前に解答が見つかるかもしれませんから、難易度を上げるために問題を次のように設定します。「与えられた整数の集合について、合計が指定された数になるような要素の組み合わせをすべて求めよ」

それではそのようなアルゴリズムを構築していきましょう。subsetSum.jsという名前の新たなモジュールを作成します。SubsetSumという名前のクラスの作成から始めましょう（04_cpu_bound）。

```
const EventEmitter = require('events').EventEmitter;

class SubsetSum extends EventEmitter {
  constructor(sum, set) {
    super();
    this.sum = sum;
    this.set = set;
    this.totalSubsets = 0;
  }
  // ...
```

クラスSubsetSumはクラスEventEmitterを継承しています。そのため、入力として与えられた合計に合う部分集合が新たに見つかったときには必ずイベントを発生させることができます。これから示すように、これで柔軟性が非常に大きくなります。

次に、可能な組み合わせの部分集合をすべて生成する方法を見ましょう。

```
_combine(set, subset) {
  for(let i = 0; i < set.length; i++) {
    let newSubset = subset.concat(set[i]);
    this._combine(set.slice(i + 1), newSubset);
    this._processSubset(newSubset);
  }
}
```

アルゴリズムの詳細には踏み込まないことにしますが、あげておくべき重要な点が2つあります。

- メソッド_combine()は完全に同期的で、イベントループに制御を戻さずに解を再帰的に生成する。I/Oを必要としないアルゴリズムなので、同期的に行っても特に問題はない
- 新しい組み合わせが生成されるたびに、メソッド_processSubset()に渡してさらに処理させる

メソッド_processSubset()は与えられた部分集合の要素の和が、指定の数に等しいかどうかを検証する役割を果たします。

```
_processSubset(subset) {
  console.log('Subset', ++this.totalSubsets, subset);
  const res = subset.reduce((prev, item) => (prev + item), 0);
  if(res == this.sum) {
    this.emit('match', subset);
  }
}
```

細かいことですが、メソッド_processSubset()は部分集合subsetに処理reduceを適用して要素の和を計算します。続いて、和が目標値（this.sum）であった場合にタイプ'match'のイベントを発生させます。

最後に、メソッドstart()が上のすべての部品をつなぎ合わせます。

```
start() {
  this._combine(this.set, []);
  this.emit('end');
}
```

上のメソッドは_combine()を呼び出すことですべての組み合わせの生成を開始させ、最後には'end'イベントを発生してすべての組み合わせがチェックされたことと、該当する組み合わせは既にすべて検出されていることを通知します。それが可能なのは_combine()が同期的だからです。したがって、'end'イベントは関数_combine()から戻ると同時に発生され、それがすべての組み合わせが計算されたことの知らせになるのです。

次に、今作成したアルゴリズムをネットワーク上に公開する必要がありますので、いつものように専用の単純なHTTPサーバを使いましょう。具体的には、整数の配列と一致すべき合計値を与えてアルゴリズムSubsetSumを呼び出すために、「/subsetSum?data=配列&sum=整数」という形式のエンドポイントを作成します。

では、app.jsという名前のモジュールにこの単純なサーバを実装しましょう。

```
const http = require('http');
const SubsetSum = require('./subsetSum');

http.createServer((req, res) => {
  const url = require('url').parse(req.url, true);
  if(url.pathname === '/subsetSum') {
    const data = JSON.parse(url.query.data);
    res.writeHead(200);
    const subsetSum = new SubsetSum(url.query.sum, data);
    subsetSum.on('match', match => {
      res.write('Match: ' + JSON.stringify(match) + '\n');
    });
```

```
      subsetSum.on('end', () => res.end());
      subsetSum.start();
    } else {
      res.writeHead(200);
      res.end("I'm alive!\n");
    }
  }).listen(8000, () => console.log('Started'));
```

オブジェクトSubsetSumがイベントを使って結果を返す仕組みになっているので、条件を満たす部分集合はアルゴリズムにより生成された直後に、リアルタイムでストリームに流せます。もうひとつ細かいことですが、サーバは/subsetSum以外のURLをアクセスされた場合には文字列I'm alive!をレスポンスとして返します。これを使うと、このあと示すように、サーバが応答しているかどうかをチェックできます。

これで部分和アルゴリズムを試してみる準備ができました。サーバがどのように問題をさばくか確認しましょう。

```
$ node app
```

サーバが起動すれば、すぐ最初のリクエストを送ることが可能になります。17個の乱数の集合で試してみましょう。組み合わせを131,071個生成しなければなりませんからサーバをしばらく忙しくさせておくにはちょうどよい数です。

```
$ curl -G http://localhost:8000/subsetSum --data-urlencode \
  "data=[116,119,101,101,-116,109,101,-105,-102,117,-115,-97,119,-116,-104,-105,115]" \
  --data-urlencode "sum=0"
```

サーバから結果がストリームに随時流され始めるのがわかりますが、最初のリクエストが処理されている最中に別のターミナルから次のコマンドを実行してみると、大きな問題が現れます。

```
$ curl -G http://localhost:8000
```

最初のリクエストの部分和問題が終了するまでこのリクエストがハングしてしまうのがすぐわかります。サーバが応答しません。これはある意味予想どおりのことです。Nodeのイベントループはシングルスレッドで実行されているので、そのスレッドが長時間の同期的計算でブロックされてしまうと、単にI'm alive!を返すだけのほんの1サイクルさえも実行できなくなってしまうのです。

この振る舞いでは、「複数リクエストへの対応」をしようとするどのような種類のアプリケーションでもうまくいかないことがすぐわかります。でもNodeに幻滅しないでください。この種の状況に立ち向かう手段はいくつかあります。そのうちでも重要なもの2つを見ていきましょう。

9.3.2 setImmediateによるインタリーブ

通常、CPUバウンドなアルゴリズムはいくつかのステップから構成されています。再帰呼び出し、ループによる繰り返し、あるいはその変形やそれらの組み合わせです。ですから、問題の解決策として単純なのは、そのようなステップがひとつ(あるいはいくつか)完了するたびにイベントループに制御を戻すというものです。そうすれば、長時間実行中のアルゴリズムがCPUを明け渡してくれた間に、処理を保留されていたI/Oをイベントループで処理できるのです。これは2章で見たsetImmediate()の絶好のユースケースと言えるでしょう。

パターン

setImmediate()を使って、長時間実行される同期的タスクの実行をインタリーブする。

9.3.2.1 部分和アルゴリズムの各ステップのインタリーブ

このパターンをどのように部分和アルゴリズムに適用するのか見てみましょう。モジュールsubsetSum.jsに少々手を入れるだけです。作業に便利なので、元のクラスsubsetSumからコードをコピーして新しくsubsetSumDefer.jsというモジュールを作成し、出発点とします。

最初の変更が、_combineInterleaved()という名前のメソッドの追加です。このメソッドが実装するパターンの中心部になります。

```
_combineInterleaved(set, subset) {
  this.runningCombine++;
  setImmediate(() => {
    this._combine(set, subset);
    if(--this.runningCombine === 0) {
      this.emit('end');
    }
  });
}
```

見てわかるように、しなければならないのは元の(同期的)メソッド_combine()の呼び出しをsetImmediate()によって遅延させることだけです。しかし、アルゴリズムはもはや同期的ではありませんので、関数がすべての組み合わせを生成し終わって終了したかどうかを知ることは前のものより困難になっています。その対策として、3章で見たような非同期並行処理と非常によく似たパターンを使って、メソッド_combine()の実行中のインスタンスをすべて追跡する必要があります。メソッド_combine()のすべてのインスタンスが実行を終了したら、endイベントを発生すればすべてのリスナーにプロセスが完了したことを通知できます。

部分和アルゴリズムのリファクタリングの仕上げとして、もう2つ作業が必要です。まず、メソッド_combine()の再帰のステップを、同じことをする遅延実行のステップに置き換える必要があります。

```
_combine(set, subset) {
  for(let i = 0; i < set.length; i++) {
    let newSubset = subset.concat(set[i]);
    this._combineInterleaved(set.slice(i + 1), newSubset);
    this._processSubset(newSubset);
  }
}
```

上で行った変更により、アルゴリズムの各ステップがsetImmediate()を使ってイベントループのキューに挿入されることが確実になり、したがって同期的に実行されるのではなく保留されているI/Oリクエストの後に実行されるようになります。

もうひとつの作業はメソッドstart()の書き換えです。

```
start() {
  this.runningCombine = 0;
  this._combineInterleaved(this.set, []);
}
```

上のコードでは、メソッド_combine()の実行中インスタンスの数を0で初期化します。また、_combine()の呼び出しを_combineInterleaved()の呼び出しで置き換え、'end'イベントの発生を削除しました。_combineInterleaved()の内部で非同期に処理されるので不要になったからです。

この書き換えによって、CPUバウンドなコードがインタリーブされたステップで実行されるようになり、合間にイベントループが実行されて保留されているリクエストが処理されるようになりました。

残ったのはモジュールapp.jsを更新して新版のAPI SubsetSumを使うようにすることです。

```
const http = require('http');
// const SubsetSum = require('./subsetSum');
const SubsetSum = require('./subsetSumDefer');

http.createServer(function(req, res) {
  // ...
```

これで新しいバージョンの部分和サーバを試してみる準備ができました。次のコマンドを実行してモジュールappを起動しましょう。

```
$ node app
```

それから、与えられた合計値に一致する部分集合をすべて計算させるリクエストを送ってみましょう。

```
$ curl -G http://localhost:8000/subsetSum --data-urlencode \
  "data=[116,119,101,101,-116,109,101,-105,-102,117,-115,-97,119,-116,-104,-105,115]" \
  --data-urlencode "sum=0"
```

それでは、リクエストが実行されている間、サーバが応答するかどうか確認しましょう。

```
$ curl -G http://localhost:8000
```

どうでしょうか。2番目のリクエストに対して、SubsetSumのタスクが実行中にもかかわらず、瞬時に応答があったはずです。実装したパターンがきちんと動いていることが確認されました。

9.3.2.2 インタリーブパターンに関する考察

これまで見てきたように、アプリケーションの応答性を保持したままCPUバウンドなタスクを実行することは、それほど複雑なことではありません。setImmediate()を使って次のステップを保留中のI/Oの後に実行するようスケジューリングしてやるだけでよいのです。しかし、これは効率の点からは最良のパターンではありません。実際、タスクの遅延実行には（小さいとはいえ）オーバヘッドがあり、積み重なると無視できないケースもあります。とりわけ結果をユーザーに直接返さねばならないときは、妥当な時間内に返す必要がありますから、CPUバウンドなタスクを実行する際には遅れを避けることが最優先になるのが普通です。問題を緩和する方法としては、setImmediate()をすべてのステップに使うのではなく一定数のステップの実行後にのみ使うという方法が考えられますが、それでは根本的な解決にはなりません。

だからといって、今見たこのパターンが何としても避けるべきものとはなりません。実際、より大局的に見れば、同期的タスクであるからといって必ずしも極端に長かったり複雑だったりしてトラブルを起こすわけではありません。ビジーなサーバであれば、イベントループを200ミリ秒しかブロックしないタスクであっても望ましくない遅れの原因となるかもしれません。タスクが時々しか実行されない場合やバックグラウンドで実行されそれほど長くかからない場合は、実行をsetImmediate()を使ってインタリーブすることが、イベントループのブロックを避けるためにおそらくもっとも単純で効果的な方法です。

process.nextTick()は実行時間の長いタスクのインタリーブには使えません。2章で見たように、nextTick()は保留中のI/Oの前に処理をスケジューリングするので、繰り返し呼び出されるとI/O枯渇（スタベーション）が起きることがあります。この現象は、前のサンプルプログラムでsetImmediate()をprocess.nextTick()に置き換えてみると自分自身で確かめられます。この扱いはNode 0.10になって導入されたことも述べておく必要があるでしょう。実際、Node 0.8ではprocess.nextTick()がまだインタリーブの仕組みとして利用できました。この変更の歴史と理由についてさらに知りたければ、この問題に関するGitHubのissuesを参照してください ― https://github.com/joyent/node/issues/3335

9.3.3 マルチプロセス

CPUバウンドなタスクを実行するのに使える選択肢はアルゴリズムの各ステップを遅延実行することだけではありません。イベントループのブロックを防ぐもうひとつのパターンに「子プロセス」の使用があります。NodeはウェブサーバのようなI/O集中型のアプリケーションを実行する場合にもっとも高い性能を発揮しますが、非同期的なアーキテクチャのおかげでリソースの利用を最適化できるからなのです。

ですから、アプリケーションの応答性を維持するのに使える最良の方式は、CPUバウンドなタスクをメインアプリケーションの中で実行することではなく、別なプロセスを使うことなのです。主な利点は3つあります。

- 同期的タスクを実行するステップをインタリーブする必要がないので、全速で実行できる
- Nodeではプロセスの扱いが単純なので`setImmediate()`を使うより簡単。またメインアプリケーションをスケールアウトしなくても簡単に複数プロセスの利用が可能
- 最高のパフォーマンスを得たければ、外部プロセスを低レベル言語で作成可能。たとえばC言語が使える（その仕事にもっとも適しているツールを使いましょう）

Nodeには外部プロセスとやり取りするためのAPIが揃っており、モジュール`child_process`に入っています。おまけに、外部プロセスが単なる別のNodeプログラムであった場合、メインアプリケーションとの接続はとても簡単です。この「魔法」は関数`child_process.fork()`のおかげで、この関数が新たなNodeの子プロセスを作成して自動的にそれとの通信チャネルを作成してくれるので、`EventEmitter`と非常によく似たインタフェースを使って情報が交換できるのです。先ほどの部分和サーバを再度リファクタリングして、外部プロセスがどのように働くか見てみましょう。

9.3.3.1 他プロセスへの委譲

`SubsetSum`のタスクをリファクタリングする最終的な目標は、同期処理を扱う子プロセスを別に作成し、サーバのイベントループを解放してネットワークから着信するリクエストの処理ができるようにすることです。これを可能にするために、次のようなレシピに従います。

1. 実行中のプロセスのプールを作成するための`processPool.js`という名前の新たなモジュールを作成する。新しいプロセスの起動は重い処理で時間もかかる。したがって実行したままにすると時間とCPUの節約になる。また、プールしておくことで同時に実行されるプロセス数を制限できるので、アプリケーションがDoS攻撃（下のメモ参照）にさらされる危険も防げる
2. 子プロセスで実行されている`SubsetSum`のタスクを抽象化する働きをするモジュール`subsetSumFork.js`を作成する。このモジュールの役割は、子プロセスと通信し、タスクの結果が現在のアプリケーションからのものであるように見せること

3. 最後に、部分和アルゴリズムを実行し結果を親プロセスに伝達することだけを目標とした新たなNodeプログラムであるワーカー（子プロセス）が必要となる

DoS攻撃とは、サーバやネットワークリソースをユーザーに利用できなくしようとするもので、インターネットに接続されたホストがサービスを一時的にあるいは無期限に妨害もしくは中断させられるような攻撃です。

プロセスプールの実装

モジュールprocessPool.jsを少しずつ作り上げていくことから始めましょう。

```
const fork = require('child_process').fork;

class ProcessPool {
  constructor(file, poolMax) {
    this.file = file;
    this.poolMax = poolMax;
    this.pool = [];
    this.active = [];
    this.waiting = [];
  }
// ...
```

モジュールの最初の部分では、新しいプロセスを作成するときに使用する関数child_process.fork()をrequireします。次にProcessPoolのコンストラクタを定義しますが、このコンストラクタは実行するNodeプログラムを表す引数fileと、プールの実行中インスタンス数の最大値（poolMax）を取ります。続いて、3つのインスタンス変数を定義します。

- pool ── 使用する準備ができた実行中のプロセスの集合
- active ── 現在使用されているプロセスのリスト
- waiting ── 利用可能なプロセスがないためにすぐに遂行できないすべてのリクエストのコールバックのキュー

クラスProcessPoolの次の部分はメソッドacquire()で、これは使用する準備ができたプロセスを返す役目をします。

```
acquire(callback) {
  let worker;
  if(this.pool.length > 0) {                    // ❶
    worker = this.pool.pop();
    this.active.push(worker);
    return process.nextTick(callback.bind(null, null, worker));
  }
```

```
    if(this.active.length >= this.poolMax) {  // ❷
      return this.waiting.push(callback);
    }

    worker = fork(this.file);                  // ❸
    this.active.push(worker);
    process.nextTick(callback.bind(null, null, worker));
  }
```

ロジックはとても単純です。

❶ poolの中に準備ができているプロセスがあれば、単にそれをリストactiveに移動し、callbackを呼び出してプロセスを返す（遅延された方式で返す。2章参照）

❷ poolに利用可能なプロセスがなく、実行中のプロセスの数が最大値に達していたら、プロセスが利用可能になるまで待つ。現在のコールバックをリストwaitingに追加することで待ち行列に入れる

❸ 実行中のプロセス数が最大値に達していなければ、child_process.fork()を使って新しいプロセスを作成し、リストactiveに追加したうえでcallbackを使ってプロセスを返す

クラスProcessPoolの最後のメソッドはrelease()で、プロセスをpoolに返すのを目的としたメソッドです。

```
  release(worker) {
    if(this.waiting.length > 0) {                          // ❶
      const waitingCallback = this.waiting.shift();
      waitingCallback(null, worker);
    }
    this.active = this.active.filter(w => worker !==  w);  // ❷
    this.pool.push(worker);
  }
```

上のコードも単純です。

❶ リストwaiting内にリクエストがあれば、キューwaitingの先頭にあるコールバックに解放されたworkerを渡すことで、プロセスを再割り当てする

❷ リクエストがなければ、workerをリストactiveから除去しpoolに戻す

これからわかるように、プロセスは停止されることがなく、再割り当てされるだけなので、リクエストのたびに再起動するのと違って時間が節約できます。しかし、これが必ずしも最良の選択肢とは限らず、作成するアプリケーションの要求に大きく依存すると気づくことが大切です。長時間のメモリ占有を減らし、プロセスプールに堅牢性を追加するための工夫としては次のようなものがあります。

- 使用しない時間が一定以上経過したアイドル状態のプロセスを停止してメモリを解放する
- 応答しないプロセスをキルしたり、クラッシュしたプロセスを再起動したりする仕組みを追加する

しかしこのサンプルプログラムではプロセスプールの実装を単純に保ちます。細かい機能を追加すると本当にきりがないのです。

子プロセスとの通信

クラスProcessPoolが準備できましたから、それを使ってラッパーSubsetSumForkを実装します。これはワーカーと通信し、ワーカーが作り出す結果を公開するものです。既に述べたように、child_process.fork()を使ってプロセスを開始すると、単純なメッセージベースの通信チャネルも作成されますから、モジュールsubsetSumFork.jsを実装して、それがどのように働くか見てみましょう。

```
const EventEmitter = require('events').EventEmitter;
const ProcessPool = require('./processPool');
const workers = new ProcessPool(__dirname + '/subsetSumWorker.js', 2);

class SubsetSumFork extends EventEmitter {
  constructor(sum, set) {
    super();
    this.sum = sum;
    this.set = set;
  }

  start() {
    workers.acquire((err, worker) => {                  // ❶
      worker.send({sum: this.sum, set: this.set});

      const onMessage = msg => {
        if (msg.event === 'end') {                      // ❸
          worker.removeListener('message', onMessage);
          workers.release(worker);
        }

        this.emit(msg.event, msg.data);                 // ❹
      };

      worker.on('message', onMessage);                  // ❷
    });
  }
}
module.exports = SubsetSumFork;
```

まず気づくのが、子プロセスのワーカーであるsubsetSumWorker.jsという名前のファイルをターゲットとしてProcessPoolのオブジェクトを初期化していることです。また、プールの最大容量を2に設定しています。

もうひとつ指摘しておくべきことは、元のクラスSubsetSumと同じ公開APIを維持しようとしている点です。実際、SubsetSumForkはコンストラクタがsumとsetを受け取るようになっているEventEmitterのままで、メソッドstart()も同様にアルゴリズムの実行を開始させるのですが、今回はアルゴリズムが別のプロセスで実行されるようになっているわけです。メソッドstart()が呼び出されたときの動きの説明は次のとおりです。

❶ プールから新しい子プロセスの取得を試みる。acquireが呼び出されると、すぐにハンドルworkerを使って、実行すべきジョブの入力をメッセージとして子プロセスに送信する。APIのsend()は、child_process.fork()で開始されたすべてのプロセスに対してNodeによって自動的に提供されるが、これが今まで述べてきた通信チャネルに（ほぼ）相当する

❷ メソッドon()により新たなリスナーを付加することで、ワーカープロセスから返されるすべてのメッセージのリスニング（監視）を始める（これもchild_process.fork()によって開始されたすべてのプロセスに提供される通信チャネルの一部）

❸ リスナー内部では、まずSubsetSumのタスクが終了したことを表すendイベントを受け取ったかどうかチェックする。受け取っていればonMessageのリスナーを削除し、workerを解放してプールに戻す

❹ ワーカーはメッセージを{event, data}という形式で生成するので、子プロセスが発信したすべてのイベントはそのまま再発信できる

ラッパーSubsetSumForkはこれでおしまいです。次はワーカーのアプリケーションを実装しましょう。

子プロセスのインスタンスで利用可能なメソッドsend()は、ソケットのハンドルをメインアプリケーションから子プロセスに渡すのにも使えます（次のページにドキュメントがあります――http://nodejs.org/api/child_process.html#child_process_child_send_message_sendhandle）。これは、実際にモジュールclusterでHTTPサーバの負荷を複数のプロセスに分散するのに使われている技法です（Node 0.10時点）。これについては次の章でさらに詳しく見ます。

親プロセスとの通信

それではワーカーとなるモジュールsubsetSumWorker.jsを作りましょう。このモジュールの内容全体が別のプロセスで実行されます。

```
const SubsetSum = require('./subsetSum');

process.on('message', msg => {                              // ❶
  const subsetSum = new SubsetSum(msg.sum, msg.set);
```

```
    subsetSum.on('match', data => {                          // ❷
      process.send({event: 'match', data: data});
    });

    subsetSum.on('end', data => {
      process.send({event: 'end', data: data});
    });

    subsetSum.start();
  });
```

これを見るとすぐに元の（同期的）SubsetSumをそのまま再利用していることがわかります。別のプロセスの中にいるのですから、イベントループのブロックについて思い悩む必要はもうありません。HTTPリクエストはすべてメインアプリケーションのイベントループ内で中断されることなく継続して取り扱われます。

ワーカーが子プロセスとして開始されるとき、次のようなことが起こっています。

❶ 親プロセスから送られてくるメッセージのリスニングをすぐさま開始する。関数`process.on()`を使えば簡単に行える（これも`child_process.fork()`を使ってプロセスを開始したときに提供される通信APIの一部）。親プロセスから受け取る予定があるのは新規の`SubsetSum`のタスクに入力を供給するメッセージだけ。メッセージを受け取るとすぐにクラス`SubsetSum`のインスタンスを新たに作成し、イベント`match`と`end`のリスナーを登録する。最後に`subsetSum.start()`により計算を開始する

❷ 実行中のアルゴリズムからイベントを受信するたびに、`{event, data}`という形式でオブジェクトに入れて、親プロセスに送信する。送られたメッセージはモジュール`subsetSumFork.js`で、前の節で見たのと同じように処理される

見てわかるとおり、既に作成済みのアルゴリズムを、内部の修正なしにラップするだけでよいのです。これではっきりとわかるのが、どのアプリケーションのどの部分でも、今見てきたパターンを使うだけで簡単に外部プロセスに移せるということです。

子プロセスがNodeプログラムでない場合、ここで説明した単純な通信チャネルは使えません。そんな場合でも、標準入力と標準出力のストリームは親プロセスに公開されているので、両ストリームの上に独自のプロトコルを実装すれば子プロセスとのインタフェースを確立できます。

`child_process`についてより詳しくは次のURLにあるNodeの公式ドキュメントを参照してください ── http://nodejs.org/api/child_process.html

9.3.3.2　マルチプロセスパターンに関する考察

毎回同じことですが、部分和アルゴリズムの新版を試すためにはHTTPサーバが使っているモジュールを入れ替える必要があります（ファイルapp.jsです）。

```
const http = require('http');
// const SubsetSum = require('./subsetSum');
// const SubsetSum = require('./subsetSumDefer');
const SubsetSum = require('./subsetSumFork');
// ...
```

これでサーバを再起動し、サンプルのリクエストを送信して見ることができます。

```
$ curl -G http://localhost:8000/subsetSum --data-urlencode \
  "data=[116,119,101,101,-116,109,101,-105,-102,117,-115,-97,119,-116,-104,-105,115]" \
  --data-urlencode "sum=0"
```

以前に見たインタリーブパターンに似て、この新版のモジュールsubsetSumではCPUバウンドなタスクを実行していてもイベントループはブロックされません。これは次のように別のリクエストを並行して送信することで確認できます。

```
$ curl -G http://localhost:8000
```

上のコマンドを実行すると次のような文字列が返ってきます。

```
I'm alive!
```

さらに興味深いのは、subsetSumのタスクを2つ並行して起動してみることができ、実行するのに2つの異なるプロセッサをフルパワーで使うのが見られることです（もちろん使用中のシステムに2つ以上のプロセッサがある場合です）。また、3つのsubsetSumタスクを並行して起動しようとすると、3番目に起動したタスクはハングします。これはメインプロセスのイベントループがブロックしたからではなく、subsetSumタスクの並行実行数の上限を2としたからです。つまり、プール内の2つのプロセスの少なくとも一方が利用可能になったとたんに3番目のリクエストは処理されるということです。

ここまで見てきたように、マルチプロセスパターンはインタリーブパターンより明らかにパワーも柔軟性も上です。しかし、1台のコンピュータが提供できるリソースの量がハードウェア的な限界になるのでスケーラブルではありません。この場合の答えは負荷を複数のコンピュータに分散することですが、これはまったく別の話で、分散アーキテクチャパターンの領域に入ります。次の章以降で探っていくことにしましょう。

CPUバウンドなタスクを実行する場合、プロセスの代わりにスレッドが使えることにも触れておくべきでしょう。現在のところ、カーネル以外のモジュールに対してスレッドを扱うためのAPIを公開しているnpmパッケージが少しあります。よく使われているもののひとつがwebworker-threads（https://npmjs.org/package/webworker-threads）です。しかし、スレッドのほうが軽いといっても、本格的なプロセスのほうがより柔軟です

し、フリーズやクラッシュといった問題が起こったときにより高度な隔離を提供してくれます。

9.4 まとめ

この章では、すばらしい道具をいくつかレパートリーに加え、(一般的ではなく) より特化した問題にも対応できるよう、高度な解決法を深く掘り下げ始めました。この過程で、これまでの章で登場したパターンを再利用しました。ステート、コマンド、プロキシは非同期的に初期化されるモジュールの効果的な抽象化を提供してくれますし、非同期の制御フローパターンでバッチ処理とキャッシュ機能が加わりました。そして、遅延実行とイベントはCPUバウンドなタスクの実行を助けてくれます。いくつかの原則とパターンをマスターするだけで複雑な問題を解決する際の大きな助けとなります。

次の2つの章は我々の旅の仕上げです。ここまでに学んださまざまなパターンやツールを生かして、アプリケーションをスケーリングし、分散処理するためのパターンを見てみましょう。

10章 スケーラビリティとアーキテクチャ

その昔、Nodeは主にノンブロッキングのサーバとしての存在でした。実際、元の名前はweb.jsだったくらいです。作者のRyan Dahlはこのプラットフォームの潜在能力にすぐ気づいてツールによる拡張を開始し、どのような種類のサーバサイドアプリケーションでも、このJavaScriptとノンブロッキングの組み合わせというパラダイムの上に構築できるようにしました。Nodeのこの特徴は、ネットワークを介して組織的に協働するノードによって構成されるような、分散システムの実装に最適です。Nodeはもともと分散されるように作られているので、他のウェブプラットフォームとは違って、Node開発者にとってスケーラビリティという言葉はアプリケーションの開発の非常に早い段階で意識されるものです。その主な理由は、シングルスレッドであるためにすべてのリソースが活用できないからとされますが、もっと深い理由があることもしばしばです。この章でこれから見ていくように、アプリケーションのスケーリングはただ単にキャパシティを増やしリクエストの処理速度を向上させるというだけの話ではなく、高度の可用性とエラー耐性を達成するために必要不可欠な過程でもあります。驚くべきことに、アプリケーションの複雑さをより扱いやすい大きさに分解するための方法にもなりうるのです。スケーラビリティには複数の面がありますが、正確には6つ面があります。つまり立方体（キューブ）の面と同じです——そこで「スケールキューブ」と呼ぶわけです。

この章では次のような事項を説明します。

- スケールキューブとは何か
- 同じアプリケーションの複数のインスタンスを実行することによるスケーリング
- アプリケーションのスケーリングにおけるロードバランサの利用法
- サービスレジストリとその使用法
- モノリシックなアプリケーションから生まれるマイクロサービスアーキテクチャのデザイン
- 単純なアーキテクチャ的なパターンを利用した多数のサービスの統合

10.1 アプリケーションスケーリング入門

実際のパターンやサンプルプログラムに本格的に取り組む前に、アプリケーションをスケーリングする理由と、その実現方法について少し説明します。

10.1.1 Node.jsアプリケーションのスケーリング

既に説明したように、典型的なNodeアプリケーションのほとんどのタスクはシングルスレッドの条件下で実行されます。1章では、これが実は制限というより利点であることを学びました。ノンブロッキングI/Oというパラダイムでは、シングルスレッドであるおかげでアプリケーションがリクエストを並行して扱うのに必要なリソースの使用を最適化できるからです。ノンブロッキングI/Oによりフル稼働しているひとつのスレッドは、1秒間に扱うリクエストが中程度の量（通常は1秒間に200から300 ── アプリケーションによって大きく変わります）のアプリケーションに対してはすばらしい働きを示します。特注品のハードウェアを使っているのでなければ、ひとつのスレッドがサポートできる容量は、サーバがいくら強力でも限界があります。したがってNodeを高負荷アプリケーションに使用したいなら、唯一の方法は複数のプロセスとコンピュータを使うように「スケーリング」することです。

しかし、Nodeアプリケーションをスケーリングする理由は作業負荷だけではありません。同じ技法を使って、「可用性」や「障害耐性」といったそれ以外の望ましい性質も得られるのです。スケーラビリティはアプリケーションの規模や複雑さに対しても使える考え方です。大規模化が可能なアーキテクチャを構築することは、ソフトウェアをデザインするうえでもうひとつの重要な因子です。JavaScriptは気をつけて使わねばならないツールです。型チェックがないことや多くのコツがアプリケーションの成長にとって障害になる可能性がありますが、修練を積み正確なデザインをすることで、これを利点に変えることができます。JavaScriptを使うと、アプリケーションをシンプルに保たざるをえず、管理可能な塊に分離せざるをえませんが、その分スケーリングと分散が容易になるのです。

10.1.2 スケーラビリティの3つの次元

スケーラビリティについて語る場合に理解すべき基本原則の第1はアプリケーションの負荷を複数のプロセスやコンピュータに分ける「負荷分散」です。具体的な方法は数多くありますが、Martin L. AbbottとMichael T. Fisherが『The Art of Scalability』（初版の日本語訳『スケーラビリティの技 ── Webサイト構築・運営の極意』）でそれを表すのに「スケールキューブ」というわかりやすいモデルを提案しています。このモデルではスケーラビリティを次の3つの次元で説明します。

- x軸 ── クローニング
- y軸 ── サービスと機能による分解
- z軸 ── データパーティションによる分割

この3つの次元は、**図10-1**に示すように立方体（キューブ）で表せます。

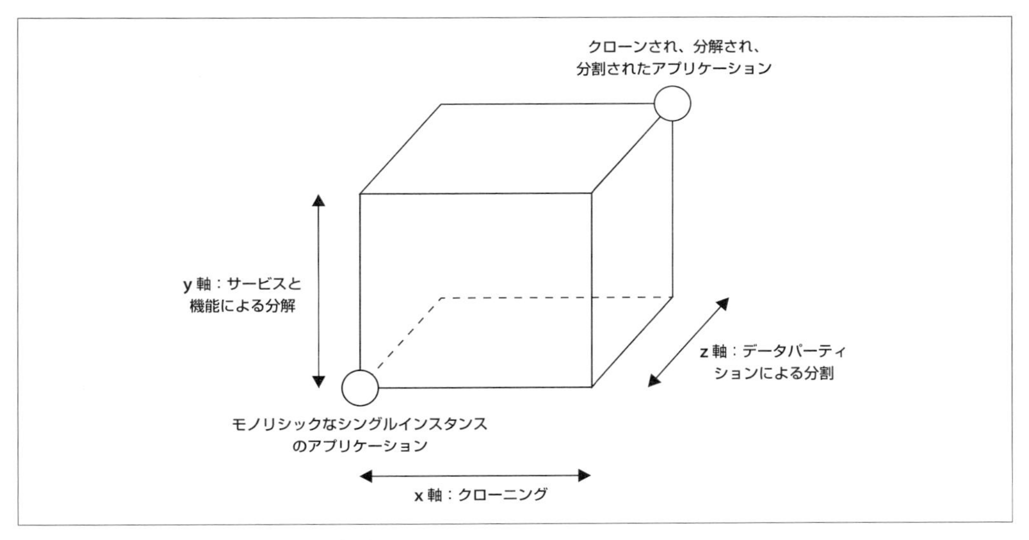

図10-1　スケーラビリティの3つの次元

立方体の左下の隅は機能とサービスをすべて単一のコードベースに入れてあるアプリケーション（モノリシックアプリケーション）が単一のインスタンスで実行されているところを表します。これは、負荷の少ない業務を扱うアプリケーションや開発の初期段階でよくある状態です。

モノリシックなスケーリングされていないアプリケーションを進化させる場合に、もっとも直感的なものがx軸に沿って右に進むことです。単純で、多くの場合（開発コストという意味で）安上がりで、高い効果が得られます。この技法の背景にある原則は初歩的なもので、同じアプリケーションをn回クローニングして各インスタンスに$1/n$の業務を処理させせようというものです。

y軸に沿ったスケーリングというのは、アプリケーションを機能、サービス、ユースケースなどを基準として分解することです。この場合、「分解」という言葉は異なる独立したアプリケーションを作成することを意味します。各アプリケーションは独自のコードベースをもち、ときには専用のデータベースを備えていますし、別のUIをもっていることさえあります。たとえば、アプリケーション内で管理を受けもつ部分を、ユーザーが直接利用する製品部分から分離するのはよくあります。別の例としては、ユーザーの認証に関する部分を取り出し、専用の認証サーバを作成することがあげられます。アプリケーションを機能によって分解する基準は、この章でこれから見ていくように、業務上の要請、ユースケース、データなどさまざまな因子に依存しています。興味深いことに、スケーリングに関するこの次元はもっとも悪影響の大きい次元でもあり、アプリケーションのアーキテクチャのみならず開発管理の方法にも影響を与えます。これから見ていきますが、y軸スケーリングに関連して現在もっともよく取り上げられるのがマイクロサービスという言葉です。

スケーリングの最後の次元はz軸で、全データの一部だけを各インスタンスが扱うようにアプリケーションを分割します。主にデータベースで使用される技法で、「水平分割」あるいは「シャーディング

(sharding)」と呼ばれます。この方法では、同じアプリケーションの複数のインスタンスがあって、それぞれがデータの一部分を処理しますが、どの部分を処理するかはさまざまな基準で決められます。たとえばアプリケーションのユーザーを分割するのに国を使ったり（リスト分割：list partitioning)、姓の最初の文字を使ったり（範囲分割：range partitioning)、ハッシュ関数でユーザーが所属する区分を決めたり（ハッシュ分割：hash partitioning）します。分割された各区分（パーティション）はそれぞれ個別のインスタンスに割り当てられます。データ分割を使うと、与えられたデータを扱うべきインスタンスがどれなのかを決定する探索のステップを各処理の前に実行することが必要になります。先に述べたように、データ分割は、主な目的がモノリシックな巨大データセットを扱うことに関する問題（ディスクスペース、メモリ、ネットワーク容量などの限界）を克服することなので、データベースレベルで適用され処理されるのが普通です。アプリケーションレベルでの適用が考慮の対象となるのは複雑な分散アーキテクチャの場合や、非常に限られたユースケースの場合で、たとえばデータ永続性を独自の方法で行っているアプリケーションを構築するとき、データ分割をサポートしていないデータベースを使用しているとき、あるいはGoogle規模のアプリケーションを構築するときなどです。分割処理は複雑なので、アプリケーションのz軸方向へのスケーリングは、スケールキューブのx軸方向とy軸方向とが利用され尽くしてから考慮の対象とするべきものです。

次の節では、Nodeアプリケーションをスケーリングするためにもっともよく使われていて効果的でもある2つの技法、「クローニング」および機能とサービスによる「分解」に焦点を合わせます。

10.2 クローニングと負荷分散

伝統的なマルチスレッドのウェブサーバは、コンピュータに割り当てられたリソースがアップグレードできない場合や、アップグレードの費用が別のコンピュータを立ち上げるより高額になった場合になって初めてスケーリングされるのが普通です。伝統的なウェブサーバは、複数のスレッドを使用することで、サーバのプロセッサもメモリもすべて使え、サーバの処理能力を余すところなく利用できるからです。しかしNodeのシングルプロセスでは、単一スレッドであるうえに64-bitマシンではデフォルトで1.7 GBというメモリの制限（それには`--max_old_space_size`という特別なコマンドラインオプションを増やす必要があります）があるため、そうはいきません。つまりNodeアプリケーションは、単一のコンピュータで実行する場合でも、そのリソースをすべて利用できるようになるためには伝統的なウェブサーバに比べてずっと早くスケーリングされるのが普通だということです。

Nodeでは、「垂直スケーリング」（単一のマシンにリソースを追加する）も「水平スケーリング」（インフラにマシンを追加する）もほぼ同じ概念です。処理能力をすべて利用するために、実際には両方とも同様な技法を使うからです。

これを間違って欠点ととらないでください。それどころか、スケーリングがほぼ強制されることで、アプリケーションの性質には良い効果がもたらされます。特に可用性と障害耐性が向上するのです。実際クローニングによるNodeアプリケーションのスケーリングは比較的単純で、使用するリソースを増やす必要がない場合でも冗長性と耐障害性の実現だけを目的として実装されることが多いのです。

そこで、開発者はアプリケーション開発の早い段階でスケーラビリティを考慮に入れざるをえなくなり、複数のプロセスやマシンで共有できないリソースにアプリケーションが依存しないよう注意することになります。実際、アプリケーションのスケーリングにとっての絶対必要条件は、各インスタンスが共通の情報を共有できないリソース（通常はメモリやディスクといったハードウェア）に保存する必要がないことなのです。たとえば、ウェブサーバでは、セッションデータをメモリやディスクに保存することは、スケーリングの際に障害となる行為です。それに対し、共有データベースを使えば、各インスタンスがどこにあっても同じセッション情報にアクセスできることが確実です。

それではNodeアプリケーションをスケーリングするためのもっとも基本的な仕組みであるモジュール`cluster`を紹介しましょう。

10.2.1　モジュールcluster

Nodeでは、アプリケーションの負荷を単一のコンピュータで実行されている複数のインスタンスに分散させるもっとも単純なパターンは、コアライブラリの一部になっているモジュール`cluster`を使うことです。モジュール`cluster`はアプリケーションの新しいインスタンスのforkを単純化し、到着する接続要求を**図10-2**に示すようにforkされたインスタンスに自動的に分配してくれます。

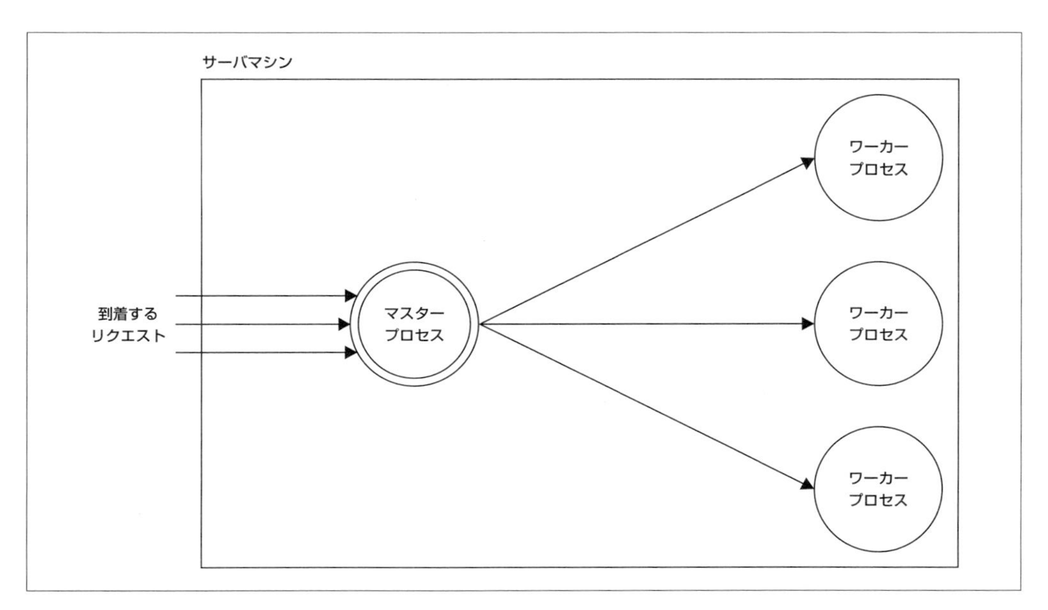

図10-2　負荷の分散

「マスタープロセス」が多数のプロセス（ワーカー）をspawnする役目を果たし、その一つひとつがスケーリングしたいアプリケーションのインスタンスです。到着する接続要求はクローニングされたワーカーに振り分けられるので、負荷が分散されます。

10.2.1.1 clusterの振る舞いに関する注意

Nodeのバージョン0.8と0.10では、モジュール`cluster`はワーカー間で同じサーバソケットを共有し、到着する接続要求を利用可能なワーカーに振り分ける「負荷分散」の仕事をOSに任せています。しかし、この方法には問題があります。実は、負荷をワーカー間で分配するするためにOSが使っているアルゴリズムはネットワークリクエストを負荷分散するためのものではなく、どちらかというとプロセスの実行をスケジューリングするためのものなのです。その結果、分配はすべてのインスタンスに常に均等に行われるわけではありません。多くの場合、一部のワーカーが負荷のほとんどを受けることになります。このような振る舞いがOSのスケジューラにとって合理的なのは、プロセス間でのコンテキスト切り替えの最小化に焦点を合わせているからです。つまり、0.10以下のNodeでは、モジュール`cluster`は100%の能力を発揮できないということです。

しかし、バージョン0.11.2から状況が変わり始めました。マスタープロセスの内部にはっきりとしたラウンドロビン方式の負荷分散アルゴリズムが組み込まれ、リクエストがすべてのワーカーに確実に均等に振り分けられるようになったのです。新たな負荷分散アルゴリズムはWindows以外のすべてのプラットフォームでデフォルトで有効化され、変数`cluster.schedulingPolicy`を定数`cluster.SCHED_RR`（ラウンドロビン）か`cluster.SCHED_NONE`（OSが処理）に設定することでグローバルに変更できます。

ラウンドロビンのアルゴリズムは利用可能なサーバに負荷をローテーション方式で均等に分散します。最初のリクエストは1番目のサーバに転送され、2番目のリクエストはリスト2番目のサーバに転送され、といった具合です。リストの最後までくると、また最初から順に始めます。これはもっとも単純で頻繁に使われている負荷分散アルゴリズムですが、唯一のアルゴリズムではありません。より巧妙なアルゴリズムでは割り当てに優先順位をつけたり、負荷のもっとも小さいサーバを選んだり、反応時間がもっとも速いものを選んだりします。モジュール`cluster`の進化について、もっと詳しいことが次にあげるページにあります。

https://github.com/nodejs/node-v0.x-archive/issues/3241
https://github.com/nodejs/node-v0.x-archive/issues/4435

10.2.1.2 単純なHTTPサーバの構築

それではモジュール`cluster`でクローニングされて負荷分散される小さなHTTPサーバを作りましょう。最初に、スケーリングするアプリケーションが必要です。この例題には基本的なHTTPサーバで十分です。

app.jsという名前のファイルを作成し、次のコードを入力します（01_cluster）。

```
const http = require('http');
const pid = process.pid;

http.createServer((req, res) => {
  for (let i = 1e7; i> 0; i--) {}
  console.log(`Handling request from ${pid}`);
  res.end(`Hello from ${pid}\n`);
}).listen(8080, () => {
  console.log(`Started ${pid}`);
});
```

上で作成したHTTPサーバは、どのようなリクエストに対しても自分自身のPIDを入れたメッセージを返します。こうするとアプリケーションのどのインスタンスがリクエストを処理したのかが特定できて便利です。また、CPUが何らかの処理を実際に行うことをシミュレートするために、空ループを1千万回実行します。この例題で実行しようと考えているテストの規模が小さいことを考えると、このようなことをしないとサーバの負荷はほとんどゼロになってしまいます。

これからスケーリングしようとしているappはどのようなものでもかまいません。Expressなどのウェブフレームワークを使って実装することもできます。

アプリケーションを実行し、ブラウザかcurlを使ってhttp://localhost:8080にリクエストを送信して、期待どおり動いているか確かめましょう。

プロセスを1個しか使わない場合にサーバが処理できるリクエストは1秒間に何個か計測することもできます。そのためには、siege（http://www.joedog.org/siege-home）やApache ab（http://httpd.apache.org/docs/2.4/programs/ab.html）といったネットワーク用ベンチマーキングツールを使うとよいでしょう。

```
$ siege -c200 -t10S http://localhost:8080
```

abを使う場合もほぼ同じです。

```
$ ab -c200 -t10 http://localhost:8080/
```

上のコマンドはいずれもサーバに対し「200の同時接続を10秒間」という負荷をかけるものです。参考までに、4プロセッサのシステムでの結果は毎秒90トランザクションのオーダーで、CPU使用率の平均は20%にすぎませんでした。

この章で実施する負荷テストは単純化した最小限度のものであることを忘れないでください。ここでのテストの結果では、この章で分析するさまざまな技法のパフォーマンスを正確に評価することはできません。

10.2.1.3 clusterによるスケーリング

それではモジュールclusterを使ってアプリケーションをスケーリングしてみましょう。clusteredApp.jsという名前の新しいモジュールを作成します。

```
const cluster = require('cluster');
const os = require('os');

if(cluster.isMaster) {
  const cpus = os.cpus().length;
  console.log(`Clustering to ${cpus} CPUs`);
  for (let i = 0; i<cpus; i++) {      // ❶
    cluster.fork();
  }
} else {
  require('./app');                   // ❷
}
```

見てわかるように、clusterを使うのに手間はほとんどかかりません。流れを説明しましょう。

❶ clusteredAppを起動すると、実際にはマスタープロセスを実行したことになる。変数cluster.isMasterはtrueに設定され、必要な作業はcluster.fork()を使って現在実行中のプロセスをforkすることだけである。上のサンプルプログラムではシステムのCPU数と同数のワーカーを起動し、処理能力をフルに利用しようとしている

❷ マスタープロセスからcluster.fork()が実行されると、実行中のメインモジュール（clusteredApp）が再度実行されるが、今度はワーカーモードになる（cluster.isWorkerがtrueに設定されるのに対し、cluster.isMasterはfalseに設定される）。アプリケーションがワーカーとして実行されると、実際の仕事が始まる。このサンプルでは、モジュールappをロードし、新しいHTTPサーバを実際に起動する

各ワーカーが固有のイベントループ、メモリ空間、ロードモジュールをもった別々のNodeプロセスであることを忘れないことが重要です。

clusterの使用法が再帰パターンをもとにしたものであるのが興味深い点です。そのおかげでアプリケーションのインスタンスを複数実行するのが非常に容易になっています。

```
if(cluster.isMaster) {
  // fork()
} else {
  //実作業
}
```

舞台裏では、モジュールclusterはAPI child_process.fork()を使っています（9章参照）。ですから、マスターとワーカーの間の通信経路もできあがっています。ワーカーのインスタンスは変数cluster.workersからアクセスできますので、すべてのワーカーにメッセージを送信したいと思えば次のコードを実行するだけで簡単に送れます。

```
Object.keys(cluster.workers).forEach(id => {
  cluster.workers[id].send('Hello from the master');
});
```

さあ、HTTPサーバをクラスタモードで実行してみましょう。いつものようにモジュールclusteredAppを起動すればよいのです。

```
$ node clusteredApp
```

使用しているコンピュータに2つ以上のプロセッサがあれば、マスタープロセスにより複数のワーカーが次から次へと起動されるのがわかるでしょう。たとえば4プロセッサのシステムであれば、ターミナルには次のように表示されます。

```
Started 14107
Started 14099
Started 14102
Started 14101
```

http://localhost:8080を開いてサーバにリクエストを送信すると、各リクエストに対して異なるPIDのメッセージが返されます。リクエストが異なるワーカーによって処理され、負荷が各ワーカーに振り分けられています。

それではサーバの負荷テストを再度実行しましょう。

```
$ siege -c200 -t10S http://localhost:8080
```

こうすれば、アプリケーションを複数のプロセスにスケーリングしたことで得られるパフォーマンス向上がわかります。参考までに述べれば、4プロセッサのLinuxシステムでNode 6を使って計測したところパフォーマンスの向上は約3倍（毎秒270トランザクション対毎秒90トランザクション）で、CPUの平均負荷は90%でした。

10.2.1.4 clusterによる回復力と可用性

既に述べたように、アプリケーションのスケーリングはその他の利点ももたらします。中でも不具合やクラッシュの存在下でも一定のレベルのサービスを維持できる能力（回復力（レジリエンシー））はシステムの可用性に貢献します。

同じアプリケーションのインスタンスを複数起動することで、冗長性のあるシステムが構築されますが、これはインスタンスのひとつが何らかの理由でダウンしても、リクエストを処理できるインスタンスがその他にまだあるということです。このパターンはモジュールclusterを使えばかなり素直に実装できます。具体的に見ていきましょう。

前の節のコードを出発点として、app.jsをランダムな時間が経過した後にクラッシュさせます。

```
// ...
// app.jsの最後に以下を追加
setTimeout(() => {
  throw new Error('Ooops');
}, Math.ceil(Math.random() * 3) * 1000);
```

この改変を施すと、サーバは1秒から3秒の間のランダムな時間経過後にエラーを起こして終了するようになります。実世界でこのようなことが起これば、アプリケーションは動作を停止し、応答しなくなります。サーバの状態を何かのツールでモニタして自動的に再起動すれば回避できますが、それでもインスタンスがひとつしかなければ、アプリケーションの起動にかかる時間分だけ再稼働までに無視できない遅れを生じます。再起動している間はアプリケーションが利用できないということです。ところが複数のインスタンスがあれば、ワーカーのひとつが停止していても、到着するリクエストを処理するバックアップシステムが常に確実に存在することになります。

モジュールclusterを使えば、ワーカーが終了したことをエラーコードにより検知したらすぐに新たなワーカーをforkすればよいだけです。モジュールclusteredApp.jsを修正し、クラッシュを考慮に入れるようにしましょう。

```
if(cluster.isMaster) {
  // ...

  cluster.on('exit', (worker, code) => {
    if(code != 0 && !worker.exitedAfterDisconnect) {
      console.log('Worker crashed. Starting a new worker');//クラッシュ。新たに起動
      cluster.fork();
    }
  });
} else {
  require('./app');
}
```

上のコードでは、マスタープロセスがイベント'exit'を受け取ったらすぐ、プロセスが意図的に終了したのか、それともエラーの結果終了したのかをチェックします。このチェックには、ワーカー

がマスターからの指令で終了させられたのかどうかを示すステータスコードcodeとフラグworker.exitedAfterDisconnectを使います。エラーによる終了が確認されれば新しいワーカーを起動します。クラッシュしたワーカーが再起動している間にも、他のワーカーはリクエストを処理することができ、アプリケーションの可用性には影響を及ぼしません。

本当にそうかどうか試すため、またsiegeを使ってサーバに負荷をかけてみます。負荷テストが完了すると、siegeが作成するさまざまな測定結果の中にアプリケーションの可用性を測定した指標「Availability」があるのに気づくでしょう。期待される結果は次のようなものです。

```
Transactions:              3027 hits
Availability:              99.31 %
[...]
Failed transactions:          21
```

実際の結果は上にあげたものと大きく異なる可能性があることを忘れないでください。実行中のインスタンス数やテスト中のクラッシュ回数により大きく変化します。しかし、実装した対策がいかに有効だったかの良い指標にはなるはずです。上に示した数値は、アプリケーションがクラッシュし続けているにもかかわらず、リクエストは3,027の成功に対して21の失敗しかないことを表しています。ここで作成したサンプルアプリケーションの状況では、失敗したリクエストのほとんどは既に確立した接続がクラッシュで中断されたことによるものです。実際、そのような状況が発生すると、siegeは次のようなエラーを出力します。

```
[error] socket: read error Connection reset by peer sock.c:479: Connection
reset by peer
```

残念ながら、この種の失敗を防ぐためにできることは、特にアプリケーションがクラッシュで終了する場合には、あまりありません。それでもなお、ここで示した対策が有効であることは証明されました。

10.2.1.5　ダウンタイムのない再起動

アプリケーションのコードの更新の際も再起動の必要が生じます。ですから、そのような場合も、複数のインスタンスがあることがアプリケーションの可用性を保つ助けになります。

再起動が必要となった場合、リクエストに応答できない（短い）時間が生じます。これが自分の個人的ブログのアップデートの話であれば許容できるでしょうが、「サービス内容合意書（SLA）」を取り交わしているような業務用アプリケーションや「継続的デリバリー（continuous delivery）」の過程の一部として頻繁にアップデートされているようなアプリケーションでは、稼働停止は選択肢にもならないかもしれません。アプリケーションのコードを、可用性に影響を与えることなしにアップデートする「ダウンタイムのない再起動（zero-downtime restart）」の実装が必要になります。

モジュールclusterを使えば、これもまたかなり簡単な作業です。パターンとしてはワーカーを一度にひとつ再起動することになります。こうすれば残ったワーカーは稼働し続けることができ、アプリケーションのサービスの可用性は保たれます。

それではクラスタ化されたサーバにこの新しい機能を追加しましょう。マスタープロセスによって実行されるコードを少し追加するだけです(03_cluster_zero_downtime/clusteredApp.js)。

```
if (cluster.isMaster) {
  // ...

  process.on('SIGUSR2', () => {              // ❶
    const workers = Object.keys(cluster.workers);
    function restartWorker(i) {              // ❷
      if (i >= workers.length) return;
      const worker = cluster.workers[workers[i]];
      console.log(`Stopping worker: ${worker.process.pid}`);
      worker.disconnect();                   // ❸

      worker.on('exit', () => {
        if (!worker.suicide) return;
        const newWorker = cluster.fork();    // ❹
        newWorker.on('listening', () => {
          restartWorker(i + 1);              // ❺
        });
      });
    }
    restartWorker(0);
  });
} else {
  require('./app');
}
```

上に示したコードブロックの働きを説明します。

❶ ワーカーの再起動はシグナルSIGUSR2を受信することで開始される

❷ restartWorker()という名前のイテレータ関数を定義する。オブジェクトcluster.workersのすべてのアイテムを非同期的に順に処理するパターンを実装するもの

❸ 関数restartWorker()が最初に行うのは、worker.disconnect()を呼び出してワーカーを適切に停止すること

❹ 終了させたプロセスが停止したら、新しいワーカーをforkする

❺ 新しいワーカーが稼働を開始して新たな接続を待ち受けるようになったら、イテレーションの次のステップを呼び出して次のワーカーの再起動へと進む

このプログラムはUNIXシグナルを利用しているので、Windowsシステムでは正しく動きません(Windows 10でWindows subsystem for Linuxを使っている場合を除く)。この場合の解決策としてはシグナルがもっとも単純です。ソケット、パイプ、標準入力などからのコマンドを待ち受けることもできます。

それではモジュールclusteredAppを起動し、シグナルSIGUSR2を送信して、ダウンタイムのない再起動を試してみましょう。でも、最初にマスタープロセスのPIDを取得する必要があります。次のコマンドを使えば、実行中のすべてのプロセスのリストから探し出すことができます。

```
$ ps -af
```

マスタープロセスは一連のnodeプロセスの親になっているはずです。探しているPIDが見つかったら、それにシグナルを送信します。

```
$ kill -SIGUSR2 <PID>
```

アプリケーションclusteredAppは次のような出力を表示するはずです。

```
Restarting workers
Stopping worker: 19389
Started 19407
Stopping worker: 19390
Started 19409
```

再度siegeを使って、ワーカーが再起動している間にもアプリケーションの可用性にはあまり影響がないことを確かめてもよいでしょう。

pm2（https://github.com/Unitech/pm2）は、clusterをベースとした小さなユーティリティですが、負荷分散、プロセス監視、ダウンタイムのない再起動などの便利な機能を提供しています。

10.2.2　ステートのある接続の処理

モジュールclusterは、アプリケーションが保持しているステートがインスタンス間で共有されていない場合には、ステートのある接続とは相性がよくありません。これは、ステートをもった同一のセッションに属する複数のリクエストが、アプリケーションの別々のインスタンスで処理される可能性があるからです。これはclusterに限った問題ではなく、一般的にステートレスな負荷分散アルゴリズムならあてはまります。たとえば**図10-3**に示されているような状況を考えてください。

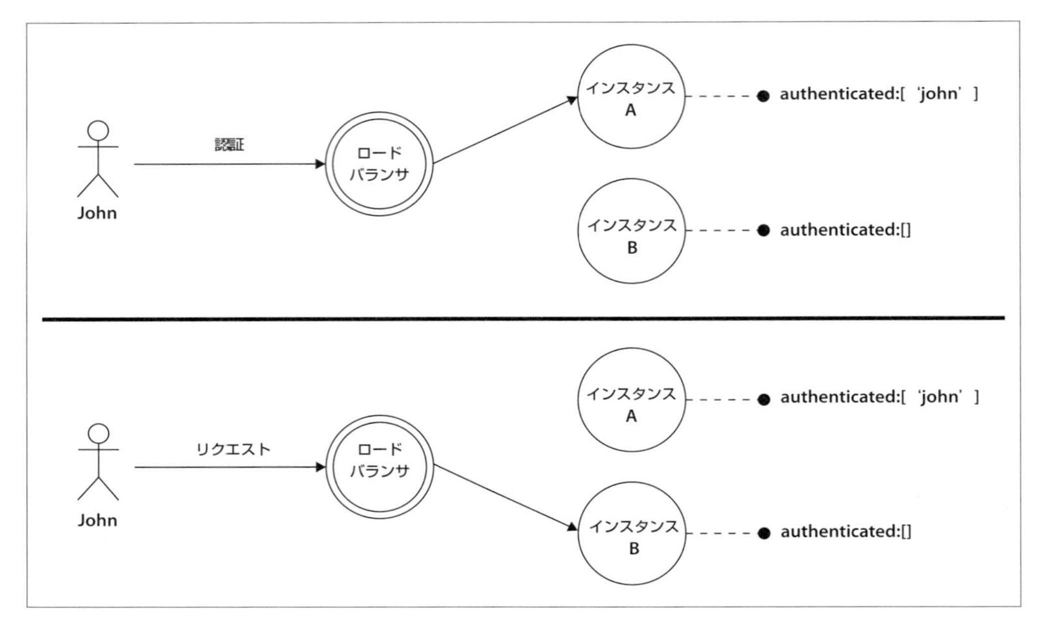

図10-3 ステートのある接続

ユーザーのJohnはまず自分の認証を求めるリクエストをアプリケーションに送りますが、処理の結果はローカルに（たとえばメモリ内に）登録されるので、ジョンの認証が成功したことは、認証のリクエストを受け取ったインスタンス（**インスタンスA**）だけが知っています。ジョンが新しいリクエストを送ると、ロードバランサはそれを別のインスタンスに転送するかもしれませんが、そのインスタンスはジョンの認証に関するデータをもっていないので、処理されません。これまで説明してきたアプリケーションは、そのままではスケーリングできませんが、幸いなことに問題の解決法として簡単なものが2つあります。

10.2.2.1 複数インスタンス間でのステート共有

ステートのある接続を使うアプリケーションをスケーリングするための1番目の選択肢は、すべてのインスタンスでの「ステートの共有」です。これは、共有データストアを使用すれば簡単に達成できます。たとえばPostgreSQL（http://www.postgresql.org）、MongoDB（http://www.mongodb.org）、CouchDB（http://couchdb.apache.org）といったデータベースがありますが、Redis（http://redis.io）やMemcached（http://memcached.org）のようなインメモリストアを使ったほうがよいかもしれません。

図10-4はこの単純かつ効果的な解決策の概略を示したものです。

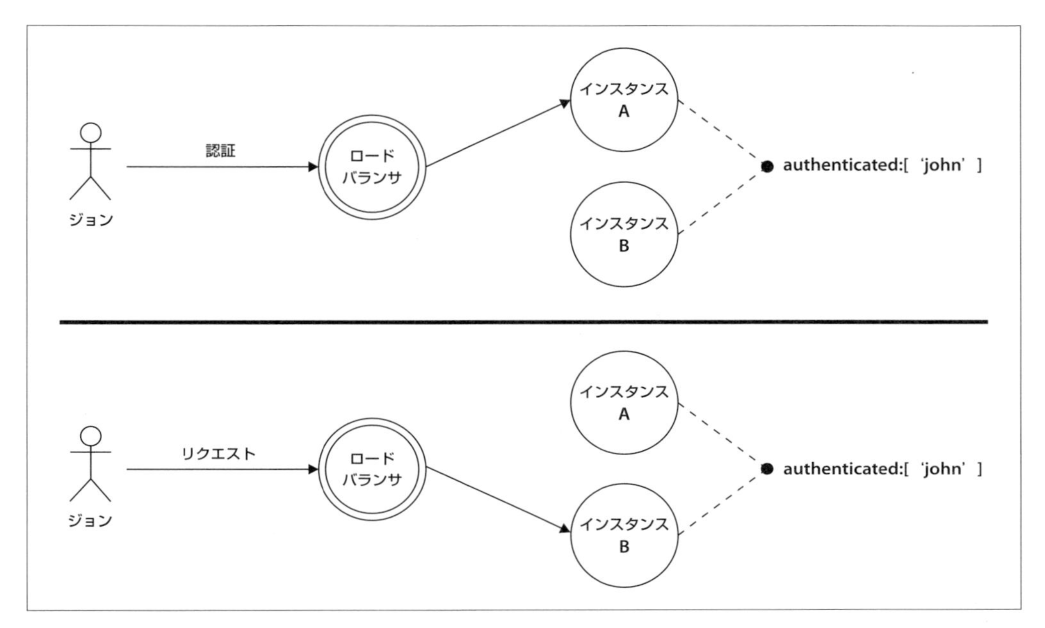

図10-4　複数インスタンス間でのステート共有

共有ストアを使うことの唯一の欠点は、それが可能ではない場合があることです。たとえば通信のステートをメモリに保存するような既存のライブラリを既に使っているかもしれません。いずれにせよ、既存のアプリケーションにこの解決策を適用するにはコードを改変する必要があります。次に見ていくように、もう少し穏やかな解決策もあります。

10.2.2.2　スティッキーな負荷分散

ステートのある通信をサポートする際のもうひとつの選択肢は、ロードバランサに、あるセッションに関連づけられたすべてのリクエストを常に同じインスタンスにルーティングするようにさせることです。この技法は「スティッキー負荷分散（ロードバランシング）」と呼ばれています。

図10-5はこの技法を利用している状況を単純化して示したものです。

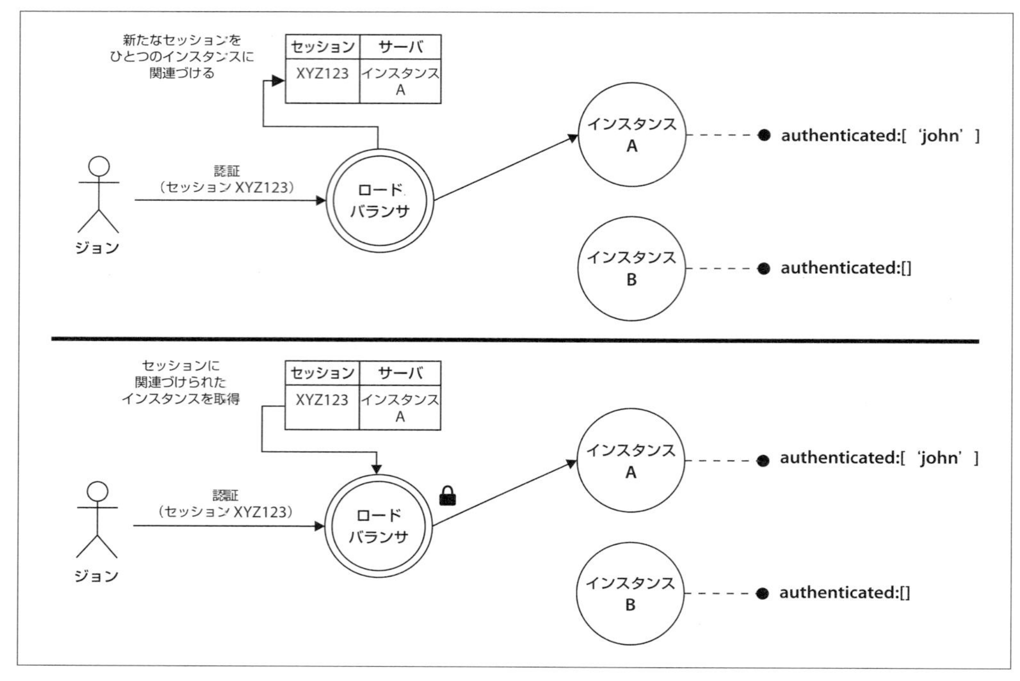

図10-5　スティッキーな負荷分散

図10-5からわかるように、ロードバランサは新しいセッションと関連づけられたリクエストを受け取ると、負荷分散アルゴリズムによって選択された特定のインスタンスへのマッピングを作成します。ロードバランサは、次に同じセッションからリクエストを受け取ったときには、負荷分散アルゴリズムを使わず、前回そのセッションと関連づけたインスタンスを選択します。つまりセッションIDの確認という手間が増えることになります（セッションIDはアプリケーションあるいはロードバランサ自体が発行するクッキーに入れておくのが普通です）。

ステートのある接続をひとつのサーバに関連づける、より単純な方法は、リクエストを実行しているクライアントのIPアドレスを使う方法です。通常はIPをある種のハッシュ関数に与えて、そのリクエストを受け取るインスタンスを表すIDを生成させます。この方法には、ロードバランサが関連づけを記憶する必要がないという利点があります。しかし、頻繁にIPアドレスが変化するデバイス、たとえば複数のネットワークをローミングするようなものではうまくいきません。

スティッキー負荷分散は、モジュール`cluster`ではデフォルトでサポートされていません。しかし`sticky-session`という名前のnpmライブラリ（https://www.npmjs.org/package/sticky-session）を使えば追加できます。

スティッキー負荷分散には大きな問題がひとつあり、それは冗長なシステムをもっていることの利点をほぼ台無しにしてしまうという事実です。冗長システムの利点はすべてのインスタンスが同じで、動作を止めたインスタンスがあれば他のインスタンスが取って代わることから生まれるのです。そのような理由から、常にスティッキー負荷分散を避けるようにし、セッションのステートを共有ストアに保持するようなアプリケーションを構築するか、ステートのある接続をまったく用いないようにする（たとえばリクエスト自体にステートを含める）ことが推奨されます。

スティッキー負荷分散を必要とするライブラリとして、`Socket.io`（http://socket.io/blog/introducing-socket-io-1-0/#scalability）があげられます。

10.2.3　リバースプロキシによるスケーリング

Nodeウェブアプリケーションをスケーリングする際の選択肢としては、`cluster`が唯一のものではありません。実際、より伝統的な技法が採用される場合が多いのです。というのは、実運用環境においてそうした技法のほうが制御しやすく、より高いパワーも引き出せるからです。

`cluster`を使わない方法とは、同じアプリケーションの「スタンドアローンのインスタンス」を異なるポートやコンピュータで起動し、リバースプロキシ（ゲートウェイ）を使ってこうしたインスタンスにアクセスできるようにし、トラフィックを分散させる方法です。この構成では、複数のワーカーにリクエストを分配するマスタープロセスは不要ですが、同じコンピュータ上で（違うポートを使用して）稼働する、もしくはネットワーク上の複数のコンピュータに分散した、複数のアプリケーションが必要になります。アプリケーションに単一のアクセスポイントを提供することは、リバースプロキシを使えば可能です。リバースプロキシはクライアントとアプリケーションのインスタンスの間に置かれる特殊な装置（あるいはサービス）で、すべてのリクエストを受け付けてそれを最終目標のサーバに転送し、結果をまるで自分自身からのものであるかのように装ってクライアントに返します。この設定では、リバースプロキシはロードバランサとしても使われており、リクエストをアプリケーションのインスタンスに分配します。

リバースプロキシと（フォワード）プロキシの違いについての明解な説明が、Apache HTTPサーバのドキュメントにあります — https://httpd.apache.org/docs/2.4/mod/mod_proxy.html#forwardreverse

図10-6は、ロードバランサとして働くリバースプロキシを前面に置いた、典型的なマルチプロセス、マルチマシンの構成です。

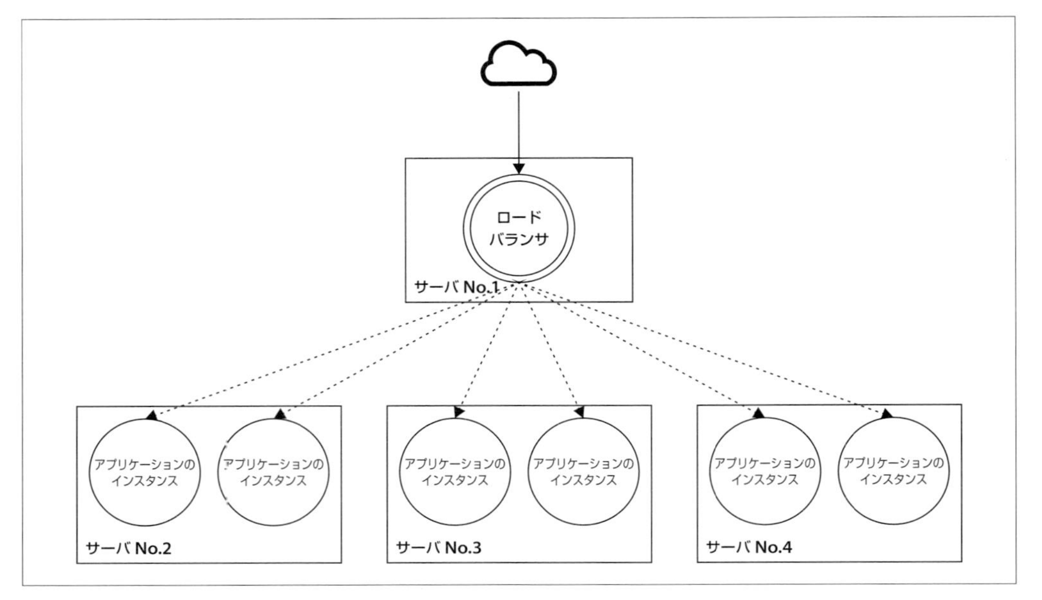

図10-6 リバースプロキシを前面に置いた典型的なマルチプロセス、マルチマシンの構成

Nodeアプリケーションにとっては、モジュール`cluster`の代わりにこの方法を選択する理由が数多くあります。

- リバースプロキシは、負荷を単に複数のプロセスに分散できるだけでなく、複数のマシンに分散できる
- 市場でもっともよく使われているリバースプロキシはスティッキー負荷分散をサポートしている
- リバースプロキシはリクエストを利用可能なすべてのサーバにルーティングでき、サーバのプログラミング言語やプラットフォームには無関係である
- より強力な負荷分散アルゴリズムを選択できる
- 多くのリバースプロキシは、URLリライト、キャッシング、SSLターミネーションポイントといったそれ以外のサービスも提供する。さらにはたとえば静的ファイルの送信といった本格的なウェブサーバの機能まで提供している

とは言うものの、モジュール`cluster`は必要とあればリバースプロキシと簡単に組み合わせられます。たとえば`cluster`を使って1台のコンピュータの中で垂直スケーリングし、リバースプロキシを使って異なるノード間で水平スケーリングするといった手法がとれます。

パターン

リバースプロキシを使って異なるポートや複数のコンピュータで実行している複数のインスタンス間でアプリケーションの負荷を均等に分散する。

リバースプロキシを使ったロードバランサの実装には数多くの選択肢があります。その中でもよくある解決策は次のようなものです。

Nginx (http://nginx.org)
: ウェブサーバ、リバースプロキシ、ロードバランサ機能をもち、ノンブロッキングI/Oモデルの上に構築されている

HAProxy (http://www.haproxy.org)
: TCP/HTTPトラフィック対象の高速なロードバランサ

Nodeベースのプロキシ
: リバースプロキシとロードバランサを直接Nodeで実装したものが多数あるが、この後見ていくように利点と欠点がある

クラウドベースのプロキシ
: クラウドコンピューティングの領域ではロードバランサが用意されていることがまれではない。これが便利なのは、保守が最小限で済むこと、スケーラビリティが高いこと、さらにときにはオンデマンドのスケーラビリティを可能にする動的構成をサポートできることなどによる

この後、この章のいくつかの節で、Nginxを使ったサンプル構成を分析し、そこからさらに、他でもないNodeを使って独自のロードバランサの構築に取り組みます。

10.2.3.1　Nginxによる負荷分散

専用のリバースプロキシの働きを理解するために、Nginx (http://nginx.org) をベースとしたスケーラブルなアーキテクチャを構築していきますが、それにはまずインストールが必要です。ウェブページhttp://nginx.org/en/docs/install.htmlの指示に従えばインストールできます。

最新のUbuntuシステムでは、次のコマンドでNginxをすぐインストールできます。

```
$ sudo apt-get install nginx
```

macOSの場合は`brew` (http://brew.sh) が使えます。

```
$ brew install nginx
```

サーバのインスタンスを複数起動するのに`cluster`を使わなくなりますので、コマンドラインの引数を使って待ち受けるポートを指定できるように、アプリケーションのコードを少し修正する必要があります。そうすることで複数のインスタンスを別々のポートで起動できるようになります。それではサンプルアプリケーションのメインモジュール (`app.js`) をもう一度検討しましょう。

```
const http = require('http');
const pid = process.pid;

http.createServer((req, res) => {
  for (let i = 1e7; i> 0; i--) {}
  console.log(`Handling request from ${pid}`);
  res.end(`Hello from ${pid}\n`);
}).listen(process.env.PORT || process.argv[2] || 8080, () => {
  console.log(`Started ${pid}`);
});
```

clusterを使用しなくなったことで失われたもうひとつの重要な機能が、クラッシュした場合の自動再起動です。幸いなことに、この問題は専用の監視機構（スーパーバイザ）を使うことで簡単に解決できます。アプリケーションをモニタし、必要に応じてリスタートさせる外部プロセスです。可能な選択肢は次のとおりです。

- forever（https://npmjs.org/package/forever）やpm2（https://npmjs.org/package/pm2）などのNodeベースのスーパーバイザ
- upstart（http://upstart.ubuntu.com）、systemd（http://freedesktop.org/wiki/Software/systemd）、runit（http://smarden.org/runit/）などのOSベースのモニタ
- monit（http://mmonit.com/monit）やsupervisor（http://supervisord.org）などのより高度なモニタリングシステム

この例題ではforeverを使うことにします。もっとも単純ですぐ使えるからです。次のコマンドを実行してグローバルにインストールしましょう。

```
$ npm install forever -g
```

次のステップとして、アプリケーションのインスタンスを4つ起動します。すべて異なるポートで、foreverによりスーパーバイズされます。

```
forever start app.js 8081
forever start app.js 8082
forever start app.js 8083
forever start app.js 8084
```

起動されたプロセスのリストは次のコマンドで確認できます。

```
$ forever list
```

それではいよいよNginxサーバをロードバランサとして設定する番です。

まず、ファイルnginx.confの位置を特定しなければなりませんが、システムによって/usr/local/nginx/conf、/etc/nginx、/usr/local/etc/nginxのいずれかにあります。

次にファイルnginx.confを開いて、次のように設定します。ロードバランサとして動かすために

必要最小限の設定です。

```
http {
  # ...
  upstream nodejs_design_patterns_app {
    server 127.0.0.1:8081;
    server 127.0.0.1:8082;
    server 127.0.0.1:8083;
    server 127.0.0.1:8084;
  }
  # ...
  server {
    listen 80;

    location / {
      proxy_pass http://nodejs_design_patterns_app;
    }
  }
  # ...
}
```

upstream nodejs_design_patterns_appのセクションでは、ネットワークリクエストを処理するのに使うバックエンドサーバのリストを定義し、serverのセクションではディレクティブproxy_passを指定しています。このディレクティブは、実質的にすべてのリクエストを上（nodejs_design_patterns_app）で定義したサーバグループへ転送するようNginxに命令するものです。これでおしまいです。あとは次のコマンドでNginxの設定をリロードします。

```
$ nginx -s reload
```

これでシステムが起動され稼働しているはずです。リクエストを受け付け、Nodeアプリケーションの4つのインスタンス間でトラフィックを分散させる準備ができました。ブラウザでアドレスhttp://localhostにアクセスしてNginxサーバでトラフィックがどのように分散されているか見てください。

10.2.4　サービスレジストリの利用

新しいクラウドベースのインフラの重要な利点のひとつに、現在のトラフィックや予想されたトラフィックをもとにアプリケーションのキャパシティを動的に調整する能力があります。「動的スケーリング」とも呼ばれます。正しく実装されれば、高い可用性と応答性を維持したまま、ITインフラのコストを大幅に下げられます。

考え方は単純です。トラフィックの増加でアプリケーションのパフォーマンスに低下が見られれば、増加した負荷に対処するために新しいサーバを自動的にspawnします。また、時間帯を指定してサーバを停止することも可能です。たとえばトラフィックが減少するとわかっている夜間に停止し、朝になったら再度起動します。この仕組みでは、ロードバランサが最新のネットワークトポロジーを常に把握し、どのサーバが稼働しているかいつでも知っていることが要求されます。

この問題を解決するためのよくあるパターンが、サービスレジストリと呼ばれる集中管理の機構を使って稼働しているサーバと、それが提供しているサービスを監視します。**図10-7**は、ロードバランサを前面に置いたマルチサーバアーキテクチャでサービスレジストリを使って動的に構成を変化させるところを示しています。

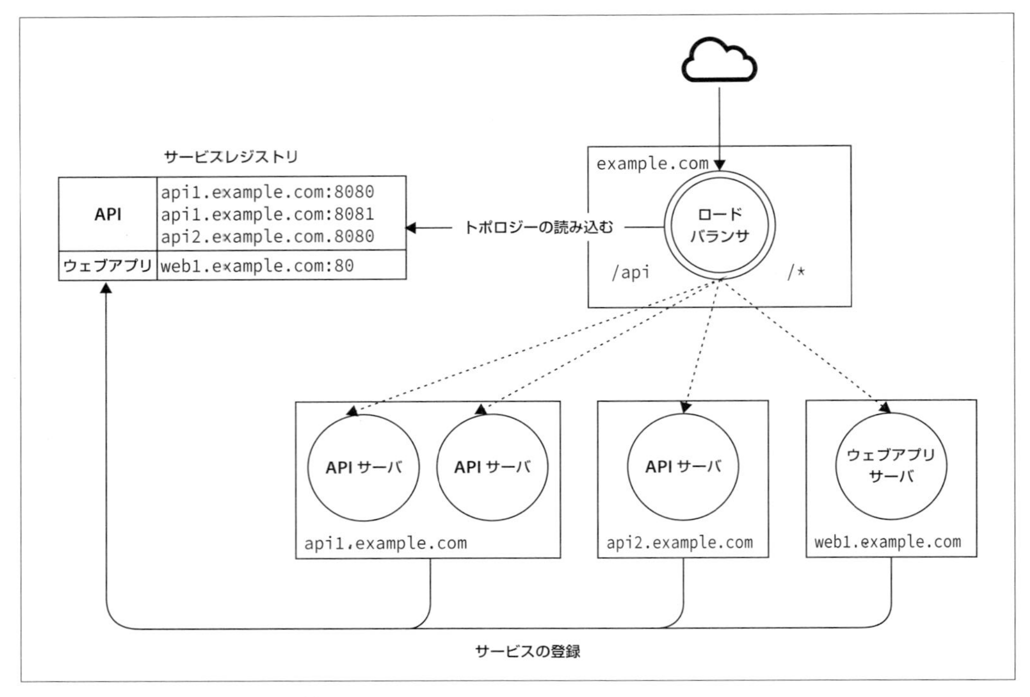

図10-7 サービスレジストリの利用

上のアーキテクチャでは、APIとWebAppの2つのサービスがあることを仮定しています。ロードバランサはエンドポイント/apiに到着したリクエストを、APIのサービスを実装しているすべてのサーバに振り分けます。残りのリクエストはWebAppのサービスを実装しているサーバに振り分けます。ロードバランサはサービスレジストリを使ってサーバのリストを取得します。

この仕組みが完全に自動的に動作するためには、アプリケーションの各インスタンスが、自分がオンラインになった瞬間に自分自身をサービスレジストリに登録し、停止した場合には登録解除する必要があります。そうすれば、ロードバランサはネットワーク上で利用可能なサーバとサービスに関し、常に最新の情報をもっていることになります。

サービスレジストリパターン
集中管理機構を使って、ネットワーク上で利用可能なサーバとサービスに関して常に最新の情報を保存する。

このパターンは負荷分散に適用できるばかりでなくもっと一般に、あるタイプのサービスを、それを提供しているサーバから分離する方法としても利用できます。このパターンを、デザインパターンのサービスロケータをネットワークサービスに適用したものと見ることもできます。

10.2.4.1 http-proxyとConsulを使った動的ロードバランサの実装

動的に変化可能なネットワークインフラをサポートするのには、NginxやHAProxyといったリバースプロキシが使えます。自動化したサービスを使って設定ファイルを更新し、ロードバランサに変更を読み込ませればよいのです。Nginxの場合、次のコマンドラインを使えば実行できます。

```
$ nginx -s reload
```

クラウドベースの方法でも同じ結果を得ることができますが、お気に入りのプラットフォームを利用した、第3のもっと馴染みのある解決法があります。

Nodeは、どのような種類のネットワークアプリケーションでも構築できるパワーをもっています。既に述べたように、それはまさにNodeの主要デザインゴールのひとつなのです。それなら他でもないNodeを使ってロードバランサを作ればよいではありませんか。そうすればより大きな自由度もパワーも得られるはずですし、どんなパターンやアルゴリズムでも独自構築のロードバランサなら直接実装できるでしょう。サービスレジストリを使った動的負荷分散を実装しましょう。このサンプルプログラムではサービスレジストリとしてConsul (https://www.consul.io) を使います。

このサンプルプログラムでは**図10-7**で見たマルチサーバアーキテクチャを再現します。それには主に3つのnpmパッケージを使います。

http-proxy (https://npmjs.org/package/http-proxy)
Nodeでのプロキシとロードバランサの作成を単純化するためのライブラリ

portfinder (https://npmjs.com/package/portfinder)
システムの空いているポートを見つけるためのライブラリ

consul (https://npmjs.org/package/consul)
サービスをConsulに登録するためのライブラリ

サービスの実装から始めましょう。`cluster`とNginxをテストするために今まで使ってきたのと同じような単純なHTTPサーバですが、今回は起動した瞬間にサービスレジストリに自分自身を登録させます。

どのようになるか見てみましょう（app.js）。

```
const http = require('http');
const pid = process.pid;
const consul = require('consul')();
const portfinder = require('portfinder');
const serviceType = process.argv[2];

portfinder.getPort((err, port) => {            // ❶
  const serviceId = serviceType+port;
  consul.agent.service.register({              // ❷
    id: serviceId,
    name: serviceType,
    address: 'localhost',
    port: port,
    tags: [serviceType]
  }, () => {

    const unregisterService = (err) => {      // ❸
      consul.agent.service.deregister(serviceId, () => {
        process.exit(err ? 1 : 0);
      });
    };

    process.on('exit', unregisterService);    // ❹
    process.on('SIGINT', unregisterService);
    process.on('uncaughtException', unregisterService);

    http.createServer((req, res) => {         // ❺
      for (let i = 1e7; i> 0; i--) {}
      console.log(`Handling request from ${pid}`);
      res.end(`${serviceType} response from ${pid}\n`);
    }).listen(port, () => {
      console.log(`Started ${serviceType} (${pid}) on port ${port}`);
    });
  });
});
```

上のコードでは、注意すべき点がいくつかあります。

❶ portfinder.getPortを使ってシステムの空いているポートを見つける（デフォルトではportfinderはポート8000から探索を始める）

❷ ライブラリConsulを使って新しいサービスをレジストリに登録する。サービスの定義には次のような属性が必要 — id（サービスのユニークな名前）、name（サービスを区別するための一般的な名称）、addressとport（サービスへのアクセス法を知るため）、tags（サービスのフィルタリングとグループ化に使用するタグの配列。省略可）。サービス名nameを設定しタグ付けするためにserviceType（コマンドラインの引数として取得）を使用している。こうすれば、クラスタ内で

利用可能な同じタイプのサービスをすべて同定できる

❸ Consulで登録したサービスを削除できるように`unregisterService`という名前の関数をここで定義する

❹ `unregisterService`を後始末の関数として使い、プログラムが（意図的にでも偶然にでも）終了した際にサービスをConsulから登録削除する

❺ 最後に、サービスを提供するHTTPサーバを`portfinder`で見つけたポートで起動する

それではロードバランサを実装する番です。`loadBalancer.js`を作成しましょう。まず、URLをサービスにマッピングするルーティングテーブルを定義します。

```
const routing = [
  {
    path: '/api',
    service: 'api-service',
    index: 0
  }, {
    path: '/',
    service: 'webapp-service',
    index: 0
  }
];
```

配列`routing`の各要素は、マッピングされている`path`に到着したリクエストを処理するために使用する`service`を保持しています。プロパティ`index`は、サービスごとにリクエストを「ラウンドロビン」方式で割り当てるために使用します。

`loadbalancer.js`の後半部分を実装して、これがどのように利用されるのか見ましょう。

```
const http = require('http');                               // ❶
const httpProxy = require('http-proxy');
const consul = require('consul')();

const proxy = httpProxy.createProxyServer({});
http.createServer((req, res) => {
  let route;
  routing.some(entry => {                                   // ❷
    route = entry;
    //Starts with the route path? // ルーティングのパスで始まっているか？
    return req.url.indexOf(route.path) === 0;
  });

  consul.agent.service.list((err, services) => {            // ❸
    const servers = [];
    Object.keys(services).filter(id => { //
      if (services[id].Tags.indexOf(route.service) > -1) {
        servers.push(`http://${services[id].Address}:${services[id].Port}`)
      }
```

```
    });

    if (!servers.length) {
      res.writeHead(502);
      return res.end('Bad gateway');
    }

    route.index = (route.index + 1) % servers.length;   // ❹
    proxy.web(req, res, {target: servers[route.index]});
  });
}).listen(8080, () => console.log('Load balancer started on port 8080'));
```

Nodeベースのロードバランサをどのようにして実装したのか説明しましょう。

❶ まず、レジストリにアクセスできるようにconsulをrequireする必要がある。次にhttp-proxyのオブジェクトをひとつインスタンス化して、通常のウェブサーバを起動する

❷ サーバのリクエストハンドラ内で、まずURLをルーティングテーブルと照合する。結果としてサービス名を含んだディスクリプタが得られる

❸ 要求されたサービスを実装しているサーバのリストをconsulから入手する。リストが空であれば、クライアントにエラーを返す。属性Tagを使って利用可能なすべてのサービスをフィルタし、要求されたサービスタイプを実装しているサーバのアドレスを見つける

❹ リクエストを目的のサーバにルーティングできる。route.indexを更新して、リスト内の次のサーバを指すようにし、ラウンドロビン方式にする。それからroute.indexを使ってリストからサーバを選択し、リクエスト（req）とレスポンス（res）の両方のオブジェクトとともにproxy.web()に渡します。proxy.web()は選ばれたサーバにリクエストを単に転送します

Nodeだけを用いてロードバランサとサービスレジストリを実装することがいかに単純か、またそれによっていかに大きな自由度が得られるかが明確になったことと思います。それでは実際に動かしてみなければなりませんが、その前にconsulのサーバをhttps://www.consul.io/intro/getting-started/install.htmlにある公式ドキュメントに従ってインストールしましょう。

インストールが済めば、次のコマンドで開発用コンピュータにconsulのサービスレジストリが立ち上がります。

```
$ consul agent -dev
```

これでロードバランサを起動させる準備ができました。

```
$ node loadBalancer
```

ロードバランサにより公開されているサービスのいくつかにアクセスしようとすると、HTTP 502エラーが返ってきます。まだサーバを起動していないからです。やってみてください。

```
$ curl localhost:8080/api
```

上のコマンドには次のような出力が返ってくるはずです。

```
Bad Gateway
```

サービスのインスタンスをいくつかspawnすると状況が変わります。たとえばapi-serviceを2つとwebapp-serviceをひとつ立ち上げてみましょう。

```
forever start app.js api-service
forever start app.js api-service
forever start app.js webapp-service
```

今度はロードバランサが立ち上がったサーバを自動的に見つけてリクエストを分散させ始めるはずです。次のコマンドをもう一度試してください。

```
$ curl localhost:8080/api
```

上のコマンドに対し、今度は次のような応答があるはずです。

```
$ api-service response from 6972
```

もう一度実行すると、別のサーバからメッセージを受け取るはずで、リクエストが異なるサーバに均等に分散されていることが確認できます。

```
$ api-service response from 6979
```

このパターンの利点はすぐさま得られます。動的に、オンデマンドで、あるいはスケジュールに基づいてスケーリングできるようになったのです。そしてロードバランサは特別な手間なしに、新しい構成に自動的に適応してくれます。

10.2.5 ピアツーピア負荷分散

複雑な内部ネットワークアーキテクチャをインターネットのような公共のネットワークに公開しようと思うと、リバースプロキシの利用がほぼ必須になります。複雑さを隠蔽し、外部のアプリケーションが簡単に利用でき頼ることのできる単一のアクセスポイントが提供できます。しかし、非公開で使用されるだけのサービスにスケーリングが必要な場合であっても、より高い柔軟性とより高度なコントロールが得られます。

「サービスA」と「サービスB」があり、「サービスA」は自分の機能を実装するのに「サービスB」に依存していたとしましょう。「サービスB」は複数のマシン上にスケーリングされており、内部ネットワーク内だけで利用可能とします。これまで学んだ知識によれば、「サービスA」はリバースプロキシを使って「サービスB」に接続しようとし、リバースプロキシは「サービスB」を実装しているすべてのサーバにトラフィックを分配します。

しかし、別の方法もあります。図からリバースプロキシを外して、クライアント（サービスA）から直接リクエストを分配するのです。すると、多数の「サービスB」のインスタンス間に接続負荷を分散することに関し、クライアントが直接責任をもつことになります。これは「サービスA」のサーバが「サービスB」を公開しているサーバについて詳細を知っている場合にのみ可能なことなのですが、内部ネットワークでは、これは既知の情報であるのが普通です。この方法を用いると「ピアツーピア負荷分散」を実装したことになります。

図10-8は、今説明してきた2つの選択肢を比較したものです。

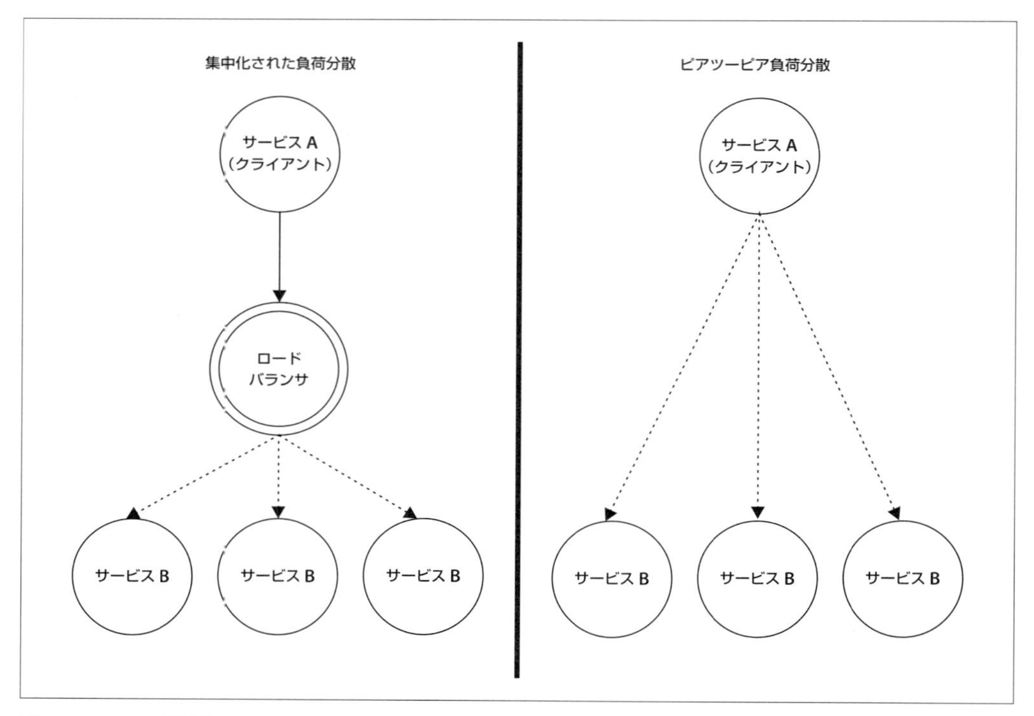

図10-8　2つの選択肢

これはきわめて単純かつ効果的なパターンでありながら、ボトルネックや単独で障害発生点となる部分なしに接続を分散が可能になります。そのほかにも次のような長所があります。

- ネットワークノードが減るのでインフラの複雑性が減少する
- メッセージが通過するノードがひとつ減るので通信が速くなる
- パフォーマンスの限界がロードバランサの処理量に依存しなくなるので、よりうまくスケーリングができる

その一方で、リバースプロキシを無くしたことで、舞台裏のインフラの複雑さを実質的にさらしてしまったことになります。また、各クライアントは負荷分散アルゴリズムと、おそらくそれに併せてインフラについての知識を最新に保つ方法を実装されたため、より「賢く」なる必要があります。

ピアツーピア負荷分散はライブラリ ØMQ（http://zeromq.org）で広範囲に使われているパターンです。

10.2.5.1　複数のサーバにリクエストを分散できるHTTPクライアントの実装

Nodeだけを使ってロードバランサを実装し、到着するリクエストを利用可能なサーバに分配する方法は既に学びましたから、クライアント側に同じ仕組みを実装することも大差ないはずです。実際の作業はクライアントのAPIをラップして、負荷分散の仕組みを補うことだけです。次のモジュール（balancedRequest.js）を見てください。

```
const http = require('http');
const servers = [
  {host: 'localhost', port: '8081'},
  {host: 'localhost', port: '8082'}
];
let i = 0;

module.exports = (options, callback) => {
  i = (i + 1) % servers.length;
  options.hostname = servers[i].host;
  options.port = servers[i].port;
  return http.request(options, callback);
};
```

上のコードは非常に単純なので、説明はあまり必要ないでしょう。元のAPI http.requestをラップし、リクエストのhostnameとportをオーバライドして利用可能なサーバのリストからラウンドロビン方式で選択したものに置き換えるようにしています。

新たにラップされたAPIはそのまま入れ替えて使うことができます（client.js）。

```
const request = require('./balancedRequest');
for(let i = 10; i>= 0; i--) {
  request({method: 'GET', path: '/'}, res => {
    let str = '';
    res.on('data', chunk => {
      str += chunk;
    }).on('end', () => {
      console.log(str);
    });
  }).end();
}
```

上のコードを試してみるために、サンプルプログラムのサーバのインスタンスを2つ立ち上げます。

```
$ node app 8081
$ node app 8082
```

次に今作成したクライアントアプリケーションを実行します。

```
$ node client
```

それぞれのリクエストが違うサーバに送信されていることがわかりますから、専用のリバースプロキシなしで負荷分散ができるようになったことが確認できます。

先に作成したラッパーを改良する方法には、サービスレジストリを直接クライアントに組み込んでサーバのリストを動的に取得する方法もあります（サンプルコードに含まれています）。

10.3　複雑なアプリケーションの分解

この章ではここまで主にスケールキューブのx軸に関して改良をしてきました。アプリケーションの負荷を分散するのにもっとも容易ですぐ効果が出る方法であるほか、可用性も向上することを見ました。この節ではスケールキューブのy軸に注目し、アプリケーションを機能とサービスにより「分解」することでスケーリングします。この技法を使うことでアプリケーションのキャパシティがスケーリングされるばかりでなく、（より大きな意味をもつ）複雑さを減ずることもできます。

10.3.1　モノリシックなアーキテクチャ

「モノリシック」という言葉からはモジュール化されていないシステム、つまりアプリケーションのすべてのサービスが関連し合い、ほとんど分けられなくなっている状態を思い浮かべるかもしれません。しかし、常にそうとは限りません。モノリシックなシステムでも、高度にモジュール化されていて、内部のコンポーネントが十分に分離されていることがよくあります。

その典型的な例がLinux OSのカーネルで、「モノリシックカーネル」と呼ばれるカテゴリの一部です（LinuxエコシステムとUnix哲学の対極にあります）。Linuxは何千ものサービスやモジュールで構成され、システムが稼働中であっても動的なロードやアンロードが可能です。しかし、すべてが「カーネルモード」で実行されているため、そのどれかが停止するとOS全体がダウンすることがあります（「カーネルパニック」を見たことがあるでしょうか？）。これと逆のアプローチがマイクロカーネルアーキテクチャで、OSのコアサービスだけがカーネルモードで実行され、他はユーザーモードで、通常ひとつずつ別のプロセスで実行されます。この方法の主な利点は、どのサービスに問題が生じても個々にクラッシュするだけで、システム全体の安定性に影響しない可能性が高いということです。

TorvaldsとTanenbaumのカーネルのデザインに関する論争は、コンピュータサイエンスの歴史の中でも特に有名な論争ですが、主要な論点のひとつがまさにモノリシック対マイクロカーネルでした。（最初はUsenetで行われましたが）討論のウェブ版は次のURL

で見られます――https://groups.google.com/d/msg/comp.os.minix/wlhw16QWltl/P8isWhZ8PJ8J

こうしたデザイン原則が、30年以上も経った現在でも、しかもまったく違った環境で当てはまることは注目に値します。現代のモノリシックアプリケーションはモノリシックカーネルにたとえられます。構成するコンポーネントが停止すると、システム全体が影響を受けます。Nodeで言えば、すべてのサービスが同じコードベースの一部であり、（クローンされていない限り）単一のプロセスで実行されます。

図10-9はモノリシックアーキテクチャの例です。

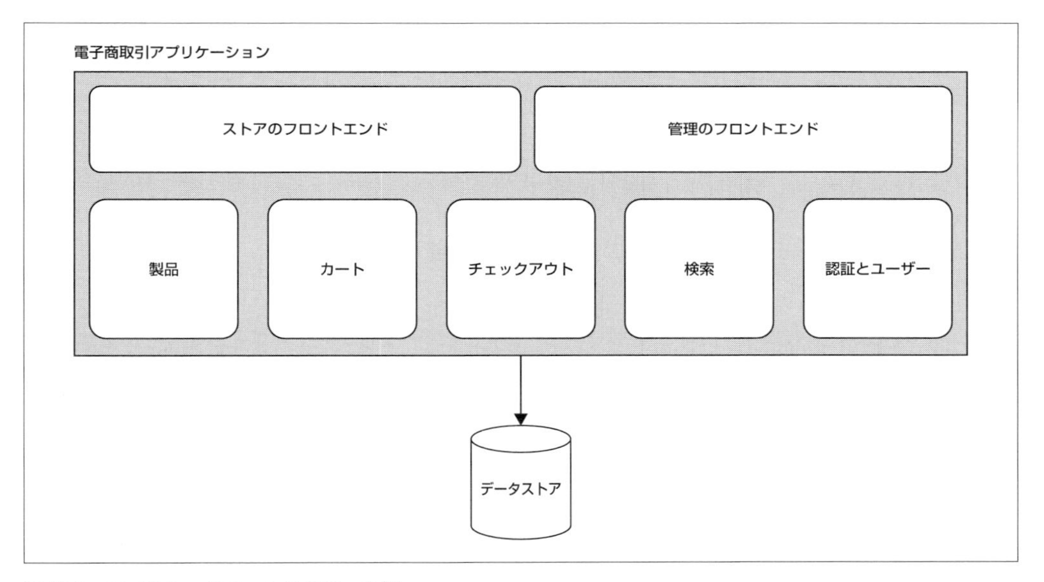

図10-9　モノリシックアーキテクチャの例

図10-9は、典型的な電子商取引アプリケーションのアーキテクチャを示しています。構造はモジュール化されており、2つの別々なフロントエンドがあって、ひとつはメインのストア用で、もうひとつは管理用インタフェースです。内部では、アプリケーションによって実装されているサービスが明確に分離されており、ひとつずつのサービスが**製品**、**カート**、**チェックアウト**（精算レジ）、**検索**、**認証とユーザー**といったそれぞれの部分のビジネスロジックを担当しています。しかし、このアーキテクチャはモノリシックです。実際には各モジュールが同じコードベースの一部であり、単一のアプリケーションの一部として実行されています。たとえば例外がキャッチできなかったなどの原因でどのコンポーネントが停止しても、オンラインストア全体がダウンしてしまう危険性があります。

このタイプのアーキテクチャのもうひとつの問題は、モジュール間相互の関連です。すべてが同じアプリケーション内で動作しているので、開発者にとってモジュール間の相互作用や結合を非常に作り出しやすくなっています。たとえば、製品が購入された場合を考えましょう。「チェックアウト」モジュールは「製品」オブジェクトの在庫情報を更新しなければなりませんが、両方のモジュールが同じアプリケーション内にあれば、開発者にとって該当する製品のオブジェクトの参照を取得し、在庫を直接更新することが簡単にできすぎてしまうのです。モノリシックなアプリケーションでは、内部のモジュールの間の結合度を低く保つというのは至難の技ですが、その理由にはモジュールの境界が必ずしも明確でなかったり取り扱いがきちんと強制されていなかったりすることが含まれます。

アプリケーションの規模拡大にとって、しばしば「結合度の高さ」が障害となっており、複雑なためにスケーリングができなくなることがあります。実際、依存グラフが複雑に絡みあっているということは、システムのすべての部分が関連するということです。アプリケーションは寿命が来るまで保守が必要となりますから、どのような変更をするときでも慎重に検討しなければならなくなります。すべてのコンポーネントが積み木のタワーのようなもので、ひとつを動かしたり除去したりするとタワー全体が崩れてしまうかもしれないからです。その結果、プロジェクトが複雑になるに従って、それに対応するための慣例や開発プロセスを作成することになります。

10.3.2 マイクロサービスのアーキテクチャ

それではこれから大規模なアプリケーションを書く際にもっとも重要なNodeのパターンを公開しましょう。それは「大規模なアプリケーションを書くな」です。つまらない文に思えるかもしれませんが、ソフトウェアシステムの複雑性とキャパシティの両方をスケーリングする際には信じがたいほど効果的な戦略なのです。では、大規模なアプリケーションを書かないとすればどうすればよいのでしょうか。その答えはスケールキューブのy軸にあります。サービスと機能によって分解し分割するのです。アプリケーションを基本的なコンポーネントに分解し、別々の独立したアプリケーションを作成します。つまりモノリシックアーキテクチャの対極です。Unix哲学に完全に合致し、この本の最初で論じたNodeの原則にも合致します。特にMake each program do one thing well.（ひとつのプログラムにはひとつのことをうまくやらせろ）という原則です。

「マイクロサービスアーキテクチャ」は今日、手本とされることがもっとも多いパターンです。マイクロという接頭語はサービスが可能な限り小さいものであることを表していますが、常に合理的な範囲でということになります。ひとつのウェブサービスだけを公開する何百種類ものアプリケーションによって構成されるアーキテクチャを作ることが良い選択肢だと誤解はしないでください。現実には、サービスの大きさに関して厳密なルールはありません。マイクロサービスアーキテクチャのデザインにおいて重要なのは大きさではなく「疎な結合」「強い凝集性」「統合の複雑性」といった複数の要因の組み合わせなのです。

10.3.2.1　マイクロサービスアーキテクチャの例

マイクロサービスアーキテクチャを使うと、モノリシックな電子商取引アプリケーションがどのようなものになるか見てみましょう（**図10-10**）。

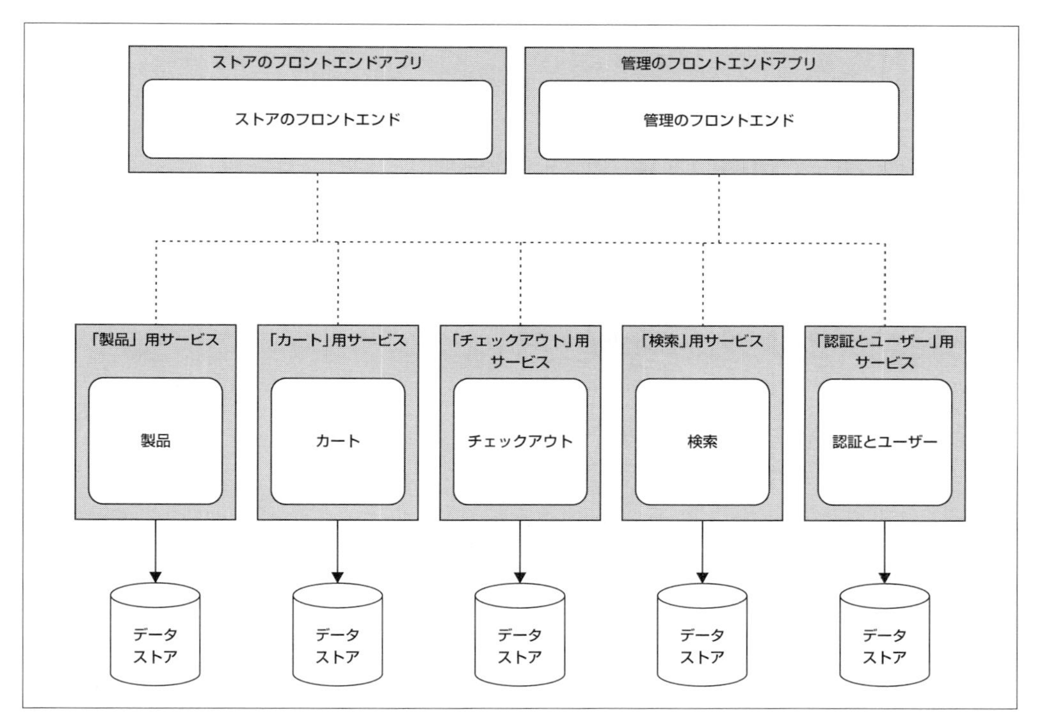

図10-10　マイクロサービスアーキテクチャの例

図10-10を見るとわかるように、電子商取引アプリケーションの各基本コンポーネントは、自己完結的で独立したものになっており、自分自身の動作環境と独自のデータベースをもっています。実質的に、すべてのコンポーネントが、関連あるサービスを公開する（凝集度の高い）独立したアプリケーションになっているのです。

各サービスに「データ所有権」があることがマイクロサービスアーキテクチャの重要な特徴です。正しいレベルの分離と独立を維持するために、データベースも分割しなければならない理由がここにあります。単一の共有データベースを使用すれば、各サービスの共同作業はずっと容易になるでしょうが、サービス間の（データによる）結合を招くことになり、異なるアプリケーションをもつ利点の一部を帳消しにしてしまうのです。

すべてのノードを結んでいる点線は、システムが全体として完全に機能するためにはすべてのノードが何らかの形で通信して情報を交換しなければならないことを表しています。サービスが同じデータベースを共用しないのであれば、システム全体の一貫性を維持するためにはより多くの通信が必要になります。たとえば、アプリケーション「**チェックアウト**」は、価格や発送条件といった、「製品」に関するいくらかの情報を知る必要がありますし、同時に製品用サービスが保存しているデータを更新する必要があります。たとえば精算が完了した際には製品の在庫を更新するでしょう。**図10-10**では、ノードの通信方法を具体的には示さないようにしました。もちろんもっともよく使われる方法はウェブサービスですが、これから見ていくように、それが唯一の選択肢というわけではありません。

マイクロサービスアーキテクチャ・パターン

複数の小規模で自己完結的なサービスを作成することで複雑なアプリケーションを分割する。

10.3.2.2　マイクロサービスの長所と短所

この節では、マイクロサービスアーキテクチャの長所と短所を検討します。このアーキテクチャを採用するとアプリケーションの開発方法が根本から変わり、スケーラビリティと複雑性の見方に革命をもたらすことが約束されますが、その一方で、決して些細とは言えない難問ももたらします。

Martin Fowlerがマイクロサービスについてすばらしい記事を書いています —— http://martinfowler.com/articles/microservices.html

すべてのサービスは消耗品

各サービスを自分自身のアプリケーションコンテキストで動作させることの主要な技術的利点は、クラッシュ、バグ、互換性を破る変更などがシステム全体に波及しないことです。目標とするのは、小さく、変更しやすく、できれば「ゼロから作り上げた」、本当に独立したサービスを作成することです。たとえば、例にあげた電子商取引アプリケーションでサービス「チェックアウト」が重大なバグにより突如クラッシュしたとしても、残りのシステムは正常に動作し続けるでしょう。製品を購入するなど、一部の機能は影響を受けるかもしれませんが、他のシステムは動き続けます。

また、コンポーネントを実装するのに使ったデータベースやプログラミング言語が設計決定としてよくなかったと気づいたとしましょう。モノリシックなアプリケーションでは、システム全体に影響を与えずにできる変更は非常に限られています。しかしマイクロサービスアーキテクチャであれば、ひとつのサービス全体を別のデータベースやプラットフォームを用いて最初から実装し直すことがより簡単で、システムの他の部分はそれに気づきもしません。

プラットフォームや言語を超えた再利用性

大規模なモノリシックアプリケーションを小さなサービスに分割すると、再利用がずっと簡単にできる独立したユニットを作成できます。Elasticsearch（http://www.elasticsearch.org）は再利用可能な検索サービスの非常に良い例です。また、7章で作成した認証サーバも、どのようなアプリケーションの中でも、使われたプログラミング言語によらず、簡単に再利用できるサービスの例になっています。

主な利点は情報隠蔽の程度がモノリシックアプリケーションと比較してずっと高いのが普通だということです。これは、サービス間の相互作用がウェブサービスやメッセージブローカ（メッセージ送信側のプロトコルを受信側のプロトコルに変換する仲介プログラム）などのリモートインタフェースを使って行われるのが普通だから可能なのですが、おかげで情報の詳細を隠蔽することやサービスの実装やプログラム配置の変化からクライアントを遮蔽することがずっと容易になるのです。たとえば、ウェブサービスを呼び出すだけでよいのなら、インフラのスケーリング法、使われているプログラミング言語、データを保存するためのデータベースの種類、その他もろもろから遮蔽されていることになります。

アプリケーションのスケーリング法

話をスケールキューブに戻しましょう。マイクロサービスの導入はアプリケーションをy軸方向にスケーリングしますから、複数のマシンに負荷を分散させる方法ということになります。また、マイクロサービスをキューブの他の2つの次元と組み合わせれば、アプリケーションをさらにスケーリングできることも忘れてはなりません。たとえば、各サービスをクローニングしてより多くのトラフィックを処理できるようにすることで、独立にスケーリングが可能になり、リソースの管理も容易になるという点も見逃せません。

マイクロサービスの難しい点

ここまで読み進めると、マイクロサービスが問題をすべて解決してくれるように見えるかもしれませんが、それは真実からは程遠いのです。実際、管理すべきノードが増えると、統合、デプロイ、コード共有といったことがどんどん複雑になります。伝統的なアーキテクチャの苦労をいくつか取り去ってくれますが、「どのようにしてサービスを相互作用させるか」「そんなに多くのアプリケーションをどうやってデプロイし、スケーリングし、モニタするのか」「サービス間のコード共有や再利用の方法はどうするのか」といった疑問が湧いてきます。幸いなことに、クラウドサービスや、最近のDevOpsという方法論がこういった問題のいくつかに答えを出してくれますが、Nodeも大きな助けになります。Nodeのモジュールシステムは異なるプロジェクト間でのコード共有においては完璧なツールです。Nodeは、マイクロサービスアーキテクチャを使用して実装されたような分散システムのnode（ノード）になるように作られています。

マイクロサービスはどのようなフレームワークを使っても（Nodeのコアモジュールだけでも）構築できますが、マイクロサービス作成の目的に特化したシステムも少しあります。もっとも注目に値するものとして、Seneca（https://npmjs.org/package/seneca）、AWS Lambda（https://aws.amazon.com/lambda）、IBM OpenWhisk（https://developer.ibm.com/openwhisk）、Microsoft Azure Functions（https://azure.microsoft.com/en-us/services/functions）などがあります。マイクロサービスのデプロイを管理する有用なツールとしてApache Mesos（http://mesos.apache.org）があります。

10.3.3　マイクロサービスアーキテクチャにおける統合パターン

マイクロサービスでもっとも難しい問題が、すべてのノードを協働できるように接続することです。たとえば、電子商取引アプリケーションのカート用サービスは追加する製品がなければ意味がありませんし、チェックアウト用サービスは、購入する製品のリスト（カートの中身）がなければ役に立ちません。既に述べたように、いろいろなサービス間の相互作用を必要とする要素が他にもあります。たとえば検索用サービスはどの製品が入手可能かを知っている必要がありますし、その情報が確実に最新のものになるようにしなければなりません。チェックアウト用サービスについても同じことが言え、購入が完了したら在庫情報を更新する必要があります。

統合の方針を決める際には、統合によりシステムのサービス間に導入される「結合」について考慮することも重要です。分散アーキテクチャのデザインには、ローカル環境でモジュールやサブシステムをデザインしたときに用いたのと同じ慣例や原則があるということを忘れてはなりません。したがって、サービスの再利用性や拡張性といった性質を考慮に入れる必要があるのです。

10.3.3.1　APIプロキシ

最初に示すパターンは「APIプロキシ」（別名「APIゲートウェイ」）を利用するものです。これはクライアントとリモートAPIの間の通信をプロキシするサーバのことを言います。マイクロサービスアーキテクチャにおいて、その主な目的は複数のAPIエンドポイントに対して単一のアクセスポイントを提供することです。しかし、APIプロキシはその他にも負荷分散、キャッシング、認証、トラフィック制限など、しっかりしたAPI機能を実装する際に非常に有用となることが実証されているすべての機能を提供できます。

このパターンは初めて出会うものではありません。`http-proxy`と`consul`で独自のロードバランサを構築したときに既に実際に動いているところを見ているのです。たとえば、ロードバランサは2つのサービスしか公開していませんでしたが、サービスレジストリのおかげでURLのパスをサービスにマッピングでき、したがってサーバのリストにマッピングできたのです。APIプロキシも同じように働きます。実質的にAPIリクエストを処理するように特別に設定されたリバースプロキシなのであり、ロードバランサを兼ねることも多いのです。**図10-11**は例題の電子商取引アプリケーションにどのように適用できるかを示すものです。

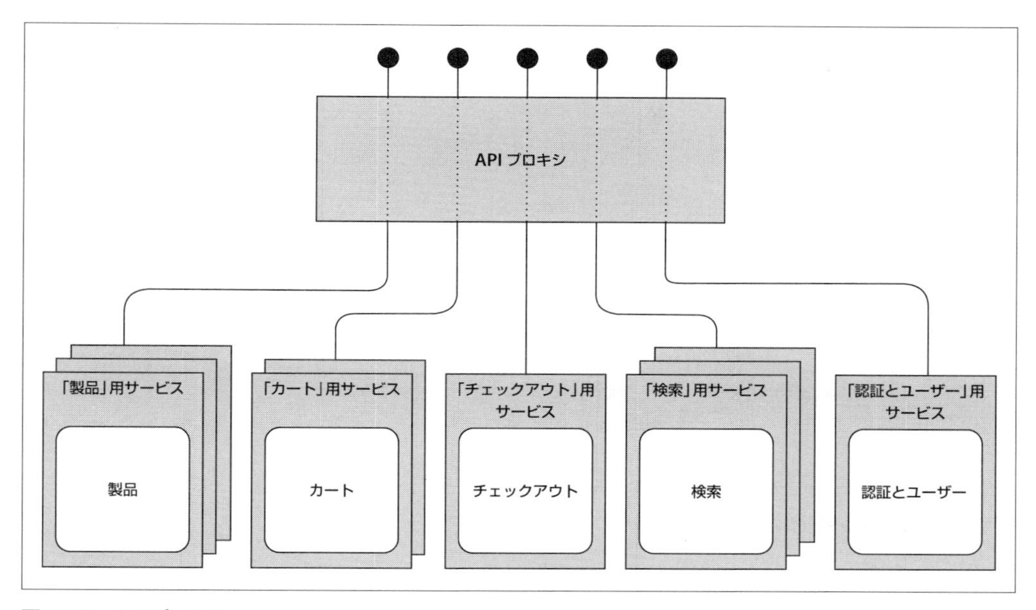

図10-11　APIプロキシ

図10-11から、APIプロキシが土台のインフラの複雑さを隠せることが明らかになったと思います。これはマイクロサービスインフラでは実に便利なことで、特に各サービスが複数のマシン上にスケーリングされた場合などに、ノードの数が膨大になるからです。したがって、APIプロキシで達成できる統合は構造的なものだということになります。意味を表現するメカニズムではありません。複雑なマイクロサービスインフラを、馴染みのあるモノリシックなものに単に見せているだけなのです。次に学ぶパターンはこの反対で、統合は意味を表現するものになります。

10.3.3.2　APIオーケストレーション

次に説明するパターンは、一連のサービスを統合して組み合わせる方法としてはおそらくもっとも自然かつ明確なもので、「APIオーケストレーション」と呼ばれます。Netflix APIの技術部門のVPであるDaniel Jacobsonは、ブログ（http://thenextweb.com/dd/2013/12/17/future-api-design-orchestration-layer）でAPIオーケストレーションを次のように定義しています。

> APIオーケストレーション層は、汎用にモデリングされたデータ要素や機能を使って、ターゲットとなる開発者やアプリケーションに向けた、より個別的な方法で使用環境を整備する抽象化層である。

この「汎用にモデリングされたデータ要素や機能」という部分がマイクロサービスアーキテクチャにおけるサービスの記述にぴったりと合います。そのような小さなかけらをつなぎ合わせて、特定のアプリケーションに合わせた新たなサービスを作り上げようという考えです。

電子商取引アプリケーションを使って例を示しましょう。**図10-12**を見てください。

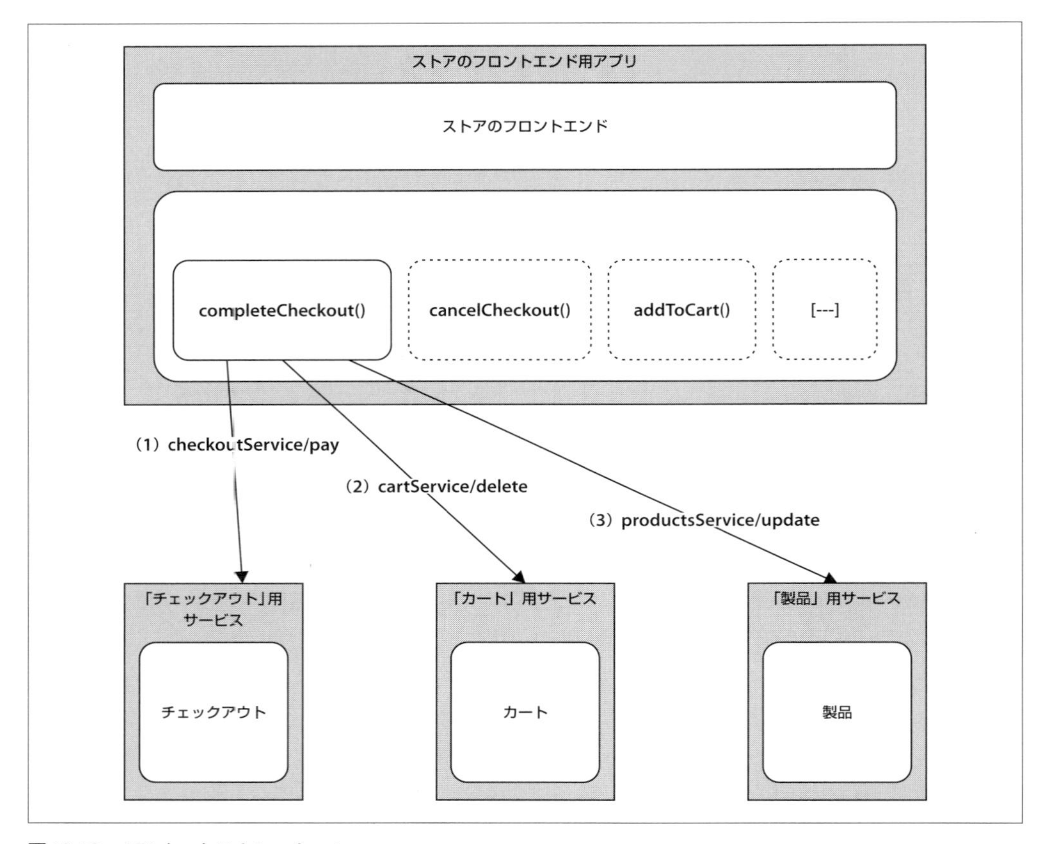

図10-12 APIオーケストレーション

図10-12は、「ストアのフロントエンド用アプリケーション」がオーケストレーション層を使って、既存のサービスを組み合わせてオーケストレーション（協働作業）させることでより複雑で特化した機能を作り上げるところを示しています。描写しているシナリオでは、例として客が精算の最後に［支払い］ボタンを押した瞬間に呼び出される、仮想的なサービス`completeCheckout()`を取り上げています。図では`completeCheckout()`が3つの異なるステップで構成された複合操作であることが示されています。

1. まず、`checkoutService/pay`を呼び出してトランザクションを完結させる

2. 次に、支払いが滞りなく処理されたら、カートを管理するサービスを呼び出して商品が購入されたこととカートから削除してかまわないことを知らせる必要がある。これには`cartService/delete`を呼び出す
3. また、支払いが完了したら、購入された製品の在庫状態も更新しなければならない。これは`productsService/update`により行う

見てわかるように、3つの異なるサービスから3つの操作を取り出し、それらのサービスを連携させてシステム全体の一貫した状態を保つための新たなAPIを作成しています。

「APIオーケストレーション層」が実行するもうひとつのよくある操作が「データ集約（data aggregation）」、言い換えれば異なるサービスからのデータを合成してひとつのレスポンスにすることです。カートに入っている製品すべてのリストが欲しいとしましょう。この場合協働作業として、「カート」用サービスから製品IDのリストを取得し、続いて「製品」用サービスから製品の完全な情報を取得する必要があります。サービスを組み合わせ連携させる方法は本当に無限にありますが、覚えておくべき重要なパターンはオーケストレーション層の役割で、数多くのサービスと特定のアプリケーションの間の抽象化層として働くということです。

オーケストレーション層はさらに機能分割を行う場合に恰好の対象となります。実際、専用の独立したサービスとして実装されていることが非常によくあり、そのような場合にはAPIオーケストレータと呼ばれます。この方法は、マイクロサービスの哲学に完璧に沿ったものです。

図10-13は上のアーキテクチャをさらに改良したものです。

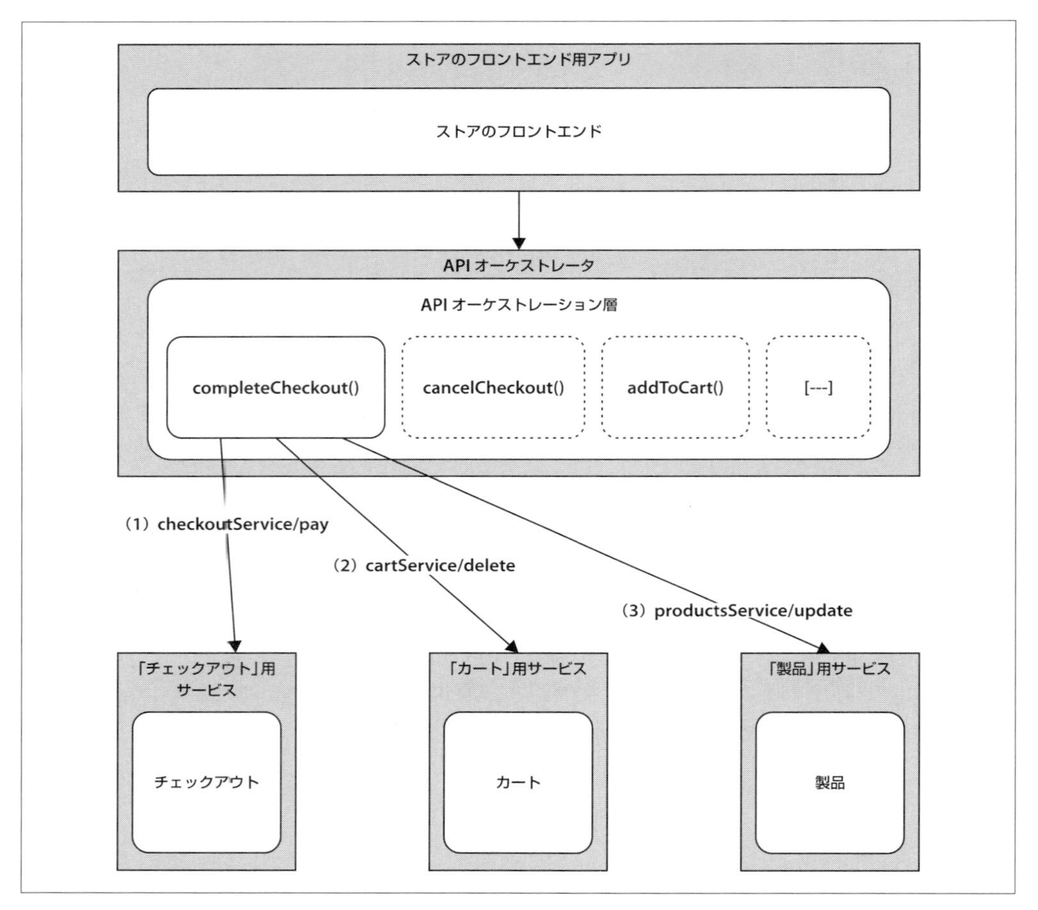

図10-13 APIオーケストレーション(改良版)

図10-13に示したようなスタンドアローンのオーケストレータを作成すると、クライアントのアプリケーション(この場合はストアのフロントエンド)をマイクロサービスのインフラのもつ複雑さから分離させる助けになります。APIプロキシを思い出しますが、決定的な違いがあります。オーケストレータはさまざまなサービスの意味的統合を行います。ただの単純なプロキシではなく、土台となったサービス群が公開するAPIとは異なるAPIを公開することがよくあります。

10.3.3.3 メッセージブローカを使った統合

オーケストレータのパターンは、さまざまなサービスを明確な形で統合する仕組みを与えてくれますが、これには長所と短所の両方があります。デザインが容易、デバッグも容易、スケーリングも容易なのですが、残念なことに、土台となるアーキテクチャと各サービスの動作について完全な知識が要求されます。アーキテクチャ上のノードについてではなくオブジェクトについて話しているのなら、オーケストレータは「ゴッドオブジェクト」と呼ばれるアンチパターンになります。これは、知っていることも行うことも多すぎるオブジェクトを指す言葉で、結合度が高くなり、凝集度が低くなり、もっとも重要なこととして複雑になってしまうのが普通です。

これから示すパターンは、システム全体の情報の同期の責任を、サービス間に分散させようとするものです。しかし、サービス間に直接の関係を作ってしまうと、ノード間の相互接続の数が増加することにより、結合度が上昇しシステムの複雑性がさらに増加しますから、それは何としても避けたいところです。目標は各サービスが隔離状態を維持することで、システムの他のサービスがなくても、あるいは新たなサービスやノードと組み合わさっても、各サービスが動作できるようになることです。

解決策はメッセージブローカを使うことです。これはメッセージの送信者と受信者を分離する能力をもったシステムで、集中化したパブリッシュ/サブスクライブ（pub/sub）パターンの実装を可能にし、事実上は分散システムのためのオブザーバパターンです（このパターンについては後のほうでさらに説明します）。**図10-14**は電子商取引アプリケーションにこれがどのように当てはめられるかを示しています。

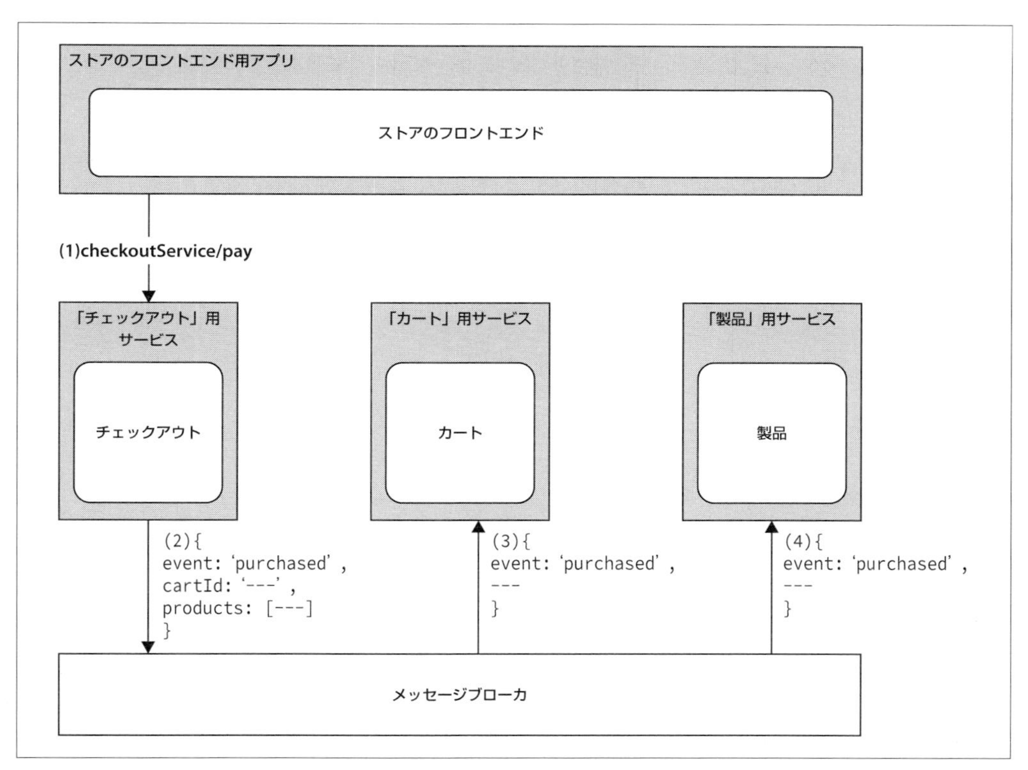

図10-14 メッセージブローカを使った統合

見てわかるように、「チェックアウト」用サービスのクライアントはフロントエンド用アプリケーションですが、他のサービスとの統合を明示的に実行する必要はまったくありません。精算を完了して顧客から支払いを受けるにはcheckoutService/payを呼び出すだけでよいのです。統合の作業はバックグラウンドで行われます。

1. 「ストアのフロントエンド」が「チェックアウト」用サービスの操作checkoutService/payを呼び出す
2. 操作が完了すると、「チェックアウト」用サービスはイベントを生成し、操作の詳細としてカートのID(cartId)と購入された製品のリスト(products)を付加する。イベントはメッセージブローカにパブリッシュされる。この時点で、「チェックアウト」用サービスは誰がメッセージを受け取ることになるのか知らない
3. 「カート」用サービスはブローカをサブスクライブしているので、「チェックアウト」用サービスがパブリッシュしたイベントpurchasedを受け取ることになる。「カート」用サービスはメッセージに反応し、メッセージに入っているIDにより特定したカートをデータベースから消去する
4. 「製品」用サービスもメッセージブローカに対してサブスクライブしているので、同じイベントpurchasedを受け取る。新しい情報に基づいてデータベースを更新し、メッセージに含まれる製品の在庫数を調整する

すべての過程が、オーケストレータのような外部のエンティティからの明示的介入なしに進行しています。知識を広め、情報の同期を保つ責任は、各サービス自体に分散されています。システム全体の進行管理を司るような「神」サービスはありません。各サービスが統合に関する自分の役割を担っているのです。

メッセージブローカは、サービスを分離してサービス間の相互作用の複雑さを減少させるための基本的な要素です。また、不揮発性メッセージキュー（persistent message queues）やメッセージの保証付き順序付け（guaranteed ordering of the messages）といった興味深い機能も提供してくれます。この話は次の章でさらに扱います。

10.4 まとめ

この章では、Nodeを用いたアプリケーションのアーキテクチャを、キャパシティと複雑さという2つの側面からスケーリングする方法を検討しました。アプリケーションのスケーリングが、単に処理するトラフィックの量を増やし、応答時間を短くするだけではなく、可用性や障害耐性を向上させるためにも適用できる実践的なプラクティスです。このため、スケーリングを早い段階から検討することが悪いプラクティスではないこと、とりわけNodeにおいては容易に、しかも多くのリソースを必要とせずに行えることを見ました。

スケールキューブは、アプリケーションが3つの次元でスケーリング可能であることを示してくれま

す。この章ではそのうちでも重要な2つ、x軸とy軸について詳しく見ましたが、負荷分散とマイクロサービスは特に重要です。さらには、Nodeの複数のインスタンスの起動方法や、トラフィックをインスタンス間で分散する方法も説明しました。同じ設定を、耐障害性やダウンタイムのない再起動を実現する目的で利用することもできます。また、自動スケーリングする動的なインフラの問題についても検討し、サービスレジストリの有用性について説明しました。

クローニングと負荷分散はスケールキューブのひとつの次元でしか機能しません。マイクロサービスアーキテクチャの構築により、サービスごとに分化することができ、別の次元のスケーリングが可能になります。負荷を分散し複雑な構造を分割する自然な方法が得られ、プロジェクトの開発法や管理法が革命的に変化します。マイクロサービスアーキテクチャへの移行は複雑性を「どのようにして巨大なモノリシックアプリケーションを構築するか」から「複数のサービスをどのように統合するか」へと移し替えるものになります。この章で、独立した複数のサービスを統合するアーキテクチャ上の解決策をいくつか示しました。

11章
メッセージ通信と統合

スケーラビリティのキーが「分割」ならば、システムの統合のキーは「再結合」です。前の章では、apfunctionを分散する方法は接続されたすべてのclientsplicationについて反復処理を実行し、それを数台のマシン上に断片化することであると説明しました。これをうまく機能させるには、それらすべてのものが何らかの方法で通信する必要があり、したがってそれらを統合（integrate）する必要があるのです。

分散アプリケーションを統合する主な手法は2つあります。ひとつは共有ストレージを中央の調整器兼全情報の保持器として使うもので、もうひとつはメッセージを使ってデータ、イベント、コマンドをシステムの各ノードに行き渡らせるものです。後者は分散システムを拡張する場合に実際に効果を発揮するものであり、またこの話題をとても面白く、ときには複雑にするものでもあります。

メッセージはソフトウェアシステムのあらゆる階層で使われます。我々はインターネット上で通信するためにメッセージを交換し、他のプロセスにパイプで情報を送るためや、アプリケーション内で関数を直接呼び出す（コマンドパターン）代わりにメッセージを使うこともあります。さらにはデバイスドライバもハードウェアとの通信にメッセージを使います。コンポーネント間、システム間の情報交換の方法として使われるあらゆる離散的構造化データは「メッセージ」とみなすことができます。しかし分散アーキテクチャを扱う場合には、「メッセー通信システム」という用語は、特にネットワーク越しの情報交換を容易にすることを目的とした種類の解決手段、パターン、アーキテクチャを表すために使われます。

これから見ていくように、こうした種類のシステムを特徴付けるいくつかの性質があります。ブローカとピアツーピア構造のどちらを使うか、リクエスト/リプライと一方向通信のどちらを使うか、あるいはメッセージ配送の信頼性を高めるためにキューを使うかどうかといった事柄もあります。このテーマは本当に幅広いものです。『Enterprise Integration Pattern』（Gregor Hohpe、Bobby Woolf著）という本はこのテーマが如何に広いものであるかを教えてくれます。同書はメッセージ通信パターンと統合パターンの「バイブル」とみなされていますが、700ページ以上かけて65種類の統合パターンを説明しています。この章では、それら良く知られたパターンの中でも特に重要なものを紹介し、Nodeとそのエコシステムの観点から考察します。

まとめると、この章では次のような事柄を説明します。

- メッセージ通信システムの基本
- パブリッシュ/サブスクライブ(pub/sub)パターン
- パイプラインとタスク分散のパターン
- リクエスト/リプライ・パターン

11.1　メッセージ通信システムの基礎

メッセージとメッセージ通信システムについて語る場合、考慮すべき基本的要素として次の4つがあります。

- 通信の向き ── 一方向のみか、リクエストとリプライの交換か
- メッセージの目的 ── これによってメッセージの内容も決まる
- 送受信のタイミング ── 送信と受信が即座に行われる(同期的)か、非同期的に行われるか
- メッセージの配送 ── 直送かブローカを介するか

以下の節では、これらの要素を後の検討の土台とするため定式化します。

11.1.1　一方向パターンとリクエスト/リプライ・パターン

メッセージ通信システムのもっとも基本的な要素は通信の向きであり、これによってそのシステムの意味が決まることもよくあります。

もっとも単純な通信パターンは、送信元から宛先へ「一方向に」メッセージをプッシュするものです。これはほぼ自明でほとんど説明を要しません(**図11-1**)。

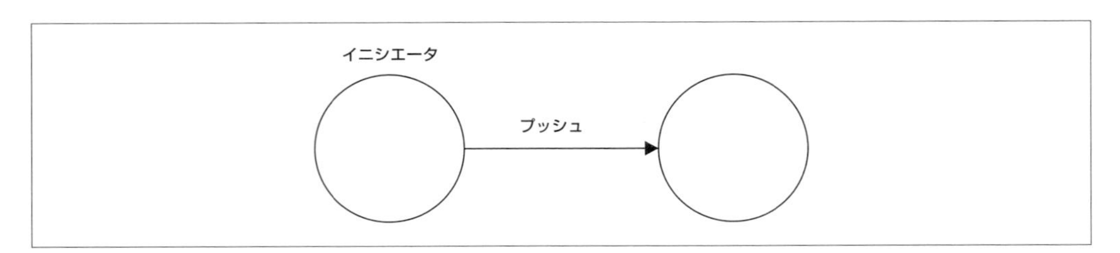

図11-1　一方向パターン

一方向通信の典型例には、メール、接続したブラウザにWebSocketでメッセージを送信するウェブサーバ、数個のワーカーにタスクを分散するシステムがあります。

しかし、リクエスト/リプライ・パターンの方が一方向通信よりもはるかに広く使われています。典型例としてはウェブサービスがあります。**図11-2**にこのシンプルでよく知られたパターンを示します。

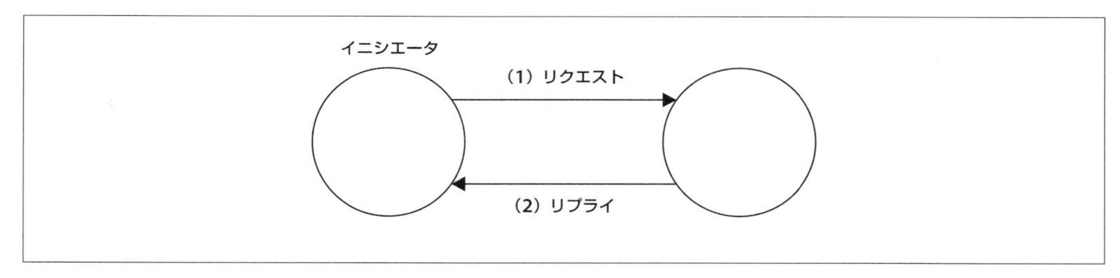

図11-2　リクエスト/リプライ・パターン

リクエスト/リプライ・パターンを実装するのは簡単なことに思えるかもしれませんが、通信が非同期であったり複数のノードを含んでいたりすると複雑になります。**図11-3**を見てください。

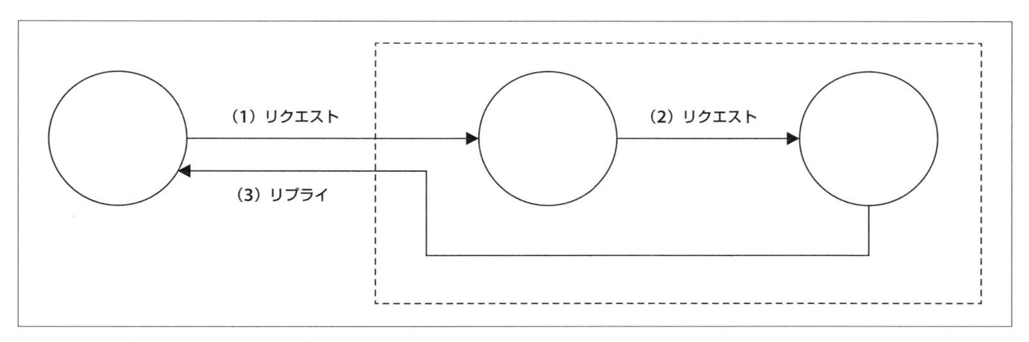

図11-3　複雑なリクエスト/リプライ・パターン

図11-3に示した構成では、一部のリクエスト/リプライ・パターンが複雑になっています。どの2ノード間をとって見ても、それらは確かに一方向通信です。しかし全体を見れば、イニシエータはリクエストを送信した後、それに対するレスポンスを（送信先とは）別のノードからですが受信します。こうした状況で、リクエスト/リプライ・パターンが素の一方向ループと実際に異なるのは、リクエストとリプライの関係であり、それがイニシエータの中では維持されています。この場合のリプライは通常、リクエストと同じコンテキストで扱われます。

11.1.2　メッセージの種類

「メッセージ」は、つまるところ異なるソフトウェアコンポーネントを接続する手段であり、それを行う理由はさまざまです。他のシステムやコンポーネントから何らかの情報を取得したい場合もあれば、遠隔で処理を実行したい場合、あるいは何かが発生したことを他のピアに通知したい場合もあるでしょう。メッセージの内容もその通信の理由によって変わります。一般にメッセージの種類はその目的によって次の3つに分けられます。

- コマンドメッセージ

- イベントメッセージ
- ドキュメントメッセージ

11.1.2.1 コマンドメッセージ

「コマンドメッセージ」は既にお馴染みのもので、実質的には6章で説明したコマンドオブジェクトをシリアル化したものです。この種類のメッセージの目的は受信側でのアクションやタスク実行のきっかけを与えることです。それができるように、このメッセージにはそのタスクの実行に不可欠な情報が含まれている必要があり、それは通常、その処理の名前と実行時に与える引数のリストです。コマンドメッセージは、「リモートプロシージャコール（RPC）」システム、分散コンピューティング、あるいはもっと単純に何らかのデータの要求の実装などに使われます。RESTful HTTP呼び出しは単純なコマンドの例です。各HTTPメソッド（動詞）は特定の意味をもち、明確な処理に結びつけられています。GETはリソースの取得、POSTは新規リソースの作成、PUTはその更新、DELETEはその破棄です。

11.1.2.2 イベントメッセージ

「イベントメッセージ」は何らかの事象の発生を他のコンポーネントに通知するために使われます。このメッセージは通常そのイベントの種類、場合によってはコンテキストやサブジェクト（関わっているアクター）などの細目も含みます。ウェブ開発では、サーバから通知（データやシステムの状態変化が発生したことの通知など）をロングポーリングやWebSocketで受け取る場合に、ブラウザ内でイベントメッセージを使っています。イベントメッセージを使う仕組みは、分散アプリケーションにおいてシステムの全ノードを整合させるために重要です。

11.1.2.3 ドキュメントメッセージ

「ドキュメントメッセージ」は主にコンポーネント間、マシン間でのデータの送信を目的としたものです。ドキュメントメッセージがコマンドメッセージ（データを含む場合もある）ともっとも異なる特徴は、このメッセージには受け手がそのデータをどう扱うべきか指示する情報が含まれないことです。他方、イベントメッセージとのいちばんの違いは、何らかの発生事象との関連付けが含まれないことです。コマンドメッセージへの応答はドキュメントメッセージであることが多く、これは通常要求されたデータまたは処理の結果しか含まないためです。

11.1.3 非同期メッセージ送信とキュー

Node.jsにおいて非同期処理が重要な役割を果たすことは既に見ましたが、メッセージ送信や通信についても非同期処理が利用されます。

同期通信は電話にたとえられます。2つのピアが同時に同じチャネルに接続する必要があり、リアルタイムでメッセージを交換します。通常、電話中の相手とは別の誰かに電話したい場合、もう1台の電話を使うか、話している通話を切って新たに通話を始める必要があります。

非同期通信はSMSに似ています。メッセージの送信時に受信者がネットワークに接続している必要はなく、応答はすぐに受信する場合もあれば不定時間後に受信する場合もあり、あるいは全く受信しない場合もあります。複数のメッセージを複数の受信者に順次送信することも、応答（ある場合）をその順序に関係なく受信することもあります。要するに、少ないリソースで並行処理がうまくできるというわけです。

非同期通信のもうひとつの重要な利点は、メッセージをいったん保管して、できるだけ早く配信することも後で配信することもできることです。これは受け手が忙しくて新しいメッセージを処理できない場合や配信を保証したい場合に便利です。メッセージシステムでは、「メッセージキュー」を使ってこれを実現できます。これは送り手と受け手の間で通信を仲介するコンポーネントで、すべてのメッセージを宛先に配信する前に保管します（**図11-4**）。

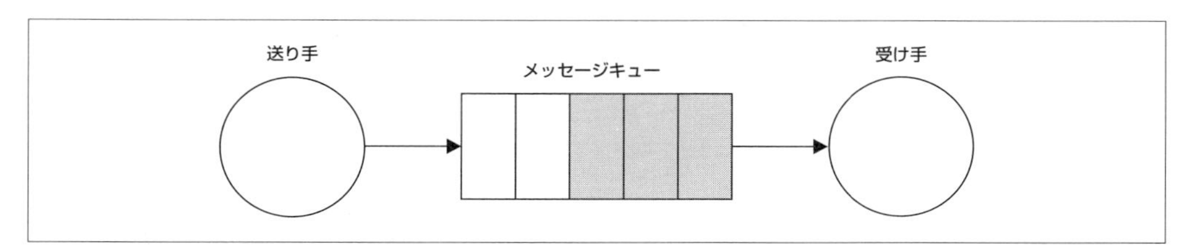

図11-4　メッセージキューの利用

何らかの理由で受け手に異常終了やネットワークからの切断、あるいは処理速度の低下が起きると、メッセージはキューに蓄積され、受け手がオンラインに復旧し完全稼働すると即時に配信されます。キューは送り手側に置くことも、送り手と受け手に分割しておくことも、さらには通信用ミドルウェアとして働く外部の専用システムにおくこともできます。

11.1.4　ピアツーピアメッセージ通信とブローカを使ったメッセージ通信

メッセージは受け手に直接配信される場合（ピアツーピア方式）と「メッセージブローカ」と呼ばれる一元化された中間システムを介して配信される場合があります。ブローカの主な役割はメッセージの受け手と送り手を分離することです。**図11-5**に2つの方式のアーキテクチャ上の違いを示します。

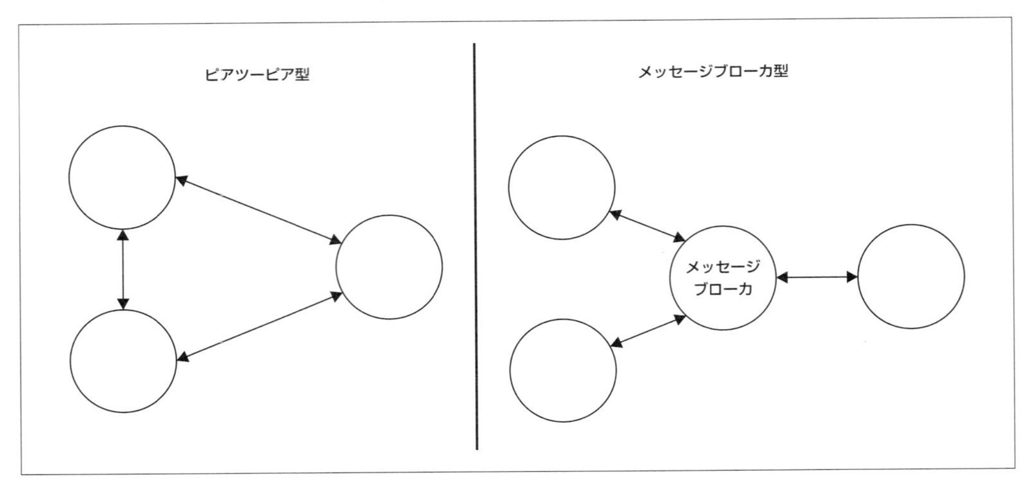

図11-5 2つの方式のアーキテクチャの違い

ピアツーピア型アーキテクチャの場合、すべてのノードがメッセージを送り手に届けることに直接責任を負います。これはノードが受け手のアドレスとポートを知っており、プロトコルとメッセージの形式について合意があるということです。ブローカはこの状況から複雑さを取り除きます。つまり、各ノードは他とは完全に独立で、不定数のピアの詳細を知ることなくそれらと通信できます。ブローカは異種通信プロトコル間のブリッジの役目を果たすこともでき、たとえば広く使われているRabbitMQ（https://www.rabbitmq.com）はAMQP（Advanced Message Queuing Protocol）、MQTT（Message Queue Telemetry Transport）、STOMP（Simple/Streaming Text Orientated Messaging Protocol）をサポートおり、異なるメッセージ通信プロトコルを使用する複数のアプリケーション間のやり取りができるようにします。

MQTT（http://mqtt.org）は軽量のメッセージプロトコルで特に機器同士の通信（IoT）向けに設計されています。AMQP（http://www.amqp.org）はそれよりも複雑なプロトコルであり、オープンソースで商用メッセージ通信ミドルウェアの代替物として設計されています。STOMP（http://stomp.github.io）はテキスト形式の軽量プロトコルです。これら3つはすべてアプリケーション層のプロトコルであり、TCP/IPに基づいています。

ブローカは分離と相互運用性を実現するうえに、多くのブローカがそのままでサポートしている幅広いメッセージ通信パターンは言うまでもなく、さらに永続的キュー、ルーティング、メッセージ変換、監視などの高度な機能を提供することもできます。もちろんピアツーピア型アーキテクチャでこれらの機能すべてを実装することもできますが、それには残念ながら多くの労力を要します。とは言うものの、ブローカを使うのを避ける他の理由が存在する場合もあります。

- 単一点の障害で全体が停止する事態を防ぐ
- ブローカは規模の変化に対応しなければならないが、ピアツーピア型アーキテクチャの場合は個別のノードを対応させるだけで済む
- 仲介なしのメッセージ交換により伝送の遅延を大幅に削減できる

ピアツーピア型メッセージ通信システムを実装する場合、特定の技術やプロトコル、アーキテクチャに縛られることがないため、遥かに大きな柔軟性とパワーも手に入れられます。メッセージ通信システム構築用の低レベルライブラリであるØMQ (http://zeromq.org) の普及は、独自のピアツーピア型またはハイブリッド型のアーキテクチャを構築することで柔軟性が得られることを見事に実証しています。

11.2 パブリッシュ/サブスクライブ(pub/sub)パターン

パブリッシュ/サブスクライブ (pub/subと略記されることも多い) は、おそらくもっとも知られた一方向メッセージ通信のパターンです。これは分散オブザーバパターンに他ならないので、お馴染みのはずです。Observerの場合と同じく、特定カテゴリのメッセージの受信を希望して登録を行ったものが「サブスクライバ (subscriber)」です。他方、「パブリッシャ (publisher)」は該当サブスクライバすべてに配信するメッセージを生成します。**図11-6**に、pub/subパターンの主な2つの型を示します。左がピアツーピア型、右が通信を仲介するブローカを使う型です。

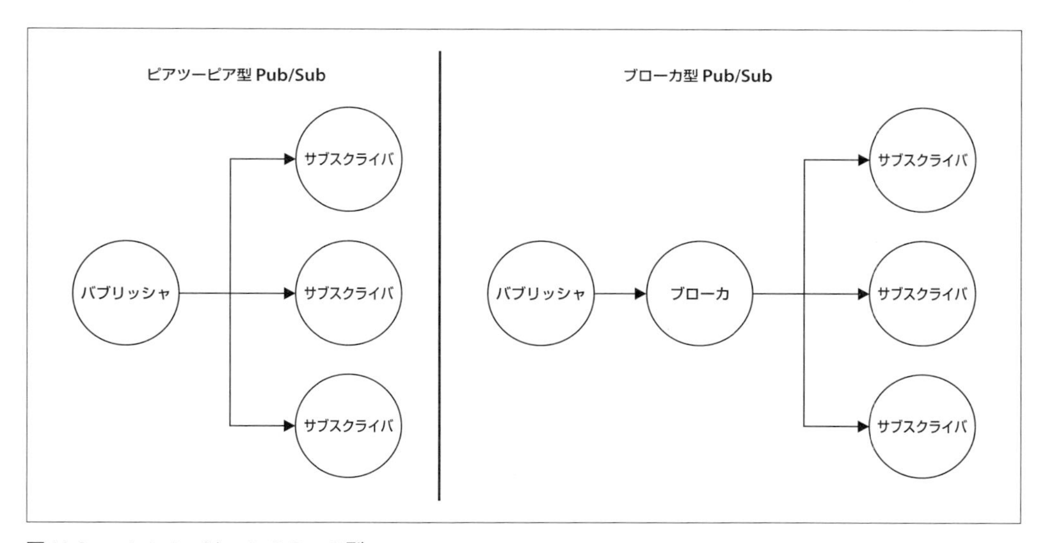

図11-6 pub/subパターンの2つの型

pub/subが特別なのは、パブリッシャがメッセージの受信者が何であるかを事前に知らないという事実です。既に見たように、特定のメッセージ受信を希望して登録する必要があるのはサブスクライバ

であり、そのためパブリッシャは不定数の受信者と連携できます。つまり、pub/subパターンにおける2者は「疎結合（loosely coupled）」しており、このことよってpub/subパターンは拡大していく分散システムのノードを統合させるのに適したものになっています。

ブローカを使うと、サブスクライバはどのノードがメッセージのパブリッシャであるかを知ることなく、やり取りする相手はブローカだけになるので、システム内のノードの分離度がさらに高まります。後で見ていくように、ブローカはメッセージキューシステムを備えることもできるため、ノード間に接続性の問題がある場合にも信頼性の高い配送を実現できます。

では、このパターンを実証する例に取り組みましょう。

11.2.1 機能最小限のリアルタイム チャットアプリケーションの作成

分散アーキテクチャを統合するうえでpub/subパターンがどう役立つかを実例で示すため、これからとても基本的なリアルタイムチャットアプリケーションをWebSocketを使って作成します。その後、複数のインスタンスを動作させ、それらが通信するようにメッセージ通信システムを使って拡張することを試みます。

11.2.1.1 サーバ側の実装

では、ひとつずつ進めていきましょう。まずチャットアプリケーションを作成します。そのためにwsパッケージ（https://npmjs.org/package/ws）を利用します。これは純粋なWebSocketのNode向け実装です。ご存知のようにNodeでリアルタイムアプリケーションを実装するのはとても簡単で、この後のコードがそれを示しています。ではチャットアプリケーションのサーバ側を作成しましょう。その内容は次のとおりです（`01_basic_chat/app.js`）。

```
const WebSocketServer = require('ws').Server;

// 静的ファイルのサーバ
const server = require('http').createServer(          // ❶
  require('ecstatic')({root: `${__dirname}/www`})
);

const wss = new WebSocketServer({server: server});  // ❷
wss.on('connection', ws => {
  console.log('Client connected');
  ws.on('message', msg => {                          // ❸
    console.log(`Message: ${msg}`);
    broadcast(msg);
  });
});

function broadcast(msg) {                            // ❹
  wss.clients.forEach(client => {
    client.serd(msg);
```

```
    });
  }

  server.listen(process.argv[2] || 8080);
```

これでおしまいです！ これだけでサーバ上にチャットアプリケーションを実装できます。これは次のように動作します。

❶ まずHTTPサーバを生成し、静的ファイルを提供する`ecstatic`（https://npmjs.org/package/ecstatic）というミドルウェアを付加する。アプリケーションのクライアント側リソース（JavaScriptとCSS）を提供するために必要

❷ WebSocketサーバのインスタンスを新規に生成して、それに生成済みのHTTPサーバを付加する。そして`connection`イベントのイベントリスナーを付加して、やってくるWebSocketコネクションのリッスンを開始する

❸ 新しいクライアントがサーバに接続するごとに送られてくるメッセージのリッスンを開始する。新しいメッセージが届くと接続しているすべてのクライアントにそれをブロードキャストする

❹ 関数`broadcast()`は接続しているすべてのクライアントについて、それぞれに`send()`を呼び出しているだけ

これがNodeの威力です。ここで実装したサーバは、もちろん最小限の基本的なものですが、まもなく目にするように実際に動作します。

11.2.1.2　クライアント側の実装

次はチャットアプケーションのクライアント側を実装する番です。こちらもとても小さくて単純なコードで、実質は基本的なJavaScriptのコードを含むだけの最小限のHTMLページです。このページを`www/index.html`というファイルに次に示す内容を記述して作成しましょう。

```
<html>
  <head>
    <script>
      var ws = new WebSocket('ws://' + window.document. location.host);
      ws.onmessage = function(message) {
        var msgDiv = document.createElement('div');
        msgDiv.innerHTML = message.data;
        document.getElementById('messages').appendChild(msgDiv);
      };

      function sendMessage() {
        var message = document.getElementById('msgBox').value;
        ws.send(message);
      } </script>
  </head>
  <body>
```

```
    Messages:
    <div id='messages'></div>
    <input type='text' placeholder='Send a message' id='msgBox'>
    <input type='button' onclick='sendMessage()' value='Send'>
  </body>
</html>
```

ごく単純明快なウェブページです。WebSocketオブジェクトを生成してNodeサーバへの接続を初期化してから、サーバからのメッセージのリッスンを開始し、メッセージが届いたらdiv要素を生成してそれを表示します。メッセージの送信にはシンプルなテキストボックスとボタンを使います。

このチャットサーバを終了させたり再起動するとWebSocketコネクションはクローズされ、（Socket.ioなどの高次なライブラリを使った場合のように）自動的に再接続することはしません。サーバの再起動後に接続を再確立するにはブラウザでページの再読み込みをする（または、ここでは説明しませんが再接続する仕組みを実装する）必要があります。

11.2.1.3 チャットアプリケーションの実行とスケーリング

このアプリケーションはすぐに実行して試すことができます。次のようなコマンドでサーバを起動します。

```
$ node app 8080
```

このデモを実行するには、ネイティブWebSocketに対応している新しいブラウザが必要になります。対応ブラウザの一覧はhttp://caniuse.com/#feat=websocketsにあります。

ブラウザでhttp://localhost:8080にアクセスすると、次のような画面が表示されるはずです（**図11-7**）。

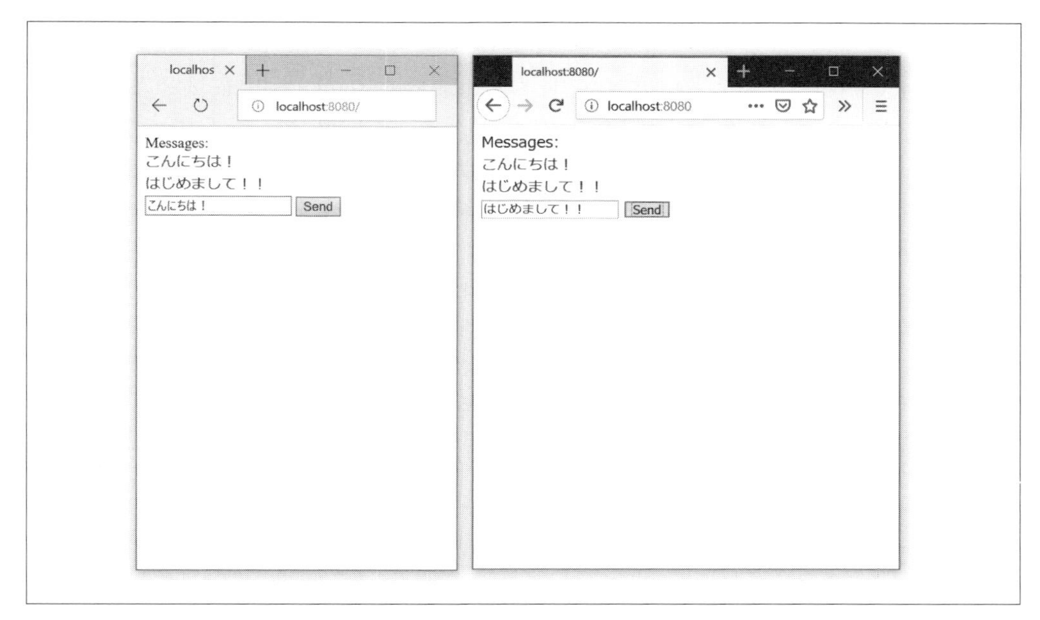

図11-7 ブラウザに表示される内容

ここで見てほしいのは、このアプリケーションをスケーリングさせるために複数のインスタンスを起動したらどうなるかということです。やってみましょう。別のポートでもうひとつのサーバを起動します。

```
$ node app 8081
```

このチャットアプリケーションのスケーリングの望ましい結果は、2つの異なるサーバに接続している2つのクライアントがチャットメッセージをやり取りできることであるはずです。残念ながら現時点の実装ではそうはなりません。このことはブラウザで別のタブを開いて`http://localhost:8081`にアクセスすれば試すことができます。

チャットメッセージをあるインスタンスに送信する場合、メッセージをローカルでブロードキャストし、そのメッセージをその特定のサーバに接続しているクライアントにだけ配信します。実際、2つのサーバがやり取りすることはありません。これらのサーバを統合させる必要があるのです。

実際のアプリケーションでは、ロードバランサを使ってインスタンス間に負荷を分散させますが、このデモではしません。こうすることで、各サーバを特定してアクセスし、他のサーバインスタンスとどのようにやり取りするかを確認できます。

11.2.2　メッセージブローカとしてのRedisの使用

もっとも重要なpub/subパターンの実装の解析には、まずRedis (http://redis.io) を導入します。これはとても高速で柔軟性のある「キーと値」対の保管庫であり、多くの人によって「データ構造サーバ(data structure server)」とも定義されています。Redisはメッセージブローカというよりもむしろデータベースなのですが、多くの機能に加えて一元化したpub/subパターンの実装を特別に目的とした一対のコマンドを備えています。

高度なメッセージ指向ミドルウェアに比べると、これは確かにごく単純で基本的なものですが、そのこと自体が広く使われている主な理由のひとつです。事実、Redisはキャッシュサーバやセッション保管庫などとして既存のインフラの中に既に組み込まれています。その速度と柔軟性から、Redisは分散システムでデータを共有するための選択肢としてとても人気があります。ですからプロジェクトでパブリッシュ/サブスクライブ型ブローカが必要になったら、もっとも単純で手っ取り早い選択肢は、Redis自体を再利用し、専用メッセージブローカのインストールと保守を不要にすることです。その単純さと威力を実証する例に取りかかりましょう。

この例では、Redisがインストールされていてデフォルトポートをリッスンしている必要があります。詳しくはhttp://redis.io/topics/quickstartを参照してください。

ここでの方針は、Redisをメッセージブローカとして使ってチャットサーバ群を統合することです。各インスタンスはクライアントから受信したメッセージをすべてブローカにパブリッシュし、加えて他のサーバインスタンスからのメッセージすべてを受信するように登録します。このアーキテクチャの各サーバはサブスクライバであると同時にパブリッシャです。**図11-8**にこのアーキテクチャを示します。

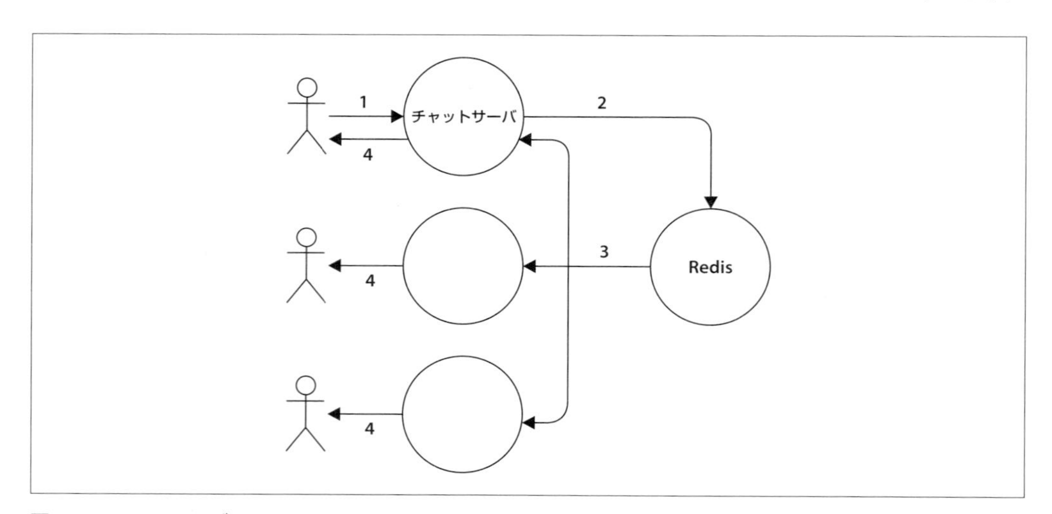

図11-8　メッセージブローカとしてのRedisの使用

図11-8を見ると、メッセージの辿る道筋を次のようにまとめることができます。

1. メッセージがウェブページのテキストボックスに入力され、接続先チャットサーバのインスタンスに送信される
2. 次にメッセージはブローカにパブリッシュされる
3. ブローカがメッセージをすべてのサブスクライバに配信する(このアーキテキチャにおけるサブスクライバはすべてチャットサーバのインスタンス)
4. 各インスタンスでは、接続しているすべてのクライアントにメッセージが配信される

Redisでは、`chat.nodejs`などの文字列で識別するチャネルに対して、パブリッシュとサブスクライブができます。登録の指定には複数のチャネルに一致する`chat.*`のようなワイルドカード型のパターンを使うこともできます。

これが実際にどのように動作するか見ましょう。サーバのコードにパブリッシュ/サブスクライブの処理を追加します(`02_chat_redis`)。

```
const WebSocketServer = require('ws').Server;
const redis = require("redis");                         // ❶
const redisSub = redis.createClient();
const redisPub = redis.createClient();

// 静的ファイルのサーバ
const server = require('http').createServer(
  require('ecstatic')({root: `${__dirname}/www`})
);

const wss = new WebSocketServer({server: server});
wss.on('connection', ws => {
  console.log('Client connected');
  ws.on('message', msg => {
    console.log(`Message: ${msg}`);
    redisPub.publish('chat_messages', msg);             // ❷
  });
});

redisSub.subscribe('chat_messages');                    // ❸
redisSub.on('message', (channel, msg) => {
  wss.clients.forEach((client) => {
    client.send(msg);
  });
});

server.listen(process.argv[2] || 8080);
```

上のコードで、もともとのチャットサーバに加えた変更は太字部分です。これは次のように動作し

ます。

❶ このNodeアプリケーションをRedisサーバに接続するには、`redis`パッケージ（https://npmjs.org/package/redis）を使う。これはRedisのコマンドすべてをサポートしている完全なクライアント。次に、2つの異なる接続、ひとつはチャネルへのサブスクライブに使うものと、もうひとつはメッセージをパブリッシュするためのものをインスタンス化する。Redisの場合にこれが必要なのは、接続がいったん「サブスクライバモード」に入るとサブスクリプション関連のコマンドしか使えなくなるため。このため、メッセージをパブリッシュするためにもうひとつの接続が必要

❷ 接続しているクライアントから新しいメッセージを受信すると、`chat_messages`チャネルにメッセージをパブリッシュする。クライアントに直接ブロードキャストすることはしない。これは（この後見るように）我々のサーバは同じチャネルに対してサブスクライブされていてメッセージはRedisを経由して戻ってくるため。この例の範囲では、これは単純で効果的な仕組みとなっている

❸ 上で説明したように我々のサーバは`chat_messages`チャネルにサブスクライブする必要もあるため、そのチャネルへ（そのサーバまたは他のチャットサーバのいずれか）によってパブリッシュされたすべてのメッセージを受信するリスナーを登録する。メッセージを受信すると、現在のWebSocketサーバに接続しているクライアントすべてに対して単にブロードキャストする

起動するすべてのチャットサーバを統合するための変更は上に示したほんの僅かで済みます。これを実証するには、このアプリケーションのインスタンスを複数起動する方法があります。

```
$ node app 8080
$ node app 8081
$ node app 8082
```

これで、ブラウザの各タブをそれぞれのインスタンスに接続し、ひとつのサーバに送信したメッセージが別々のサーバに接続した他のクライアントすべてで正しく受信することを確認できます。おめでとうございます！ pub/subパターンを使って分散リアルタイムアプリケーションを統合できました。

11.2.3　ØMQを使ったピアツーピア型パブリッシュ/サブスクライブ

ブローカを使うことによってメッセージ通信システムのアーキテクチャを大幅に単純化できます。しかし、それが最適な解決法にならない状況もあります。たとえば、遅延が重要な問題であったり、複雑な分散システムを拡張する場合や、障害を引き起こす単一点を許容できない場合などです。

11.2.3.1　ØMQの紹介

ピアツーピア型メッセージ交換に関してうまく行かないことが生じたら、最良の解決策はØMQ（http://zeromq.org。またの名をzmq、ZeroMQ、0MQ）は評価に値することは間違いありません。

ØMQについては既に触れましたが、多彩なメッセージ通信パターンを実装するための基本的な手段を提供するネットワーク処理ライブラリです。低レベルで非常に高速であり、最小限主義的なAPIをもっていますが、アトムメッセージ、負荷分散、キュー、その他などメッセージ通信システムの基本的な構成要素をすべて提供しています。プロセス内チャネル（inproc://）、プロセス間通信（ipc://）、PGMプロトコル（pgm://またはepgm://）を使ったマルチキャスト、そしてもちろん古典的なTCP（tcp://）など多種類の伝送をサポートしています。

ØMQの機能の中には、まさに我々の例で必要となるpub/subパターンを実装するための手段もあります。そこで、これから行うのは、我々のチャットアプリケーションのアーキテクチャからブローカ（Redis）を取り除いて、各ノードがピアツーピア型で通信するようにし、ØMQの「パブリッシュ/サブスクライブ」ソケットを活用することです。

ØMQソケットはネットワークソケットの増強版とみなすことができ、ほとんどの一般的なメッセージ通信パターンの実装に役立つ抽象化実装が追加されています。たとえば、パブリッシュ/サブスクライブやリクエスト/リプライ、一方向通信などの実装を目的としたソケットがあります。

11.2.3.2　チャットサーバ用ピアツーピア型アーキテクチャの設計

我々のアーキテクチャからブローカを取り除くと、チャットアプリケーションの各インスタンスは他のインスタンスがパブリッシュするメッセージを受け取るためにそれら他のインスタンスと直接接続する必要があります。ØMQでは、この目的のために特別に設計された2種類のソケットPUBとSUBがあります。典型的なパターンは、PUBソケットを別のSUBソケットからやってくるサブスクリプションのリッスンを開始するポートにバインドするものです。

サブスクリプションには、どのメッセージをそのSUBソケットに届けるかを指定する「フィルタ」を設定できます。このフィルタは単純な「バイナリバッファ」で（したがって文字列も使える）、メッセージ（これもバイナリバッファ）の先頭部分と照合されます。PUBソケットからメッセージが送信されると、サブスクリプションフィルタを通過したものだけが、接続しているすべてのSUBソケットにブロードキャストされます。フィルタは接続しているプロトコル（TCPなど）が使われている場合にだけパブリッシャ側に適用されます。

図11-9に我々の分散チャットサーバアーキテクチャ（簡単のため、インスタンスは2つのみ）に適用するパターンを示します。

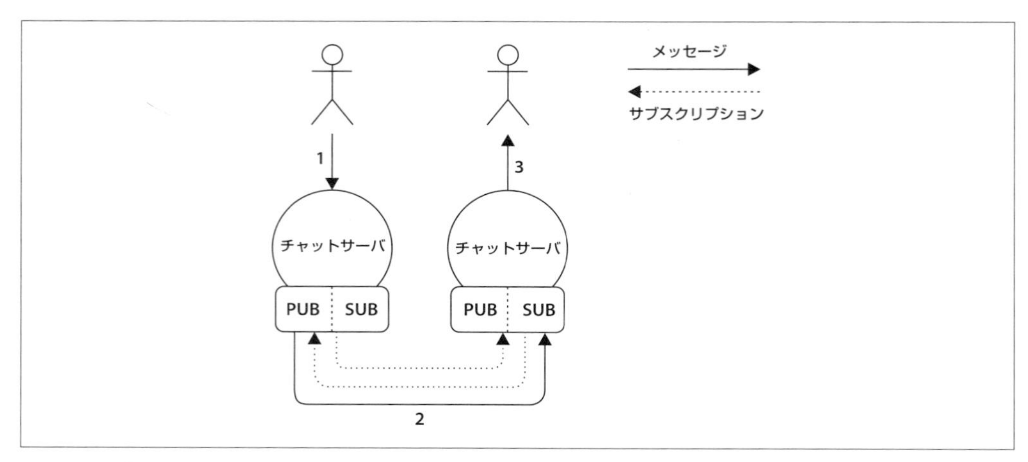

図11-9 分散チャットサーバアーキテクチャに適用するパターン

図11-9は、チャットアプリケーションのインスタンスが2つの場合の情報の流れを示していますが、インスタンスがN個の場合でも同じ考え方ができます。このアーキテクチャは、必要なすべての接続を確立できるように各ノードがシステム内の他のノードを認識している必要があることを示しています。また、サブスクリプションがSUBソケットからPUBソケットへ行くのに対して、メッセージは反対方向に流れることも示しています。

この節の例を実行するにはØMQのネイティブバイナリをインストールする必要があります。詳しくはhttp://zeromq.org/intro:get-the-softwareを参照してください（この例はØMQの4.0ブランチでテストしました）。

11.2.3.3 ØMQのPUB/SUBソケットの使用

実際の動作をチャットサーバを変更して確認してみましょう（リストは変更部分のみ。03_chat_zmq）。

```
// ...
const args = require('minimist')(process.argv.slice(2));    // ❶
const zmq = require('zmq');

const pubSocket = zmq.socket('pub');                         // ❷
pubSocket.bind(`tcp://127.0.0.1:${args['pub']}`);

const subSocket = zmq.socket('sub');                         // ❸
const subPorts = [].concat(args['sub']);
subPorts.forEach(p => {
  console.log(`Subscribing to ${p}`);
  subSocket.connect(`tcp://127.0.0.1:${p}`);
```

```
});
subSocket.subscribe('chat');

// ...
ws.on('message', msg => {                              // ❹
  console.log(`Message: ${msg}`);
  broadcast(msg);
  pubSocket.send(`chat ${msg}`);
});
// ...

subSocket.on('message', msg => {                       // ❺
  console.log(`From other server: ${msg}`);
  broadcast(msg.toString().split(' ')[1]);
});

// ...
server.listen(args['http'] || 8080);
```

上のコードを見ると、このアプリケーションのコードは少々複雑になっています。しかし分散ピアツーピア型pub/subパターンの実装ということを考えれば、それでも単純明快なものです。各部がどのように動作するのかを見ていきましょう。

❶ zmqパッケージ(https://npmjs.org/package/zmq)をrequireする。これは実質、ØMQネイティブライブラリのNodeバインディング。さらにminimist(https://npmjs.org/package/minimist)もrequireする。これはコマンド行引数の解析(パーサ)ツールであり、名前付き引数を簡単に扱うために必要

❷ すぐにPUBソケットを生成し、コマンド行引数--pubで指定されたポートにバインドする

❸ SUBソケットを生成して、それをチャットアプリケーションの他のインスタンスのPUBソケットに接続する。接続先PUBソケットのポートはコマンド行引数の--subで指定する(複数指定可)。そしてフィルタにchatを指定して実際のサブスクリプションを生成する。これで、chatで始まるメッセージのみを受信することになる

❹ 新しいメッセージをWebSocketで受信すると、接続しているすべてのクライアントにそれをブロードキャストするとともにPUBソケットを通じてパブリッシュする。プレフィックスのchatと空白1文字を付加することで、メッセージはchatをフィルタとして使うすべてのサブスクリプションにパブリッシュされる

❺ SUBソケットに届くメッセージのリッスンを開始し、メッセージからプレフィックスchatを除去する簡単な字句解析を行ってから、それを現在のWebSocketサーバに接続しているすべてのクライアントにブロードキャストする

これで、ピアツーピア型pub/subパターンを使って結合した単純な分散システムが出来上がりました。

それでは起動しましょう。次のようにPUBソケットとSUBソケットが正しく接続するようにして、チャットアプリケーションのインスタンスを3つ起動します。

```
$ node app --http 8080 --pub 5000 --sub 5001 --sub 5002
$ node app --http 8081 --pub 5001 --sub 5000 --sub 5002
$ node app --http 8082 --pub 5002 --sub 5000 --sub 5001
```

最初のコマンドは、HTTPサーバがポート8080をリッスンし、PUBソケットをポート5000に、SUBソケットをポート5001と5002に接続するようにしてインスタンスを起動します。これは、他の2つのインスタンスのPUBソケットがこれらのポートをリッスンすることを想定しています。残りの2つのコマンドも同様です。

さて最初にわかることは、PUBソケットに対応するポートが使用可能でなくてもØMQがエラーを出さないことです。たとえば、1番目のコマンドの時点では、ポート5001と5002をリッスンしているものはありません。それでもØMQは何のエラーも出しません。それは一定期間ごとにこれらのポートへの接続を試みる再接続の仕組みがØMQにあるためです。この機能は、いずれかのノードがダウンや再起動をした場合に特に便利です。同じく「寛大な」処理がPUBソケットに適用されています。つまり、サブスクリプションがない場合には、単にすべてのメッセージを破棄しますが、そのまま動作を続けます。

この時点で、起動したサーバのどれにでもブラウザでアクセスして、メッセージがすべてのチャットサーバに正しくブロードキャストされることを確認できます。

上の例では、インスタンスの数とアドレスが前もってわかっている静的なアーキテクチャを想定しました。動的にインスタンスに接続するには、前の章で説明したようにサービスレジストリを導入する方法があります。ØMQに関してもうひとつ重要なことは、ここで実証したのと同じ基本部品を使ってブローカも実装できることです。

11.2.4 永続サブスクライバ

メッセージ通信システムにおいて重要な概念のひとつは「メッセージキュー（MQ）」です。メッセージキューを使えば送り先が受け取るまでキューシステムがメッセージを保管してくれるので、通信を行うためにメッセージの送り手と受け手（複数可）が必ずしも同時点で動作し、接続している必要はありません。この挙動は、サブスクライバがメッセージ通信システムに接続している間のメッセージしか受け取れない「設定すれば忘れてよい（set and forget）」というパラダイムの反対のものです。

リッスンしていないときに送られたものを含めて必ずすべてのメッセージを受信できるサブスクライバは「永続サブスクライバ」と呼ばれます。

MQTTプロトコルでは送り手と受け手の間のメッセージ交換に関する「サービスの質(quality of service:QoS)」のレベルを定義しています。それらのレベルは(MQTTだけでなく)他のどのようなメッセージ通信システムの信頼性を説明するうえでも役に立ち、次のものがあります。

QoS0(最多で1回)

「設定すれば忘れてよい(set and forget)」とも呼ばれます。メッセージは保管されず、配信の確認はありません。これは受け手の障害や接続切断の場合にはメッセージが失われる場合があるということです。

QoS1(最低1回)

受け手がメッセージを最低1回受け取ることが保証されていますが、たとえば送り手に通知する前に受け手に障害が発生した場合でも再送はされません。これは再送が必要な場合に備えてメッセージを保管しておく必要があるということです。

QoS2(確実に1回)

もっとも信頼性の高いQoS。メッセージが必ず1回、そして1回だけ受け取られることを保証します。その代わり、メッセージ配信確認のため、時間がかかり大量のデータを扱う仕組みが必要になります。

MQTTの仕様について詳しくはhttp://public.dhe.ibm.com/software/dw/webservices/ws-mqtt/mqtt-v3r1.html#qos-flowsを参照してください。

前述のとおり、我々のシステムで永続サブスクライバを実現するには、サブスクライバが接続していない間メッセージを蓄積しておくためにメッセージキューを使う必要があります。このキューは、ブローカが再起動したり障害を起こした場合でもメッセージを復元できるようにメモリ内に格納しておくかディスク上に維持しておきます。**図11-10**にメッセージキューによって永続サブスクライバを実現した場合を示します。

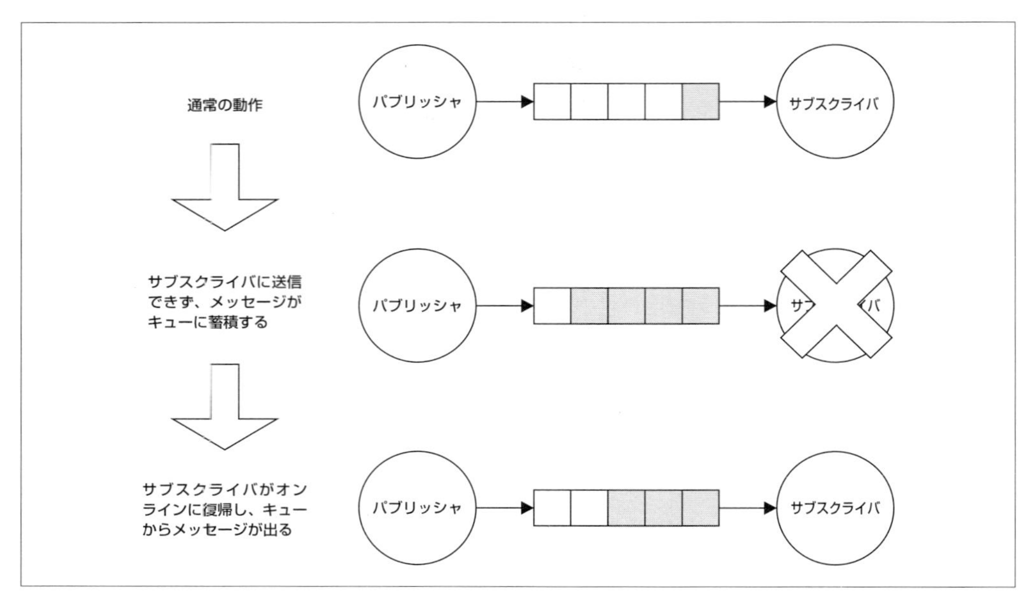

図11-10 メッセージキューによる永続サブスクライバの実現

永続サブスクライバはメッセージキューによって実現できるおそらくもっとも重要なパターンですが、この後で説明するように、唯一のものというわけではありません。

Redisのpublish/subscribeコマンドは「設定して忘れる」の仕組み（QoS0）を実現します。しかしRedisでは（直接的にpublish/subscribeの実装に頼ることなく）他のコマンドの組み合わせによって永続サブスクライバを実装することもできます。その手法は次のブログ記事で説明されています。

http://davidmarquis.wordpress.com/2013/01/03/reliable-delivery-message-queues-with-redis
http://www.ericjperry.com/redis-message-queue

ØMQは永続サブスクライバをサポートするパターンもいくつか定義していますが、それを実装するにはほとんど自分の手でしなければなりません。

11.2.4.1 AMQPの紹介

メッセージキューは通常、メッセージを失うわけにはいかない場合に使います。これには銀行業務や財務のシステムなど基幹業務アプリケーションがあります。つまり、通常、一般的な企業レベルのメッセージキューはとても複雑なソフトウェアであり、異常が発生した場合でもメッセージの送達を保証するための万全のプロトコルと永続性記憶を使用する必要があるのです。このため、企業向けメッセージ通信ミドルウェアは何年もの間、OracleやIBMなどの巨人の特権であり、通常それぞれが占有する独自のプロトコルを実装し、顧客を固定化していました。幸いなことにAMQP、STOMP、MQTTなどのオープンなプロトコルによりメッセージ通信システムが主流になって数年が経ちました。メッセージキューシステムの動作を理解するため、これからAMQPの概要を説明します。これはこのプロトコルに基づいた一般的なAPIの使い方を理解するための土台になります。

AMQPは、多くのメッセージキューシステムが対応しているオープンなプロトコルです。一般的な通信プロトコルを規定するだけでなく、ルーティング、フィルタリング、キューイング、信頼性、セキュリティを記述するためのモデルも提供しています。AMQPには不可欠なコンポーネントが3つあります。

- **キュー** — クライアントが消費するメッセージを保管する役割を果たすデータ構造。キュー内のメッセージは、ひとつ以上のコンシューマ(チャットアプリケーション)にプッシュ(またはプル)される。複数のコンシューマが同じキューにアタッチされている場合、メッセージはそれらの間で負荷分散される。キューは次のうちのひとつになる
  - **永続キュー** — ブローカが再起動した場合に自動的に再現されるキュー。永続キューであるからといって、そのコンテンツも保存されるというわけではない。実際、永続的と印を付けられたメッセージだけがディスクに保存され、再起動した場合に復元される
  - **排他的キュー** — 特定のひとつのサブスクライバの接続にバインドされるキュー。接続が切断されるとキューは破棄される
  - **自動削除キュー** — すべてのサブスクライバの接続が切断された時点でキューが削除される
- **交換器(exchange)** — メッセージがパブリッシュされる場所。交換器は実装されているアルゴリズムにしたがってメッセージをひとつ以上のキューに配信する
  - **直接交換器** — ルーティングキー全体(たとえば`chat.msg`)と照合することによりメッセージを配送する
  - **トピック交換器** — ルーティングキーと照合するワイルドカードを含む文字列パターンを使ってメッセージを分散する(たとえば、`chat.#`は`chat`で始まるすべてのルーティングキーに一致)
  - **ファンアウト交換器** — 与えられたルーティングキーを無視して、接続している全てのキューにメッセージをブロードキャストする
- **バインディング** — 交換器とキューの間のリンク。これは交換器から届いたメッセージのフィルタリングに使うルーティングキー(文字列パターン)も定義する

これらのコンポーネントはブローカが管理し、ブローカはこれらの生成と操作を行うためのAPIを公開します。ブローカに接続する場合、クライアントはブローカとの通信の状態を維持する役割を果たすチャネル(接続を抽象化したもの)を生成します。

AMQPでは、「永続サブスクライバ」パターンは排他的キューと自動削除キュー以外であればどのタイプのキューでも生成することで実現できます。

図11-11にこれらすべてのコンポーネントからなる全体構成を示します。

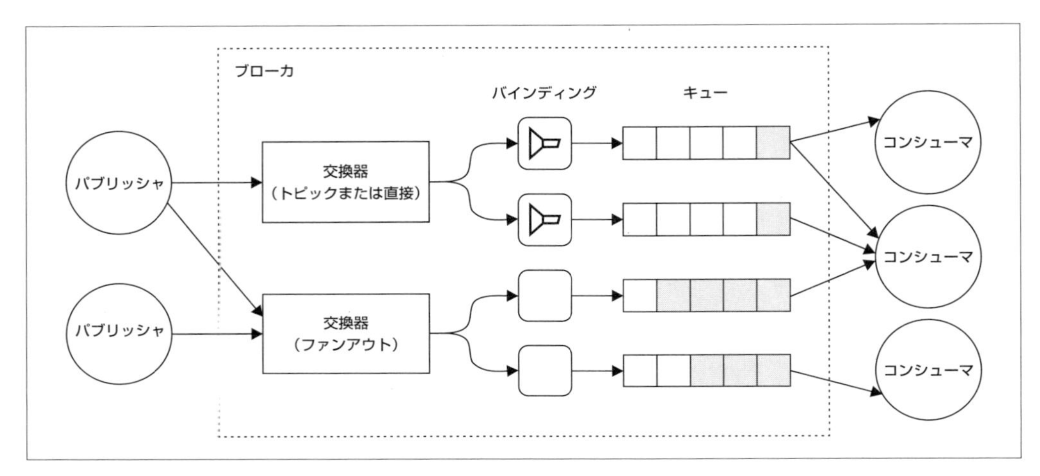

図11-11　全体の構成

AMQPモデルは、これまでに使ったメッセージ通信システム（RedisおよびØMQ）より遥かに複雑ですが、原始的な「パブリッシュ／サブスクライブ」の仕組みだけを使っていたのでは得ることが困難な機能セットと信頼性を提供してくれます。

AMQPモデルの詳しい紹介はRabbitMQのページにあります — https://www.rabbitmq.com/tutorials/amqp-concepts.html

11.2.4.2　AMQPとRabbitMQを使った「永続サブスクライバ」

それでは、永続サブスクライバとAMQPについて知ったことを使って小さな例を作りましょう。メッセージを失わないことが重要になる典型的な状況といえば、マイクロサービスアーキテクチャの各サービスを整合させておきたい場合です。この統合パターンは前の章で登場しました。すべてのサービスを整合させておくためにブローカを使う場合、いかなる情報をも失わないことが重要です。そうしないと不整合状態に陥ってしまう恐れがあります。

チャットアプリケーション向け履歴サービスの設計

では、マイクロサービス手法を使って我々の小さなチャットアプリケーションを拡張しましょう。チャットメッセージをデータベースに保管する履歴サービスを追加し、クライアントの接続時にサービスに照会してチャット履歴すべてを取り出せるようにします。RabbitMQブローカ(https://www.rabbitmq.com)とAMQPを使って、履歴サービスをチャットサーバに結合します。

図11-12にそのためのアーキテクチャを示します。

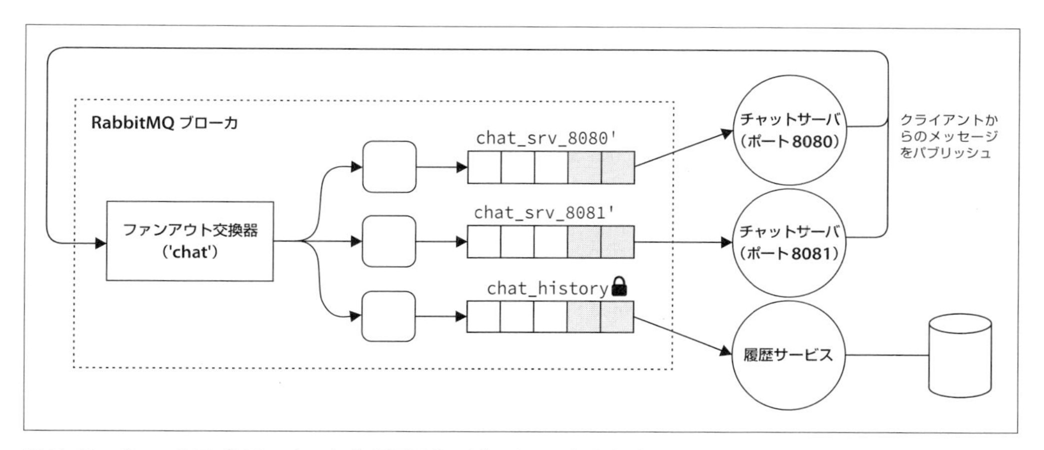

図11-12 チャットアプリケーション向け履歴サービスのアーキテクチャ

上のアーキテクチャが示すように、単一のファンアウト交換器を使います。特定のルーティングは必要ないので、この条件ではこれより複雑な交換器は不要です。次に、チャットサーバのインスタンスごとにキューをひとつ生成します。これらのキューは排他的です。チャットサーバがオフラインになったときに受け取れなかったメッセージを受け取る必要はなく、それは履歴サービスの仕事です。履歴サービスでは保管しているメッセージに対するさらに複雑な照会をすることもできます。実際、これはこのチャットサーバが永続サブスクライバではなく、そのキューは接続が切断されるとすぐに破棄されるということです。

反対に、履歴サービスはいかなるメッセージも失うわけにはいきません。そうでなければ、それ自体の目的を達成できません。履歴サービスが切断されている間にパブリッシュされたすべてのメッセージをキュー内に保持し、オンラインに復帰したときに配信するため、生成するキューは永続的でなくてはならないのです。

履歴サービスの記憶エンジンにはお馴染みのLevelUPを使い、RabbitMQにAMQPプロトコルで接続するために`amqplib`パッケージ(https://npmjs.org/package/amqplib)を使います。

次の例ではRabbitMQサーバが動作して、そのデフォルトポートをリッスンしている必要があります。詳しくはhttp://www.rabbitmq.com/download.htmlを参照してください。

AMQPを使った信頼性のある履歴サービスの実装

では履歴サービスを実装しましょう。単体のアプリケーション（典型的マイクロサービス）をhistorySvc.jsというモジュールに実装します。このモジュールは、チャット履歴をクライアントに提供するHTTPサーバと、チャットメッセージを捕捉してローカルデータベースに保管する役割を果たすAMQPコンシューマという2つの部分で構成します。

実際のコードを見ていきましょう（04_durable_sub）。

```
const level = require('level');
const timestamp = require('monotonic-timestamp');
const JSONStream = require('JSONStream');
const amqp = require('amqplib');
const db = level('./msgHistory');

require('http').createServer((req, res) => {
  res.writeHead(200);
  db.createValueStream()
    .pipe(JSONStream.stringify())
    .pipe(res);
}).listen(8090);

let channel, queue;
amqp
  .connect('amqp://localhost')                          // ❶
  .then(conn => conn.createChannel())
  .then(ch => {
    channel = ch;
    return channel.assertExchange('chat', 'fanout');    // ❷
  })
  .then(() => channel.assertQueue('chat_history'))      // ❸
  .then((q) => {
    queue = q.queue;
    return channel.bindQueue(queue, 'chat');            // ❹
  })
  .then(() => {

  return channel.consume(queue, msg => {                // ❺
    const content = msg.content.toString();
    console.log(`Saving message: ${content}`);
    db.put(timestamp(), content, err => {
      if (!err) channel.ack(msg);
    });
```

```
    });
  })
  .catch(err => console.log(err));
```

一見してわかるのは、AMQPを使うために少々準備が必要なことです。これはモデルの全コンポーネントの生成と接続のためです。amqplibがデフォルトでPromiseをサポートしていることも注目すべき点であり、これを縦横に使ってこのアプリケーションの非同期処理部分を簡潔に記述しました。動作を詳しく見ていきましょう。

❶ まずAMQPブローカ(この例ではRabbitMQ)との接続を確立し、チャネルを生成する。これは通信の状態を保持するセッションのようなもの

❷ chatという名前で交換器をセットアップする。既に見たように、これはファンアウト交換器である。assertExchange()コマンドはブローカ上に交換器があることを確認し、なければ生成する

❸ chat_historyという名前でキューも生成する。キューはデフォルトで永続キューとなる。exclusive(排他キュー)やauto-delete(自動削除)ではなく、永続サブスクライバをサポートするためにオプションの指定は不要

❹ このキューを先に生成した交換器にバインドする。このときルーティングのキーやパターンなどオプションは一切不要。これは交換器がファンアウト型であるためで、フィルタリングは行わない

❺ 最後に、生成したキューに届くメッセージのリッスンを開始する。受け取ったメッセージをすべてモノトニックタイムスタンプをキーとしてLevelDBデータベースに保存する(https://npmjs.org/package/monotonic-timestamp)。これはメッセージを日付でソートしておくため。すべてのメッセージについて、データベースへの保存が正常に行われた時点で初めてchannel.ack(msg)を使って受信確認を行っていることも重要。ブローカがACK(受信確認)を受信していない場合、メッセージは再送信のためキューに残される。この点もこのチャットアプリケーションの信頼性を一段階高めてくれるAMQPの優れた機能。受信確認を特に送信する必要がない場合は、channel.consume()にオプション{noAck:true}を渡す

チャットアプリケーションとAMQPの結合

AMQPを使って複数のチャットサーバを結合するには、履歴サービスの実装で行ったのとよく似た準備が必要ですが、ここで詳細は繰り返しません。しかしキューの生成と新しいメッセージを交換器へパブリッシュする方法には注目すべき点があります。新しいファイルapp.jsの該当部分は次のとおりです。

```
// ...
  .then(() => {
```

```
      return channel.assertQueue(`chat_srv_${httpPort}`, {exclusive: true});
    })
    // ...
    ws.on('message', msg => {
      console.log(`Message: ${msg}`);
      channel.publish('chat', '', new Buffer(msg));
    });
  // ...
```

既に見たように、このチャットサーバは永続サブスクライバである必要はなく「設定して忘れる」パラダイムで十分です。したがってキュー生成時にオプション{exclusive:true}を渡して、そのキューの対象を現在の接続に限り、チャットサーバが終了するとすぐに破棄することを指示します。

新しいメッセージのパブリッシュもとても簡単です。単に対象とする交換器（chat）とルーティングキーを指定するだけでよいのです。今回はファンアウト交換器を使うため、ルーティングキーは空（''）です。

これで改良したアーキテクチャを試すことができます。それにはチャットサーバ2つと履歴サービスを起動します。

```
$ node app 8080
$ node app 8081
$ node historySvc
```

では、ダウン時にこのシステム、特に履歴サービスがどうなるかに注目してください。履歴サーバを停止させて、チャットアプリケーションのウェブUIを使ってメッセージの送信を続けます。履歴サーバが再起動すると、受信しなかったメッセージすべて即座に受信します。永続サブスクライバパターンの機能のしかたを見事に実証できました。

マイクロサービスの手法によってこのシステムがコンポーネントのひとつ（履歴サービス）を欠いても動作を継続できるところを確認できるのは楽しいものです。一時的に機能が落ちても（チャット履歴が見られない）、実時間でチャットメッセージを交換できます。

11.3　パイプラインとタスク分散パターン

9章で負荷の高いタスクを複数のローカルプロセスに委譲する方法を説明しました。これは効果的な手法でしたが、単一のマシンを超えて拡張することはできません。この節では、ネットワークの任意の場所でリモートワーカーを使って分散アーキテクチャの中で似たパターンを使える方法を見ていきます。

目的はタスクを複数のマシンに展開できるメッセージ通信パターンの実現です。タスクとしては処理の個々の塊であっても、より大きなタスクを「分割統治（divide and conquer）」によって分けたものでもかまいません。

図11-13に示す論理アーキテクチャを見ると、お馴染みのパターンに気が付くはずです。

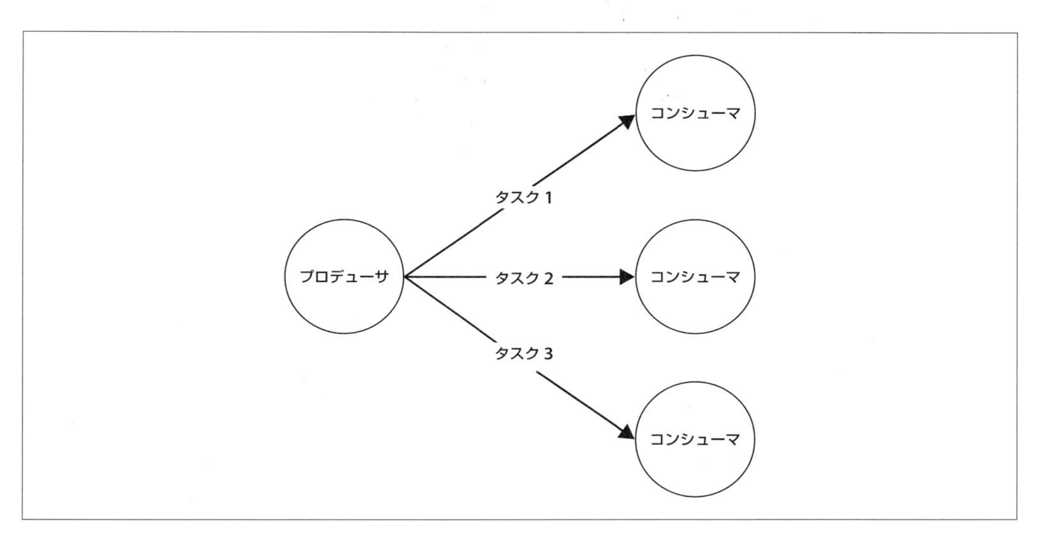

図11-13　論理アーキテクチャ

図11-13からわかるように、ひとつのタスクを複数のワーカーが受け取ることが目的ではないので、pub/subパターンはこの種のアプリケーションには適しません。代わりに必要なのは、各メッセージ別々のコンシューマ（この場合、ワーカーとも呼ばれる）にディスパッチする、ロードバランサに似たメッセージ分散パターンです。メッセージ通信システムの用語で、このパターンは「競合コンシューマ」「ファンアウト配信」「ベンチレータ」などと呼ばれます。

前の章で見たHTTPロードバランサとの重要な違いは、この場合にはコンシューマがさらにアクティブな役割をもっていることです。実際、後でわかるようにほとんどの場合、コンシューマに接続するのはプロデューサではなく、コンシューマ自身が新しい仕事を受け取るためにタスクプロデューサまたはタスクキューに接続します。これは、プロデューサを変更したりサービスレジストリを採用することなくワーカーの数を増やせるため、拡張可能なシステムの大きな利点です。

また、メッセージ通信システムでは、プロデューサとワーカーの間で必ずしも「リクエスト／リプライ」通信をするわけではありません。ほとんどの場合、それよりも一方向非同期通信の方が並列性とスケーラビリティが得られるため好まれます。そうしたアーキテクチャでは、メッセージを常に一方向に流すようにして、**図11-14**のようなパイプラインを構成することができます。

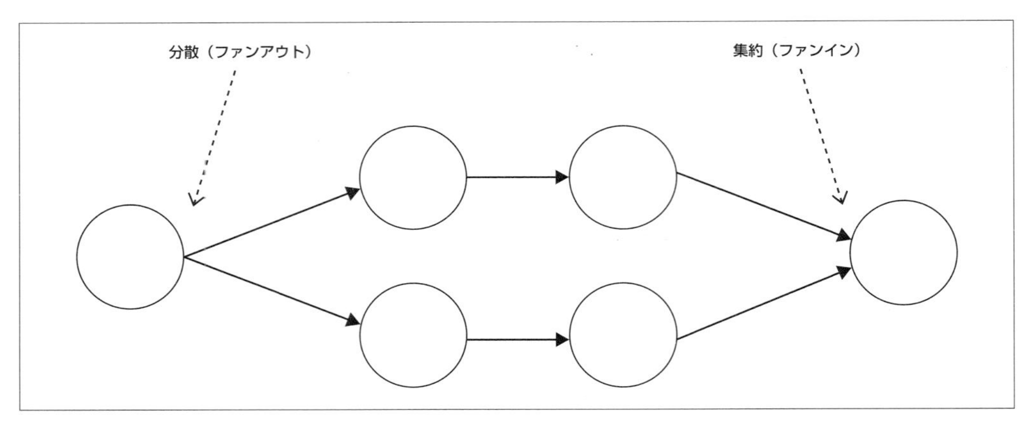

図11-14　パイプラインの構成

パイプラインによって複雑な処理アーキテクチャを同期的「リクエスト/リプライ」通信の負担なく構築でき、多くの場合、遅延が小さくしスループットが高くなります。**図11-14**では、メッセージが複数のワーカーに分散し（ファンアウト）、他の処理ユニットへ転送されてから通常「シンク」と呼ばれる単一のノードに集合する様子がわかります。

この節では、この種のアーキテクチャの構成要素に焦点を合わせ、もっとも重要なバリエーションである、ピアツーピア型とブローカ型を分析します。

パイプラインをタスク分散パターンと組み合わせたものは「並列パイプライン」とも呼ばれます。

11.3.1　ØMQのファンアウト/ファンイン・パターン

ピアツーピア型分散アーキテクチャを構成するためのØMQのいくつか機能は既に見てきました。前の節では、PUBソケットとSUBソケットを使って単一のメッセージを複数のコンシューマに届けました。今度は、PUSHおよびPULLと呼ばれるもう一対のソケットを使って並列パイプラインを構築する方法を見ます。

11.3.1.1　PUSH/PULLソケット

直観的に言えば、PUSHソケットはメッセージの「送信」用、PULLソケットは「受信」用に作られています。これは自明の組み合わせに思えるかもしれませんが、これらには一方向通信システムの構築に最適な次のような特徴があります。

- どちらのソケットも「接続」モードまたは「バインド」モードで動作できる。言い換えると、PUSH

ソケットを生成し、それをPULLソケットからの接続をリッスンするローカルポートにバインドすることや、その逆にPULLソケットでPUSHソケットからの接続をリッスンできる。メッセージは常に同じ方向でPUSHからPULLへ移動する。異なるのは、接続を開始する側が変わる点のみ。バインドモードはタスクプロデューサおよびシンクなどの「永続」ノードに適しており、接続モードはタスクワーカーなどの一時ノードに適している。これによって、「一時」ノードの数をより永続ノードに影響することなく変化させられる

- 複数のPULLソケットが単一のPUSHソケットに接続している場合、メッセージはすべてのPULLソケットに均等に分散させられ、実際に負荷分散される（ピアツーピア型負荷分散）。他方、複数のPUSHソケットからメッセージを受信するPULLソケットは、公平なキューイングシステムを使ってメッセージを処理する（到着するメッセージに対して、ラウンドロビン方式で、すべてのメッセージ源から均等に取り出す）
- PULLソケットに接続していないPUSHソケットから送信されたメッセージが失われることはない。ノードがオンラインになってメッセージのプルを開始するまで、プロデューサ側にキューに置かれる

ØMQが従来のウェブサービスとどのように違うか、そしてそれがなぜどのような種類のメッセージ通信システムを構築する場合にも最適のツールであるのかを、さらに詳しく見ていきましょう。

11.3.1.2 ØMQを使った分散ハッシュサムクラッカの構築

さて、説明したばかりのPUSHとPULLのソケットの特徴が実際に働くのを確認するためのサンプルアプリケーションを構築するときがやってきました。

対象として単純で面白いアプリケーションに「ハッシュサムクラッカ」があります。これは、与えられたハッシュサム（MD5、SHA1など）を、総当たり法を使って指定のアルファベット文字の考えられるすべての組み合わせと照合するシステムです。「困惑するほど並列的な」処理負荷（http://en.wikipedia.org/wiki/Embarrassingly_parallel）であり、並列パイプラインの威力を実証するサンプルを作るのに打ってつけです。

このアプリケーションには、タスクを生成して複数のワーカーに分散するノードと、すべての結果を収拾するノードを含む典型的な並列パイプラインを実装したいところです。**図11-15**のようなアーキテクチャを使うとØMQで実装できます。

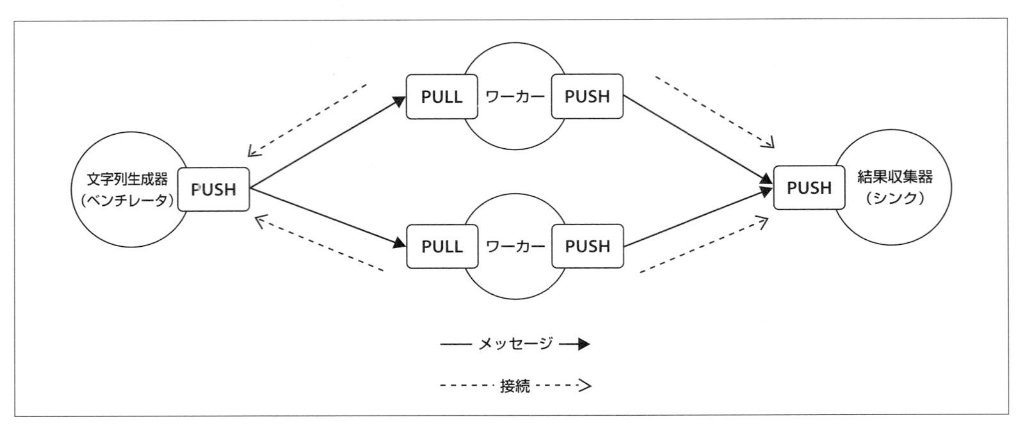

図11-15 ØMQを使った分散ハッシュサムクラッカの構築

このアーキテクチャには、所与のアルファベット文字の考えられるすべての組み合わせを生成し、それらを一組のワーカーに分散する「ベンチレータ」があります。そしてワーカーは与えられたすべての文字列のハッシュサムを計算し、入力として与えられたハッシュサムと照合します。一致した場合、その結果を結果収集器ノード（シンク）に送信します。

このアーキテクチャの永続ノードはベンチレータとシンクであり、一時ノードはワーカーです。これは、各ワーカーがそのPULLソケットをベンチレータに、PUSHソケットをシンクに接続するということです。こうしてベンチレータやシンクのパラメータを変更せずに、必要な数のワーカーの起動と停止ができます。

ベンチレータの実装

ではまず、ベンチレータ用のモジュールventilator.jsの実装から始めましょう（05_fanout_fanin）。

```
const zmq = require('zmq');
const variationsStream = require('variations-stream');
const alphabet = 'abcdefghijklmnopqrstuvwxyz';
const batchSize = 10000;
const maxLength = process.argv[2];
const searchHash = process.argv[3];

const ventilator = zmq.socket('push');                // ❶
ventilator.bindSync("tcp://*:5000");

let batch = [];
variationsStream(alphabet, maxLength)
  .on('data', combination => {
    batch.push(combination);
    if (batch.length === batchSize) {                 // ❷
```

```
        const msg = {searchHash: searchHash, variations: batch};
        ventilator.send(JSON.stringify(msg));
        batch = [];
      }
    })
    .on('end', () => {
      //残りの組み合わせを送信する
      const msg = {searchHash: searchHash, variations: batch};
      ventilator.send(JSON.stringify(msg));
  });
```

過剰な文字列の生成を避けるため、この生成器は英語のアルファベットの小文字だけを使い、生成する語の長さに制限を設けます。この制限値は照合するハッシュサム（searchHash）とともにコマンド行引数（maxLength）として入力します。variations-streamというライブラリ（https://npmjs.org/package/variations-stream）を使い、ストリーミングインタフェースを使ってすべての文字列パターンを生成します。

しかし分析するうえでもっとも興味深いのは処理をワーカーに分散するやり方です。

❶ まず、PUSHソケットを生成してローカルポート5000にバインドする。ここにワーカーのPULLソケットがタスクを受け取るために接続する

❷ 生成した文字列を10,000個単位のバッチにまとめ、次に照合するためのハッシュとチェックする語のバッチを含んだメッセージを作る。これが実質的にはワーカーが受け取るタスクオブジェクトとなる。ventilatorソケット上のsend()を呼び出すと、メッセージが次の利用可能なワーカーに渡され、ラウンドロビン方式で分散される

ワーカーの実装

さて今度はワーカー（worker.js）を実装する番です。

```
const zmq = require('zmq');
const crypto = require('crypto');
const fromVentilator = zmq.socket('pull');
const toSink = zmq.socket('push');

fromVentilator.connect('tcp://localhost:5016');
toSink.connect('tcp://localhost:5017');

fromVentilator.on('message', buffer => {
  const msg = JSON.parse(buffer);
  const variations = msg.variations;
  variations.forEach( word => {
    console.log(`Processing: ${word}`);
    const shasum = crypto.createHash('sha1');
    shasum.update(word);
    const digest = shasum.digest('hex');
```

```
      if (digest === msg.searchHash) {
        console.log(`Found! => ${word}`);
        toSink.send(`Found! ${digest} => ${word}`);
      }
    });
  });
```

既に触れたように、このワーカーはアーキテクチャ内の一時ノードに相当するため、そのソケットはやってくる接続をリッスンするのではなく、リモートノードに接続する必要があります。それこそがこのワーカーで行うことであり、次の2つのソケットを生成します。

- ベンチレータに接続するPULLソケット。タスクの受け取り用
- シンクに接続するPUSHソケット。結果の伝達用

これ以外にワーカーのする仕事はとても単純です。メッセージを受信するごとに、含まれているバッチの各単語のSHA1チェックサムを計算し、メッセージとともに渡されたsearchHashと照合します。一致した場合は、結果をシンクに転送します。

シンクの実装

この例の場合、シンクはごく基本的な結果収集器であり、ワーカーが受け取ったメッセージを単にコンソールに出力します。ファイルsink.jsの内容は次のとおりです。

```
const zmq  = require('zmq');
const sink = zmq.socket('pull');
sink.bindSync("tcp://*:5017");

sink.on('message', buffer => {
  console.log('Message from worker: ', buffer.toString());
});
```

このシンクもまた（ベンチレータと同じように）我々のアーキテクチャの永続ノードであるため、ワーカーのPUSHソケットに明示的に接続するのではなくPULLソケットにバインドしていることに注目してください。

アプリケーションの実行

アプリケーションを実行する用意が整いました。2つのワーカーとシンクを起動しましょう。

```
$ node worker
$ node worker
$ node sink
```

次はベンチレータの起動です。生成する単語の最大長および照合させるSHA1チェックサムを指定します。引数リストのサンプルを次に示します。

```
$ node ventilator 4 f8e966d1e207d02c44511a58dccff2f5429e9a3b
```

上のコマンドを実行するとベンチレータが処理を開始します。長さ最長4文字の考えられるすべての単語を生成し、指定したチェックサムと合わせて予め起動しておいた各ワーカーへ分配します。計算結果は、一致するものが得られればシンクアプリケーションのターミナルに表示されます。

11.3.2 パイプラインとAMQPの競合コンシューマ

前の節では、並列パイプラインをピアツーピア方式の場合に実装する方法を見ました。今度は、RabbitMQなどの本格的なメッセージブローカにこのパターンを適用する方法を探っていきます。

11.3.2.1 ポイントツーポイント通信と競合コンシューマ

ピアツーピア構成の場合、パイプラインはイメージしやすいとても単純明快な概念です。しかしメッセージブローカが間に入るとシステムの各種ノードの関係を理解するのが少し難しくなります。ブローカ自体は通信の仲介者として働きますが、その向こうでメッセージをリッスンしているのが何者かわからない場合があります。たとえば、AMQPを使ってメッセージを送信する場合、宛先に直接届けるのではなく交換器に送ってそれがキューに入ります。最終的にメッセージの配送経路を決定するのはブローカであり、交換器に定義されている規則とバインド、宛先キューに基づいてそれを行います。

AMQPなどのシステムを使ってパイプラインとタスク分散パターンを実装しようとする場合、各メッセージをひとつのコンシューマだけが受け取るようにする必要がありますが、交換器が複数のキューにバインドされる可能性がある場合には、これを保証できません。その場合の解決策は交換器を迂回してメッセージを直接宛先キューに送信することです。そうすればメッセージをひとつのキューだけに届けられます。この通信パターンは「ポイントツーポイント」と呼ばれます。

メッセージのセットを単一のキューに送信できるようになれば、目的のタスク分散パターンの実装の半分は完了です。実際、次のステップは自然に実現します。複数のコンシューマが同じキューをリッスンすればメッセージはそれらに均等に分散され、ファンアウト分散の実装になります。メッセージブローカから見た場合、これは「競合コンシューマ」パターンと呼ばれます。

11.3.2.2 AMQPを使ったハッシュサムクラッカの実装

交換器はブローカ内にある、メッセージを複数のコンシューマにマルチキャストする場所であり、キューはメッセージの負荷分散を行う場所であることがわかりました。この知識を心に留めて、今度はAMQPブローカ（RabbitMQなど）の上に総当たり法によりチェックサムクラッカを実装しましょう。**図11-16**に実装するシステムの概要を示します。

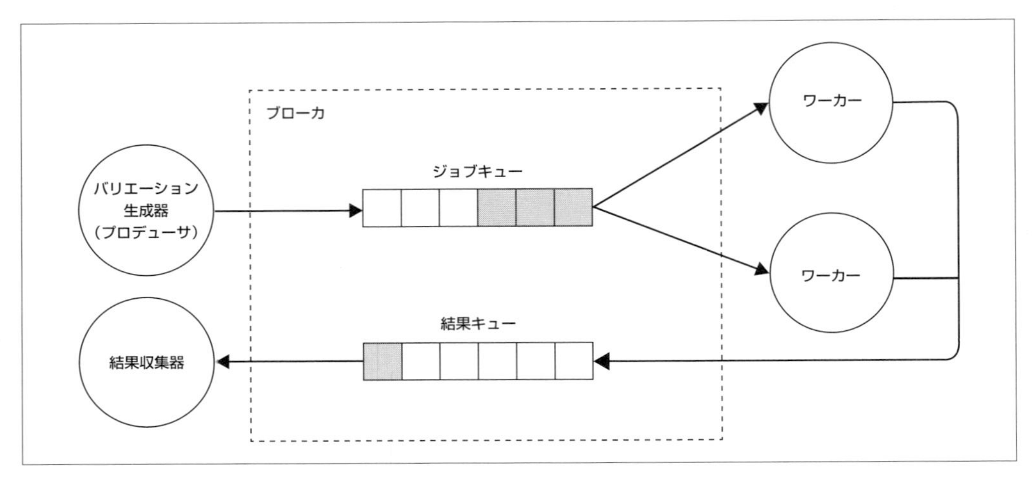

図11-16 AMQPを使ったハッシュサムクラッカの実装

既に説明したように、複数のタスクを複数のワーカーに分散するには単一のキューを使う必要があります。**図11-16**では、これを「ジョブキュー」と呼んでいます。ジョブキューの反対側には複数のワーカーがあり、これらが「競合コンシューマ」です。つまり、それぞれがキューから別々のメッセージを取り出します（プル）。その結果、複数のタスクが各ワーカーで並列的に実行されます。

ワーカーによって得られた結果はすべてもうひとつのキュー（「結果キュー」と呼びます）にパブリッシュされ、結果キューに取り込まれます。これは実際にはシンク、つまりファンイン分散と等価です。アーキテクチャ全体で交換器はひとつも使っていません。メッセージを直接その送信先キューに送信するだけで、ポイントツーポイント通信を実装しています。

プロデューサの実装

このようなシステムの実装方法を、まずプロデューサ（文字列生成器）から見ていきましょう。コードは、メッセージ交換に関する部分を除いて前の節で見たサンプルと同じです。ファイルproducer.jsは次のようになります（06_competing_consumers）。

```
const amqp = require('amqplib');
// ...

let connection, channel;
amqp
  .connect('amqp://localhost')
  .then(conn => {
    connection = conn;
    return conn.createChannel();
  })
  .then(ch => {
    channel = ch;
```

```
    produce();
  })
  .catch(err => console.log(err));

function produce() {
  // ...
  variationsStream(alphabet, maxLength)
    .on('data', combination => {
      // ...
      const msg = {searchHash: searchHash, variations: batch};
      channel.sendToQueue('jobs_queue',
        new Buffer(JSON.stringify(msg)));
      // ...
    })
  // ...
}
```

このように交換器やバインディングがなくAMQP通信の道具立てはずっと単純になっています。上のコードではメッセージをパブリッシュすることだけが関心事であるため、キューも必要ありません。

しかしもっとも重要な点は`channel.sendToQueue()`で、このAPIは初めての登場です。その名のとおり、これは交換器やルーティングを介さず、キュー（この例では`jobs_queue`）に直接メッセージを届けるAPIです。

ワーカーの実装

`jobs_queue`の反対側には、やってくるタスクをリッスンしているワーカーがあります。そのコードを`worker.js`というファイルに、次のように記述しましょう。

```
const amqp = require('amqplib');
// ...

let channel, queue;
amqp
  .connect('amqp://localhost')
  .then(conn => conn.createChannel())
  .then(ch => {
    channel = ch;
    return channel.assertQueue('jobs_queue');
  })
  .then(q => {
    queue = q.queue;
    consume();
  })

// ...

function consume() {
  channel.consume(queue, msg => {
```

```
      // ...
      variations.forEach(word => {
        // ...
        if(digest === data.searchHash) {
          console.log(`Found! => ${word}`);
          channel.sendToQueue('results_queue',
            new Buffer(`Found! ${digest} => ${word}`));
        }
        // ...
      });
      channel.ack(msg);
    });
  };
```

この新しいワーカーもメッセージ交換に関する部分を除いて、前の節でØMQを使って実装したものとよく似ています。上のコードでは、まずjobs_queueがあることを確認してからchannel.consume()を使い、やってくるタスクのリッスンを開始しています。その後、一致するものが見つかるごとにその結果を、ここでもポイントツーポイント通信でresults_queueを介して収集器に送信します。

複数のワーカーを起動すると、すべてが同じキュー上でリッスンするため、メッセージに関してそれらの間で負荷分散されることになります。

結果収集器の実装

結果収集器もまた何ということないモジュールであり、受け取ったメッセージをすべてコンソールに表示するだけです。これはファイルcollector.jsに、次のように記述します。

```
  // ...
    .then(ch => {
      channel = ch;
      return channel.assertQueue('results_queue');
    })
    .then(q => {
      queue = q.queue;
      channel.consume(queue, msg => {
        console.log('Message from worker: ', msg.content.toString());
      });
    })
  // ...
```

例のアプリケーションの実行

これで新しいシステムを試す用意がすべて整いました。始めるにはワーカーを2つ起動します。これらは共に同じキュー（jobs_queue）に接続し、すべてのメッセージに関して2つのワーカーに負荷分散されるようにします。

```
$ node worker
$ node worker
```

そして、collectorモジュールを起動し、producerを単語の最大長とハッシュを引数として起動します。

```
$ node collector
$ node producer 4 f8e966d1e207d02c44511a58dccff2f5429e9a3b
```

これで、AMQPだけを使ってメッセージパイプラインと競合コンシューマ・パターンを実装できました。

11.4 リクエスト/リプライ・パターン

メッセージ通信システムを扱うことは、しばしば一方向の非同期通信を使うことになります。パブリッシュ／サブスクライブは典型的な例です。

一方向通信は並行性と効率の点で大きな利点がありますが、これ単独で結合と通信における問題をすべて解決することはできません。ときにはリクエスト／リプライ・パターンがちょうど打ってつけの方法となる場合もあります。したがって非同期の一方向チャネルしか手もとにない状況では、「リクエスト／リプライ」方式でメッセージ交換できるようにする抽象化手法を知ることが重要です。それを次に行います。

11.4.1 相関識別子

最初に取り上げる「リクエスト／リプライ」のためのパターンは「相関識別子（correlation identifier）」と呼ばれるもので、一方向チャネルの上にリクエスト／リプライ・パターンを構築するための構成要素です。

このパターンは各リクエストに識別子を付与することと、その後その識別子を受け取り手がレスポンスに付与することから成ります。こうしてリクエストの送り手はメッセージを関係付け、レスポンスを正しいハンドラに返すことができます。これは一方向の非同期チャネルがあることに伴う問題をうまく解決し、メッセージをいつでもどの向きにも送ることができます。**図11-17**の例を見てください。

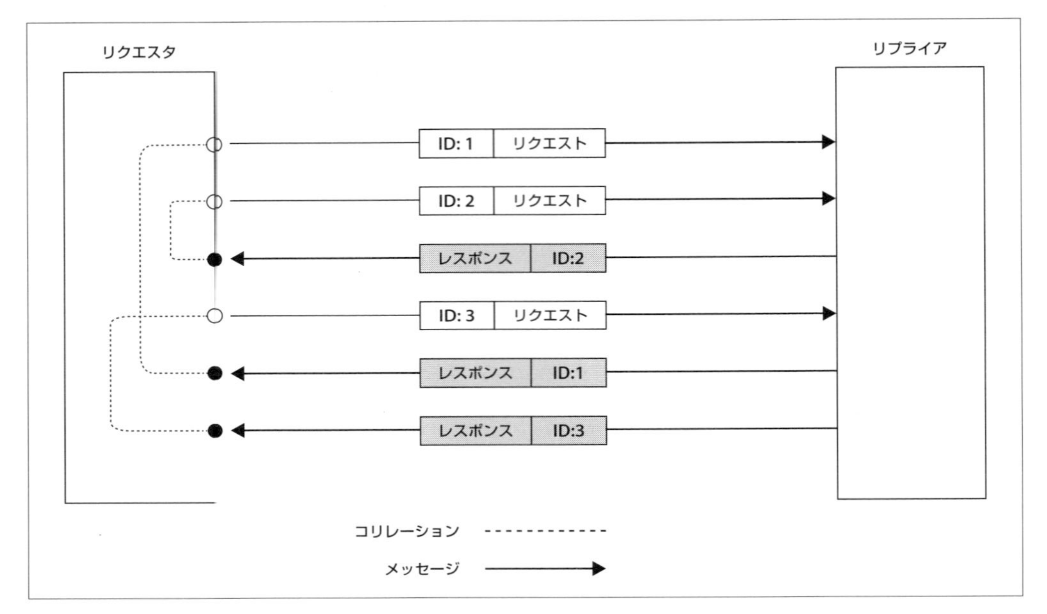

図11-17　相関識別子の例

図11-17は、相関識別子を使うことによって、メッセージが送信の順序と異なった順序で受信された場合でも各レスポンスを正しくリクエストに対応させられることを示しています。

11.4.1.1　相関識別子を使ったリクエスト/リプライ・パターンの実装

一方向チャネルのもっとも簡単な種類を選んで具体例に取りかかりましょう。これはポイントツーポイント型（システムの2つのノードを直結）で全二重（双方向にメッセージを送信）のものです。

「単純チャネル」の例としてWebSocketがあります。これは、サーバとブラウザの間にポイントツーポイント接続を確立し、双方向にメッセージをやり取りできるものです。他の例に、子プロセスが`child_process.fork()`を生成したときに作られる通信チャネルがあります。このAPIは9章で取り上げました。このチャネルも非同期です。親プロセスを子プロセスとだけ接続し、双方向にメッセージのやり取りができるようにします。これはおそらくこのカテゴリの中でもっとも基本的なチャネルなので、次の例で使います。

次のアプリケーションの目的は、親プロセスと子プロセスの間に生成されたチャネルをラップするための抽象化を行うことです。この抽象化は各リクエストに自動的に相関識別子を付け、やってくるリプライの識別子をレスポンスを待っているリクエストハンドラのリストと照合することにより「リクエスト/リプライ」通信を実現するものです。

9章で、親プロセスは次の基本要素を使って子プロセスへのチャネルにアクセスできたことを思い出してください。

- `child.send(message)`
- `child.on('message',callback)`

同じようにして子プロセスは次のプリミティブで親プロセスへのチャネルにアクセスできます。

- `process.send(message)`
- `process.on('message',callback)`

これは、親プロセスで使えるチャネルと子プロセスで使えるチャネルのインタフェースが同じということです。このことから、チャネルの両側どちらからもメッセージ送信できるような共通の抽象化実装ができます。

リクエストの抽象化

新規リクエストの送信を受けもつ部分の検討から、この抽象化を始めましょう。新しくrequest.jsというファイルを作成して次のように記述します（07_correlation_id）。

```
const uuid = require('node-uuid');

module.exports = channel => {
  const idToCallbackMap = {};                              // ❶

  channel.on('message', message => {
    const handler = idToCallbackMap[message.inReplyTo];    // ❷
    if(handler) {
      handler(message.data);
    }
  });

  return function sendRequest(req, callback) {             // ❸
    const correlationId = uuid.v4();
    idToCallbackMap[correlationId] = callback;
    channel.send({
      type: 'request',
      data: req,
      id: correlationId
    });
  };
};
```

次のように動作します。

❶ これに続く部分は、requestの外側に作成するクロージャ。このパターンの肝は変数idToCallbackMapで、これは送信するリクエストとそれに対するリプライハンドラとの関連付けを格納する

❷ このファクトリが呼び出されると、最初に行うのはやってくるメッセージをリッスンすること。

inReplyToプロパティに含まれるメッセージの相関識別子が変数idToCallbackMap内のいずれかの識別子に一致するとリプライを受け取ったことがわかるので、関連付けられたレスポンスハンドラへの参照を取得し、それを呼び出してメッセージのデータ内容を渡す

❸ 最後に、新規リクエストの送信に使う関数を返す。その処理内容はnode-uuidパッケージ（https://npmjs.org/package/node-uuid）を使って相関識別子を生成し、リクエストデータを相関識別子をとメッセージのタイプを指定できるエンベロープでラップすること

requestモジュールについてはこれだけです。次の部分に進みましょう。

リプライの抽象化

パターン全体の実装まであと一歩です。request.jsモジュールと対になる部分の動作を見ていきましょう。reply.jsという別のファイルを作成し、リプライハンドラをラップする抽象化実装を次のように記述します。

```
モジュール.exports = channel =>
{
  return function registerHandler(handler) {
    channel.on('message', message => {
      if (message.type !== 'request') return;
      handler(message.data, reply => {
        channel.send({
          type: 'response',
          data: reply,
          inReplyTo: message.id
        });
      });
    });
  };
};
```

このreplyモジュールも新しいリプライハンドラを登録する関数を返すファクトリです。これは新しいハンドラが登録されるときに行います。

1. やってくるリクエストのリッスンを開始し、受信すると即座にハンドラを呼び出してメッセージのデータとハンドラからリプライを取得するコールバック関数を渡す
2. ハンドラは仕事を終えると、渡されたコールバックを呼び出してリプライを返す。それからリクエストの相関識別子（inReplyToプロパティ）を付加してエンベロープを作成し、そのすべてをチャネルに返す

このパターンのすばらしいところは、Nodeならとても簡単に実現できることです。必要なものがすべて既に非同期処理用に用意されているため、一方向チャネルの上に非同期の「リクエスト/リプライ」通信を構築することは、とりわけ実装の詳細を覆い隠すために抽象化実装を行う場合には、他の非同

期処理とそれほど変わらずにできます。

「リクエスト/リプライ」サイクル全体の試行

これで新しい非同期の「リクエスト/リプライ」の抽象化を試す用意が整いました。リプライアのサンプルをreplier.jsというファイルに次のように記述しましょう。

```
const reply = require('./reply')(process);

reply((req, cb) => {
  setTimeout(() => {
    cb({sum: req.a + req.b});
  }, req.delay);
});
```

このリプライアは単に受け取った2つの数の和を求めて、結果をある遅延時間（これもリクエストで指定）の後に返します。これにより、レスポンスの順序が送信したリクエストの順序と異なる場合があることも確認でき、実装したパターンが機能していることがわかります。

サンプル完成の最後のステップは、リクエスタをrequestor.jsというファイルに次のように記述することです。その中でchild_process.fork()を使ってリプライアを起動する処理も行います。

```
const replier = require('child_process')
                .fork(`${__dirname}/replier.js`;
const request = require('./request')(replier);

request({a: 1, b: 2, delay: 500}, res => {
  console.log('1 + 2 = ', res.sum);
  replier.disconnect();
});

request({a: 6, b: 1, delay: 100}, res => {
  console.log('6 + 1 = ', res.sum);
});
```

リクエスタはリプライアを起動し、その参照をrequestオブジェクトに渡します。それから2つのサンプルリクエストを実行し、受信したレスポンスとの相関が正しいことを確認します。

このサンプルを試してみるには、requestor.jsモジュールを起動するだけです。出力は次のようになるはずです。

```
6 + 1 = 7
1 + 2 = 3
```

これでこのパターンが見事に機能していることと、送信・受信がどのような順序で行われてもリプライが正しくリクエストに関係付けられていることが確認できます。

11.4.2 返信先アドレス

相関識別子は一方向チャネルの上に「リクエスト/リプライ」通信を構築するための基本的なパターンです。しかし、メッセージ通信アーキテクチャの中に複数のチャネルやキューがある場合、あるいは複数のリクエスタが存在する可能性がある場合にはそれだけでは不十分です。そのような状況では、相関識別子に加えて「返信先アドレス」も知る必要があります。これは、リプライアがリクエストの送信元にレスポンスを返すのに必要な情報です。

11.4.2.1 返信先アドレスパターンの実装（AMQP）

AMQPでは、返信先アドレスはリクエスタがやってくるリプライをリッスンしているキューです。レスポンスはひとつのリクエスタだけが受信することを想定しているので、キューが占有（private）であり他のコンシューマと共有していないことが重要です。こうした特性から、リクエスタの接続を目的とした一時キューが必要になることと、レスポンスを配送できるようにリプライアが返信先キューとポイントツーポイント型通信を確立しなければならないことが推論できます。

図11-18にこの状況の例を示します。

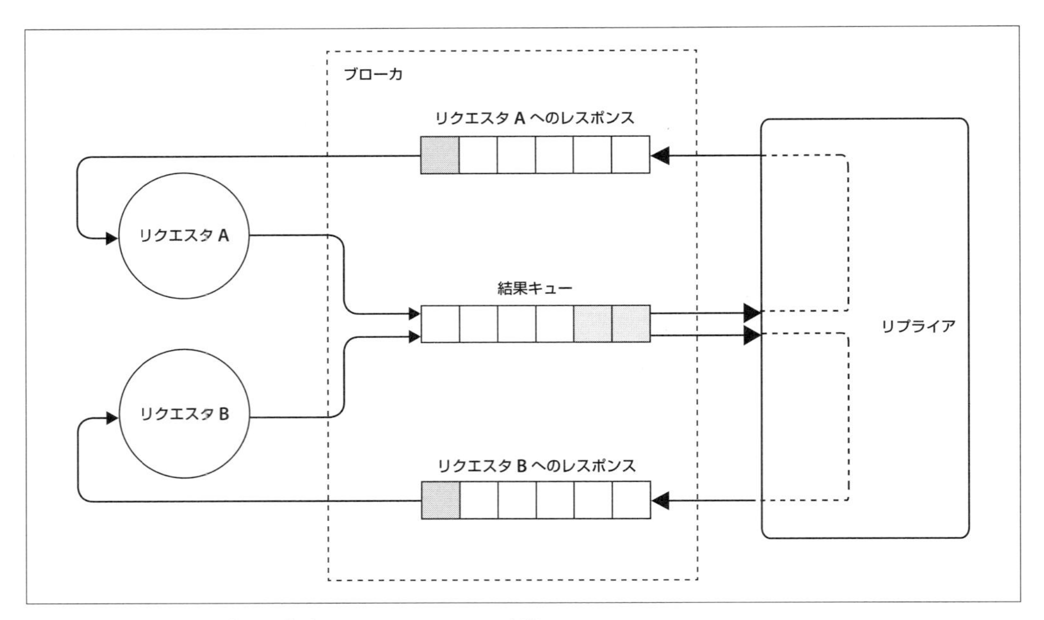

図11-18　AMQPの場合の返信先アドレスパターンの実装

AMQPの上にリクエスト/リプライ・パターンを実装するには、メッセージプロパティの中にレスポンスキューの名前を指定するだけで良いのです。そうすればリプライアはレスポンスメッセージの届け先がわかります。原理はとても単純なので、実際のアプリケーションでの実装方法を見ていきましょう。

リクエストオブジェクトの実装

では、AMQPの上にリクエスト/リプライ・パターンを構築します。ブローカにはRabbitMQを使いますが、AMQP対応のブローカなら何でもかまいません。リクエストオブジェクトから始めます（08_return_address/amqpRequest.js）。該当部分のみを示します。

最初の注目点はレスポンスを保持するためのキューを生成する方法です。それを行うのが次のコードです。

```
channel.assertQueue('', {exclusive: true});
```

キューの生成時に名前は指定しませんが、これは無作為に名前が付けられるということです。さらにこのキューは「排他的」であり、これはキューがアクティブAMQP接続にバインドされ、接続が閉じると破棄されるということです。ルーティングや複数のキューへの分散の必要がないので、キューを交換器にバインドする必要はありません。これはメッセージをレスポンスキューに届けなければならないということです。

次に、新規リクエストの生成方法を見ておきましょう。

```
classAMQPRequest {
  // ...
  request(queue, message, callback) {
    const id = uuid.v4();
    this.idToCallbackMap[id] = callback;
    this.channel.sendToQueue(queue,new Buffer(JSON.stringify(message)),
      {correlationId: id, replyTo: this.replyQueue}
    );
  }
}
```

request()メソッドは、入力としてリクエストの名前queueと送信するmessageを受け取ります。前の節で説明したように、相関識別子を生成してそれをcallback関数に関係付ける必要があります。最後にメタデータとしてcorrelationIdとreplyToのプロパティを指定してメッセージを送信します。

メッセージの送信にchannel.publish()ではなく、channel.sentToQueue()を使っていることに注目してください。交換器を使った「パブリッシュ/サブスクライブ」配信ではなく、より基本的なポイントツーポイント型で送信先キューへ直送するものを実装するためです。

AMQPでは、メッセージ本体とともにコンシューマに渡すプロパティ（メタデータ）を指定できます。

amqpRequestプロトタイプの最後の重要部分は、到着するレスポンスをリッスンするところです。

```
_listenForResponses() {
  return this.channel.consume(this.replyQueue, msg => {
    const correlationId = msg.properties.correlationId;
    const handler = this.idToCallbackMap[correlationId];
    if (handler) {
      handler(JSON.parse(msg.content.toString()));
    }
  }, {noAck: true});
}
```

上のコードでは、レスポンス受信用に生成したキュー上でメッセージをリッスンし、到着する各メッセージの相関IDを読み取ってリプライを待っているハンドラのリストと照合します。対応するハンドラを見つけると、リプライメッセージを指定してそれを起動すれば良いだけです。

リプライオブジェクトの実装

amqpRequestモジュールについては以上です。次は、レスポンスのオブジェクトをamqpReply.jsという名前の新規モジュールに記述します。

ここでは、到着するリクエストを受け取るキューを生成する必要があります。この目的には単純な永続キューが使えます。この部分はまたすべてAMQPの定型パターンなので、ここには載せません。それよりも注目すべきは、リクエストを処理して正しいキューに返信する方法です。

```
class AMQPReply {
  // ...

  handleRequest(handler) {
    return this.channel.consume(this.queue, msg => {
      const content = JSON.parse(msg.content.toString());
      handler(content, reply => {
        this.channel.sendToQueue(
          msg.properties.replyTo,
          new Buffer(JSON.stringify(reply)),
          {correlationId: msg.properties.correlationId}
        );
        this.channel.ack(msg);
      });
    });
  }
}
```

リプライの返信時にはchannel.sendToQueue()を使い、メッセージのreplyToプロパティ（返信先アドレス）に指定されているキューにメッセージを直接送ります。このamqpReplyオブジェクトのもうひとつの重要な処理は、受け手がメッセージを保留中のリクエストのリストと照合できるように、リプライの中のcorrelationIdを設定することです。

リクエスタとリプライアの実装

このシステムを試してみる準備がすべて整いました。まずはサンプルのリクエスタとリプライアを実装して、この新しい抽象化実装の使い方を確認しましょう。

モジュールreplier.jsから始めます。

```
const Reply = require('./amqpReply');
const reply = Reply('requests_queue');

reply.initialize().then(() => {
  reply.handleRequest((req, cb) => {
    console.log('Request received', req);
    cb({sum: req.a + req.b});
  });
});
```

抽象化によって相関識別子と返信先アドレスを扱う仕組みをすべてうまく隠しています。必要なことは、新規replyオブジェクトを初期化し、リクエストを受け取るキューの名前（'requests_queue'）を指定するだけです。コードの残り部分は自明です。サンプルのリプライアは入力として受け取った2つの数の和を計算し、渡されたコールバックを使って結果を返します。

他方、サンプルのリクエスタはrequestor.js内に実装します。

```
const req = require('./amqpRequest')();

req.initialize().then(() => {
  for (let i = 100; i> 0; i--) {
    sendRandomRequest();
  }
});

function sendRandomRequest() {
  const a = Math.round(Math.random() * 100);
  const b = Math.round(Math.random() * 100);
  req.request('requests_queue', {a: a, b: b},
    res => {
      console.log(`${a} + ${b} = ${res.sum}`);
    }
  );
}
```

このサンプルのリクエスタはrequests_queueキューにランダムな100のリクエストを送信します。この場合にも、抽象化したものが仕事を見事にこなしつつ非同期のリクエスト/リプライ・パターンの詳細をすべて覆い隠している点に注目してください。

では、このシステムを試すため、replierモジュールとそれに続けてrequestorモジュールを起動しましょう。

```
$ node replier
$ node requestor
```

リクエスタが処理のセットをパブリッシュし、それをリプライアが受け取って次にレスポンスを送り返していることが確認できます。

今度は別の実験をしましょう。リプライアが初めて起動したときに永続キューを生成します。これは、ここでリプライアを終了させてからリプライアを再び起動してもリクエストが失われないということです。すべてのメッセージが、リプライアが再び起動されるまでキューに保管されるのです。

AMQPを使うだけで得られるもうひとつの優れた点は、リプライアが最初からスケーラブルであることです。これを確かめるには、リプライアのインスタンスを2つ以上起動して、それらの間でリクエストが負荷分散される様子を見ればよいのです。これができるのは、リクエスタが起動するごとに同一の永続キューにリスナーとしてアタッチし、その結果、ブローカがキューのすべてのコンシューマ間でメッセージを負荷分散するためです（競合コンシューマ・パターン）。

ØMQにはリクエスト/リプライ・パターンの実装用に一対のソケット（REQ/REP）がありますが、これらは同期的です（一度に1回だけの「リクエスト/レスポンス」）。より複雑なリクエスト/リプライ・パターンは、より高度な手法を使って実装できます。詳しくは公式ガイドを参照してください── http://zguide.zeromq.org/page:all#advanced-request-reply

11.5　まとめ

この章も終わりまできました。ここでは、メッセージ通信と結合のもっとも重要なパターンと、それらが分散システムの設計に果たす役割を説明しました。主な3つのメッセージ交換パターンであるパブリッシュ/サブスクライブ、パイプライン、リクエスト/リプライを知り、ピアツーピア型アーキテクチャまたはメッセージブローカを使ってそれらを実装する方法を見てきました。長所と短所を分析し、AMQPと本格的なメッセージブローカを使うと、保守と拡張の必要なシステムがひとつ増えはしますが開発の労力をほとんどかけずに信頼性が高く拡張可能なアプリケーションを実装できることを確認できました。また、ØMQを使うと、アーキテクチャのあらゆる面を完全に制御下において、我々の要件に関わる特性を細かく調整できる分散システムを構築できることを見ました。

この本も終わりに近づきました。これで自分のプロジェクトに適用できるパターンやテクニックが十分に備わったはずです。また、Nodeを使った開発の進め方やその強みと弱みについての理解も深まったはずです。この本全体を通して、多くの優れた開発者たちによって開発された多数のパッケージやソリューションを扱う機会も得ました。最後に、Nodeのもっともすばらしい点をあげておきましょう。それは関わっている人々であり、誰もがそれぞれの立場でコミュニティに何らかの貢献をしていることです。

私達のささやかな貢献があなたの役に立ちますように。

付録A ES2015以降のJavaScriptの主要機能

Nodeのバージョン6から、ECMAScript 2015（略してES2015、以前はES6と呼ばれていました）に対応し、より柔軟で表現豊かな言語へと進化しました。

ES2015の新機能はこの本のサンプルコードの全体を通じて使用されていますが、馴染みのない読者もいるでしょうから、この付録ではES2015の主要な機能を説明します。

ここで紹介する機能は、Nodeのバージョンによってはstrictモードでのみ動作します。strictモードを有効にするには、スクリプトの先頭に`'use strict';`という1行を記述します。なお、この本の例題のコードでは`use strict`は省略されています（サンプルファイルには含まれています）。

また、以下に紹介する機能はあくまでもこの本のサンプルコードの理解を助けるためのものであり、Nodeでサポートされているes2015のすべての機能のうちの一部でしかないことに注意してください。より詳しくは『初めてのJavaScript 第3版 ── ES2015以降の最新ウェブ開発』（Ethan Brown著、武舎広幸+武舎るみ訳、オライリー・ジャパン）などを参照してください。

A.1 letとconst

従来、JavaScriptには2種類のスコープ、すなわち関数およびグローバルスコープしか存在せず、変数の寿命やアクセスはこれらのスコープによってのみ限定されていました。たとえば`if`ブロックの中で宣言された変数は、その条件文の実行中でなくても、ブロックの外からアクセス可能です。たとえば次のコードを見てください。

```
if (false) {
  var x = "hello";
}
console.log(x);
```

このコードは一見エラーになりそうですが、実は問題なく動作し、コンソールには`undefined`が出力されます。JavaScriptのこのような振る舞いに起因したバグは、これまで多くの開発者を悩ませてきました。そこで、ES2015では`let`キーワードが導入されました。`let`を使えば、「ブロックスコープ」

をもつ変数を宣言できます。

```
if (false) {
  let x = "hello";
}
console.log(x);
```

このコードはエラー（ReferenceError: x is not defined）となります。なぜなら、ifブロック内で宣言された変数に、ブロックの外からアクセスしているからです。

さらに有用なサンプルコードを見てみましょう。ループのインデックスを格納する一時変数をletキーワードを用いて定義しています。

```
for (let i=0; i < 10; i++) {
  // ここで何かを行う
}
console.log(i);
```

先のサンプルコードと同様、このコードもエラー（ReferenceError: i is not defined）となります。

このようにスコープが限定されることで、より安全なコードを書くことが可能になります。これでもう気づかずにスコープ外の変数にアクセスすることはなくなりますし、もしアクセスしたとしてもエラーとなるため、問題の箇所を簡単に特定でき、危険な副作用を避けることができます。

ES2015では、constというキーワードも導入され、再代入ができない変数を宣言できるようになりました。例を見てみましょう。

```
const x = 'これはずっと変わらない';
x = '...'; // TypeError: Assignment to constant variable.
```

このコードはエラー（TypeError: Assignment to constant variable）となります。なぜなら再代入不可な変数の値を上書きしようとしているからです。

ここで注意しないといけない点は、他のプログラミング言語ではconst指定することで読み取り専用の値を定義できますが、ES2015においては必ずしもそうならないという点です。ES2015におけるconstは、あくまでも変数と値の「バインディング」が不変であることを保証するだけです。たとえば、次のサンプルコードでは、const指定された変数の値を上書きしています。

```
const x = {};
x.name = 'John'; // エラーとはならない
```

このコードではオブジェクト内部のプロパティ値を上書きしているものの、変数とオブジェクトの間のバインディングは不変です。そのため、このコードはエラーとはなりません。一方で、次のように変数と値のバインディングそのものを上書きしようとすればエラーとなります。

```
const x = {};
```

```
x = null; //
```

constキーワードは不変なスカラ値を定義するのに便利です。さらに一般的に表現すれば、変数をconstで宣言することで、その変数が意図せず他の値にバインディングされることを防ぐことができます。

このような性質から、モジュールをrequireする場合にconst変数を使うのが一般的になりつつあります。多くの場合、モジュールはいったんロードされたら再代入する必要はないからです。

```
const path = require('path');
// ... pathモジュールを利用した処理
let path = './some/path'; // これは失敗する
```

本当に不変なオブジェクトを定義したいのであれば、constではなく、ES5のObject.freeze()メソッドか、deep-freezeモジュールが使えます。

- Object.freeze ― https://developer.mozilla.org/ja/docs/Web/JavaScript/Reference/Global_Objects/Object/freeze
- deep-freeze ― https://www.npmjs.com/package/deep-freeze

A.2 アロー関数

ES2015で導入された機能のうちで、もっとも好評かもしれないのがこのアロー関数です。アロー関数により関数の定義がより簡潔に記述でき、特にコールバック関数を記述する際に便利です。これがどれだけ便利なものか理解するために、まずは従来の関数を使った配列のフィルタリングの例を見てみましょう。

```
const numbers = [2, 6, 7, 8, 1];
const even = numbers.filter(function(x) {
  return x%2 === 0;
});
console.log(even); // [ 2, 6, 8 ]
```

このコードはアロー関数を使って次のように書くことができます。

```
const numbers = [2, 6, 7, 8, 1];
const even = numbers.filter(x => x%2 === 0);
console.log(even); // [ 2, 6, 8 ]
```

この例ではメソッドfilterの呼び出しが1行で記述されています。キーワードfunctionは不要で、引数の後に=>（アロー）が続き、さらに関数の本体が続きます。引数が複数ある場合は、(x, y, z) =>のように引数のリストを(...)で囲んで各引数を「,」で区切ります。また、引数がない場合も() =>のように括弧が必要です。上のコードでは関数の本体が1行だけなので、returnキーワードを書かなくても自動的に付加されます。しかし、関数の本体が複数行にわたる場合は、次のように{...}で囲んでさらにreturnも明示する必要があります。

```
const numbers = [2, 6, 7, 8, 1];
const even = numbers.filter(x => {
  if (x%2 === 0) {
    console.log(x + ' is even!');
    return true;
  }
});
```

アロー関数の利点は単に関数を簡潔に記述できるだけではありません。アロー関数は自身が記述されたレキシカル環境にバインディングされます。つまり、アロー関数の内側でthisを参照した場合、その値はアロー関数の外側の（親の）thisと同じ値になります。次のコードを見てください。

```
function DelayedGreeter(name) {
  this.greeterName = name;
}

DelayedGreeter.prototype.greet = function() {
  setTimeout( function cb() {
    console.log('Hello ' + this.greeterName);
  }, 500);
};

const greeter = new DelayedGreeter('World');
greeter.greet(); // "Hello undefined"
```

ここで宣言されたDelayedGreeterクラスはgreetメソッドをもちます。greetメソッドは呼び出されてから500ミリ秒後にHello xxxという文字列をコンソールに出力します。xxxの部分はDelayedGreeterクラスのコンストラクタの引数nameの値となります。さて、意図とおりに動くでしょうか？ 残念ながら答えはNoです。なぜなら、setTimeoutのコールバック関数cbの実行コンテキストは、自身の外側のgreetメソッドの実行コンテキストと異なるため、this.greeterNameの値はundefinedとなります。

アロー関数が導入される前には、このようなバグを修正するには次のように関数bindを使って、コールバック関数を外側の（親の）実行コンテキストにバインドする必要がありました

```
DelayedGreeter.prototype.greet = function() {
  setTimeout( (function cb() {
    console.log('Hello' + this.greeterName);
  }).bind(this), 500);
};
```

しかしアロー関数では、自身が記述されたレキシカル環境にバインディングされるため、上記のバグはコールバック関数をアロー関数に書き換えるだけで修正できます。

```
DelayedGreeter.prototype.greet = function() {
```

```
  setTimeout( () => console.log('Hello' + this.greeterName), 500);
};
```

このように、アロー関数を使うことで、ほとんどの場合はコードが簡潔で読みやすくなります。

A.3　class構文

ES2015では、クラスの宣言をJavaやC#といった他のオブジェクト指向のプログラミング言語の開発者にとって馴染み深い構文で記述できるようになりました。ここで注意しなければならないのは、これは従来のJavaScriptが備えるプロトタイプベースのクラス継承には何も変わりがないということです。この新しい構文は便利ですが、単なる構文糖衣（シンタクティックシュガー）にすぎません。

それでは簡単なクラスを記述してみましょう。まずは比較のために、従来のやり方を示します。次のコードでは、Personという関数をコンストラクタとしてもつクラスを定義しています。

```
function Person(name, surname, age) {
  this.name = name;
  this.surname = surname;
  this.age = age;
}

Person.prototype.getFullName = function() {
  return this.name + '' + this.surname;
};

Person.older = function(person1, person2) {
  return (person1.age >= person2.age) ? person1 : person2;
};
```

この例では、Personはname、surname、ageの3つのプロパティをもちます。getFullNameはプロトタイプ上に定義され、クラスのインスタンスからフルネームを取得するためのメソッドとなります。一方、olderは単なる関数で、2つのインスタンスを受け取り、年齢の高い方を返します。

では、上記のクラスをES2015で導入された新しいクラスの構文で書き換えるとどうなるか見てみましょう。

```
class Person {
  constructor (name, surname, age) {
    this.name = name;
    this.surname = surname;
    this.age = age;
  }

  getFullName () {
    return this.name + ' ' + this.surname;
  }
```

```
    static older (person1, person2) {
      return (person1.age >= person2.age) ? person1 : person2;
    }
  }
```

こちらのコードのほうが読みやすく素直な記述になっています。まず、関数のコンストラクタは明示的にconstructorと指定されています。さらに、olderは静的(スタティック)なメソッドとして宣言されています。

上の2つの実装は内部的には何も変わりません。しかし、この新しい構文の真の価値は、このPersonクラスを継承して、サブクラスから親クラスにアクセスするためにextendとsuperを使用する際に見られます。では、Personクラスを継承するPersonWithMiddlenameを実装してみましょう。

```
class PersonWithMiddlename extends Person {
  constructor (name, middlename, surname, age) {
    super(name, surname, age);
    this.middlename = middlename;
  }

  getFullName () {
    return this.name + '' + this.middlename + '' + this.surname;
  }
}
```

どうでしょう。他のオブジェクト指向のプログラミング言語に非常に似た構文ではないでしょうか。extendキーワードを使って、あるクラスから別のクラスを作成し、そのコンストラクタ内でsuperキーワードを使って親クラスのコンストラクタを呼び出しています。さらにgetFullNameメソッドをオーバライドしてミドルネームを追加しています。

A.4 オブジェクトリテラルの改善

ES2015ではオブジェクトリテラルに関しても改良が加えられました。オブジェクトリテラル内で変数や関数のメンバーを記述するときの簡略表記、プロパティ名を実行時に決定するための記述法、それにsetter/getterメソッドの簡略表記などが含まれます。

ひとつずつ見ていきましょう。

```
const x = 22;
const y = 17;
const obj = { x, y };
```

まず、オブジェクトリテラル内に変数をそのまま記述できます。上のコードでは、オブジェクトobjはプロパティxとyをもち、それぞれの値は22と17です。さらに、次のようにオブジェクトリテラル内に関数をそのまま記述することもできます。

```
module.exports = {
  square (x) {
```

```
    return x * x;
  },
  cube (x) {
    return x * x * x;
  }
};
```

上のコードでは、オブジェクトはプロパティsquareとcubeをもち、それぞれの値は同じ名前の関数になります。functionキーワードが不要であることに注意してください。

次に、プロパティ名を実行時に決定する例です。

```
const namespace = '-webkit-';
const style = {
  [namespace + 'box-sizing'] : 'border-box',
  [namespace + 'box-shadow'] : '10px10px5px #888888'
};
```

このコードでは、オブジェクトstyleはプロパティ-webkit-box-sizingと-webkit-box-shadowをもちます。

最後に、setterおよびgetterを定義する例です。

```
const person = {
  name : 'George',
  surname : 'Boole',

  get fullname () {
    return this.name + '' + this.surname;
  },

  set fullname (fullname) {
    let parts = fullname.split('');
    this.name = parts[0];
    this.surname = parts[1];
  }
};

console.log(person.fullname); // "George Boole"
console.log(person.fullname = 'Alan Turing'); // "Alan Turing"
console.log(person.name); // "Alan"
```

上記のコードでは、3つのプロパティ（name、surname、そしてfullname）をもつオブジェクトを定義しています。fullnameはsetおよびgetキーワードにより関数を指定することで、プロパティにアクセスした際に動的に値を操作しています。2番目のconsole.log呼び出しの結果、「Alan Turing」が出力されていることに着目してください。setter関数はデフォルトで同名プロパティのgetの値（この場合はget fullname）を返す仕様になっているからです。

A.5 MapとSet

我々JavaScript開発者は以前から通常のオブジェクトを使用してハッシュマップを構築していましたが、ES2015では新しいプロトタイプMapが導入されました。Mapはハッシュマップをより安全で柔軟なやり方で構築できるように設計されています。次に例をあげます。

```
const profiles = new Map();
profiles.set('twitter', '@adalovelace');
profiles.set('facebook', 'adalovelace');
profiles.set('googleplus', 'ada');

profiles.size; // 3
profiles.has('twitter'); // true
profiles.get('twitter'); // "@adalovelace"
profiles.has('youtube'); // false
profiles.delete('facebook');
profiles.has('facebook'); // false
profiles.get('facebook'); // undefined
for (const entry of profiles) {
  console.log(entry);
}
```

上記のコードでは、Mapの提供する便利なメソッド（set、get、has、そしてdelete）およびsizeプロパティ（Arrayのlengthと異なるのに注意）が使用されています。また、for...of構文により、ハッシュマップのすべてのエントリを走査しています。ループ内において、entryは2つの要素からなる配列です。先頭の要素にはキーが格納され、2番目の要素には値が格納されます。このインタフェースは単純明快です。

さらに興味深いことに、ES2015のMapは関数やオブジェクトをキーとしてもつことができます。これは通常のオブジェクトでは不可能なことです。通常のオブジェクでは通常キーの部分は一律文字列として扱われますが、文字列以外のキーを定義できることで、新たな利用機会が生まれます。例としてMapを使った簡単なテストフレームワークを実装してみました。

```
const tests = new Map();
tests.set(() => 2+2, 4);
tests.set(() => 2*2, 4);
tests.set(() => 2/2, 1);

for (const entry of tests) {
  console.log((entry[0]() === entry[1]) ? 'PASS' : 'FAIL');
}
```

このコードでは、ハッシュマップのキーにテスト対象となる関数を、値に期待する結果を格納しています。そして最後にすべてのエントリを走査して、関数の実行結果が期待する値になっているかどうかチェックしています。ここで、走査の順番は、setを呼び出した順になることに着目してください。

通常のオブジェクトではプロパティのアクセス順は保証されません。

Mapと同様、ES2015ではSetというプロトタイプも導入されました。Setを使えば、次のようにユニークな値のリストを構築できます。

```
const s = new Set([0, 1, 2, 3]);
s.add(3); // 追加されない
s.size; // 4
s.delete(0);
s.has(0); // false

for (const entry of s) {
  console.log(entry);
}
```

このようにSetのインタフェースはMapと非常によく似ています。エントリ追加のメソッドはsetではなくaddとなりますが、それ以外は同じです。Mapの場合と同様、for...of構文によりすべてのエントリを走査していますが、この場合entryは値そのものとなります。上記のコードの場合は値に数値が格納されていますが、オブジェクトや関数を値としてもつことも可能です。

A.6　WeakMapとWeakSet

ES2015ではMapとSetの"weak"（弱い結合）バージョンというのも導入されました。これらは文字どおりWeakMapとWeakSetと呼ばれます。

WeakMapはMapと似たインタフェースをもちますが、すべてのエントリを走査することはできません（sizeプロパティもありません）。また、キーに指定できるのはオブジェクトだけです。これらの制限は、WeakMapの利点に関係しています。すなわち、WeakMapはキーに指定されたオブジェクトの参照を保持しないため、そのオブジェクトは他から参照されなくなった時点でガベージコレクションの対象になり、WeakMapからエントリが削除されます。これの何が嬉しいかというと、たとえばあるオブジェクトに対してメタデータを付加したいけれども、そのオブジェクトがいつ削除されるかわからない場合を想定してください。次にサンプルコードをあげます。

```
let obj = {};
const map = new WeakMap();
map.set(obj, {key: "some_value"});
console.log(map.get(obj)); // {key: "some_value"}
obj = undefined; // objで参照されていたオブジェクトは次のGCサイクルで削除され、
                 // map内のエントリも削除されます。
```

このコードではobjというオブジェクトに対してメタデータを付加するのにWeakMapを使っています。その後、objにundefinedを代入することで、このオブジェクトへの参照をなくしていますが、WeakMap以外から参照されなくなった時点で、このオブジェクトはガベージコレクションの対象になり、WeakMapからエントリが削除されます。

WeakMapと同様、WeakSetというものもあります。これはSetと似たインタフェースをもちますが、すべてのエントリを走査することはできず（sizeプロパティもありません）、また、オブジェクト以外の値を格納することはできません。WeakSetはSetと異なり、値の参照を保持しないため、そのオブジェクトは他から参照されなくなった時点でガベージコレクションの対象になり、WeakSetからエントリが削除されます。

```
let obj1= {key: "val1"};
let obj2= {key: "val2"};
const set= new WeakSet([obj1, obj2]);
console.log(set.has(obj1)); // true
obj1= undefined; // obj1で参照されていたオブジェクトはsetから削除される
```

WeakMap/WeakSetはMap/Setと比べて機能に優劣があるわけではないので、ユースケースにより使い分けてください。

A.7　テンプレートリテラル

テンプレート文字列は、文字列を記述するための非常にパワフルな構文です。従来の文字列が'...'もしくは"..."の形で書かれるのに対して、テンプレート文字列は`...`の形式で「`」（バッククォートあるいはバックティック）を使って書かれます。テンプレート文字列の中に変数や式を「${変数もしくは式}」のように記述できます（これが「テンプレート」と呼ばれる所以（ゆえん）です）。また、複数行に渡る長い文字列を改行を含めて記述したい場合、改行文字（\n）を使ったり、文字列演算子（+）を使って複数の文字列を連結する必要もなくなりました。例をあげます。

```
const name = "Leonardo";
const interests = ["arts", "architecture", "science", "music",
                   "mathematics"];
const birth = { year : 1452, place : 'Florence' };
const text = `${name} was an Italian polymath
 interested in many topics such as
 ${interests.join(', ')}.He was born
 in ${birth.year} in ${birth.place}.`;
console.log(text);
```

このコードの実行結果は次のようになります。

```
Leonardo was an Italian polymath
    interested in many topics such as
    arts, architecture, science, music, mathematics.He was born
    in 1452 in Florence.
```

A.8　その他のES2015の機能

その他のES2015の機能としてプロミス（Promise）があげられます。プロミスはNodeバージョン4で利用可能になりました。詳細については4章で説明されています。

このほかES2015の次の機能もNodeバージョン6の段階でサポートされるようになりました。

- 関数のデフォルト引数
- レスト構文（rest parameters）
- スプレッド演算子
- デコンストラクタ
- `new.target`（2章に使用例）
- プロキシ（6章に使用例）
- Reflect
- シンボル

NodeにおけるES2015のサポートについて、詳しくは公式ドキュメントを参照してください — https://nodejs.org/en/docs/es6/

索引

記号・数字

A

B

C

D

E

F

G

H

I

J

K

L

M

N

T

U

V

W

X

Y

Z

あ行

か行

さ行

た行

な行

は行

ま行

や行

ら行

●著者紹介

Mario Casciaro (マリオ・カッシャーロ)
ソフトウェアエンジニア兼企業家。テクノロジーやサイエンス、オープンソースが大好き。ソフトウェア工学の修士号を取得後、IBMに入社。IBMではTivoli Endpoint Manager、Cognos Insight、SalesConnectなどの企業向け製品の開発に携わる。その後、注目のSaaS企業D4H Technologiesに移り、リアルタイムで緊急な運用が求められる、最先端技術を駆使した新製品の開発を率いた。現在は、自らが共同設立者でもあるSponsorama.comのCEOを務めている(Sponsorama.comは、企業スポンサーからオンラインで資金を調達するプラットフォーム)。本書の初版はMario Casciaroの単著。第2版はLuciano Mamminoとの共著。

Luciano Mammino (ルチアーノ・マンミーノ)
1987年生まれのソフトウェアエンジニア(1987年は任天堂の『スーパーマリオブラザーズ』がヨーロッパでリリースされた年。偶然にも『スーパーマリオブラザーズ』はお気に入りのテレビゲームのひとつ)。父親が所有していた、DOSオペレーティングシステムとqBasicインタプリタしかない古いx386マシンで、12歳のときにプログラミングを始めた。計算機科学の修士号を取得後、イタリアを中心に企業やスタートアップでフリーの開発者として働きながらウェブ開発のプログラミングスキルを磨く。Sbaam.comの共同設立者およびCTOとして3年間イタリアとアイルランドでスタートアップに勤務したあと、アイルランドの首都ダブリンに移り、Smartboxで上級PHPエンジニアとして働くことに決めた。オープンソースのライブラリ開発やSymfonyやExpressといったフレームワークを使った開発がお気に入り。JavaScriptの名声はまだ始まったばかりであり、ウェブおよびモバイル関連のテクノロジーの未来に今後JavaScriptがとても大きな衝撃を与えると確信している。そのため、今でも自由時間のほとんどを使ってJavaScriptとNodeの知識の向上に努めている。

●査読者紹介

Tane Piper（テイン・パイパー）

ロンドンに本拠を置くフルスタック開発者。10年以上にわたり複数の企業でPython、PHP、JavaScriptなど各種言語を駆使してソフトウェアを作成してきた。Nodeによる作業を始めたのは2010年のことで、英国とアイルランドでは講演でサーバサイドJavaScriptを取り上げた初期の演者のひとり。この種の講演は2011年から2012年にかけて数回行った。また、jQueryプロジェクトにも初期の段階で参画し、主唱者のひとりであった。現在はロンドンのコンサルタント企業で革新的なソリューションの開発に従事。主としてReact.jsとNodeを使ってアプリケーションを作っている。オフの楽しみはスキューバダイビングと写真。

> 私事ですが、恋人のElinaに「ありがとう」を言いたいです。この2年で僕の人生を大きく変えてくれた人で、この本のレビューを引き受けるよう勧めてもくれました。

Joel Purra（ジョエル・プッラ）

ティーンエイジャーにもならないうちから「コンピュータもビデオゲーム機のひとつ」という感覚でコンピュータをいじり始める。ほどなく、最新のゲームをプレイする中で出会ったコンピュータを片端から分解するに至る（バラバラにしたあと、また組み立てる、ということもあった）。13才でプログラミングというものを知るが、そのきっかけもゲームで、ビデオゲーム「ルナーランダー」に手を加える過程でデジタルツール作りに興味をもった。やがて自宅でインターネット回線に接続できるようになると、すかさず電子商取引サイト第1号の開発に着手、開発者としてのキャリアとビジネスをスタートさせる。17才のときに原子力発電所の学校でプログラミングとエネルギー科学を学び始め、ここを卒業後、スウェーデン陸軍で教育を受け、電気通信専門の少尉となったのち、リンコピン大学へ進み、情報技術／情報工学の修士号を取得。そして1998年以降、今日まで、スタートアップを含む複数の企業に関与（成功したケースも失敗に終わったケースもある）。2007年からはコンサルティングも手がけている。生まれも育ちも、教育を受けたのもスウェーデンだが、フリーランス開発者ならではの自由なライフスタイルを謳歌し、バックパックを背負って5大陸を回り、外国暮らしも数年に及ぶ。常にチャレンジの対象を求めてやまない「学びの人」として、目標のひとつに「広く一般のユーザーが利用できるソフトウェアの構築と発展」を掲げている。サイトはhttp://joelpurra.com/。

> フリーランスのコンサルタントである私自身も含めて、開発者が大小さまざまな規模のソフトウェアシステムを構築するのに必要なビルディングブロックを提供してくれるオープンソースコミュニティに謝意を表します。先人の積み重ねた業績をもとに、新たな発見を。早めにコミット、こまめにコミット！

●訳者紹介

武舎 広幸（むしゃ ひろゆき）

国際基督教大学、山梨大学大学院、カーネギーメロン大学機械翻訳センター客員研究員等を経て、東京工業大学大学院博士後期課程修了。マーリンアームズ株式会社（https://www.marlin-arms.co.jp/）代表取締役。主に自然言語処理関連ソフトウェアの開発、コンピュータや自然科学関連の翻訳、辞書サイト（https://www.dictjuggler.net/）の運営などを手がける。著書に『プログラミングは難しくない！』（チューリング）『BeOSプログラミング入門』（ピアソンエデュケーション）、訳書に『インタフェースデザインの心理学』『iPhone SDKアプリケーション開発ガイド』『ハイパフォーマンスWebサイト』（以上オライリー・ジャパン）『マッキントッシュ物語』（翔泳社）、『HTML入門』『Java言語入門』（以上ピアソンエデュケーション）、『海洋大図鑑 — OCEAN — 』（ネコ・パブリッシング）など多数がある。https://www.musha.com/ にウェブページ。

阿部 和也（あべ かずや）

1973年頃よりFORTRAN、1980年頃よりBASICでプログラミングを始める。COBOL、PL/I、Cを経て、1988年頃よりMacintoshでCプログラミングを開始し、1990年にビットマップフォントエディタ「丸漢エディター」を発表。その後、C++によるMac OS 9用ビットマップフォントエディタの開発にも従事した。一貫して文字と言語に興味をもっていたが、2003年より本業のかたわら病院情報システムの管理、開発に従事し、Perl、PHP、JavaScriptによるウェブアプリケーション開発、システム間情報連携、Moodleによるe-ラーニング開発などを行った。訳書に『iPhone 3D プログラミング』『iPhone/iPad ゲーム開発ガイド』（以上オライリー・ジャパン）『Game Programming Patterns ソフトウェア開発の問題解決メニュー』（インプレス）がある。https://www.mojitokotoba.com/ にウェブページ。http://cazz.blog.jp/ にブログ。

Node.jsデザインパターン 第2版

2019年 5 月15日　初版第 1 刷発行
2020年 5 月12日　初版第 2 刷発行

著　　者　Mario Casciaro（マリオ・カッシャーロ）、Luciano Mammino（ルチアーノ・マンミーノ）
訳　　者　武舎 広幸（むしゃ ひろゆき）、阿部 和也（あべ かずや）
発 行 人　ティム・オライリー
制　　作　ビーンズ・ネットワークス
印刷・製本　日経印刷株式会社
発 行 所　株式会社オライリー・ジャパン
〒160-0002　東京都新宿区四谷坂町12番22号
Tel　(03)3356-5227
Fax　(03)3356-5263
電子メール　japan@oreilly.co.jp
発 売 元　株式会社オーム社
〒101-8460　東京都千代田区神田錦町3-1
Tel　(03)3233-0641（代表）
Fax　(03)3233-3440

Printed in Japan（ISBN978-4-87311-873-4）
乱丁本、落丁本はお取り替え致します。